高等职业教育公共素质类“十三五”规划教材

计算机应用基础

JISUANJI YINGYONG JICHU

牛合利　张乐乐　主编

Windows 7+Office 2010

郑州大学出版社
郑州

图书在版编目(CIP)数据

计算机应用基础/牛合利,张乐乐主编. —郑州: 郑州大学出版社,2017.9(2020.10 重印)
ISBN 978-7-5645-4495-9

Ⅰ.①计… Ⅱ.①牛…②张… Ⅲ.①电子计算机-高等学校-教材 Ⅳ.①TP3

中国版本图书馆 CIP 数据核字 (2017)第 118765 号

郑州大学出版社出版发行
郑州市大学路 40 号　　邮政编码: 450052
出版人: 孙保营　　发行部电话: 0371-66966070
全国新华书店经销
广东虎彩云印刷有限公司印制
开本: 787 mm×1 092 mm　1/16
印张: 22.75
字数: 538 千字
版次: 2017 年 9 月第 1 版　　印次: 2020 年 10 月第 3 次印刷

书号: ISBN 978-7-5645-4495-9　　定价: 39.80 元

作者名单

主　　编　牛合利　张乐乐

副 主 编　邢　星　董晶晶　樊爱法

编　　者（按姓氏笔画顺序）

王　敏　王丽敏　牛合利　田雅涵　邢　星

刘宝兵　李　哲　吴凌云　余秋熠　张乐乐

范鲁娜　郑　刚　殷玲玲　黄娜娜　董晶晶

樊园园　樊爱法

前　言

进入21世纪，以计算机为核心的信息技术飞速发展，计算机技术在各行各业的应用越来越广泛，人们的工作、生活都需要计算机和网络的支持。熟悉和掌握计算机的基本知识和技能已经成为胜任本职工作、适应社会发展的必备条件之一。

本教材按教育部提出的计算机教学基本要求编写，力求实用，表述通俗易懂，图文并茂，可操作性强。既以实例演示操作步骤，也链接必要的基础知识，方便读者融会贯通。

全书共6章，重点介绍了计算机基础知识、操作系统基础、Word 2010、Excel 2010、PowerPoint 2010 的使用、计算机网络基础等。本书可作为普通高等院校计算机基础课的教材，也可作为各类计算机培训和自学参考书。

本教材由郑州艺术职业学院计算机系组织编写，由牛合利、张乐乐担任主编，邢星、董晶晶、樊爱法担任副主编，计算机系其他老师也参与了具体编写任务。

本教材在编写过程中，参考了大学计算机基础的相关书籍及杂志等资料，引用了相关教材的部分内容，吸取了同行的宝贵经验，在此谨表谢意。由于编者水平有限，加上时间仓促，内容覆盖面广，书中难免有不妥和疏漏之处，敬请各位读者批评指正。

编者

2017年6月

前言

目录

第 1 章　计算机基础知识

1.1　计算机的概念及其种类

电子计算机的发明是20世纪最重大的事件之一，它使得人类文明的进步达到了一个全新的高度，它的出现大大推动了科学技术的发展，同时也让人类社会出现了日新月异的变化。

本章介绍计算机的发展、计算机中数与信息编码、多媒体技术、计算机病毒及其防治等内容。

1.1.1　计算机的概念

计算机，是一种能够按照程序运行，自动、高速处理海量数据的现代化智能电子设备。计算机由硬件和软件所组成，没有安装任何软件的计算机称为裸机。

1.1.2　计算机的分类

1. 按信息的形式和处理方式分

(1) 电子数字计算机：所有信息以二进制数表示。

(2) 电子模拟计算机：内部信息形式为连续变化的模拟电压，基本运算部件为运算放大器。

(3) 混合式电子计算机：既有数字量又能表示模拟量，设计比较困难。

2. 按用途分

(1) 通用机：适用于各种应用场合，功能齐全、通用性好的计算机。

(2) 专用机：为解决某种特定问题专门设计的计算机，如工业控制机、银行专用机、超级市场收银机(POS)等。

3. 按计算机系统的规模分

所谓计算机系统规模主要指计算机的速度、容量和功能。一般可分巨型机、大型机、中小型机、微型机和工作站等。其中工作站(Workstation)是介于小型机和微型机之间的面向工程的计算机系统。

1.2　计算机的发展过程

1.2.1　电子计算机的诞生

1946 年，世界上第一台电子数字式计算机“ENIAC”(见图 1.1)被正式投入运行，用于计算弹道。它是由美国宾夕法尼亚大学莫尔电工学院制造的。ENIAC 长 30.48 米,宽 1 米,占地面积约 170 平方米,30 个操作台,约相当于 10 间普通房间的大小,重达 30 吨,耗电量 150 千瓦,造价 48 万美元。它包含了 17468 个真空管 7200 个水晶二极管,1500 个中转,70000 个电阻器, 10000 个电容器,1500 个继电器,6000 多个开关,每秒执行 5000 次加法或 400 次乘法运算。ENIAC 诞生后,被人们誉为计算机之父的美籍匈牙利数学家冯 · 诺依曼提出了重大的改进理论,主要有两点:一是电子计算机应该以二进制数为运算基础;二是电子计算机应采用存储程序的方式工作,并且进一步明确指出了整个计算机的结构应由运算器、控制器、存储器、输入装置和输出装置等 5 个部分组成。这些理论的提出,解决了计算机

图 1.1　第一台电子管计算机(ENIAC)

的运算自动化问题和速度匹配问题,对计算机的发展起到了决定性的作用。

1.2.2　计算机发展的几个阶段

在 ENIAC 诞生后短短的几十年间,计算机的发展突飞猛进。通常人们习惯把电子计算机的发展历史分"代",其实分代并没有统一的标准。若按计算机所采用的微电子器件的发展,可以将电子计算机分成以下几代。

(1)第一代计算机。第一代是电子管计算机时代(1946 ~ 1959 年),运算速度慢,内存容量小,使用机器语言和汇编语言编写程序,主要用于军事和科研部门的科学计算。

(2)第二代计算机。第二代是晶体管计算机时代(1959 ~ 1964 年),其主要特征是采用晶体管作为开关元件,使计算机的可靠性得到提高,而且体积大大缩小,运算速度加快,其外部设备和软件也越来越多,并且高级程序设计语言应运而生。

(3)第三代计算机。第三代计算机是小规模集成电路(Small Scale Integration,SSI)和中规模集成电路(Medium Scale Integration,MSI)计算机时代(1964 ~ 1975 年),它是以集成电路作为基础元件,这是微电子与计算机技术相结合的一大突破,并且有了操作系统。

(4)第四代计算机。第四代计算机是大规模集成电路(Large Scale Integration,LSI)和超大规模集成电路(Very Large Scale Integration,VLSI)计算机时代(1975 年至今),具有更高的集成度、运算速度和内存储器容量。

1.2.3　计算机的未来

现在,世界已进入了计算机时代,计算机的发展趋势正向着"两极"分化。一极是微

型计算机向更微型化、网络化、高性能、多用途方向发展。微型计算机分为台式机、便携机、笔记本、亚笔记本、掌上机等。由于它们体积小、成本低而占领了整个国民经济和社会生活的各个领域。另一极则是巨型机向更巨型化、超高速、并行处理、智能化方向发展,它是一个国家科技水平、经济实力、军事实力的象征。在解决天气预报、地震分析、航空气动、流体力学、卫星遥感、激光武器、海洋工程等方面的问题上,巨型机将大显身手。

随着新的元器件及其技术的发展,新型的超导计算机、量子计算机、光子计算机、生物计算机、纳米计算机等将会走进人们的生活,遍布各个领域。

1.2.4 计算机在我国的发展情况

中国的计算机研究和国产化进程开始于中华人民共和国成立之初。自1952年起,中国科学院数学所开始计算机的研制工作。1958年,中科院研制成功我国第一台小型电子管通用计算机103机(八一型),见图1.2,标志着我国第一台电子计算机的诞生。

图1.2 103机

在研制第一代电子管计算机的同时,我国已经开始研制晶体管计算机。1965年,中科院计算所研制成功第一台大型晶体管计算机109乙,之后推出109丙机,该机在两弹试验中发挥了重要作用,被誉为"功勋计算机"。

1964年,我国小规模集成电路试制成功,集成电路电子计算机研制工作开始起步。1974年,清华大学等单位联合设计、研制成功采用集成电路的DJS-130小型计算机(见图1.3),运算速度达每秒100万次。

图1.3 DJS-130

从1982年开始,我国的计算机事业进入新的发展时期。1983年,"银河"巨型机研制成功,运算速度达到每秒1亿次,这标志我国已跨入世界巨型机研制的行列;1992年,"银河 II"巨型机研制成功,运算速度每秒10亿次。

2003年科技部正式发布了国家"863"计划重大技术成果"国家网格主节点——联想深腾6800超级计算机",实测速度为4.183万亿次/秒。

2009年10月,中国研制开发成功当时世界上最快的超级计算机"天河一号"(见图1.4),"天河一号"超级计算机使用由中国自行研发的"龙"芯片。而每秒钟1206万亿次的峰值速度和每秒563.1万亿次运行速度的Linpack实测性能使这台被命名为"天河一号"的超级计算机位居同日公布的中国超级计算机前100强之首,也使中国成为继美国之后世界上第二个能够自主研制千万亿次超级计算机的国家。

图1.4 "天河一号"千万亿次超级计算机系统

"天河一号A",是在"天河一号"的基础上经升级后的二期系统超级计算机。其总共有一百四十个机柜,一百五十多吨重,由于采用了世界最先进的水冷、制冷技术,它是仅次于IBM的蓝色基因,世界上最节能的超级计算机。在2010年11月世界超级计算机TOP500排名中,其位列世界第一,后2011年6月被日本超级计算机"京"超越。2012年6月18日,国际超级电脑组织公布的全球超级电脑500强名单中,"天河一号A"排名全球第五。

2013年5月,由中国国家科技部与中国国防科学技术大学合作研制的"天河二号"5亿亿次(50PFlops)超级计算机研制成功。2013年6月17日下午,国际超级计算机TOP500组织在德国正式发布了第四十一届世界大型超级计算机TOP500排行榜的排名。"天河二号"超级计算机以峰值计算速度每秒5.49亿亿次、持续计算速度每秒33.86千万亿次的性能位居榜首。这是继2010年"天河一号"首次夺冠之后,中国超级计算机运算速度再次重返世界第一的位置。

1.3 计算机的主要特点及其应用领域

1.3.1 计算机的主要特点

计算机具有以下特点:

1. 快速的运算能力

电子计算机的工作基于电子脉冲电路原理，由电子线路构成其各个功能部件，其中电场的传播扮演主要角色。我们知道电磁场传播的速度是很快的，现在高性能计算机每秒能进行几百亿次以上的加法运算。很多场合下，运算速度起决定作用。例如，计算机控制导航、气象预报要分析大量资料都需要计算机高速的运算速度进行计算。

2. 足够高的计算精度

电子计算机的计算精度在理论上不受限制，目前已达到小数点后上亿位的精度。

3. 超强的记忆能力

计算机中有许多存储单元，用以记忆信息。内部记忆能力，是电子计算机和其他计算工具的一个重要区别。由于具有内部记忆信息的能力，在运算过程中就可以不必每次都从外部去取数据，而只需事先将数据输入到内部的存储单元中，运算时即可直接从存储单元中获得数据，从而大大提高了运算速度。计算机存储器的容量可以做得很大，而且它记忆力特别强。

4. 复杂的逻辑判断能力

人是有思维能力的，而思维能力本质上是一种逻辑判断能力。计算机借助于逻辑运算，可以进行逻辑判断，并根据判断结果自动地确定下一步该做什么。

5. 按程序自动工作的能力

一般的机器是由人控制的，人给机器一个指令，机器就完成一个操作。计算机的操作也是受人控制的，但由于计算机具有内部存储能力，可以将指令事先输入到计算机存储起来，在计算机开始工作以后，从存储单元中依次去取指令，用来控制计算机的操作，从而使人们可以不必干预计算机的工作，实现操作的自动化。这种工作方式称为程序控制方式。

1.3.2　计算机的主要应用领域

计算机的应用领域已渗透到社会的各行各业，正在改变着传统的工作、学习和生活方式，推动着社会的发展。计算机的主要应用领域如下：

1. 科学计算（或数值计算）

科学计算是指利用计算机来完成科学研究和工程技术中提出的数学问题的计算。在现代科学技术工作中，科学计算问题是大量的和复杂的。利用计算机的高速计算、大存储容量和连续运算的能力，可以实现人工无法解决的各种科学计算问题。

2. 数据处理（或信息处理）

数据处理是指对各种数据进行收集、存储、整理、分类、统计、加工、利用、传播等一系列活动的统称。据统计，80%以上的计算机主要用于数据处理，这类工作量大面宽，决定了计算机应用的主导方向。

3. 辅助技术

计算机辅助技术包括CAD、CAM和CAI等。

(1)计算机辅助设计（Computer Aided Design，简称CAD）。计算机辅助设计是利用计算机系统辅助设计人员进行工程或产品设计，以实现最佳设计效果的一种技术。它已广泛地应用于飞机、汽车、机械、电子、建筑和轻工等领域。

(2)计算机辅助制造(Computer Aided Manufacturing,简称 CAM)。计算机辅助制造是利用计算机系统进行生产设备的管理、控制和操作的过程。例如,在产品的制造过程中,用计算机控制机器的运行,处理生产过程中所需的数据,控制和处理材料的流动以及对产品进行检测等。使用 CAM 技术可以提高产品质量,降低成本,缩短生产周期,提高生产率和改善劳动条件。

(3)计算机辅助教学(Computer Aided Instruction,简称 CAI)。计算机辅助教学是利用计算机系统使用课件来进行教学。

4. 过程控制(或实时控制)

过程控制是利用计算机及时采集检测数据,按最优值迅速地对控制对象进行自动调节或自动控制。采用计算机进行过程控制,不仅可以大大提高控制的自动化水平,而且可以提高控制的及时性和准确性,从而改善劳动条件、提高产品质量及合格率。因此,计算机过程控制已在机械、冶金、石油、化工、纺织、水电、航天等部门得到广泛的应用。

例如,在汽车工业方面,利用计算机控制机床、控制整个装配流水线,不仅可以实现精度要求高、形状复杂的零件加工自动化,而且可以使整个车间或工厂实现自动化。

5. 人工智能

人工智能(Artificial Intelligence)是计算机模拟人类的智能活动,诸如感知、判断、理解、学习、问题求解和图像识别等。现在人工智能的研究已取得不少成果,有些已开始走向实用阶段。例如,能模拟高水平医学专家进行疾病诊疗的专家系统,具有一定思维能力的智能机器人,等等。

6. 网络应用

计算机技术与现代通信技术的结合构成了计算机网络。计算机网络的建立,不仅解决了一个单位、一个地区、一个国家中计算机与计算机之间的通讯,各种软、硬件资源的共享,也大大促进了文字、图像、视频和声音等各类数据的传输与处理。

1.4 计算机的系统组成

计算机系统由计算机硬件系统和软件系统两部分组成。硬件系统包括中央处理机、存储器和外部设备等;软件系统是计算机的运行程序和相应的文档。它包括系统软件和应用软件。

1.4.1 计算机的硬件系统

计算机硬件系统主要是由运算器、控制器、存储器、输入设备、输出设备等五大功能部件组成。

1.4.2 计算机的软件系统

计算机软件系统包括系统软件和应用软件两大类。

1. 系统软件

系统软件是指控制和协调计算机及其外部设备,支持应用软件的开发和运行的软件。其主要的功能是进行调度、监控和维护系统等。系统软件是用户和裸机的接口，主要包括：

(1)操作系统软件，如 DOS、WINDOWS XP、WIN7、Linux，Netware 等。

(2)各种语言的处理程序，如低级语言、高级语言、编译程序、解释程序。

(3)各种服务性程序，如机器的调试、故障检查和诊断程序、杀毒程序等。

(4)各种数据库管理系统，如 SQL Sever、Oracle、Informix、Foxpro 等。

2. 应用软件

应用软件是用户为解决各种实际问题而编制的计算机应用程序及其有关资料。应用软件主要有以下几种：

(1)用于科学计算方面的数学计算软件包、统计软件包。

(2)文字处理软件包(如 WPS、WORD)。

(3)图像处理软件包(如 Photoshop、动画处理软件 3DS MAX)。

(4)各种财务管理软件、税务管理软件、工业控制软件、辅助教育等专用软件。

1.4.3　硬件和软件的关系

硬件和软件是一个完整的计算机系统互相依存的两大部分，它们的关系主要体现在以下几个方面。

1. 硬件和软件互相依存

硬件是软件赖以工作的物质基础，软件的正常工作是硬件发挥作用的唯一途径。计算机系统必须要配备完善的软件系统才能正常工作，且充分发挥其硬件的各种功能。

2. 硬件和软件无严格界线

随着计算机技术的发展，在许多情况下，计算机的某些功能既可以由硬件实现，也可以由软件来实现。因此，硬件与软件在一定意义上说没有绝对严格的界线。

3. 硬件和软件协同发展

计算机软件随硬件技术的迅速发展而发展，而软件的不断发展与完善又促进硬件的更新，两者密切地交织发展，缺一不可。

1.4.4　计算机的工作原理

现在使用的计算机，其基本工作原理是存储程序和程序控制，它是由世界著名数学家冯·诺依曼提出来的。

“存储程序控制”原理的基本内容：

(1)采用二进制形式表示数据和指令。

(2)将程序(数据和指令序列)预先存放在主存储器中(程序存储)，使计算机在工作时能够自动高速地从存储器中取出指令，并加以执行(程序控制)。

(3)由运算器、控制器、存储器、输入设备、输出设备等五大基本部件组成计算机硬件体系结构。

计算机工作过程如下：

第一步：将程序和数据通过输入设备送入存储器。

第二步:启动运行后,计算机从存储器中取出程序指令送到控制器去识别,分析该指令要做什么事。

第三步:控制器根据指令的含义发出相应的命令(如加法、减法),将存储单元中存放的操作数据取出送往运算器进行运算,再把运算结果送回存储器指定的单元中。

第四步:当运算任务完成后,就可以根据指令将结果通过输出设备输出。

1.4.5 衡量计算机性能的常用指标

衡量一台计算机性能的优劣是根据多项技术指标综合确定的。其中,既包含硬件的各种性能指标,又包括软件的各种功能。下面列出硬件的主要技术指标。

机器字长:机器字长是指 CPU 一次能处理的二进制数据的位数,通常与 CPU 的寄存器位数有关。字长越长,数的表示范围也越大,精度也越高。机器的字长也会影响机器的运算速度。倘若 CPU 字长较短,又要运算位数较多的数据,那么需要经过两次或多次的运算才能完成,这样势必影响整机的运行速度。

存储容量:存储容量即存储器的容量应该包括主存容量和辅存容量。主存容量是指主存中存放二进制代码的中位数。即存储容量 = 存储单元个数 × 存储字长。现代计算机中常以字节数描述容量的大小,因一个字节已被定义为 8 位二进制代码,故用字节数便能反映主存容量。辅存容量通常用字节数来表示。

运算速度:运算速度是衡量计算机性能的一项重要指标。通常所说的计算机运算速度(平均运算速度),是指每秒钟所能执行的指令条数,一般用“百万条指令/秒”(mips, Million Instruction Per Second)来描述。一般说来,主频越高,运算速度就越快。

1.4.6 微型计算机的构成

微型计算机体积小,价格低廉,而且功能上能够满足普通单位和家庭的需要,是目前应用最广泛的机型 。常用的微型计算机有台式电脑,还有体积更小的笔记本电脑,如图 1.5 所示。

图 1.5　微型计算机

微型计算机系统也是由硬件系统和软件系统两大部分组成的(图 1.6)。就普遍性而言,微机的硬件系统也可以说是由运算器、控制器、存储器、输入设备和输出设备等五大部件组成的。但是它有自己明显的个性特征。在微机中,运算器和控制器就不是两个独立的部件，它们从开始就做到一块微处理器芯片上，称为 CPU 芯片（中央处理器）。中央处理器 CPU 和主存储器构成计算机的主体，称为主机。主机以外的大部分硬件设备都称为外围设备或外部设备，简称外设。它包括输入输出设备、外存储器（辅助存储器）等。

- 微型计算机系统
  - 硬件系统
    - 运算器
    - 控制器 } CPU（运算器、控制器）
    - 存储器
      - 内存
      - 外存
    - 输入设备
    - 输出设备
  - 软件系统
    - 系统软件
    - 应用软件

（图中：CPU、内存 } 主机；外存、输入设备、输出设备 } 外设）

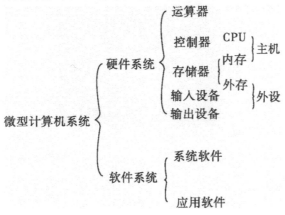

图1.6　微型计算机系统的构成

随着计算机的飞速发展，微型计算机硬件的种类越来越多，功能也越来越齐全，下面就常见的硬件进行简单介绍。

1. 主板

主板（Mainboard）又名主机板、母板等，是微型计算机的核心部件，它安装在机箱内，一般为矩形电路板，它的上面布满了各种插槽（可连接声卡、显卡等）、接口（可以连接鼠标和键盘等）、电子元件，并把各种周边设备连接在一起。微机运行时，对系统内存、存储设备和其他 I/O 设备的操控都必须通过主板来完成，主板性能的好坏对微机的总体性能指标将产生举足轻重的影响。主板参见图1.7。

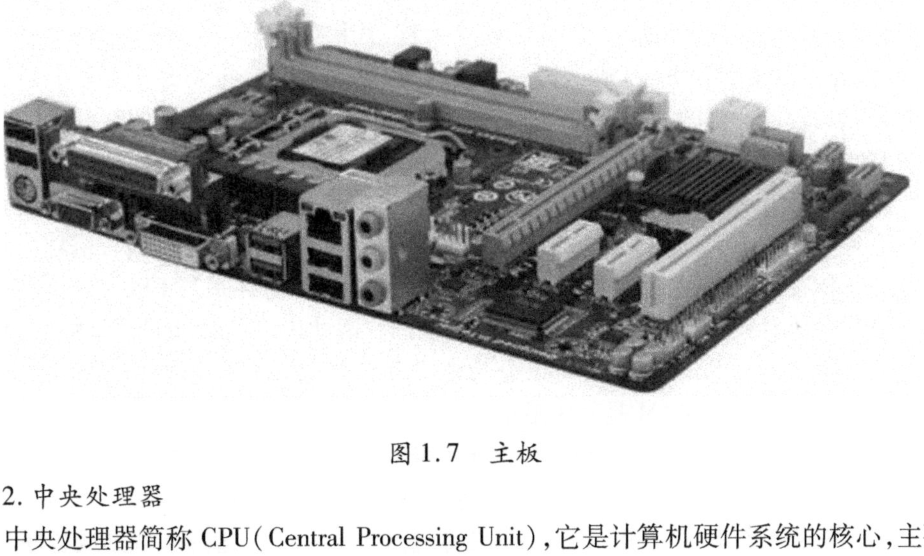

图1.7　主板

2. 中央处理器

中央处理器简称 CPU（Central Processing Unit），它是计算机硬件系统的核心，主要包括运算器（ALU）和控制器（CU）两个部件，参见图1.8。

图 1.8　中央处理器

运算器是对数据进行加工和处理的部件，它不仅可以实现基本的算术运算，还可以进行基本的逻辑运算，实现逻辑判断的比较和数据传递、移位等操作。

控制器负责指挥计算机各部分协调工作，保证计算机按照预先规定的目标和步骤有条不紊地进行操作及处理。控制器从内存储器中顺序取出指令，并对指令代码进行翻译，然后向各个部件发出相应的命令，完成指令规定的操作。它一方面向各个部件发出执行指令的命令，另一方面又接收执行部件向控制器发回的有关指令执行情况的反馈信息，控制器根据这些信息来决定下一步发出哪些操作命令。这样逐一执行一系列的指令，就使计算机能够按照这一系列的指令组成的程序的要求自动完成各项任务。因此，控制器是指挥和控制计算机各个部件进行工作的"神经中枢"。

Intel 和 AMD 是现在世界上最大的两个 CPU 生产厂商。Intel 于 2005 年 5 月，发布了全球第一款桌面级双核处理器 Pentium D。同年 11 月 2 日，Intel 四核处理器正式发布。对四核而言，最大的改观就是四核处理器将四个独立的处理器集成在一个芯片上，允许芯片同步处理四项不同的任务，从而大幅提升处理器的计算能力，以及由此带来的应用整合的便利与管理成本的降低。随后出现了六核，八核处理器。未来处理器多核心、微架构，仍然是今后发展的重点，或许再过 10 年百核处理器诞生也不是不可能。总之，我们需要多核处理器的目的在于它可以为我们做更多的工作，节约更多的时间，让我们的生活更加美好。

3. 内存储器

内存储器简称内存，又称为主存。在微型计算机中，它的形状呈条状，俗称内存条。内存由半导体存储器组成，存取速度较快，一般容量较小。内存是与 CPU 进行沟通的桥梁。计算机中所有程序的运行都是在内存中进行的，因此内存的性能对计算机的影响非常大。内存按其工作方式的不同，可以分为随机存储器（RAM），只读存储器（ROM），以及高速缓存（CACHE）。RAM 是其中最重要的存储器。

（1）随机存储器（Random Access Memory）表示既可以从中读取数据，也可以写入数据。当机器电源关闭时，存于其中的数据就会丢失。

（2）只读存储器（Read Only Memory），在制造 ROM 的时候，信息（数据或程序）就被存入并永久保存。这些信息只能读出，一般不能写入，即使机器停电，这些数据也不会丢失。ROM 一般用于存放计算机的基本程序和数据,如 BIOS ROM。

(3)高速缓冲存储器(Cache)是我们经常遇到的概念,它位于 CPU 与内存之间,是一个读写速度比内存更快的存储器。当 CPU 向内存中写入或读出数据时,这个数据也被存储进高速缓冲存储器中。当 CPU 再次需要这些数据时,CPU 就从高速缓冲存储器读取数据,而不是访问较慢的内存,当然,如需要的数据在 Cache 中没有,CPU 会再去读取内存中的数据。

4. 外存储器

外存储器又叫辅助存储器,它一般容量比较大,而且大部分可以移动,便于在不同计算机之间进行信息交流。在微型计算机中,常用的外存有传统硬盘、固态硬盘、光盘和 U 盘。

(1)硬盘:硬盘是外存储器的一种,一般置于主机箱内。硬盘是在金属基片(如黄铜、铝合金)、陶瓷基片或玻璃基片上,涂布磁性材料制成。通常将几片盘片组装在一起,称为硬磁盘的盘组。一个完整的硬盘系统由硬盘组、硬盘驱动器和硬盘驱动器接口卡组成, 整个盘体为防灰尘而密封在一起。硬盘与主机的连接是通过将硬盘驱动器接口卡插入主机扩展槽内,并用硬盘驱动器专用连线与硬盘驱动器接口卡相连接而成。

(2)固态硬盘:传统硬盘由于受到其自身机械结构原理的限制,近年来除了容量大幅度提升外,传输速度没有质的飞跃。因此,便有了固态硬盘(Solid State Disk,SSD)的诞生。固态硬盘的传输速度由控制芯片和存储芯片(FLASH 芯片或 DRAM 芯片)组成,它采用了新的结构,与传统硬盘采用的磁盘体、磁头、马达等机械零件不同。图 1.9 表明传统硬盘内部和固态硬盘内部差异明显。简单来说,固态硬盘与闪存盘、闪存卡较为相似,速度快、防震、体积小、零噪声。当然,固态硬盘比传统硬盘价格贵,容量小。图 1.10 为传统硬盘与固态硬盘外观对比。

图 1.9　传统硬盘内部和固态硬盘内部差异明显

图 1.10　传统硬盘与固态硬盘外观对比

(3)光盘:光盘是利用激光原理进行读、写的设备,是迅速发展的一种辅助存储器。分为只读光盘(CD - ROM)、可写光盘(CD - R),可擦写光盘(CD - RW)、DVD 只读光盘(DVD - ROM)和 DVD 可擦写光盘(DVD - R/RW)等。所有的光存储器设备的工作都依赖于激光技术。当把信息存储在光介质上时,用激光来把应该记为逻辑“1”的地方烧穿,把应该记为逻辑“0”的地方留上空白。这种由电子控制的激光就可以把数据记载到盘上。光盘外观如图 1.11 所示。

图 1.11　光盘

(4)U 盘:全称 USB 闪存驱动器,英文名“USB flash disk”。它是一种使用 USB 接口的无须物理驱动器的微型高容量移动存储产品,通过 USB 接口与电脑连接,实现即插即用。具有速度快、体积小、携带使用方便等优点,应用特别广泛。U 盘外观如图 1.12 所示。

图 1.12　U 盘

5. 输入输出设备

输入设备是外界向计算机传送信息的装置。在微型计算机系统中,最常用的输入设备是键盘和鼠标,此外还有光电笔,扫描仪等。

输出设备的作用是将计算机中的数据信息传送到外部媒介,并转化成某种为人们所认识的表示形式。在微型计算机中,最常用的输出设备有显示器和打印机,此外,还有绘图仪等。

1.5　平板电脑与智能手机

1.5.1　平板电脑

平板电脑是一种小型、方便携带的个人电脑,以触摸屏作为基本的输入设备。其外形介于笔记本电脑和掌上电脑之间,但其处理能力大于掌上电脑。比之笔记本电脑,它的移动性和便携性更胜一筹。平板电脑集移动商务、移动通信和移动娱乐为一体,具有手写识别和无线网络通信功能。苹果的 ipad(见图 1.13)是其典型代表,它使用 IOS 系统。

1.5.2　智能手机

智能手机是指像个人电脑一样,具有独立的操作系统,可以由用户自行安装软件、游戏等第三方服务商提供的程序,通过此类程序来不断对手机的功能进行扩充,并可以通过移动通信网络来实现无线网络接入的这样一类手机的总称。

自苹果公司 2007 年推出第一代 iphone,以及谷歌 Android 开源平台发布开始,世界上智能手机市场格局发生了翻天覆地的变化,智能手机市场基本由谷歌、苹果、三星牢牢掌握。特别是苹果公司,2012 年推出的 iphone 5(见图 1.14),2013 年推出了 iphone 5C 和 iphone 5S 尤其引人关注。

图 1.13　ipad 4

图 1.14　iphone 5

1.6　数据表示与数制转换

1.6.1　数制

在日常生活中,人们习惯于用十进制计数法。其实人们有时也常用别的计数法,如十二进制（一打）、六十进制（60 秒即一分钟，60 分即 1 小时）、24 进制（24 小时即一天）。用若干数位（由数码表示）的组合去表示一个数，各个数位之间是什么关系，即逢“几”进位，这就是进位计数制的问题，也就是数制问题。数制，即进位计数制，是人们利用数字符号按进位原则进行数据大小计算的方法。通常是以十进制来进行计算的。另外，还有二进制、八进制和十六进制等。

1. 数制的基本概念

在计算机的数制中，要掌握 3 个概念，即数码、基数和位权。下面简单地介绍这 3 个概念。

●数码：一个数制中表示基本数值大小的不同数字符号。例如，八进制有 8 个数码：0、1、2、3、4、5、6、7。

●基数：一个数值所使用数码的个数。例如，八进制的基数为 8，二进制的基数为 2。

●位权：一个数值中某一位上的 1 所表示数值的大小。例如，八进制的 123，“1”的位权是 64，“2”的位权是 8，“3”的位权是 1。位权常常以基数的次幂来表示，例如十进制的 345，从个位起，位权分别是：10^0、10^1、10^2。

（1）十进制：十进制数，它的数码是用 10 个不同的数字符号 0、1、…… 8、9 来表示的。由于它有 10 个数码，因此基数为 10。数码处于不同的位置表示的大小是不同的，如 3468.795 这个数中的 4 就表示 $4 \times 10^2 = 400$，这里把 10^n 称作位权，简称为“权”，十进制数又可以表示成按“权”展开的多项式。例如：$3468.795 = 3 \times 10^3 + 4 \times 10^2 + 6 \times 10^1 + 8 \times 10^0 + 7 \times 10^{-1} + 9 \times 10^{-2} + 5 \times 10^{-3}$，十进制数的运算规则是：逢 10 进 1。

（2）二进制：计算机中的数据是以二进制形式存放的，二进制数的数码是用 0 和 1 来表示的。二进制的基数为 2，权为 2^n，二进制数的运算规则是：逢 2 进 1。对于一个二进制数，也可以表示成按权展开的多项式。例如：

$$10110.101 = 1 \times 2^4 + 0 \times 2^3 + 1 \times 2^2 + 1 \times 2^1 + 0 \times 2^0 + 1 \times 2^{-1} + 0 \times 2^{-2} + 1 \times 2^{-3}$$

（3）八进制：八进制数的数码是用 0、1、…… 6、7 来表示的。八进制数基数为 8，权为 8^n，八进制数的运算规则是：逢 8 进 1。

（4）十六进制：十六进制数的数码是用 0、1、…… 9、A、B、C、D、E、F 来表示的。十六进制数的基为 16，权为 16^n，十六进制数的运算规则是：逢 16 进 1。其中符号 A 对应十进制中的 10，B 表示 11，……，F 表示十进制中的 15。

2. 计算机中采用二进制的原因

在计算机中，二进制并不符合人们的习惯，但是计算机内部却采用二进制表示信息，其主要原因有如下 4 点：

(1) 可行性。在计算机中，若采用十进制，则要求处理 10 种电路状态，相对于两种状态的电路来说，是很复杂的。而用二进制表示，则逻辑电路的通、断只有两个状态。例如：开关的接通与断开，电平的高与低等。这两种状态正好用二进制的 0 和 1 来表示。

(2) 可靠性。在计算机中采用二进制，用电信号表示数码的两个状态，数码越少，电信号就越少、越简单，数字的传输和处理越不容易出错，计算机工作的可靠性越高。

(3) 简易性。在计算机中，二进制运算法则很简单。例如：相加减的速度快，求和法则有 3 个，求积法则也只有 3 个。

求和法则(3 个)：

$0+0=0$;

$0+1=1$;

$1+1=10$(有进位)。

(4)逻辑性强。二进制只有两个数码,正好代表逻辑代数中的“真”与“假”,而计算机工作原理是建立在逻辑运算基础上的,逻辑代数是逻辑运算的理论依据。用二进制计算具有很强的逻辑性。

鉴于以上四个原因,在计算机中都使用二进制数。但人们更习惯于使用十进制,例如,我们习惯用十进制数表示 2012 年,而不习惯用二进制数 11111011100 来表示 2012 年。因此,用户通常还是用十进制(或八进制、十六进制数)与计算机打交道,然后由计算机自动实现不同进制数之间的转换。为此,对于使用计算机的人员来说,了解不同进制数之间的转换方法是很有必要的。

1.6.2　数制的转换

同数进制之间进行转换,若转换前两数相等,转换后仍必须相等,数制的转换要遵循一定的规律。

1. 非十进制数转换为十进制数

位权法:把各非十进制数按权展开求和结果即为十进制数。

例 1:$(1101100.111)_2 = 1\times2^6+1\times2^5+1\times2^3+1\times2^2+1\times2^{-1}+1\times2^{-2}+1\times2^{-3}$

$=64+32+8+4+0.5+0.25+0.125$

$=(108.875)_{10}$

例 2:把$(652.34)_8$转换成十进制。

解:$(652.34)_8 = 6\times8^2+5\times8^1+2\times8^0+3\times8^{-1}+4\times8^{-2}$

$=384+40+2+0.375+0.0625$

$=(426.4375)_{10}$

例 3:将$(19BC.8)_{16}$转换成十进制数。

解:$(19BC.8)_{16} = 1\times16^3+9\times16^2+B\times16^1+C\times16^0+8\times16^{-1}$

$=4096+2304+176+12+0.5$

$=(6588.5)_{10}$

2. 十进制转换为非十进制数

(1)整数部分的转换

除基数取余法:除基数取余数、由下而上排列。

例:将$(126)_{10}$转换成二进制数。

2	126	………… 余 0
2	63	………… 余 1
2	31	………… 余 1
2	15	………… 余 1
2	7	………… 余 1
2	3	………… 余 1
2	1	………… 余 1
	0	

结果为：$(126)_{10}=(1111110)_2$。

(2)小数部分的转换

整基数取整法：用十进制小数乘基数，当积为0或达到所要求的精度时，将整数部分由上而下排列。

例：将十进制数$(0.534)_{10}$转换成相应的二进制数。

```
   0.5 3 4
×        2
----------
   1.0 6 8  …………………………  1
×        2
----------
   0.1 3 6  …………………………  0
×        2
----------
   0.2 7 2  …………………………  0
×        2
----------
   0.5 4 4  …………………………  0
×        2
----------
   1.0 8 8  …………………………  1

……………………………
```

结果为：$(0.534)_{10}=(0.10001)_2$

例：将$(50.25)_{10}$转换成二进制数。

分析：对于这种既有整数又有小数部分的十进制数，可将其整数和小数分别转换成二进制数，然后再把两者连接起来即可。

因为：$(50)_{10}=(110010)_2$，$(0.25)_{10}=(0.01)_2$

所以：$(50.25)_{10}=(110010.01)_2$

3.八进制与二进制数之间的转换

(1)八进制转换为二进制数(见表1.1)

八进制数转换成二进制数所使用的转换原则是“一位拆三位”，即把一位八进制数对应于三位二进制数，然后按顺序连接即可。

例:把八进制数$(2376.14)_8$转换为二进制数。

八进制1位　　2　　3　　7　　6　　.　1　　4

二进制3位　　010　011　111　110　.　001　100

$(2376.14)_8 = (10011111110.0011)_2$

(2)二进制数转换成八进制数(见表1.1)

二进制数转换成八进制数可概括为"三位合一位",即从小数点开始向左右两边以每三位为一组,不足三位时补0,然后每组改成等值的一位八进制数即可。

例:把二进制数$(11110010.1110011)_2$转换为八进制数。

二进制3位分组:　　011　110　010　.　111　001　100

转换成八进制数:　　3　　6　　2　　.　7　　1　　4

$(11110010.1110011)_2 = (362.714)_8$

4.二进制数与十六进制数的相互转换

(1)二进制数转换成十六进制数(见表1.1):二进制数转换成十六进制数的转换原则是"四位合一位",即以小数点为界,整数部分从右向左每4位为一组,若最后一组不足4位,则在最高位前面添0补足4位,然后从左边第一组起,将每组中的二进制数按权数相加得到对应的十六进制数,并依次写出即可;小数部分从左向右每4位为一组,最后一组不足4位时,尾部用0补足4位,然后按顺序写出每组二进制数对应的十六进制数。

例:把二进制数$(110101011101001.011)_2$转换为十六进制数。

二进制4位分组:　0110　1010　1110　1001　.　0110

转换成十六进制数:　6　　A　　E　　9　　.　6

$(110101011101001.011)_2 = (6AE9.6)_{16}$

(2)十六进制数转换成二进制数(见表1.1):十六进制数转换成二进制数的转换原则是"一位拆四位",即把1位十六进制数写成对应的4位二进制数,然后按顺序连接即可。

例:将$(C41.BA7)_1$6转换为二进制数。

C　　4　　1　　.　B　　A　　7

1100　0100　0001　.　1011　1010　0111

结果为:(C41.BA7)16 = $(110001000001.101110100111)_2$

表1.1　二进制与八、十六进制关系

二进制	八进制	二进制	十六进制
000	0	0000	0
001	1	0001	1
010	2	0010	2
011	3	0011	3
100	4	0100	4

续表 1.1

二进制	八进制	二进制	十六进制
101	5	0101	5
110	6	0110	6
111	7	0111	7
		1000	8
		1001	9
		1010	A
		1011	B
		1100	C
		1101	D
		1110	E
		1111	F

1.6.3 计算机中的数据单位

在计算机内部,数据都是以二进制的形式存储和运算的。计算机中常用的数据单位有以下几种:

1. 位

二进制数据中的一个位(bit)简写为 b,音译为比特,是计算机存储数据的最小单位。一个二进制位只能表示 0 或 1 两种状态,要表示更多的信息,就要把多个位组合成一个整体,一般以 8 位二进制组成一个基本单位。

2. 字节

字节是计算机数据处理的最基本单位,并主要以字节为单位解释信息。字节(Byte)简记为 B,规定一个字节为 8 位,即 1B = 8bit。每个字节由 8 个二进制位组成。一般情况下,一个 ASCII 码占用一个字节,一个汉字国际码占用两个字节。

3. 字

一个字通常由一个或若干个字节组成。字(Word)是计算机进行数据处理时,一次存取、加工和传送的数据长度。由于字长是计算机一次所能处理信息的实际位数,所以,它决定了计算机数据处理的速度,是衡量计算机性能的一个重要指标,字长越长,性能越好。

4. 数据的换算关系

1Byte = 8bit,1KB = 1024B,1MB = 1024KB,1GB = 1024MB。

例如,一台微机,内存为 256MB,软盘容量为 1.44MB,硬盘容量为 80GB,则它实际的存储字节数分别为:

内存容量 = 256 × 1024 × 1024B = 268435456B

软盘容量 = 1.44 × 1024 × 1024B = 1509949.44B

硬盘容量 = 80 × 1024 × 1024 × 1024B = 85899345920B

1.6.4　数值数据在计算机中的表示

1. 数的表示

(1) 机器数和真值

在计算机中,使用的二进制只有0和1两种值。一个数在计算机中的表示形式,称为机器数。机器数所对应的原来的数值称为真值,由于采用二进制必须把符号数字化,通常是用机器数的最高位作为符号位,仅用来表示数符。若该位为0,则表示正数;若该位为1,则表示负数。机器数也有不同的表示法,常用的有3种:原码、补码和反码。

机器数的表示法:用机器数的最高位代表符号(若为0,则代表正数;若为1,则代表负数),其数值位为真值的绝对值。假设用8位二进制数表示一个数,如图1.15所示。

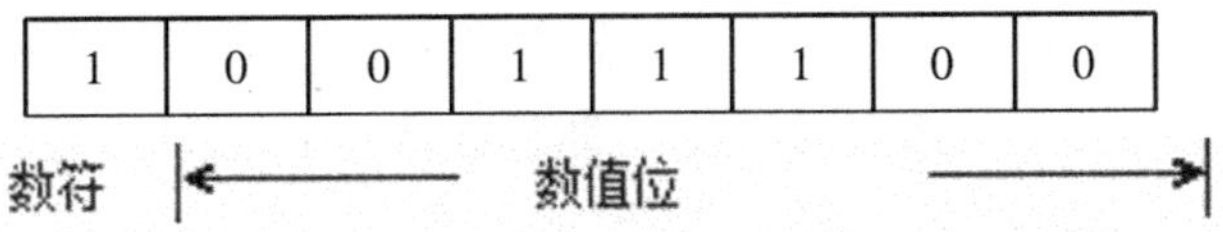

图1.15　用8位二进制表示一个数

在数的表示中,机器数与真值的区别是:真值带符号如 -0011100,机器数不带数符,最高位为符号位,如10011100,其中最高位1代表符号位。

例如:真值数为 -0111001,其对应的机器数为10111001,其中最高位为1,表示该数为负数。

(2) 原码、反码、补码的表示(计算机专业适用)

在计算机中,符号位和数值位都是用0和1表示,在对机器数进行处理时,必须考虑到符号位的处理,这种考虑的方法就是对符号和数值的编码方法。常见的编码方法有原码、反码和补码3种方法。下面分别讨论这3种方法的使用。

1)原码的表示。

一个数X的原码表示为:符号位用0表示正,用1表示负;数值部分为X的绝对值的二进制形式。记X的原码表示为[X]原。

例如:当X = +1100001时,则[X]原 = 01100001。

当X = -1110101时,则[X]原 = 11110101。

在原码中,0有两种表示方式:

当X = +0000000时,[X]原 = 00000000。

当X = -0000000时,[X]原 = 10000000。

2)反码的表示。

一个数X的反码表示方法为:若X为正数,则其反码和原码相同;若X为负数,在原码的基础上,符号位保持不变,数值位各位取反。记X的反码表示为[X]反。

例如:当X = +1100001时,则[X]原 = 01100001,[X]反 = 01100001。

当X = -1100001时,则[X]原 = 11100001,[X]反 = 10011110。

在反码表示中,0也有两种表示形式:

当 X = +0 时,则[X]反 =00000000。

当 X = -0 时,则[X]反 =10000000。

3)补码的表示。

一个数 X 的补码表示方式为:当 X 为正数时,则 X 的补码与 X 的原码相同;当 X 为负数时,则 X 的补码,其符号位与原码相同,其数值位取反加 1。记 X 的补码表示为[X]补。

例如:当 X = +1110001,[X]原 =01110001,[X]补 =01110001。

当 X = -1110001,[X]原 =11110001,[X]补 =10001111。

(3)BCD 码(计算机专业适用)

在计算机中,用户和计算机的输入和输出之间要进行十进制和二进制的转换,这项工作由计算机本身完成。在计算机中采用了输入/输出转换的二~十进制编码,即 BCD 码。

在二~十进制的转换中,采用 4 位二进制表示 1 位十进制的编码方法。最常用的是 8421BCD 码。“8421”的含义是指用 4 位二进制数从左到右每位对应的权是 8、4、2、1。BCD 码和十进制之间的对应关系如表 1.2 所示。

表 1.2　BCD 码和十进制数的对照表

十进制数	0	1	2	3	4	5	6	7	8	9
BCD 码	0000	0001	0010	0011	0100	0101	0110	0111	1000	1001

例如:十进制数 765 用 BCD 码表示的二进制数为:0111　0110　0101。

1.6.5　字符和汉字在计算机中的表示

计算机中使用的数据有数值型数据和非数值型数据两大类。数值数据用于表示数量意义;非数值数据又称为符号数据,包括字母和符号等,对非数值的文字和其他符号进行处理时,要对文字和符号进行数字化,即用二进制编码来表示文字和符号。在计算机中,其中西文字符最常用到的编码方案有 ASCII 编码。对于汉字,我国也制定的相应的编码方案。这里介绍两种符号数据的表示。

1. 字符数据的表示:ASCII 码

计算机中用得最多的符号数据是字符,它是用户和计算机之间的桥梁。用户使用计算机的输入设备,输入键盘上的字符键向计算机内输入命令和数据,计算机把处理后的结果也以字符的形式输出到屏幕或打印机等输出设备上。对于字符的编码方案有很多种,但使用最广泛的是 ASCII 码(American Standard Code for Information Interchange)。ASCII 码开始时是美国国家信息交换标准字符码,后来被采纳为一种国际通用的信息交换标准代码。ASCII 码占一个字节,有 7 位 ASCII 码和 8 位 ASCII 码两种,7 位 ASCII 码称为标准 ASCII 码(规定最高位为 0),8 位 ASCII 码称为扩充 ASCII 码。7 位二进制数给出了 128 个不同的组合,表示 128 个不同的字符。其中 95 个字符可以显示:包括大小写英文字母、数字、运算符号和标点符号等。另外 33 个字符是不可见的控制码,编码值为 0 ~ 31 和 127。例如回车符(CR),编码为 13。如表 1.3 所示为 7 位 ASCII 字符编码表。

表 1.3　　ASCII 字符编码表

	000	001	010	011	100	101	110	111
0000	NUL	DEL	SP	0	@	P	、	P
0001	SOH	DC1	!	1	A	Q	a	q
0010	STX	DC2	”	2	B	R	b	r
0011	EXT	DC3	#	3	C	S	c	s
0100	EOT	DC4	$	4	D	T	d	t
0101	ENQ	NAK	%	5	E	U	e	u
0110	ACK	SYN	&	6	F	V	f	v
0111	BEL	ETB	,	7	G	W	g	w
1000	BS	CAN	(	8	H	X	h	x
1001	HT	EM	)	9	I	Y	j	z
1010	LF	SUB	*	:	J	Z	j	z
1011	VT	ESC	+	;	K		k	{
1100	FF	FS	,	<	L		l	
1101	CR	GS	−	=	M	|	m	}
1110	SD	RS	.	>	N	^	N	~
1111	SI	US	/	?	O	_	0	DEL

2. 汉字的存储与编码

英语文字均由 26 个字母拼组而成,所以使用一个字节表示一个字符足够了。但汉字的计算机处理技术比英文字符复杂得多,由于汉字有一万多个,常用的也有六千多个,所以编码采用两字节来表示。

(1)汉字交换码

汉字交换码主要是用作汉字信息交换的。以国家标准局 1980 年颁布的《信息交换用汉字编码字符集基本集》(代号为 GB2312 - 80)规定的汉字交换码作为国家标准汉字编码,简称国标码。

国标 GB2312 - 80 规定,所有的国际汉字和符号组成一个 94 ×94 的矩阵。在该矩阵中,每一行称为一个“区”,每一列称为一个“位”,这样就形成了 94 个区号(01 ~94)和 94 个位号(01 ~94)的汉字字符集。国标码中有 6763 个汉字和 628 个其他基本图形字符,共计 7445 个字符。其中规定一级汉字 3755 个,二级汉字 3008 个,图形符号 682 个。一个汉字所在的区号与位号简单地组合在一起就构成了该汉字的“区位码”。在汉字区位码中,高两位为区号,低两位为位号。因此,区位码与汉字或图形符号之间是一一对应的。一个汉字由两个字节代码表示。

(2)汉字机内码

汉字机内码又称内码或汉字存储码。该编码的作用是统一了各种不同的汉字输入码在计算机内的表示。汉字机内码是计算机内部存储、处理的代码。计算机既要处理汉字,又要处理英文,所以必须能区别汉字字符和英文字符。英文字符的机内码是最高位为 0 的 8 位 ASCII 码。为了区分,把国标码每个字节的最高位由 0 改为 1,其余位不变的编码作为汉字字符的机内码。

一个汉字用两个字节的内码表示,计算机显示一个汉字的过程首先是根据其内码找到该汉字字库中的地址,然后将该汉字的点阵字形在屏幕上输出。

汉字的输入码是多种多样的,同一个汉字如果采用的编码方案不同,则输入码就有可能不一样,但汉字的机内码是一样的。有专用的计算机内部存储汉字使用的汉字内码,用以将输入时使用的多种汉字输入码统一转换成汉字机内码进行存储,以方便机内的汉字处理。在汉字输入时,根据输入码通过计算机或查找输入码表完成输入码到机内码的转换。如汉字国际码(H)+8080(H)=汉字机内码(H)。

(3)汉字输入码

汉字输入码也叫外码,是为了通过键盘字符把汉字输入计算机而设计的一种编码。

英文输入时,想输入什么字符便按什么键,输入码和内码是一致的。而汉字输入规则不同,可能要按几个键才能输入一个汉字。汉字和键盘字符组合的对应方式称为汉字输入编码方案。汉字外码是针对不同汉字输入法而言的,通过键盘按某种输入法进行汉字输入时,人与计算机进行信息交换所用的编码称为“汉字外码”。对于同一汉字而言,输入法不同,其外码也是不同的。例如,对于汉字“啊”,在区位码输入法中的外码是1601,在拼音输入中的外码是a,而在五笔字型输入法中的外码是KBSK。汉字的输入码种类繁多,大致有4种类型,即音码、形码、数字码和音形码。

(4)汉字字形码

汉字在显示和打印输出时,是以汉字字形信息表示的,即以点阵的方式形成汉字图形。汉字字形码是指确定一个汉字字形点阵的代码(汉字字形码)。一般采用点阵字形表示字符。

目前普遍使用的汉字字型码是用点阵方式表示的,称为“点阵字模码”。所谓“点阵字模码”,就是将汉字像图像一样置于网状方格上,每格是存储器中的一个位,16×16点阵是在纵向16点、横向16点的网状方格上写一个汉字,有笔画的格对应1,无笔画的格对应0。这种用点阵形式存储的汉字字型信息的集合称为汉字字模库,简称汉字字库。

1.6.6 其他信息在计算机中的表示

具有多媒体功能的计算机除可以处理数值和字符信息外,还可以处理图形和声音信息。在计算机中,图形和声音的使用能够增强信息的表现能力。

1. 图形的表示方法

计算机通过指定每个独立的点(或像素)在屏幕上的位置来存储图形,最简单的图形是单色图形。单色图形包含的颜色仅仅有黑色和白色两种。为了理解计算机怎样对单色图形进行编码,可以考虑把一个网格叠放到图形上。网格把图形分成许多单元,每个单元相当于计算机屏幕上的一个像素。对于单色图,每个单元(或像素)都标记为黑色或白色。如果图像单元对应的颜色为黑色,则在计算机中用0来表示;如果图像单元对应的颜色为白色,则在计算机中用1来表示。网格的每一行用一串0和1来表示。对于单色图形来说,用来表示满屏图形的比特数和屏幕中的像素数正好相等。所以,用来存储图形的字节数等于比特数除以8;若是彩色图形,其表示方法与单色图形类似,只不过需要使用更多的二进制位以表示出不同的颜色信息。

2. 声音的表示方法

通常,声音是用一种模拟(连续的)波形来表示的,该波形描述了振动波的形状,表示一个声音信号有三个要素,分别是基线、周期和振幅。声音的表示方法是以一定的时间间隔对音频信号进行采样,并将采样结果进行量化,转化成数字信息的过程,声音的采样是在数字模拟转换时,将模拟波形分割成数字信号波形的过程,采样的频率越大,所获得的波形越接近实际波形，即保真度越高。

1.7　多媒体技术

1.7.1　多媒体与多媒体技术的概念

“多媒体”一词源于英文 multimedia，它是指具有文本、图形、图像、音频、视频和动画等两种或两种以上的信息表现形式的综合体。由于计算机的数字化及交互式处理能力，极大地推动了多媒体技术的发展，所以，现在人们谈论的多媒体技术往往与计算机联系起来，即多媒体技术大多指的是多媒体计算机技术。在计算机领域中，多媒体技术是指通过计算机综合处理多种媒体信息，包括文本、图形、图像、音频、视频和动画等，使之建立逻辑连接，集成为一个系统并具有交互性的相关技术。多媒体就是指通过计算机综合处理的，具有文本、图形、图像、音频、视频和动画等两种或两种以上信息表现形式，并具有交互功能的综合体。

1.7.2　多媒体技术应用

多媒体涉及文本、图形、图像、声音、视频和动画等与人类社会息息相关的信息处理，因此它的应用领域极其广泛，已经渗透到了计算机应用的各个领域。不仅如此，随着多媒体技术的发展，一些新的应用领域正在开拓，前景十分广阔。

1. 多媒体在教育领域中的应用

(1)多媒体教室综合演示平台

多媒体教室综合演示平台又称多媒体教学系统，其核心设备是多媒体计算机。除此之外，它还集成了中央控制器、液晶投影机、投影屏幕以及多种数字音频和视频设备等。

多媒体教室综合演示平台可以使用计算机进行多媒体教学，呈现教学内容的文、图、声、像；可以播放视频信号，播放录像带，DVD(VCD)等音像内容；还可以利用实物展台将书稿、图表、照片、文字材料、实物等投影到银幕上进行现场实物讲解；在平台上通过多媒体中央控制器，完成电动屏幕、窗帘、灯光、设备电源的控制。

(2)多媒体教育软件

多媒体教育软件，是指根据教学大纲要求和教学需要，经过严格的教学设计，并以多媒体的表现方式编制而成的课程软件。

2. 多媒体在商业领域中的应用

随着人类社会步入高度信息化时代，多媒体在商业领域中的应用越来越多。其中“商业展示”显示出多媒体在传递信息方面的重要价值。商业展示实质上是专业人士为了展示企业文化或创造商业经济效益加入了多媒体技术等科技手段，从而使人们在短时间内最大限度地接收信息的一种传播方式。

3. 多媒体在大众娱乐领域中的应用

多媒体在大众娱乐领域的应用堪称目前计算机在家庭应用领域中最主要的应用，主要体现在数字化音乐欣赏，影视作品点播和电脑游戏互动等方面。

4. 多媒体在其他领域的应用

除了上述教育，商业和大众娱乐领域之外，多媒体还广泛应用于医疗、军事、电子出版、办公自动化、航空航天和农业生产等领域。譬如,多媒体远程医疗就是多媒体技术在医疗领域中应用的典型代表。

1.8 计算机安全

随着计算机应用领域的深入和计算机网络的普及,计算机已经把人类推向了一个崭新的信息时代。只有正确、安全的使用计算机,加强维护保养,预防和清除计算机病毒,才能充分发挥计算机的功能。

1.8.1 计算机安全规范

1. 道德规范

在使用计算机时,应该养成良好的道德规范,做到六个“不”。不利用计算机网络窃取国家机密,盗取他人密码,传播、复制色情内容等;不利用计算机所提供的方便,对他人进行人身攻击、诽谤和诬陷;不破坏别人的计算机系统资源;不制造和传播计算机病毒;不窃取别人的软件资源;不使用盗版软件。

2. 法律法规

我国政府和有关部门制定了《计算机软件保护条例》《中华人民共和国计算机信息系统安全保护条例》《中华人民共和国计算机信息网络国际联网管理暂行规定》《计算机信息网络国际联网安全保护管理办法》《计算机病毒防治保护管理办法》《互联网电子公告服务管理规定》和《互联网上网服务营业场所管理条例》等多个与计算机使用相关的法律法规,以规范计算机使用者的行为。

1.8.2 计算机病毒

随着计算机技术的迅速发展,计算机的应用已经深入到各个领域。计算机的普及,网络技术的发展,信息的共享,伴随着也出现了计算机病毒。

“计算机病毒”为什么叫作病毒。首先,与医学上的“病毒”不同,它不是天然存在的,是某些人利用计算机软、硬件所固有的脆弱性,编制的具有特殊功能的程序。由于它与生物医学上的“病毒”同样有传染和破坏的特性,因此这一名词是由生物医学上的“病毒”概念引申而来。

在《中华人民共和国计算机信息系统安全保护条例》中计算机病毒被定义为:“计算机病毒,是指编制或者在计算机程序中插入的破坏计算机功能或者毁坏数据,影响计算机使用,并能自我复制的一组计算机指令或者程序代码。”

计算机病毒这种程序不是独立存在的,它隐蔽在其他可执行的程序之中,既有破坏性,又有传染性和潜伏性。轻则影响机器运行速度,使机器不能正常运行;重则使机器处于瘫痪,会给用户带来不可估量的损失。

1. 计算机病毒的特点

计算机病毒具有以下几个特点:

(1)寄生性:计算机病毒寄生在其他程序之中,当执行这个程序时,病毒就起破坏作用，而在未启动这个程序之前，它是不易被人发觉的。

(2)传染性：计算机病毒不但本身具有破坏性，更有害的是具有传染性，一旦病毒被复制或产生变种，其传播速度之快令人难以预防。

(3)潜伏性：有些病毒像定时炸弹一样，让它什么时间发作是预先设计好的。比如黑色星期五病毒，不到预定时间一点都觉察不出来，等到条件具备的时候一下子就爆炸开来，对系统进行破坏。

(4)隐蔽性：计算机病毒具有很强的隐蔽性，有的可以通过病毒软件检查出来，有的根本就查不出来，有的时隐时现、变化无常，这类病毒处理起来通常很困难。

(5)破坏性：侵占系统资源、降低运行效率、使系统无法正常运行、破坏计算机硬件等等。

2. 计算机病毒的表现形式

计算机受到病毒感染后，会表现出不同的症状，下边把一些经常碰到的现象列出来，供用户参考。

(1)机器不能正常启动：加电后机器根本不能启动，或者可以启动，但所需要的时间比原来的启动时间变长了。有时会突然出现黑屏现象。

(2)运行速度降低：如果发现在运行某个程序时，读取数据的时间比原来长，存文件或调文件的时间都增加了，那就可能是由于病毒造成的。

(3)磁盘空间迅速变小：由于病毒程序要进驻内存，而且又能繁殖，因此使内存空间变小甚至变为“0”，用户什么信息也写进不去。

(4) 文件内容和长度有所改变：一个文件存入磁盘后，本来它的长度和其内容都不会改变，可是由于病毒的干扰，文件长度可能改变，文件内容也可能出现乱码。有时文件内容无法显示或显示后又消失了。

(5) 经常出现“死机”现象：正常的操作是不会造成死机现象的，即使是初学者，命令输入不对也不会死机。如果机器经常死机，那可能是由于系统被病毒感染了。

(6) 外部设备工作异常：因为外部设备受系统的控制，如果机器中有病毒，外部设备在工作时可能会出现一些异常情况，出现一些用理论或经验说不清道不明的现象。

其实，计算机受到不同的病毒感染后，表现形式多种多样，以上列出的只是常见的一些。

3. 计算机病毒分类

计算机病毒破坏方式、传播方式和危害程度各不相同。按病毒的感染目标或方式把计算机病毒分为以下 4 类。

(1)引导型病毒

它感染文件的分区或感染启动文件。这类病毒的危害性极大，它们通常破坏计算机硬盘中的文件表，使文件或程序无法使用，甚至格式化硬盘。

(2)文件型病毒

这类病毒仅感染某一类程序或文件，而使这一类程序功能不正常或无法使用。

(3)混合型病毒

它是前两种病毒结合性产物，因而破坏性极强。

(4)网络病毒

网络病毒主要是通过网络或 E - mail 传播,可以破坏计算机资源,使网络变慢,甚至网络瘫痪。

1.8.3 计算机病毒的预防

1. 安装杀(防)毒软件

病毒的发作给全球计算机系统造成巨大损失。对于一般用户而言,首先要做的就是为电脑安装一套正版的杀毒软件。

现在不少人对防病毒有个误区,就是对待电脑病毒的关键是“杀”,其实对待电脑病毒应当是以“防”为主。目前绝大多数的杀毒软件都是电脑被病毒感染后杀毒软件才去发现、分析和治疗。这种被动防御的消极模式远不能彻底解决计算机安全问题。杀毒软件应立足于拒病毒于计算机门外。因此应当安装杀毒软件的实时监控程序,应该定期升级所安装的杀毒软件(如果安装的是网络版,在安装时可先将其设定为自动升级),给操作系统打相应补丁、升级引擎和病毒定义码。由于新病毒的出现层出不穷,现在各杀毒软件厂商的病毒库更新十分频繁,应当设置每天定时更新杀毒实时监控程序的病毒库,以保证其能够抵御最新出现的病毒的攻击。

每周要对电脑进行一次全面的杀毒、扫描工作,以便发现并清除隐藏在系统中的病毒。当用户不慎感染上病毒时,应该立即将杀毒软件升级到最新版本,然后对整个硬盘进行扫描操作,清除一切可以查杀的病毒。如果病毒无法清除,或者杀毒软件不能做到对病毒体进行清晰的辨认,那么应该将病毒提交给杀毒软件公司,杀毒软件公司一般会在短期内给予用户满意的答复。而面对网络攻击之时,我们的第一反应应该是拔掉网络连接端口,或按下杀毒软件上的断开网络连接钮。

2. 安装个人防火墙

如果有条件,安装个人防火墙(Fire Wall)以抵御黑客的袭击。所谓“防火墙”,是指一种将内部网和公众访问网(Internet)分开的方法,实际上是一种隔离技术。防火墙是在两个网络通信时执行的一种访问控制尺度,它能允许你“同意”的人和数据进入你的网络,同时将你“不同意”的人和数据拒之门外,最大限度地阻止网络中的黑客来访问你的网络,防止他们更改、拷贝、毁坏你的重要信息。

3. 分类设置密码并使密码设置尽可能复杂

在不同的场合使用不同的密码。网上需要设置密码的地方很多,如网上银行、上网账户、E - Mail、聊天室以及一些网站的会员等。应尽可能使用不同的密码,以免因一个密码泄露导致所有资料外泄。对于重要的密码(如网上银行的密码)一定要单独设置,并且不要与其他密码相同。

设置密码时要尽量避免使用有意义的英文单词、姓名缩写以及生日、电话号码等容易泄露的字符作为密码,最好采用字符与数字混合的密码。

不要贪图方便在拨号连接的时候选择“保存密码”选项;如果您是使用 Email 客户端软件(Outlook Express、Foxmail 等)来收发重要的电子邮箱,如 ISP 信箱中的电子邮件,在设置账户属性时尽量不要使用“记忆密码”的功能。因为虽然密码在机器中是以加密方式存储的,但是这样的加密往往并不保险,一些初级的黑客即可轻易地破译你的密码。

定期地修改自己的上网密码,至少一个月更改一次,这样可以确保即使原密码泄露,也能将损失减小到最少。

4. 不下载来路不明的软件及程序

不下载来路不明的软件及程序。几乎所有上网的人都在网上下载过共享软件(尤其是可执行文件),网上软件在给你带来方便和快乐的同时,也会悄悄地把一些你不欢迎的东西带到你的机器中,比如病毒。因此应选择信誉较好的下载网站下载软件,将下载的软件及程序集中放在非引导分区的某个目录,在使用前最好用杀毒软件查杀病毒。有条件的话,可以安装一个实时监控病毒的软件,随时监控网上传递的信息。

不要打开来历不明的电子邮件及其附件,以免遭受病毒邮件的侵害。在互联网上有许多种病毒流行,有些病毒就是通过电子邮件来传播的,这些病毒邮件通常都会以带有噱头的标题来吸引你打开其附件,如果您抵挡不住它的诱惑,而下载或运行了它的附件,就会受到感染,所以对于来历不明的邮件应当将其拒之门外。

5. 警惕"网络钓鱼"

目前,网上一些黑客利用"网络钓鱼"手法进行诈骗,如建立假冒网站或发送含有欺诈信息的电子邮件,盗取网上银行、网上证券或其他电子商务用户的账户密码,从而窃取用户资金的违法犯罪活动不断增多。公安机关和银行、证券等有关部门提醒网上银行、网上证券和电子商务用户对此提高警惕,防止上当受骗。

6. 防范间谍软件

间谍软件是一种能够在用户不知情的情况下偷偷进行安装(安装后很难找到其踪影),并悄悄把截获的信息发送给第三者的软件。间谍软件的一个共同特点是,能够附着在共享文件、可执行图像以及各种免费软件当中,并趁机潜入用户的系统,而用户对此毫不知情。间谍软件的主要用途是跟踪用户的上网习惯,有些间谍软件还可以记录用户的键盘操作,捕捉并传送屏幕图像。间谍程序总是与其他程序捆绑在一起,用户很难发现它们是什么时候被安装的。一旦间谍软件进入计算机系统,要想彻底清除它们就会十分困难,而且间谍软件往往成为不法分子手中的危险工具。

从一般用户能做到的方法来讲,要避免间谍软件的侵入,可以从下面三个途径入手:

(1)把浏览器调到较高的安全等级——Internet Explorer 预设为提供基本的安全防护,但您可以自行调整其等级设定。将 Internet Explorer 的安全等级调到"高"或"中"可有助于防止下载。

(2)在计算机上安装防止间谍软件的应用程序,时常监察及清除电脑的间谍软件,以阻止软件对外进行未经许可的通讯。

(3)对将要在计算机上安装的共享软件进行甄别选择,尤其是那些你并不熟悉的,可以登录其官方网站了解详情;在安装共享软件时,不要总是心不在焉地一路单击"OK"按钮,而应仔细阅读各个步骤出现的协议条款,特别留意那些有关间谍软件行为的语句。

7. 只在必要时共享文件夹

不要以为你在内部网上共享的文件是安全的,其实你在共享文件的同时就会有软件漏洞呈现在互联网的不速之客面前,公众可以自由地访问您的那些文件,并很有可能被有恶意的人利用和攻击。因此共享文件应该设置密码,一旦不需要共享时立即关闭。一般情况下不要设置文件夹共享,以免成为居心叵测的人进入你的计算机的跳板。如果确实需要共享文件夹,一定要将文件夹设为只读,不要将整个硬盘设定为共享。例如,如果某一个访问者将系统文件删除,会导致计算机系统全面崩溃,无法启动。

8. 定期备份重要数据

在使用计算机的过程中,养成定期备份重要数据的习惯是很重要的。这样,即使计算机被病毒破坏造成文件数据丢失了,也可以通过恢复以往备份的数据从而避免损失。

习　题

一、选择题

1. 世界上第一台电子数字计算机是______。

A. ENIAC　　B. EDVAC　　C. EDEAC　　D. ENIIC

2. 第一代电子计算机所使用的电子元件是______。

A. 电子管　　B. 晶体管　　C. 中小规模集成电路　　D. 大规模集成电路

3. 现在的电子计算机所使用的主要电子元件是______。

A. 电子管　　B. 晶体管　　C. 中小规模集成电路　　D. 大规模集成电路

4. 在微机系统中,只读存储器常记为______。

A. ROM　　B. RAM　　C. External Memory　　D. Internal Memory

5. 下列选项中,防止计算机病毒传染的方法是______。

A. 不使用有病毒的盘片　　B. 不让带病毒的人操作

C. 提高计算机电源稳定性　　D. 联机操作

6. 计算机的内存储器比外存储器______。

A. 便宜　　B. 储存更多信息

C. 存取速度快　　D. 虽贵,但能储存更多信息

7. 世界上不同型号的计算机,就其工作原理而论,一般认为都基于美籍科学家冯·诺依曼提出的 ______。

A. 二进制　　B. 布尔代数　　C. 程序设计　　D. 存储程序控制

8. X 是二进制数 110110101, Y 是十六进制数 1AC, 则 X + Y 结果的十进制数是______。

A. 853　　.609　　C. 993　　D. 865

9. 关于计算机的操作系统,下面叙述不正确的是______。

A. 操作系统是从管理程序(管理软件和硬件的程序)发展而来的

B. 操作系统既是系统软件又是应用软件

C. 操作系统是计算机用户与计算机的接口

D. 用户一般是通过操作系统使用计算机

10. 目前计算机最常用的外存储器是______。

A. 磁带　　B. 鼠标　　C. 键盘　　D. 磁盘

11. 在十六进制中，基本数码 C 表示十进制数中的______。

A. 15　　B. 12　　C. 13　　D. 11

12. 下列各数中最小的是______。

A. 十进制数 35　　B. 二进制数 10101

C. 八进制数 26　　D. 十六进制数 1A

二、填空题

1. 一个完整的计算机系统由计算机硬件系统和(　　)系统两部分组成。

2. 计算机软件系统由系统软件和(　　)组成。

3. 计算机硬件系统主要是由控制器、(　　)、(　　)、(　　)、输出设备这五大功能部件组成。

4. 运算器和控制器组装在一起，称为(　　)。

5. 按工作方式分，内存可分成两大类：(　　)和(　　)。

6. 存储器主要分为两大类：内存储器和(　　)。

7. 一个字节为(　　)位二进制位。

8. $(1234)_8=(\quad)_{10}=(\quad)_2=(\quad)_{16}$

三、判断题

1. 操作系统是一种对所有硬件进行控制和管理的应用软件。(　　)

2. 若一台微机感染了病毒，只要删除所有带毒文件，就能消除所有病毒。(　　)

3. 装在主机箱内的硬盘属于内存。(　　)

4. 两位二进制数可以表示 2 种状态。(　　)

5. 运算器和控制器合在一起叫作 ALU。(　　)

6. 程序一定要调入主存储器中才能运行。(　　)

四、思考题

1. 打开一台电脑，了解机箱内部的结构和组成部件。

2. 计算机中采用二进制的原因？

3. 简述个人电脑安全防护策略。

第2章 操作系统基础

操作系统把计算机硬件和软件紧密地结合在一起,操作系统负责管理计算机资源,并提供人机交互界面。每个用户都是通过操作系统来使用计算机的,每个程序都要通过操作系统获得必要的资源才能被执行。

2.1 操作系统概述

2.1.1 操作系统的概念

操作系统(Operating System,简称 OS)是一种管理计算机系统资源、控制程序运行的系统软件,它是用户与计算机系统之间的接口或界面。所谓接口或界面是指操作系统规定用户以什么方式、使用哪些命令来控制和操作计算机。操作系统在计算机系统中处于系统软件的核心地位,已经成为计算机系统中不可分割的一部分。

1. 操作系统的分类

根据操作系统在用户界面的使用环境和功能特征的不同,操作系统一般可分为三种基本类型:即批处理系统、分时系统和实时系统。随着计算机体系结构的发展,又出现了网络操作系统和分布式操作系统。

(1)批处理操作系统

批处理任务,是指在计算机上无须人工干预而执行一系列程序的作业。因为无须人工交互,所有的输入数据预先设置于程序或命令行参数中,这不同于需要用户输入数据的交互程序的概念。

批处理允许多用户共享计算机资源,可以把作业处理转移到计算机资源不太繁忙的时段,避免计算机资源闲置,而且无须时刻有人工监视和干预,在昂贵的高端计算机上,使昂贵的资源保持高使用率,以减低平均开销。

(2)分时操作系统

一般来说,多个计算机用户是通过特定的端口,向计算机发送指令,并由计算机完成相应任务后,将结果通过端口反馈给用户的。

计算机处理多个用户发送出的指令的时候,计算机把它的运行时间分为多个时间段,并且将这些时间段平均分配给用户们指定的任务,轮流地为每一个任务运行一定的时间,如此循环,直至完成所有任务。这种使用分时的方案为用户服务的计算机系统即为分时系统。

(3)实时操作系统

实时操作系统是指当外界事件或数据产生时,能够接受并以足够快的速度予以处理,其处理的结果又能在规定的时间之内来控制生产过程或对处理系统作出快速响应,并控制所有实时任务协调一致运行的操作系统。因而,提供及时响应和高可靠性是其主要特点。

(4)网络操作系统

网络操作系统,是向网络计算机提供服务的特殊操作系统。它在计算机操作系统下工作,但增加了网络操作所需要的能力。网络操作系统是网络上各计算机能方便而有效地共享网络资源,为网络用户提供所需的各种服务的软件和有关规程的集合。它与通常的操作系统有所不同,除了具有通常操作系统应具有的功能外,还能提供高效、可靠的网络通信能力和多种网络服务功能,如:文件传输服务功能、电子邮件服务功能等。

(5)分布式操作系统

分布式操作系统是分布式系统的重要组成部分,负责管理分布式处理系统资源、控制分布式程序运行、信息传输、控制调度等。

分布式系统是由多台计算机组成,系统中的计算机无主次之分,所有用户共享系统中的资源,一个程序可以分布在几台计算机上并行地运行,互相协作完成一个共同的任务。分布式操作系统需要为协同工作的计算机提供一个统一的界面,标准的接口,其主要特点是分布性和并行性。

2. 操作系统的功能

操作系统的主要目标有两个方面:一是方便用户使用,二是最大限度地发挥计算机系统资源的使用效率。为实现这两个目标,从用户使用操作系统的观点看,操作系统应该具备作业管理功能;从系统资源管理的观点出发,操作系统应该具备处理机管理、存储器管理、设备管理、文件管理等功能。

(1)处理机管理

处理机管理也叫 CPU 管理或进程管理,它的主要任务是对 CPU 的运行进行有效的管理。CPU 的速度一般比其他硬件设备的工作速度要快得多,其他设备的正常运行往往也离不开 CPU,因此充分利用 CPU 资源也是操作系统最重要的管理任务。

(2)存储管理

存储器是重要的系统资源,根据存储系统的物理组织,通常划分为内存和外存。一个作业要在 CPU 上运行,它的代码和数据就要全部或部分地驻在内存中,而操作系统本身也要占据相当大的内存空间;在多任务系统中,并发运行的程序都要占有自己的内存空间,因此存储管理主要指的是对内存空间的管理。

存储管理的任务是对要运行的作业分配内存空间,当一个作业运行结束时要收回其所占用的内存空间。为了使并发运行的作业相互之间不受干涉,操作系统要对每一个作业的内存空间和系统内存空间实施保护。

(3)设备管理

计算机系统的外围设备种类繁多、控制复杂,相对 CPU 来说,运转速度比较慢,提高 CPU 和设备的并行性,充分利用各种设备资源,便于用户和程序对设备的操作和控制,一直是操作系统要解决的主要任务。设备管理的主要任务有设备的分配和回收、设备的控制和信息传输即设备驱动。

(4)文件管理

文件是计算机中信息的主要存放形式,也是用户存放在计算机中最重要的资源。文件管理的主要功能有文件存储空间的分配和回收、目录管理、文件的存取操作与控制、文件的安全与维护、文件逻辑地址与物理地址的映像、文件系统的安装、拆除和检查等。

(5)作业管理

请求计算机完成的一个完整的处理任务称为作业,作业管理是对用户提交的多个作业进行管理,包括作业的组织、控制、和调度等,尽可能高效地利用整个系统的资源。

2.1.2 常用操作系统简介

现今计算机中配置的操作系统种类有很多,它们的性能和复杂程度各有不同,这里简要介绍有代表性的几种。

1. Unix

Unix 系统于 1969 年问世,是一个多用户、多任务的分时操作系统。最初 Unix 是美国电报电话公司(AT&T)的 Bell 实验室为 DEC 公司的小型机 PDP - 11 开发的操作系统。后来,又凭其性能的完善和良好的可移植性,经过不断的发展、演变,广泛地应用在小型机、超级小型机甚至大型计算机上。随着多处理机和分布式网络处理技术的发展,Unix 开始支持多处理机、图形用户界面、分布式处理,安全性也得到进一步加强。

Unix 是一个功能强大、性能全面的多用户、多任务操作系统,可以应用从巨型计算机到普通 PC 机等多种不同的平台上,是应用面最广、影响力最大的操作系统。

2. Linux 操作系统

Linux 是一种类 UNIX 的操作系统,它是由荷兰赫尔辛基大学的学生 Linus Torvalds 在 1991 年开发的。他把 Linux 的源程序在 Internet 上公开,供世界各地的编程爱好者对 Linux 进行改进和合作开发。

现在 Linux 主要流行的版本有:Red Hat Linux、Turbo Linux 及我国自己开发的红旗 Linux、蓝点 Linux 等。

3. Mac OS

Mac OS 是一套运行于苹果 Macintosh 系列电脑上的操作系统,是基于 Unix 内核的图形化操作系统,一般情况下在普通 PC 上无法安装,它的许多特点和服务都体现了苹果公司的理念。

另外,现在的电脑病毒几乎都是针对 Windows 的,由于 MAC 的架构与 Windows 不同,所以很少受到病毒的袭击。Mac OS 操作系统界面非常独特,突出了形象的图标和人机对话。

4. Windows 操作系统

目前,Windows 操作系统是现今计算机上普遍安装使用的典型操作系统。它以其形象直观,操作简便倍受广大用户的青睐。

Window 是中文“窗口”的意思,而 Windows 则是许多窗口的意思。在 Windows 中将各种不同的任务组织成一个个图标,放在桌面上,每个图标都与一个 Windows 提供的功能相关联。每个图标就像是一扇未打开的窗户。用户用鼠标点击某个图标,就会打开一个新展开的窗口,进入一个新的工作环境,或看到想要了解的具体内容,或得到想要出现的效果。

2.1.3　Windows 的发展历史

1981 年 8 月,IBM 推出 MS - DOS 1.0 的个人电脑。MS - DOS 是 Microsoft Disk Operating System 的简称,意即由美国微软公司提供的磁盘操作系统。如图 2.1 所示,列出了 Windows 的发展历程。

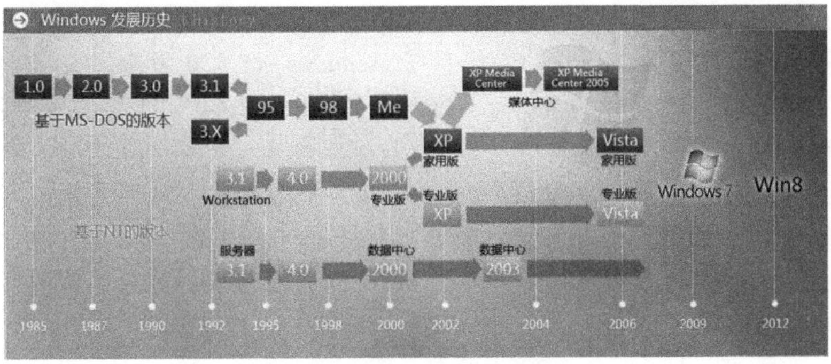

图 2.1　Windows 发展史

1985 年 11 月,Windows1.0 版问世,微软第一次对个人电脑操作平台进行用户图形界面的尝试。

1987 年 12 月,Windows 2.0 发布,这个版本的 windows 图形界面,有不少地方借鉴了同期的 Mac OS 中的一些设计理念。

1990 年 5 月,Windows 3.0 正式发布,由于在界面、人性化、内存管理多方面的巨大改进,获得用户的认同。

1992 年 4 月,Windows 3.1 发布,这个系统既包含了对用户界面的重要改善,也包含了对内存管理技术的改进。

1992 年 3 月,Windows for Workgroups 3.1 发布,标志着微软公司进军企业服务器市场。Windows 3.1 添加了对声音输入输出的基本多媒体的支持和一个 CD 音频播放器,以及对桌面出版很有用的 TrueType 字体。

1993 年 Windows NT 3.1 发布,这个产品是第一款真正对应服务器市场的产品,所以稳定性方面比桌面操作系统更为出色。

1994 年,Windows 3.2 的中文版本发布,由于消除了语言障碍,降低了学习门槛,因此很快在国内流行了起来。

1995 年 8 月,Windows 95 发布,出色的多媒体特性、人性化的操作、美观的界面令 Windows 95 成为微软发展的一个重要里程碑。Windows 95 推出了一个划时代的"开始"按钮以及桌面个人电脑桌面上的工具条等,这些一直保留在 Windows 后来所有的产品当中。后来的 Windows 95 版本还附带了 Internet Explorer 3。

1996 年 8 月,Windows NT 4.0 发布,增加了许多对应管理方面的特性,稳定性也有较大提高。

1998 年 6 月,Windows 98 发布,这个新的系统在 Windows 95 基础上改良了对硬件标准的支持。其他特性包括对 FAT32 文件系统的支持、多显示器、Web TV 的支持和整合到

Windows 图形用户界面的 Internet Explorer,称为活动桌面(Active Desktop)。

1999 年 6 月,Windows 98 SE(第二版)发布,提供了 IE 5、Windows Netmeeting 3、Internet Connection Sharing、对 DVD - ROM 和对 USB 的支持。

2000 年 9 月,Windows ME(Windows Millennium Edition)发布,其名字有两个意思,一是纪念 2000 年,Me 是千年的意思;另外是指个人运用版,Me 是英文中自己的意思。这个系统在 Windows 95 和 Windows 98 的基础上进行了相关的小的改善,但整体性能上较前者并没有显著提升。

2000 年 12 月,主要面向商业的操作系统 Windows NT 5.0 发布,为了纪念特别的新千年,这个操作系统也被命名为 Windows 2000。Windows 2000 包含新的 NTFS 文件系统、EFS 文件加密、增强硬件支持等新特性。

2001 年 10 月,Windows XP 发布。Windows XP 是微软把所有用户要求合成一个操作系统的尝试,和以前的 Windows 桌面系统相比稳定性有所提高,而为此付出的代价是丧失了对基于 DOS 程序的支持。2014 年 4 月 8 日,作为"服役"时间最长的操作系统,微软宣布停止向用户提供补丁服务。

2003 年 4 月,Windows Server 2003 发布。Windows Server 2003 对活动目录、组策略操作和管理、磁盘管理等面向服务器的功能作了较大改进,对. net 技术的完善支持进一步扩展了服务器的应用范围。

2006 年 11 月,Windows Vista 发布,它采用了玻璃质感的华丽界面及更人性化的操作,并有着更高的安全性。该系统带有许多新的特性和技术,但对计算机硬件配置要求较高。

2009 年 7 月,Windows 7 发布,相比以往的 Windows 系统,无论是系统界面,还是性能和可靠性等方面,Windows 7 都进行了颠覆性的改进。

2012 年 10 月,Windows 8 发布,全新的 Metro 风格用户界面,各种应用程序、快捷方式等能以动态方块的样式呈现在屏幕上,用户可自行将常用的浏览器、社交网络、游戏等添加到这些方块中。"Windows 8"还抛弃了旧版本"Windows"系统一直沿用的工具栏和"开始"菜单。

2.2 Windows 7 基础知识

2.2.1 Windows 7 的简介

Windows 7 是微软公司继 Windows Vista 之后最新推出的一款操作系统,在主要功能方面,比 Windows Vista 做了较大的改进,使得这款操作系统在实用性和易用性上都有了显著提高。Windows 7 的优点主要表现在以下几个方面:

1. 系统运行更加快速

Windows 7 在启动时所需的时间更少,而且在从睡眠状态唤醒系统时等一些细节也做得更好。由于特别注重性能提高,使得这款操作系统反应更加迅速,使用起来也更加轻快。

2. 全新设计的工具栏

Windows 7 对工具栏进行了革命性的改进,同一程序的不同窗口将自动分组,指向任务栏上的程序图标会显示这些窗口的缩略图,再次单击即可打开窗口。而且当右击该程序图标时,会弹出一个称为“Jump List”的选单。在这个选单中提供了很多可供操作的选项。

3. 桌面更加个性化

在 Windows 7 中,用户能够对个性化桌面进行更多操作和设置,如可将常用的桌面小工具随意放置到桌面的任意位置。另外,桌面主题的选择也更加丰富,内置的桌面主题包包含了整体风格统一的桌面壁纸、面板色调和声音方案,并且可以在桌面上连续播放多个桌面壁纸。如果用户根据自己的偏好设置桌面主题,还能将其保存为自定义的桌面主题包,从而省去再重新选择设置的麻烦。

4. 窗口缩放智能化

Windows 7 提供了半自动化的窗口缩放功能,当用户将窗口拖放到桌面的最上方时,窗口就会自动最大化。而如果用户将已经最大化的窗口稍微向下拖放,窗口就会自动被还原。如果用户将窗口拖动到桌面的左右边缘,窗口就会自动地变为桌面 50% 的宽度,这一功能非常方便实用,用户可以不再需要费力排列窗口。当用户打开大量的文档进行工作时,如果只想选中其中一个窗口进行编辑,只需在该窗口中按住鼠标左键并轻微晃动鼠标,则其他所有窗口就会自动地最小化,而如果重复该动作,所有的窗口又会重新出现。

5. 多媒体娱乐更方便

在 Windows 7 中,可以使用远程流媒体控制功能从家庭以外的 Windows 7 个人计算机安全地通过互联网访问家中的 Windows 7 媒体中心,从而可以随意地欣赏自己喜欢的音乐和视频等数字娱乐内容。此外,使用媒体中心可以轻松地管理用户保存在硬盘中的音乐、图片和视频,如果在计算机中添加一块电视卡,则还能将计算机变为一台个人电视,不仅可以录制节目,还可以欣赏互联网上丰富的视频内容。

6. 支持 Windows XP 模式

一些游戏、办公软件或应用软件需要在 Windows XP 下才能正常运行,Windows 7 提供了一种 Windows XP 模式,使用户可以在 Windows 7 桌面运行许多 Windows XP 程序。

7. 触摸操控新体验

如果配备了触摸屏,用户还能通过指尖来操控计算机。这一功能为用户带来全新的体验,可以像使用掌上终端一样使用计算机。

8. 简化局域网共享

Windows 7 提供了“图书馆”和“家庭组”两大网络新功能。使用“图书馆”可以对相似的文件进行分组,从而方便用户组织和管理音频、视频等文件。而使用“家庭组”,可以很方便地将这些图书馆在各个家庭组用户之间共享。

9. 用户安全机制革新

Windows 7 对用户安全机制进行了革新,不仅大幅度降低了为保证安全性而弹出的提示窗口的弹出频率,而且还向用户提供了更多的选择。自带的 IE 8 浏览器也增加了安全性能,从而使得用户在使用互联网时可以更加有效地保障自己的安全。

10. 增强的语音功能

早期版本中,用户仅能通过键盘或鼠标这样的输入设备与计算机进行信息沟通,Windows 7 提供了通过语音识别来操作计算机的功能,用户用说话的方式向计算机发出指令,这些不需要专门的软件来实现。

2.2.2 Windows 7 的启动和退出

1. Windows 7 的启动

成功安装好操作系统之后,每次打开计算机的电源开关,计算机首先进行自检,然后才引导系统,引导成功后出现欢迎界面。

根据使用该电脑的用户账户数目,界面分为单用户登录和多用户登录两种。如图2.2所示是单用户登录界面,如图2.3 所示是多用户登录界面。单击需要登录的用户名,然后在用户名下方的文本框中输入登录密码,按回车键或单击文本框右侧的按钮,即可开始加载个人配置信息,经过几秒钟之后进入 Windows 7 系统桌面。

图 2.2　单用户登录界面

图 2.3　多用户登录界面

2. Windows 7 的退出

在关闭计算机电源之前,要确保正确退出 Windows 7,否则可能会破坏一些未保存的文件和正在运行的程序。用户通过关机、休眠、锁定、重新启动、注销和切换用户等操作,都可以退出 Windows 7 操作系统。

退出系统前,先关闭所有正在运行的应用程序,返回到 Windows 7 的桌面。单击【开始】按钮,单击开始菜单右侧窗格底部的【关机】按钮,此时就会直接关闭计算机;如果鼠标移动到【关机】按钮右侧的小箭头上,弹出的级联菜单中还包含【切换用户】、【注销】、【锁定】、【重新启动】和【睡眠】等选项,如图 2.4 所示。

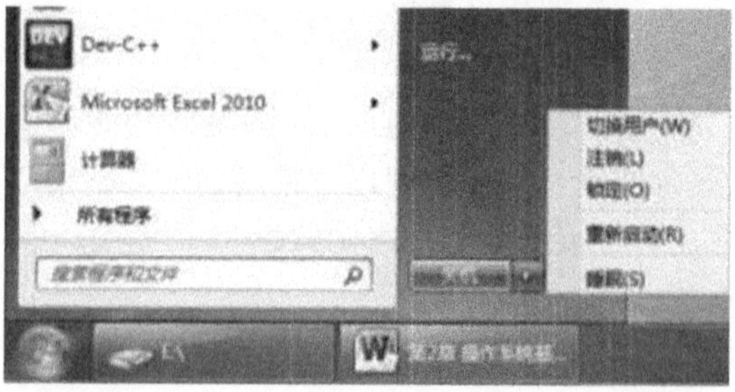

图 2.4　显示关机选项

(1)切换用户

通过“切换用户”能快速地退出当前用户,并回到“用户登录界面”,同时会提示当前登录的用户为“已登录”。此时用户可以选择其他用户账户来登录系统,而不会影响到

“已登录”用户的账户设置和运行的程序,如图 2.5 所示。

图 2.5　“切换用户”状态

(2)注销

Windows 7 与之前版本的操作系统一样,允许多用户共同使用一台电脑上的操作系统,每个用户都可以拥有自己的工作环境并对其进行相应的设置。当需要退出当前的用户环境时,可以通过注销方式来实现。

注销功能和重新启动相似,在注销前要关闭当前运行的程序,保存打开的文档,否则会造成数据的丢失。进行此操作后,系统会将个人信息保存到硬盘中,并切换到“用户登录界面”。

(3)锁定

当用户需要暂时离开电脑,但是还在进行某些操作不方便停止,也不希望其他人查看自己电脑里的信息时,就可以使电脑锁定,恢复到“用户登录界面”,再次使用时只有输入用户密码才能开户电脑进行操作。

(4)重新启动

通过重新启动也能快速退出当前的用户,并重新启动机器。系统可自动保存相关的信息,然后将计算机重新启动并进入“用户登录界面”。

(5)睡眠

选择睡眠后电脑会保存用户的工作并关闭,此时电脑并没有真正关闭,而是进入了一种低耗能锁定状态,再次打开电脑时会还原到原工作状态。

2.2.3　Windows 7 桌面

Windows 7 正常启动后,首先看到的是它的桌面。桌面是对计算机屏幕(工作区)的形象比喻,通过桌面用户可以有效地管理自己的计算机。Windows 7 的桌面一般由图标、背景、任务栏、开始按钮、语言栏和通知区域等组成,如图 2.6 所示。

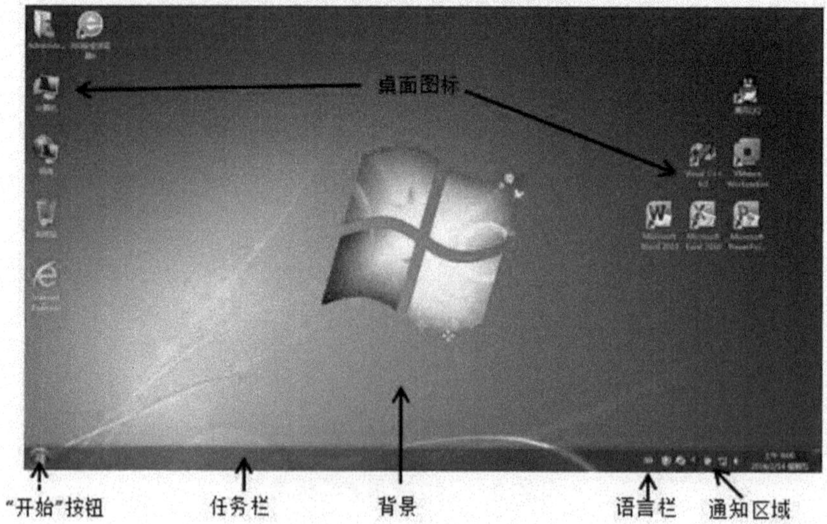

图 2.6 Windows 7 桌面

1. 图标

图标是表示对象的一种图形标记。桌面上的图标有的是系统安装完成后就有的,如"回收站",有的是后来添加上去的,如快捷方式等。图标的作用是帮助用户区分不同的任务并使计算机的操作变得更加透明。有时当用户将鼠标置于图标上时,还会出现文字性说明。

(1)排列桌面图标

桌面图标可以有多种排列方式,例如可以按照图标的名称、大小、类型和修改日期等进行排列。排列桌面图标的具体操作步骤如下:

右击桌面的空白处,在弹出的快捷菜单中选择【排序方式】选项,然后从级联菜单中选择一种排列方式,如图 2.7 所示。

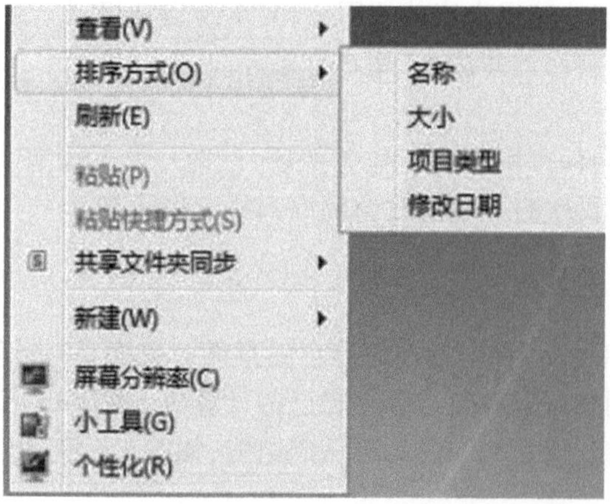

图 2.7 图标排列方式

(2)查看桌面图标

图标的查看有几种不同的显示方式:

- 大图标、中等图标、经典图标：用来控制图标显示的大小。
- 自动排列：使得图标在桌面的左侧自动对齐，按序排列。
- 对齐到网格：使图标对齐到屏幕网格。
- 显示桌面图标：使图标在桌面上显示，如果没有选中则只会显示桌面背景而无图标显示。

如果希望通过移动某图标对其进行位置，则用鼠标直接拖动桌面上的图标即可。

右击桌面的空白处，在弹出的快捷菜单中选择【查看】选项，然后从级联菜单中选择一种排列方式，如图 2.8 所示。

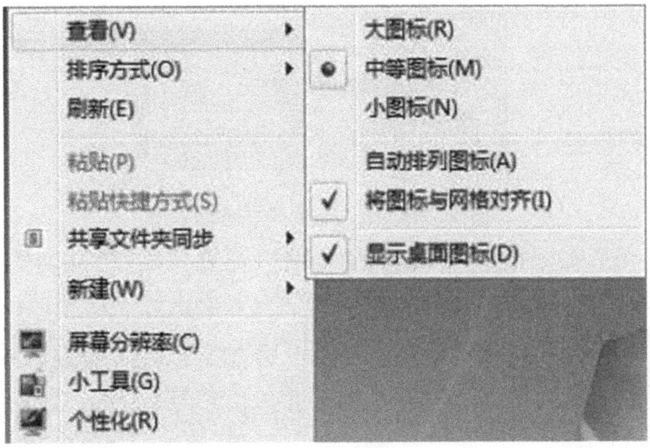

图 2.8　查看图标

2. 任务栏

任务栏是位于屏幕底部的一个矩形长条，如图 2.9 所示，它显示了系统正在运行的程序和当前时间等。通过任务栏用户可以完成许多操作，而且还可以对它进行一系列自定义设置。

图 2.9　任务栏

任务栏中各部分功能介绍如下：

(1)“开始按钮”：可以弹出开始菜单。

(2)“应用程序按钮”：该区域中存放了当前所有打开窗口的最小化图标，当前(活动)窗口的图标呈凹下状态，单击各图标可在多个窗口间进行切换。

在任何一个程序按钮上单击鼠标右键，可从弹出的列表中将常用程序“锁定”到“任务栏”上以方便以后访问，如图 2.10 所示。还可以根据需要通过单击和拖曳操作重新排列任务栏上的图标。

图 2.10　应用程序按钮列表

Windows 7 的任务栏还增加了 Aero Peek 窗口预览功能，用鼠标指向任务栏图标，可预览已打开文件或者程序的缩略图，如图 2.11 所示，单击任一缩略图，可打开相应窗口。

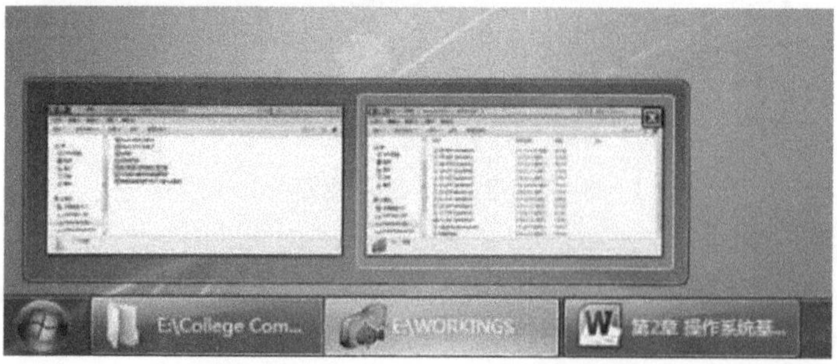

图 2.11　Aero Peek 窗口预览

(3)“通知区域”：通知区域中显示时钟、音量、网络和操作中心等系统图标，还包括一些正在运行的程序图标，或提供访问特定设置的途径。有些图标会显示小弹出窗口(称为通知)，通知用户一些信息，用户也可以根据自己的需要设置通知区域的显示内容。

(4)“显示桌面”：Windows 7 任务栏的最右侧增加的按钮，其作用是快速将所有已打开的窗口最小化，在以前的系统中，它被放在快速启动栏中。

用鼠标指向该按钮时，所有已打开的窗口会变成透明的，以便显示出桌面内容，当移开时，窗口恢复原状。单击该按钮可将所有打开的窗口最小化。如果要恢复显示这些已打开的窗口，也不必逐个在【任务栏】中单击，只要再次单击按钮，即可将所有已打开的窗口恢复为显示状态。

2.2.4　Windows 7【开始】菜单

Windows 7 的开始菜单将用户所要进行的所有操作进行了区域化处理(提供一个选项列表)，将常用的程序放在左边。在这里可以启动程序、打开文件、使用“控制面板”、自定义系统、获得帮助和支持、搜索计算机以及完成更多的工作等，如图 2.12 所示。

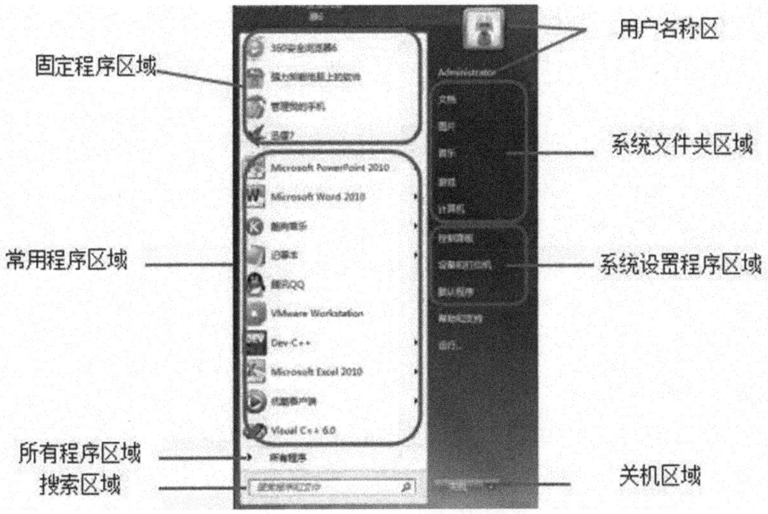

图2.12　【开始】菜单

【开始】菜单中各部分的功能介绍如下：

(1)用户名称区。用户名称区显示的是当前登录用户的名称及其图标，例如Administrator。

(2)固定程序区。固定项目列表区中显示的是用户使用最频繁的应用程序列表，用户可根据需要增加或删除该区域中的项目。

(3)常用程序区。常用程序列表区中显示的是用户最近使用过的应用程序列表。

(4)所有程序列表。程序列表可查看系统中安装的所有程序，打开所有程序子菜单。

“所有程序”子菜单中包括应用程序和程序组，其中，标有文件夹图标的项为程序组；单击程序组。即可弹出应用程序列表，如图2.13所示。

图2.13　所有程序菜单

(5)启动菜单区，位于【开始】菜单的右侧，包括“系统文件夹区域”和“系统设置程序区域”两个部分。其中列出了一些经常使用的 Windows 程序链接，如“文档”“计算机”“控制面板”和“设备和打印机”等，通过启动菜单用户可以快速地打开相应的程序，进行相应的操作。

(6)搜索框。使用搜索框进行搜索是在计算机上查找项目的最便捷的方法之一。用户可以在搜索框中遍历所有文件夹及子文件夹中的文件及程序，还可以搜索电子邮件、已保存的即时消息、约会和联系人等。

(7)关机按钮。关机按钮区包含关机按钮和可显示更多按钮。

2.2.5 Windows 7 窗口

1. Windows 7 窗口组成

窗口是屏幕上的可见的矩形区域，所有操作都是围绕窗口展开的。用户打开的程序、文件或文件夹都会显示在屏幕的窗口中。窗口主要由控制菜单按钮、标题栏、菜单栏、工具栏、边框、状态栏、滚动条以及工作区等部分组成，如图 2.14 所示。

(1)前进、后退按钮：可以快速在前一个窗口和后一个窗口间切换。

(2)地址栏：用于导航至不同的文件夹或库，或者返回上一个文件夹。在地址栏中输入文件路径后，单击“转到”按钮即可打开相应的窗口。

(3)搜索栏：在“搜索计算机”文本框中输入词或短语可查找当前文件夹中存储的文件或子文件夹。搜索栏的功能与【开始】菜单中“搜索”框的功能相似，但此处只能搜索当前窗口范围内的目标。还可以在搜索栏中添加搜索筛选器，以便更精确、快速地搜索所需的内容。

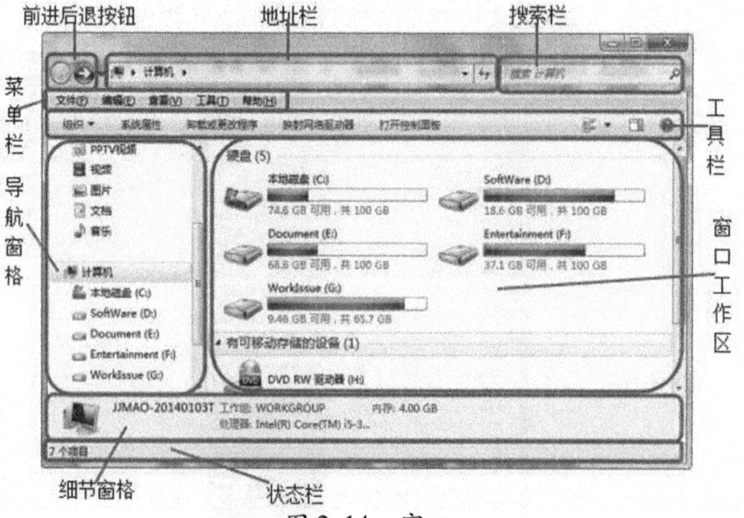

图 2.14　窗口

(4)菜单栏：位于地址栏下方。菜单可分为下拉菜单和快捷菜单两种，菜单栏中存放的是下拉菜单，每个下拉菜单都是命令的集合，用户可以通过选择其中的选项进行操作。如果使用鼠标右键单击，弹出的就是快捷菜单。

(5)工具栏：位于菜单栏下方，用于存放常用的工具命令按钮，让用户能更方便地使用这些工具。

(6)导航窗格:位于工作区的左侧区域,可以方便用户查找所需的文件或文件夹的路径。与以往的 Windows 操作系统版本不同的是,Windows 7 导航窗格包括收藏夹、库、计算机和网络等四个部分,单击前面的扩展按钮可打开相应的列表 ,并打开相应的窗口。

(7)窗口工作区:位于窗口的右侧,是整个窗口中最大的矩形区域,用于显示操作对象以及操作结果。当窗口中显示内容太多而无法在一个屏幕内显示出来时,单击窗口右侧垂直滚动条两端的按钮或者拖动滚动条,都可以使窗口中的内容垂直滚动。

(8)细节窗格:位于窗口的底部,显示所选文件的详细信息。当用户不需要显示详细信息时,可以将细节窗格隐藏起来:单击工具栏上的组织按钮,从弹出的下拉列表中选择【布局】选项的子菜单项【细节窗格】即可。

(9)状态栏:位于窗口的最下方,显示当前窗口的相关信息和被选中对象的状态信息。

另外,窗口右上角有 3 个常用按钮:

(10)最小化按钮:单击该按钮,将窗口缩小成图标放到任务栏上。

(11)最大化按钮:单击该按钮,将窗口放大到它的最大尺寸。

(12)还原按钮:当窗口最大化后,最大化按钮就变成了还原按钮,还原按钮将窗口还原成原来的大小。

(13)关闭按钮:单击该按钮,关闭窗口。同时也将该窗口对应的应用程序关闭。

2. Windows 7 窗口的操作

窗口的基本操作包括移动窗口、改变窗口的大小、最小化、使窗口最大化、还原窗口、关闭窗口等。

(1)移动窗口

将鼠标指针指向标题栏,按住鼠标左键不放并移动鼠标,将窗口拖动到新的位置,然后释放鼠标左键。

(2)改变窗口大小

将鼠标指向窗口的边框或窗口角上,当鼠标指针变成双箭头形状时,按住鼠标左键不放并移动鼠标,这时可以看到窗口的边框随鼠标的移动而放大或缩小。当窗口改变到所需要的大小时,释放鼠标。

(3)滚动窗口中的内容

为了上下观察窗口中的内容,将鼠标指向垂直滚动条并按住鼠标左键,然后上下移动垂直滚动条;如果要左右滚动窗口中的内容,将鼠标指向水平滚动条并按住鼠标左键,然后左右移动水平滚动条。

(4)排列窗口

Windows 允许同时打开多个窗口,但活动窗口只有一个。活动窗口的标题栏高亮反显,其他窗口的标题栏呈浅色显示。如果要使其中某个窗口成为活动窗口,只要用鼠标单击该窗口的任一部分即可。当同时打开多个窗口时,为了便于观察和操作,可以对窗口进行重新排列。

在任务栏的空白处单击鼠标右键,弹出的快捷菜单中包含了显示窗口的三种形式,即层叠窗口、堆叠窗口和并排显示窗口，如图 2.15 所示。用户可以根据需要选择一种窗口的排列形式，对桌面上的窗口进行排列。

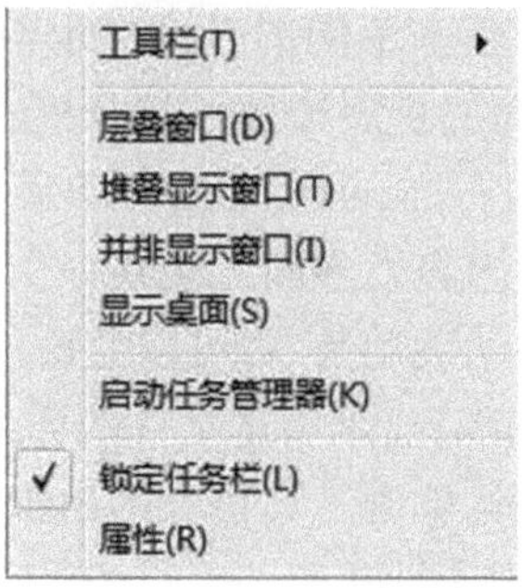

图 2.15　任务栏快捷菜单

(5)切换窗口

桌面上窗口较多，又需要查看不同窗口中的内容时，需要对窗口进行切换。切换窗口有认下几种方法：

①使用任务栏切换窗口。

Windows 7 的任务栏在默认情况下会分组显示不同程序窗口。当鼠标指向不同程序图标时，会显示这些窗口的缩略图。当指向其中某一缩略图时，在桌面上会即时显示出该窗口的内容，如图所示。注意：只有支持 Windows Aero 的计算机才能查看任务栏缩略图。

任务栏上的按钮也可以更改为不分组显示，或者只在任务栏满时才进行分组，方法是右击任务栏上的空白处，在弹出菜单中选择【属性】命令，打开【任务栏和开始菜单属性】对话框，然后在【任务栏按钮】右侧的下拉列表中选择一种按钮的分组方式，如图2.16 所示。

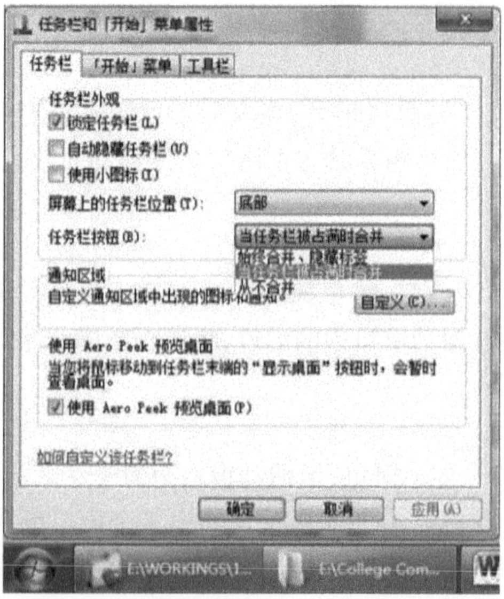

图 2.16　任务栏按钮分组

②使用组合键"Alt + Tab"。

通过按"Alt + Tab"组合键可以切换到先前显示的活动窗口。如果按住 Alt 键然后重复按 Tab 键可以循环切换所有打开的窗口和桌面，当切换到所需窗口时释放 Alt 键即可显示该窗口。在 Windows 7 中利用该方法切换窗口时，会在桌面中间显示预览小窗口，如图 2.17 所示。

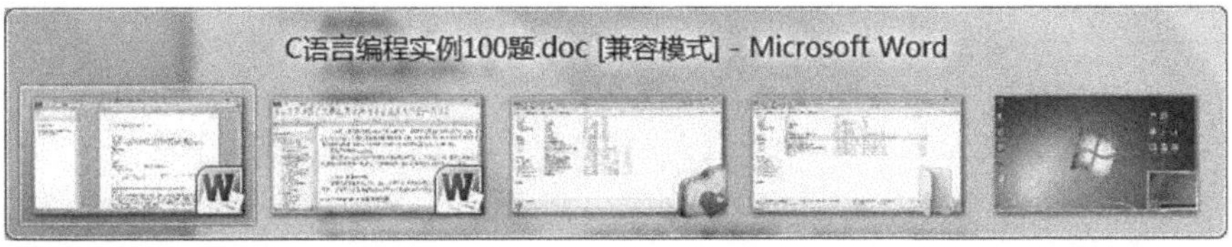

图 2.17　切换预览小窗口

③使用组合键"Alt + ESC"。

通过按"Alt + ESC"组合键也可以切换活动窗口，使用这种方法直接在各个窗口之间切换，而不会出现窗口图标方块。

④利用 Ctrl 键。

如果用户想打开同类程序中的某一个程序窗口，可以按住 Ctrl 键，同时重复单击任务栏上程序的图标按钮，就会弹出不同的程序窗口，找到想要的程序窗口后停止单击即可。

⑤Flip 3D 窗口切换。

如果计算机支持 Windows Aero，则可用此功能切换窗口进行快速浏览，如图 2.18 所示。在按住【Windows】键的同时，重复按 Tab 键或使用鼠标滚轮可以循环切换打开的窗口，也可以用方向键来切换窗口。

图 2.18　EFlip 3D 窗口切换

(6) Aero 特效操作

Windows 7 提供了几种 Aero 特效操作，掌握后可更加便捷地对窗口实施操作。

- Aero Shake：光标指向标题栏，拖动鼠标摇动窗口 2 可让其他窗口最小化。
- Aero Peek：将鼠标置于任务栏右下角 1 秒钟，或者按【Win + Space】组合键，所有窗口将变成透明,只留下边框(Win 即 Windows 键,简称“Win 键”,是在计算机键盘左下角 Ctrl 和 Alt 键之间的按键)。

● Aero Snap:提供了大量重置窗口位置和调整窗口大小的方式。例如:【Win + ↑】组合键可以实现窗口最大化,【Win + ←】组合键可以实现窗口靠左显示,【Win + →】组合键可以实现窗口靠右显示,【Win + ↓】组合键可以实现窗口还原或窗口最小化。

2.2.6 Windows 7 菜单和对话框

1. 对话框

对话框是一种特殊的窗口,它是系统或应用程序与用户进行交互、对话的接口。它由标题栏、选项卡(标签)、单选按钮、复选框、数值框、列表框、下拉列表框、命令按钮、文本框和滑块等元素组成。与其他窗口的最大区别在于它没有菜单栏,窗口大小不能调整,对话框的右上角只有“关闭”和“帮助”按钮。

(1)标题栏:拖动标题栏可以移动对话框。

(2)页面式选项卡:有些对话框窗口不止一个页面,而是将具有相关功能的对话框组合在一起形成一个多功能对话框,每项功能的对话框称为一个选项卡。选项卡是对话框中叠放的页,单击对话框选项卡标签可显示相应的内容,称为页面式选项卡。

(3)单选按钮:一般用一个圆圈表示,如果圆圈带有一个黑色实心点,则表示该选项为选中状态;如果是空心圆圈,则表示该项未被选定。单选按钮为一组有多个互相排斥的选项,在某一时刻只能由其中一项起作用,单击即可选中其中一项。

(4)复选框:一般用方形框来表示,用来表示是否选定该选项。当复选框内有一个符号“√”时,表示该项被选中。若再单击一次,变为未选中状态。复选按钮为一组可并存的选项,允许用户一次选择多项。

(5)数值框:用于输入数值信息。用户也可以单击该数值框右侧的向上或向下微调按钮来改变数值。

(6)列表框:列出可供用户选择的选项。列表框常带有滚动条,用户可以拖曳滚动条显示相关选项并进行选择。

(7)命令按钮:用来执行某种任务的操作,单击即可执行某项命令。

(8)文本框:是要求输入文字的区域,用户可直接在文本框中输入文字。

(9)滑块:拖曳滑块可改变数值大小。通常向右移动,值将增加;向左移动,值将减小。

(10)帮助按钮:在一些对话框的标题栏右侧会出现一个按钮,单击该按钮,然后单击某个项目,可获得有关该项目的帮助。

如图 2.19 及 2.20 列出了常见的对话框元素。

图 2.19　对话框窗口

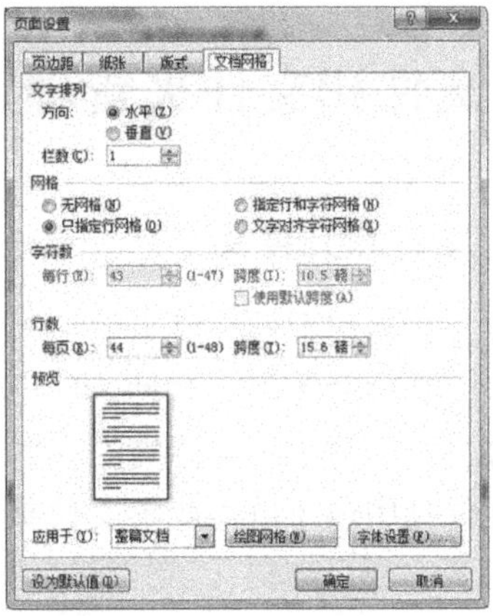

图 2.20　对话框窗口

2. Windows 7 的菜单

菜单是一种使用频繁的界面元素，是一个程序的重要组成部分。在大多数程序中包含了几十甚至几百个命令，许多的命令被组织到不同的菜单中，一个菜单对应一个选择列表。用户可以通过菜单下达命令，完成各项操作。

菜单完成的功能不同，所以命令选项的名称不同，而且有些命令还带有特殊标志，对于不同的标志，有着不同的意义，如图 2.21 所示。

(1)命令选项呈现灰色字体：表示该命令在当前不能使用。

(2)命令选项后有…：选择该命令选项后会弹出一个对话框。

(3)命令选项前有√：表示该命令在当前状态下已经起作用。

(4)命令选项前有●：表示该命令已经选用，一般常见于单选项前。

(5)命令选项后带有▼：表示该命令选项后有子菜单(级联菜单)。

图 2.21　菜单标志示例

2.3 文件和文件夹管理

2.3.1 文件和文件夹

文件是计算机存储介质上的一组相关信息的集合，是计算机系统中数据组织的基本存储单位。文件的类型有多种，可以是一个应用程序，也可以是一段文字等。

文件夹是文件和子文件夹的容器，具有某种联系的文件和子文件夹存放在一个文件夹中。文件夹中还可以存放子文件夹，这样逐级地展开下去，整个文件文件夹结构就呈现一种树状的组织结构，因此也称为“树形结构”。

1. 文件名

在计算机中，系统通过文件的名字来对文件进行管理，所以每个文件必须有一个确定的名字。文件名一般由主文件名和扩展名两部分组成，主文件名和扩展名之间用“.”隔开。主文件名用于表示文件的名称，扩展名说明文件的类型。

在 Windows 中，主文件名可由最长不超过 255 个合法的字符组成，文件名命名要注意以下几方面：

(1) \、/、*、:、?、″、<、>、| 等 9 种符号不可用。

(2) 文件名中的英文字母不区分大小写。

(3) 允许出现空格符，但扩展名中一般不使用空格。

(4) 文件名中可多次使用分隔符，但只有最后一个分隔符的后面是扩展名，例如，os.txt.txt。

(5) 系统规定在同一个文件夹内不能有相同的文件名，而在不同的文件夹中则可以重名。

2. 文件类型

借助扩展名，可以确定用于打开该文件的应用软件。一般应用程序在创建文件时自动给出扩展名，对应每一种文件类型，一般都有一个独特的图标与之对应。表 2.1 列出一些常见的文件扩展名及其对应的文件类型。

表 2.1 文件扩展名及其对应的文件类型

文件扩展名	文件类型	文件扩展	文件类型
asf	声音、图像媒体文件	avi	视频文件
wav	音频文件	rar	Winrar 压缩文件
ico	图示文件	jpeg	图像压缩文件
bmp	位图文件(一种图像文件)	mid	音频压缩文件
mp3	采用 MPEG－1 Layout3 标准压缩的音频文件	pdf	图文多媒体文件
zip	压缩文件	txt	文本文件
bat	MS－DOS 环境中的批处理文件	wps	WPS 文本文件
html	超文本文件	inf	软件安装信息文件

文件的种类很多,运行方式各不相同。不同文件的图标也不一样,只有安装了相关的软件才会显示正确的图标。

Windows 7 中,有一类主要用于各种应用程序运行的特殊的文件,其中存储着一些重要信息。这些文件的扩展名为 sys、drv 和 dll,这类文件是不能执行的。

3. 文件夹

操作系统中用于存放程序和文件的容器就是文件夹,在 Windows 7 中,文件夹图标是。

(1)文件夹存放原则

文件夹中可以存放程序、文件以及文件的快捷方式等,文件夹中还可以包括子文件夹。为了能对各个文件进行有效的管理,方便文件的查找和使用,可以将一类文件集中放置在一个文件夹内。

同一个文件夹中不能存放相同名称的文件和文件夹。通常情况下,每个文件夹都存放在一个磁盘空间里,文件夹的路径则指出文件夹在磁盘中的位置。如图 2.22 中地址栏所示,Fonts 文件夹的存放路径为“C:WindowsFonts”。

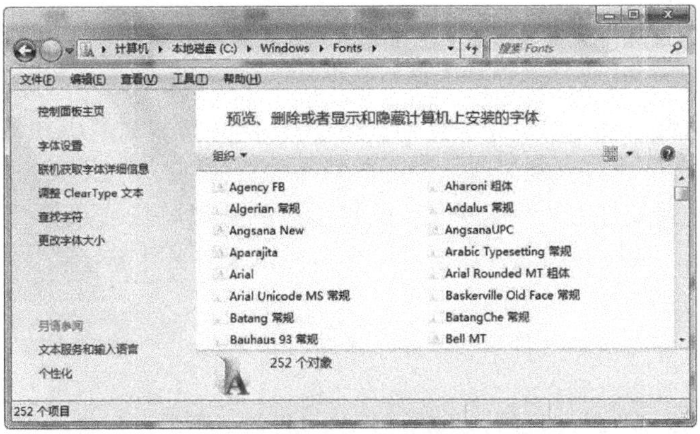

图 2.22　文件及文件夹路径示例

(2)文件夹分类

根据文件夹的性质,可以将文件夹分为标准文件夹和特殊文件夹两类。

用户平常所使用的用于存放文件和文件夹的容器就是标准文件夹。当打开标准文件夹时,它会以窗口的形式出现在屏幕上,关闭它时,则会收缩为一个文件夹图标。用户可以对文件夹中的对象进行剪切、复制和删除等操作。

特殊文件夹是 Windows 系统所支持的另一种文件夹格式,其实质就是一种应用程序,例如“控制面板”、“打印机”和“网络”等。特殊文件夹是不能用于存放文件和文件夹的,但是可以查看和管理其中的内容。

4. 库的应用

库是 Windows 7 的一个新增功能,四个默认库:文档、音乐、图片和视频。库用于管理文档、音乐、图片和其他文件的位置。用户可以使用与在文件夹中浏览文件相同的方式浏览文件,也可以查看按属性(如日期、类型和作者)排列的文件,如图 2.23 所示。

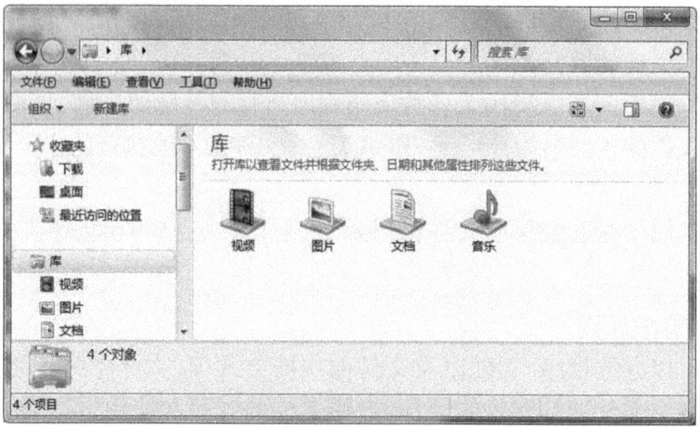

图 2.23　库窗口

● 文档库:使用此库可以访问"我的文档"文件夹。此文件夹可用于存储文本文档、Word 文档等与文本有关的文件。默认情况下,移动、复制或保存到文档库的文件都存储在"我的文档"文件夹。

● 音乐库:此文件夹可用于存储数字音乐,默认情况下,移动、复制或保存到音乐库的文件都存储在"我的音乐"文件夹中。

● 图片库:此文件夹可以用于存储数字图片,图片可以从数码相机、扫描仪或互联网获取。默认情况下,移动、复制或保存到图片库的文件都存储在"我的图片"文件夹中。

● 视频库:此文件夹可存储视频,视频可以从数码相机或摄像机获得剪辑,或从 Internet 下载。默认情况下,移动、复制或保存到视频库的文件都存储在"我的视频"文件夹中。

在某些方面,库类似于文件夹,例如打开库时将看到一个或多个文件。但与文件夹不同的是,库可以收集存储在多个位置中的文件,这是一个细微但重要的差异。库实际上不存储项目,它们监视包含项目的文件夹,并允许用户以不同的方式访问和排列这些项目。例如,为计算机上使用的 PPT 模板新建一个库,包括 3 个位置,如图 2.24 所示。

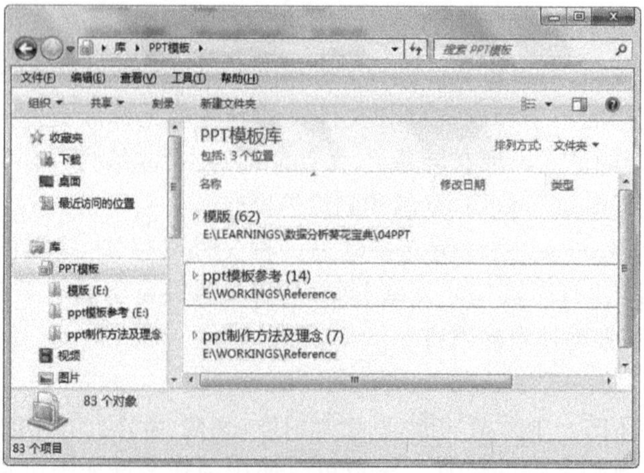

图 2.24　库窗口

“库”是个逻辑的概念，把文件(夹)收纳到库中并不是将文件真正复制到“库”这个位置，而是在“库”这个功能中“登记”了那些文件(夹)的位置由Windows管理而已，因此，包含到库中的内容除了它们自身占用的磁盘空间之外，几乎不会再额外占用磁盘空间，并且删除库及其内容时，也并不会影响到那些真实的文件。

2.3.2　文件和文件夹的显示与查看

通过显示文件和文件夹，可以查看系统中所有文件，包括隐藏文件；通过查看文件和文件夹，可以了解指定文件和文件夹的内容和属性。

1. 文件及文件夹的显示

用户可以通过改变文件和文件夹的显示方式来改变查看结果，以满足实际需要。

(1)设置单个文件夹的显示方式

这里以设置Fonts文件夹的显示方式为例进行介绍。

①找到Fonts文件夹所在位置，双击打开该文件夹，在弹出的【Fonts】窗口中单击(更改您的视图)按钮，即可在不同的选项间进行切换。

②单击按钮右侧的下拉箭头，在弹出的下拉列表中有8个视图选项，分别为【超大图标】、【大图标】、【中等图标】、【小图标】、【列表】、【详细信息】、【平铺】和【内容】。

③按住鼠标左键拖动列表框左侧的小滑块，可以使视图根据滑块所在的选项位置进行切换，如图2.25所示。

④释放鼠标左键，就可以将【Fonts】窗口中的文件和文件夹以大图标形式显示，如图2.26所示。

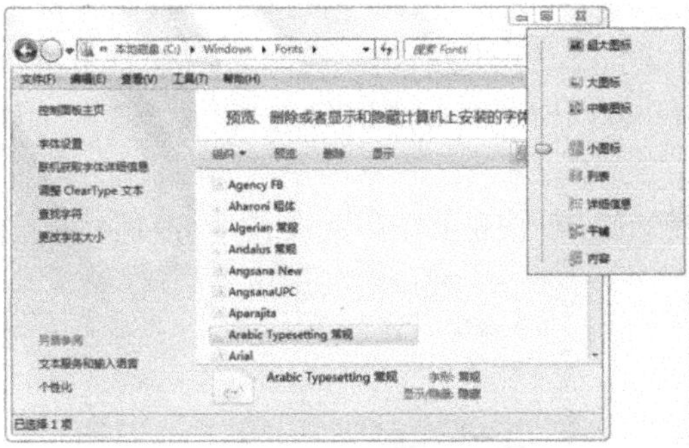

图2.25　小图标查看

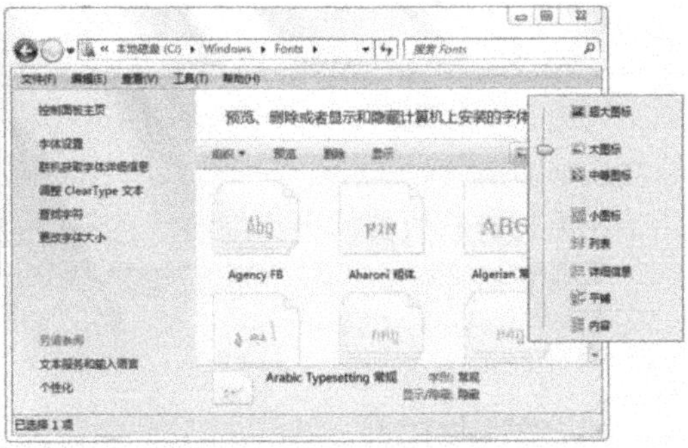

图2.26　大图标查看

(2)设置所有文件和文件夹的显示方式

与设置单个文件夹的显示方式不同，若要对所有的文件和文件夹的显示方式进行设置，需要在“文件夹选项”对话框中进行。具体操作步骤如下：

①在【Fonts】窗口中单击工具栏上的按钮，从弹出的下拉菜单中选择【文件夹和搜索选项】。

②弹出【文件夹选项】对话框，切换到【查看】选项卡，如图2.27所示。

③单击【应用到文件夹】按钮，弹出【文件夹视图】对话框，询问“是否让这种类型的所有文件夹与此文件夹的视图设置匹配?”，单击【是】按钮，如图2.28所示。返回在【文件夹选项】对话框，单击【确定】按钮即可将Fonts文件夹使用的视图显示方式应用到所有

的这种类型的文件夹中。

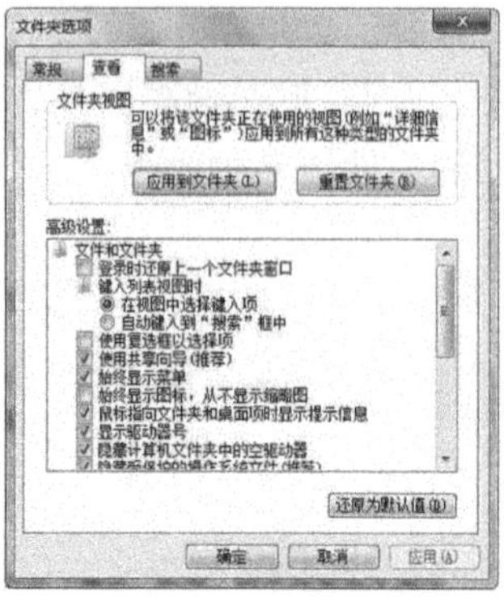

图 2.27　文件夹选项对话框

图 2.28　文件夹视图对话框

2. 文件及文件夹的查看

通过查看文件和文件夹的属性与内容,可以获得关于文件和文件夹的相关信息,以便对其进行操作和设置。

(1)查看文件和文件夹属性

每一个文件和文件夹都有一定的属性,不同文件类型的“属性”对话框中的信息也各不相同。

①查看文件的属性。

这里以查看 system。ini 文件为例,单击鼠标右键,从弹出的快捷菜单中选择【属性】选项,弹出【system 属性】对话框,如图 2.29 所示。

【常规】选项卡中包括文件类型、打开方式、位置、大小、占用空间、创建时间、修改时间、访问时间和属性等相关信息。通过创建时间、修改时间和访问时间可以查看最近对该文件进行操作的时间。在【属性】组合框的下边列出了文件的【只读】和【隐藏】两个属性复选框。

如果想查看该文件更详细的信息,可切换到【详细信息】选项卡,如图 2.30 所示。

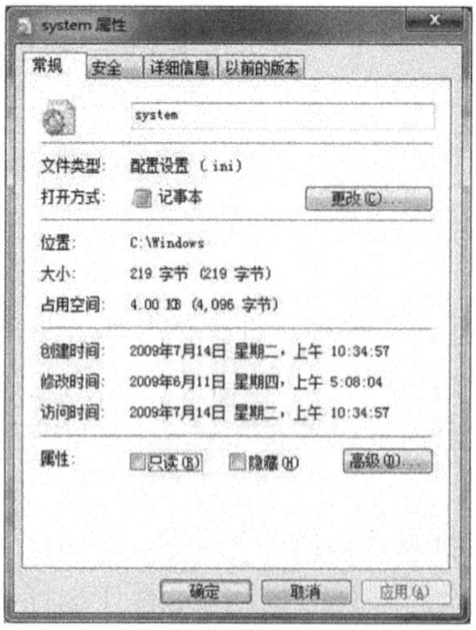

图 2.29　文件属性对话框

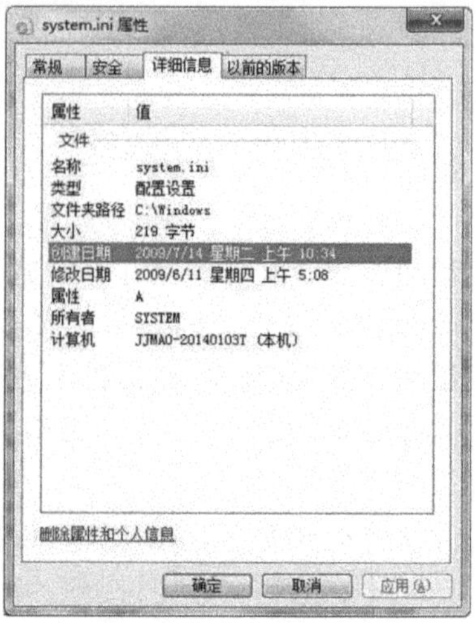

图 2.30　“详细信息”选项卡

②查看文件夹的属性。

这里以查看 system 文件夹为例，单击鼠标右键，从弹出的快捷菜单中选择【属性】选项，弹出【system 属性】对话框，如图 2.31 所示。

在【常规】选项卡中可以查看文件夹的类型、位置、大小、占用空间、包含文件和文件夹的数目、创建时间以及属性等相关信息。其中，文件位置就是文件的存放路径，而文件夹的属性就是该文件夹的所属类别。

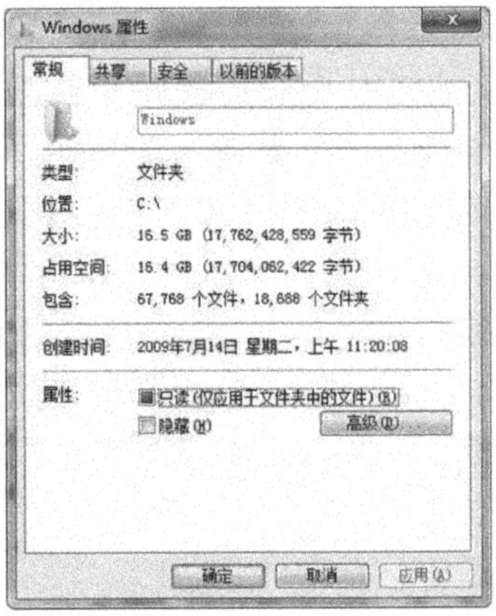

图 2.31　文件夹属性对话框

(2)查看文件和文件夹的内容

通常情况下，双击鼠标就可以查看文件或文件夹的内容。只有用应用软件创建的文件才可以打开查看；而系统自带的应用程序，如. exe，. com 等文件，双击打开时不能查看其中的内容，而是需要运行对应的程序。

如果要打开的文件没有与之相关联的应用程序，双击文件时就会弹出【Windows】对话框，提示用户"Windows 无法打开此文件"，如图 2.32 所示。

在【Windows】对话框中，选中【从已安装程序列表中选择程序】单选按钮，打开【打开方式】对话框，可以从中选择用于打开此文件的程序，如图 2.33 所示。若所选的程序支持该文件格式，就会打开该文件。勾选【始终使用选择的程序打开这种文件】选项，默认以后同类型文件都按此设置打开。

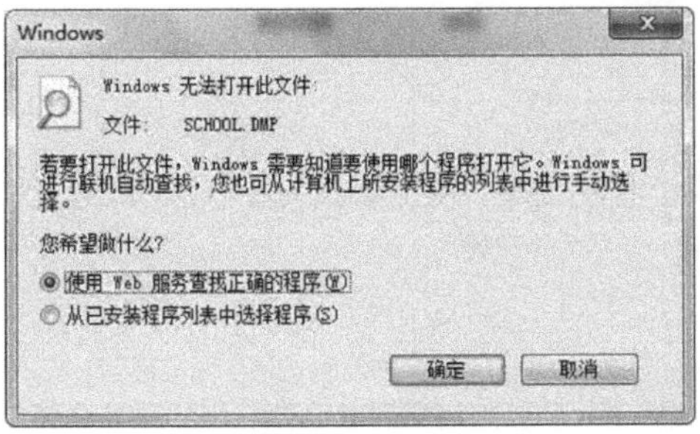

图 2.32　windows 提示对话框

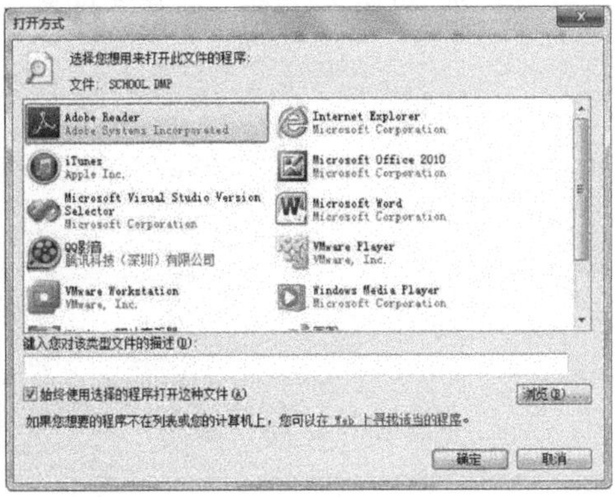

图 2.33　"打开方式"对话框

2.3.3 文件和文件夹的基本操作

熟练掌握文件和文件夹的基本操作，对于管理计算机中的资源是非常重要的。基本操作包括新建一个文件（文件夹）、文件（文件夹）的重命名、复制与移动、删除、查找和压缩等。

1. 创建文件（文件夹）

当用户需要存储一些信息或者将信息分类进行存储时，就需要新建文件或文件夹。文件通常是由应用程序来创建，启动一个应用程序后就进入创建新文件的过程；或从应用程序的“文件”菜单中选择“新建”命令，新建一个文件。

在任一文件夹中都可以创建新的空文件或文件夹。创建一个空文件或空文件夹有以下两种方法：

（1）在任一文件夹中确认要创建文件的位置，然后选择【文件】菜单中的【新建】命令，在展开的级联菜单中选择新建文件类型或新建文件夹，如图2.34所示。

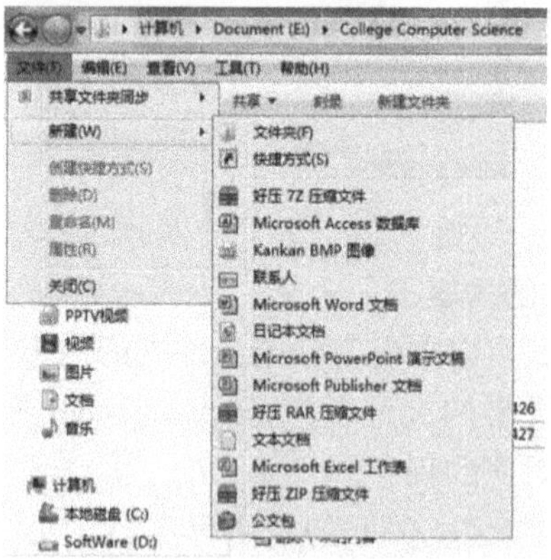

图2.34 菜单方式新建

（2）在桌面或某个文件夹中单击右键，在弹出的快捷菜单中选择【新建】命令，并在下级菜单中选择文件类型或新建文件夹，如图2.35所示。

新建文件（文件夹）时，一般系统会自动为新建的文件（文件夹）取一个名字，默认的文件名类似为“新建文件夹”“新建文件夹(2)”等，用户可以修改文件或文件夹的名称。

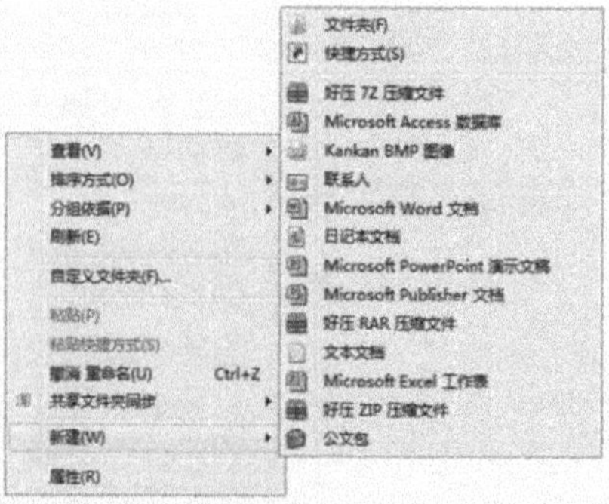

图2.35 快捷菜单方式新建

2. 文件及文件夹的选择

操作文件或文件夹之前,需要先选定相关的文件和文件夹。选定办法有以下几种,可以根据需要任选一种进行操作。

(1)单个文件或文件夹的选择

找到相应文件或文件夹用鼠标左键单击即可。

(2)连续的多个文件或文件夹的选择

找到相应的多个文件或文件夹,先用鼠标左键单击第一个文件或文件夹,再按住 Shift 键,单击最后一个文件或文件夹。或者,在连续的文件或文件夹区域外按住鼠标左键拖动,用出现的虚线框把要选择的多个连续文件或文件夹框起来,这样相应的对象就都被选中。

(3)不连续的多个文件或文件夹的选择

找到相应的多个对象所在位置,先用鼠标左键单击第一个文件或文件夹,再按住 Ctrl 键,逐个选择其他的文件或文件夹。

另外,还可以通过单击工具栏上的【组织】按钮,在下拉菜单中选择【全选】命令选项,或组合键【Ctrl + A】实现全部选定。

(4)取消选定的文件或文件夹

要取消已选中的全部对象,可用鼠标左键单击窗口工作区的空白处;如果只取消部分选中的项目,可以按住 Ctrl 键,单击要取消选定的项目。

3. 重命名文件及文件夹

对于新建的文件和文件夹,系统默认的名称是“新建……”,用户可以根据需要改变已经命名的文件或文件夹名称,以方便查找和管理。

有 3 种方法来进行重命名操作:

方法一:选中需要改名的文件或文件夹,单击【文件】菜单中的【重命名】选项或右键快捷菜单中的【重命名】选项,此时文件名处于可编辑状态,直接输入新名称按 Enter 键即可,也可以在窗口空白区域单击鼠标左键完成新名称设置。

方法二:左键单击选中需改名文件或文件夹,再次单击其名称,使文件名处于可编辑状态,此时即可直接输入新名称,如图 2.36 所示。

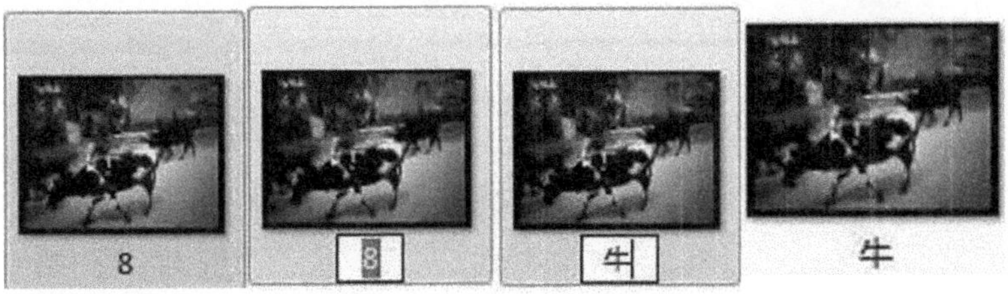

图 2.36　重命名文件示例

方法三:选中需要重命名的文件或文件夹,单击工具栏上的【组织】按钮,从弹出的下拉菜单列表中选中【重命名】选项,如图 2.37 所示。

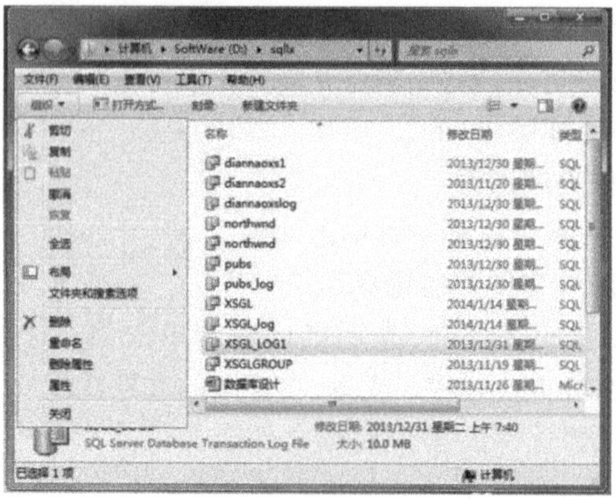

图 2.37　菜单方式重命名

多个类似的文件或文件夹需要重命名时,可使用批量重命名的方法进行操作。操作步骤如下:

①在窗口中选中需要重命名的多个文件或文件夹。

②单击工具栏上的【组织】按钮,从弹出的下拉列表中选择【重命名】选项,或者右击第 1 个文件,弹出的快捷菜单中选择【重命名】选项。

③此时,所选中的第 1 个文件的文件名处于可编辑状态,如图 2.38 所示,输入一个新名称按 Enter 键即可。操作完成后,多个文件会以新名称(1)、新名称(2)、……,依次重命名并按顺序排列,如图 2.39 所示。

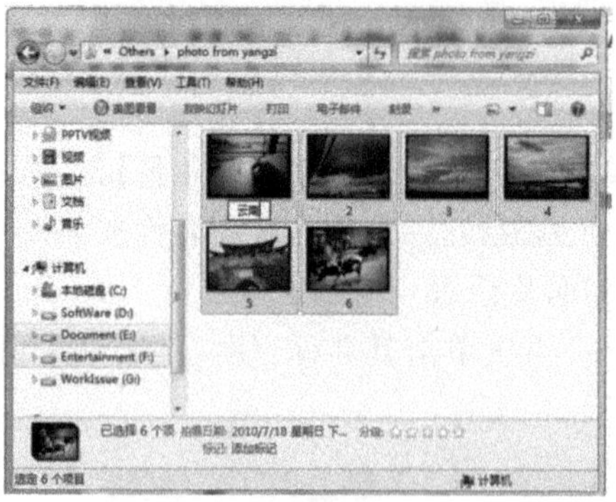

图　2.38 多文件重命名示例

图　2.39 多文件重命名效果

4. 复制文件或文件夹

复制文件或文件夹的操作是为原文件或文件夹创建一个备份,原文件或文件夹仍然存在。操作方法有五种:

方法一:可以使用窗口编辑菜单或右键快捷菜单中的复制选项,在目标位置选择编辑菜单或右键快捷菜单中粘贴命令选项。

方法二:使用快捷键"Ctrl + C"复制文件或文件夹,在目标位置使用快捷键"Ctrl + V"粘贴。

方法三:使用窗口工具栏上的组织下拉菜单,复制到目标位置。

方法四:通过按下 Ctrl 键的同时,按住鼠标拖动文件或文件夹到目标位置。

方法五:利用“发送到”命令实现把文件或文件夹发送到可移动磁盘,但首先应该先把可移动磁盘插入 USB 接口中。

5. 移动文件或文件夹

移动文件及文件夹操作就是把源文件或文件夹从原来位置移动新位置,操作后原位置的文件或文件夹不保留。操作方法有四种:

方法一:可以使用窗口编辑菜单或右键快捷菜单中的剪切选项,在目标位置选择编辑菜单或右键快捷菜单中粘贴命令选项。

方法二:使用快捷键“Ctrl + X”剪切文件或文件夹,在目标位置使用快捷键“Ctrl + V”粘贴。

方法三:使用窗口工具栏上的组织下拉菜单,移至目标位置。

方法四:选中要移动的文件或文件夹,按住鼠标不放,拖动到目标位置后释放鼠标即可。

6. 文件和文件夹的删除与恢复操作

(1)文件和文件夹的删除

为了节省磁盘空间,可以将一些不再使用的文件和文件夹删除。如果有时删除后发现有的文件和文件夹还要再用,这就需要对其进行恢复操作。

方法一:可以使用窗口工具栏上的组织下拉菜单或右键快捷菜单中的删除选项。

方法二:选中文件或文件夹后,按 Delete 键。

方法三:若桌面有回收站图标,可以把要删除的项目直接拖进回收站中。

默认情况下,以上方法删除的文件或文件夹并没有从计算机中真正删除,而是放到了回收站(硬盘中的一块区域)文件夹中,这种删除称为逻辑删除。只要回收站容量未满或未被清空,逻辑删除的文件可以随时恢复到原来位置。

若要彻底删除文件和文件夹,在使用上述三种方法操作的同时按下 Shift 键。此时会弹出【删除文件】对话框,询问“确定要永久性地删除此文件吗?”,单击【是】按钮,如图 2.40所示,即可完成删除。一旦执行了彻底删除,相当于从存储空间上对文件和文件夹进行物理删除,回收站中不再存放,也不能再恢复。

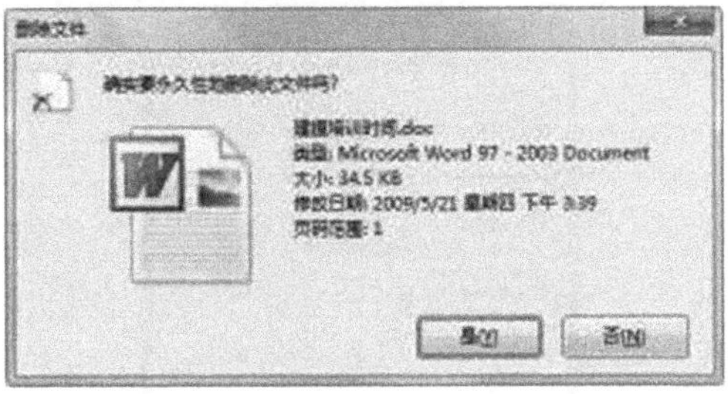

图 2.40 “删除文件”对话框

(2)文件和文件夹的恢复

只有进行逻辑删除,暂时存放在回收站中的文件和文件夹才能进行恢复,操作步骤如下:

①双击桌面上的回收站图标,弹出【回收站】窗口,窗口中列出了被删除的所有文件和文件夹。

②选中要恢复的项目，然后单击鼠标右键，从弹出的快捷菜单中选择【还原】，如图2.41所示，或者单击【工具栏】上的【还原此项目】按钮。

③此时，被还原的文件或文件夹就会重新回到原来被存放的位置。

④在【回收站】窗口的【工具栏】上单击【还原所有项目】按钮，可以将所有项目还原至原位置。

⑤单击【清空回收站】按钮或在桌面回收站图标上右击，从快捷菜单中选择【清空回收站】选项，可以彻底删除回收站中的所有项目。

图2.41　还原文件示例

7. 查找文件和文件夹

计算机中的文件和文件夹会随着时间的推移日益增多，要从大量文件中找到所需的文件是一件非常麻烦的事情。为了提高效率，可以使用搜索功能查找文件。Windows 7操作系统提供了查找文件和文件夹的多种方法，在不同的情况下可以使用不同的方法。

(1)使用【开始】菜单上的搜索框

用户可以使用“开始”菜单上的“搜索”框来查找存储在计算机上的文件、文件夹、程序和电子邮件等。

单击【开始】菜单，选择【搜索】选项，在【开始搜索】文本框中输入想要查找的信息，输入完毕后，与所输入文本相匹配的项都会显示在【开始】菜单上，如图2.42所示。

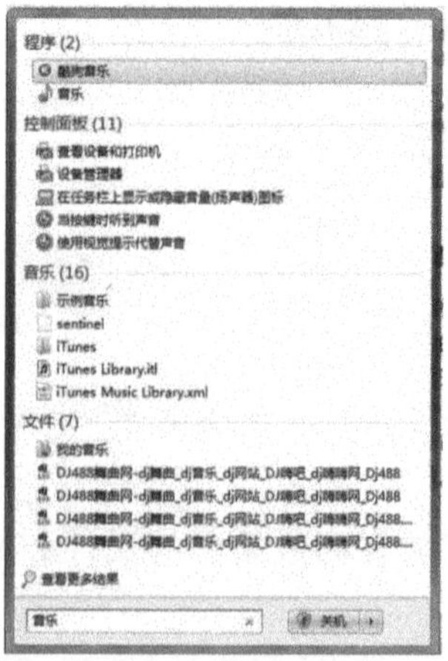

图2.42　搜索框查找

(2)使用文件夹或库中的搜索框

若已知所需文件和文件夹位于某个特定的文件夹或库中,可使用【搜索】文本框进行搜索。【搜索】文本框位于每个文件夹或库窗口的顶部,它根据输入的文本筛选当前的视图。在库中,搜索包括库中包含的所有文件夹及这些文件夹中的子文件夹。

例如,要在库中查找关于“手机”的相关资料,具体操作步骤如下:

打开【库】窗口,在窗口顶部的【搜索】文本框中输入要查找的内容,输入完毕将自动对视图进行筛选,可以看到在窗口下方列出了所有关于“手机”信息的文件,如图 2.43 所示。

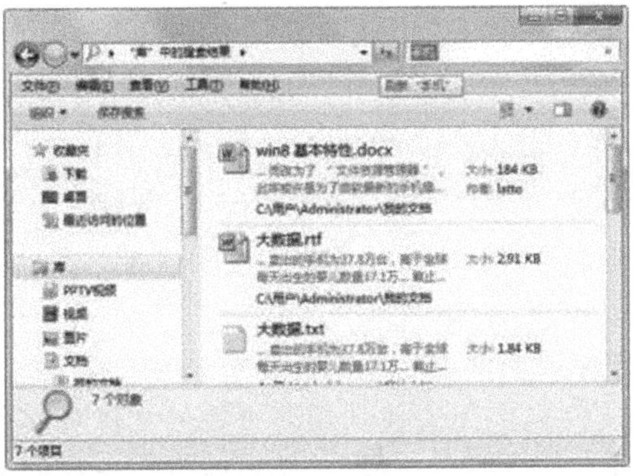

图 2.43　窗口搜索框查找

如果用户想要基于一个或多个属性来搜索文件,则可在搜索时使用搜索筛选器指定属性,在文件夹或库的【搜索】框中,用户可以添加搜索筛选器来更加快速地查找指定的文件和文件夹。

例如要在库中按照“修改日期”搜索筛选器来查找符合条件的文件,操作步骤如下:

①打开【库】窗口,单击顶部的【搜索】文本框,弹出如图 2.44 所示【添加搜索筛选器】列表,然后单击其中的【修改日期】按钮,弹出如图 2.45 所示【选择日期或日期范围】下拉列表。

②可选择一个日期搜索,也可选择“上星期”等选项进行搜索。

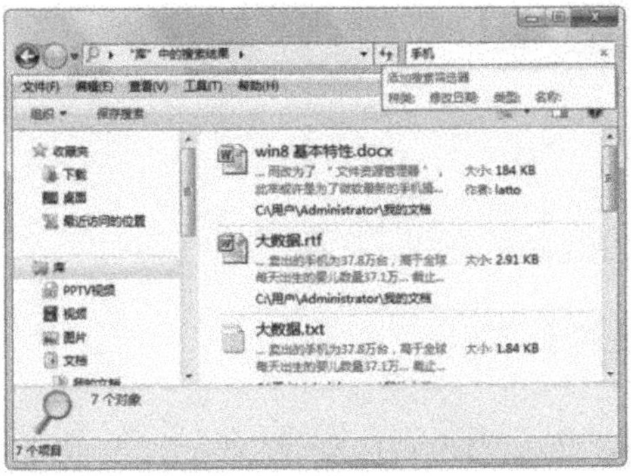

图 2.44　“添加搜索筛选器”列表

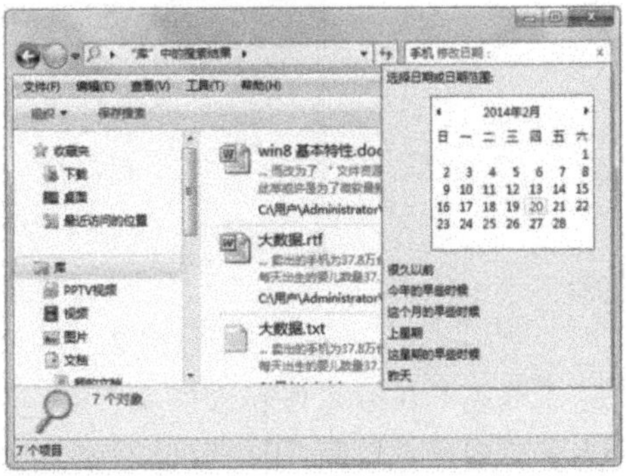

图 2.45　“选择日期或日期范围”选项

③随即会在窗口下方列出所有按照“修改日期”搜索筛选器搜索到的“上星期”的文

件。用户可以重复以上步骤,以建立基于多个属性的复杂搜索,而且每次单击【搜索筛选器】按钮或值时,都会将相关的字词自动添加到搜索框中,如图 2.46 所示。

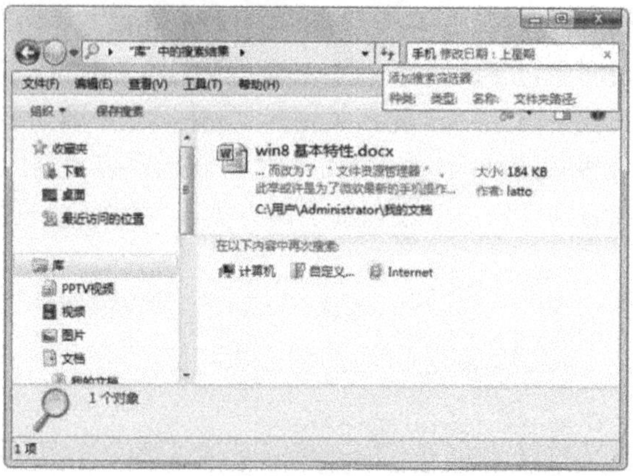

图 2.46　多属性搜索示例

(3)使用在扩展特定库或文件夹之外进行搜索

如果在特定的库或文件夹中无法找到想要查找的文件和文件夹,则可扩展搜索,以便包括其他位置,如任何一个磁盘驱动器、文件夹或可用于存储文件和文件夹的其他空间。

当在【搜索】文本框中输入查找内容后,在窗口中间显示"没有与搜索条件匹配的项"的提示信息,如图 2.47 所示,并在其下方显示"在以下内容中再次搜索"信息,包括"库"、"计算机"、"自定义"和"Internet"4 项。用户可以分别在这 4 个位置进行搜索,直到查找到符合查找条件的文件。

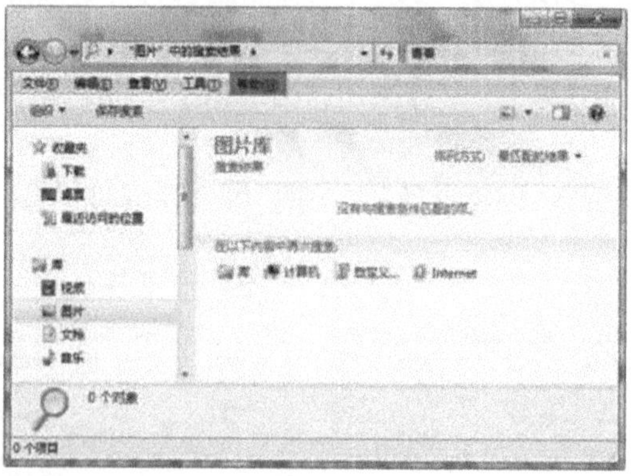

图 2.47　扩展搜索示例

8. 压缩或解压缩文件和文件夹

为了节省磁盘空间,用户可以对一些文件和文件夹进行压缩,压缩文件占据的存储空间较少,而且压缩后可以更快速地传输到其他计算机上,以实现不同用户之间的共享。Windows 7 操作系统中置入了压缩文件程序,因此用户无须安装第三方的压缩软件,就可以对文件进行压缩和解压缩。

利用 Windows 7 系统自带的压缩程序对文件和文件夹进行压缩后，会自动生成压缩文件夹，其打开和使用的方法与普通文件夹相同。

(1)压缩文件和文件夹

利用系统自带的压缩程序创建文件夹的具体步骤如下：

①选择要压缩的文件和文件夹，右击该对象，从弹出的快捷菜单中选择【发送到】选项，在展开的级联菜单中选择【压缩(zipped)文件夹】选项，如图 2.48 所示。

图 2.48　压缩文件或文件夹选项

②弹出【正在压缩...】对话框，进度条显示压缩的进度。压缩完毕后对话框自动关闭，此时窗口中出现压缩好的压缩文件夹，如图 2.49 所示。

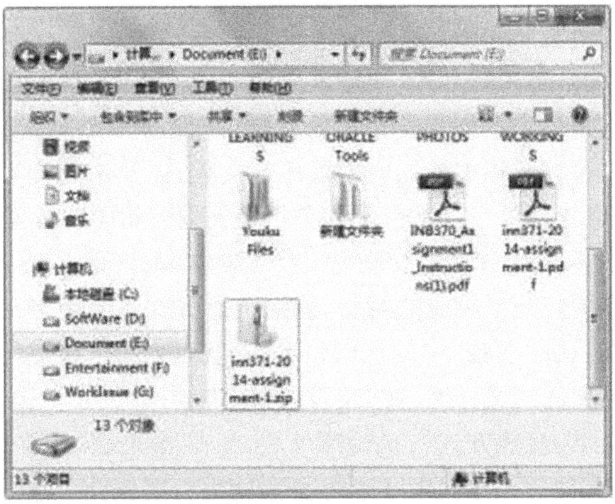

图 2.49　压缩文件或文件夹示例

(2)解压缩文件和文件夹

解压缩文件和文件夹就是从压缩文件夹中提取文件和文件夹，具体操作步骤如下：

①在压缩文件夹上单击鼠标右键，从弹出的快捷菜单中选择【全部提取】选项，如图 2.50 所示。

②弹出【提取压缩(Zipped)文件夹】对话框，如图 2.51 所示。单击文本框右侧的【浏览】按钮，从弹出的【选择一个目标】对话框中选择【文档库】中【我的文档】，然后单击【确定】按钮。

③返回【提取压缩(Zipped)文件夹】对话框，如果选中【完成时显示提取的文件】复选

框，则在提取完成后可以查看所提取的内容。

④单击【提取】按钮，弹出正在复制项目提示对话框。文件提取完毕会自动弹出存放提取文件的窗口。

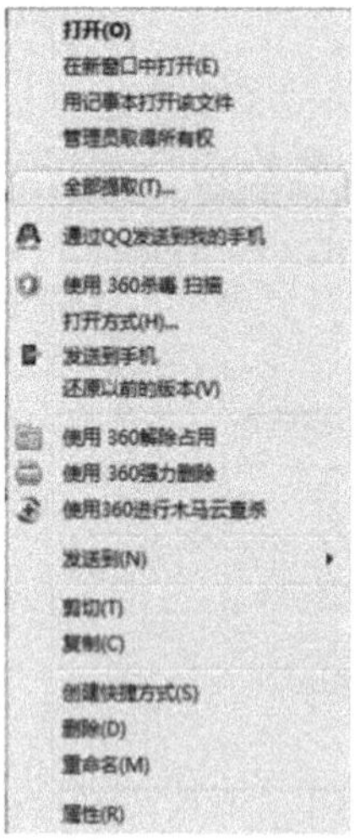

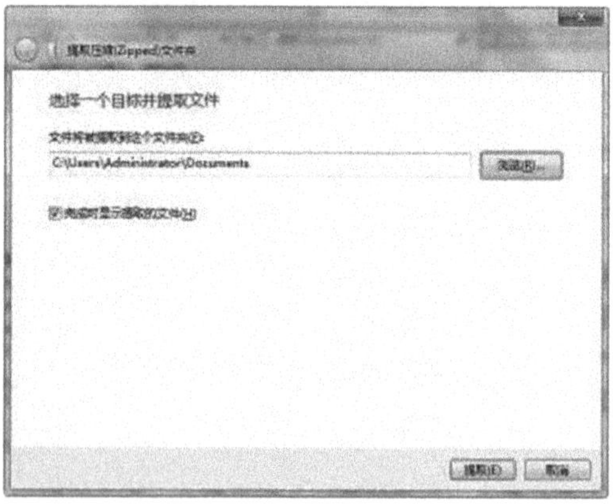

图 2.50　压缩文件或文件夹快捷菜单　图 2.51　“提取压缩(Zipped)文件夹”对话框

9. 创建文件或文件夹的快捷方式

一般来说，除了“计算机”“Administrator”“回收站”和“Internet Explorer”这几个对象外，桌面上其他对象大多是快捷方式，快捷方式的图标左下角有一个斜向上的箭头，简称快捷图标。快捷方式是一个扩展名为 lnk 的文件，一般与一个应用程序或文档相关联。双击快捷图标可以快速打开相关联的应用程序或文档，以及访问计算机或网络上任何可访问的项目，而不需要执行菜单或是打开重重目录去找到相应的对象，再去执行。

快捷图标是一个连接这个对象的图标，不是对象本身，而是指向这个对象的指针。打开快捷方式即意味着打开了相应的对象，删除快捷方式不会影响对象本身。建好的快捷方式图标可以放在“我的电脑”中的任何位置，一般以将图标放在桌面居多。先找到并选中欲作快捷方式的文件或文件夹，在“文件”菜单中选择“创建快捷方式”选项或是利用右键快捷菜单中的“创建快捷方式”，执行指令后，会在当前文件夹中新建一个名为“快捷方式 XX”的图标，将其拖放到桌面上。也可直接使用右键快捷菜单“发送到”中“桌面快捷方式”选项。

10. 隐藏与显示文件和文件夹

有一些重要的文件和文件夹，为了避免让其他人看见，可以将其设置为隐藏属性，这样其他人在使用计算机时就不会看见这些内容。当用户想要查看这些文件和文件夹时，只要设置相应的文件夹选项即可看到文件内容。

(1)设置文件和文件夹的隐藏属性

在需要隐藏的文件和文件夹上右击，从弹出的快捷菜单中选择【属性】选项。下面以文件夹为例介绍设置隐藏属性的方法，如图 2.52 所示。

在【常规】选项卡的属性选区选【隐藏】复选框，单击【确定】按钮。弹出的如图2.53所示【确认属性更改】对话框中选中【将更改应用于此文件夹、子文件夹和文件】单选钮，然后单击【确定】按钮，即可完成对所选文件夹的隐藏属性设置。

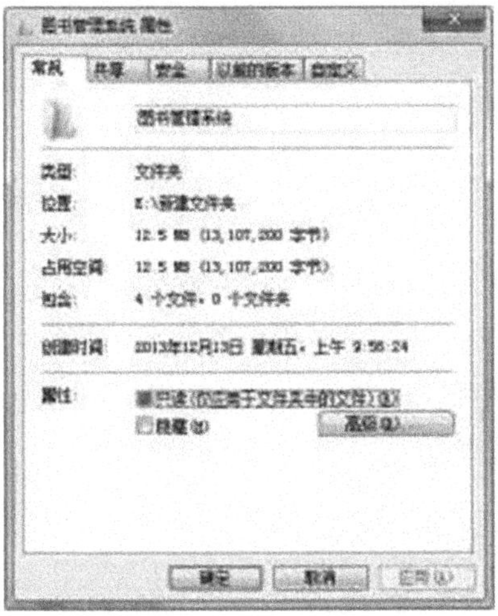

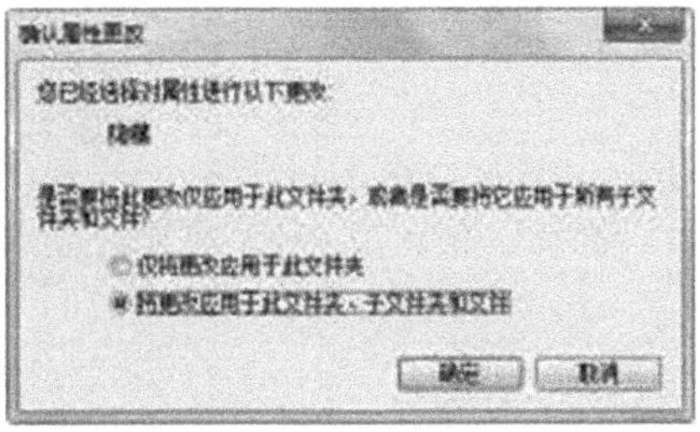

图 2.52　“属性”对话框　　　　图 2.53　“确认属性更改”对话框

可以看到，如图 2.54 所示属性为隐藏的文件和文件夹呈半透明状态，此时仍然可以看到文件，不能起到保护作用。还需要在文件夹选项中设置不显示隐藏的文件。

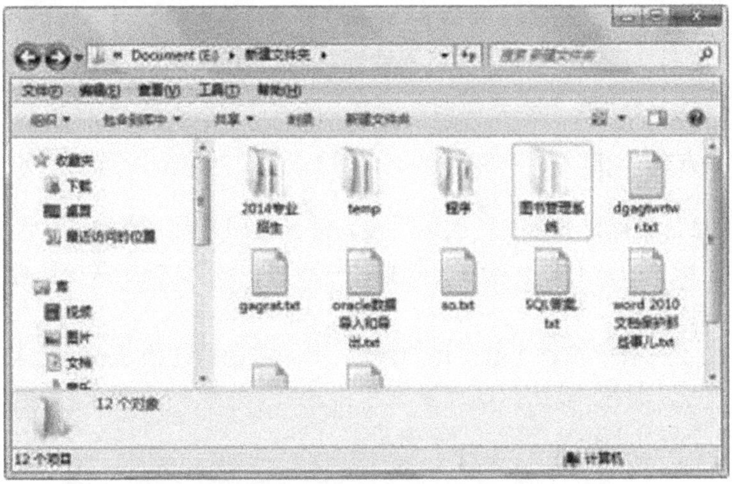

图 2.54　隐藏属性设置示例

(2)设置不显示或显示隐藏文件

在文件夹窗口中单击工具栏中的【组织】按钮，从弹出的下拉列表中选择【文件夹和搜索选项】，弹出【文件夹选项】对话框，切换到【查看】选项卡，然后在【高级设置】列表框中选中【不显示隐藏的文件、文件夹和驱动器】单选钮，单击【确定】按钮，如图 2.55 所示。单击后即可隐藏所有设置隐藏属性的文件、文件夹以及驱动器。

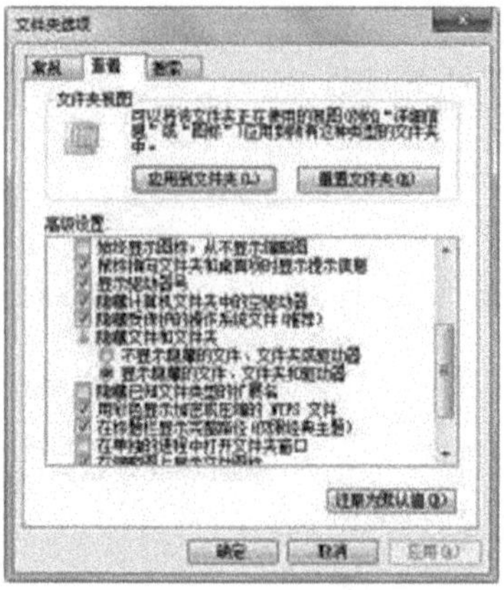

图 2.55　不显示隐藏文件和文件夹

若要显示所有隐藏的文件和文件夹,在【高级设置】列表框中选中【显示隐藏的文件、文件夹和驱动器】单选钮即可。

2.4　计算机个性化设置

用户可以按照自己的使用习惯,定制计算机的工作环境,本节主要介绍桌面环境的设置、菜单栏及任务栏的设置及系统时间的设置。

2.4.1　设置桌面主题

桌面主题是指桌面背景、声音、图标以及其他元素组合而成的集合,显示属性的一个综合设置,它使用户的桌面具有统一的外观,用户可自行定义操作系统环境。

1. 使用主题

Windows 7 中内置了多种主题供用户使用,不同主题的切换步骤:在桌面空白处右击鼠标弹出【个性化】面板,或从控制面板窗口中选择【外观和个性化】类别中的【更改主题】也可弹出【个性化】面板,如图 2.56 所示。

图 2.56　个性化面板

Windows 7 内置的主题若不能完全满足用户需求,可以更改掉主题中不要的部分,然后将修改后的主题保存起来,方便以后使用。

主题的管理也需要使用【个性化】窗口,主题会影响到以下几个主要设置。

(1)桌面背景

Windows 7 提供了大量的背景图案,并将这些图案进行了分组。背景图案保存在"C:\Windows\Web\Wallpaper"目录的子文件夹中。背景图案可以使用.bmp、.gif、.jpeg、.dib 和.png 格式的文件。

要设置桌面背景,步骤如下:

①在【个性化】面板中单击【桌面背景】按钮,打开【桌面背景】窗口。

②列表框中选择背景图片。也可以通过右侧的【浏览】按钮,从其他文件夹中选择自己喜欢的图片,如图 2.57 所示。

图 2.57　"桌面背景"对话框

③因为图片大小各异,还可以通过【图片位置】下拉列表,选择背景图片的显示方式。在"颜色"下拉列表中,可以设置背景图片的颜色。

- 居中:将图案显示在桌面背景的中央,图案无法覆盖到的区域将使用当前的桌面颜色填充。
- 填充:使用图案填满桌面背景,图案的边沿可能会被裁剪。
- 适应:让图案适应桌面背景,并保持当前比例。对于比较大的照片或图案,如果不想看到内容变形,通常可使用该方式。
- 拉伸:拉伸图案以适应桌面背景,并尽量维持当前比例,不过图案高度可能会有变化以填充空白区域。
- 平铺:对图案进行重复,以便填满整个屏幕,对于小图案或图标,可考虑该方式。

④设置完背景后,单击【保存修改】按钮返回【桌面背景】窗口,可在上部的预览框中看到背景图片效果。

(2)屏幕保护程序

如果用户长时间未对计算机进行操作,Windows 会自动执行屏幕保护程序来在屏幕上显示动态图案,从而减低显示器功耗。

设置方法:单击【屏幕保护程序】链接,随后将打开【屏幕保护程序设置】对话框,在这里选择一个屏幕保护程序,如图 2.58 所示,如果选择“无”,则禁用屏幕保护程序;在“等待”数值框设定等待时间;若选中“在恢复时使用密码保护”选项,执行屏幕保护程序后只能凭密码才能恢复到非保护状态,密码为用户登录时的密码,如图 2.59 所示,最后单击【确定】按钮。

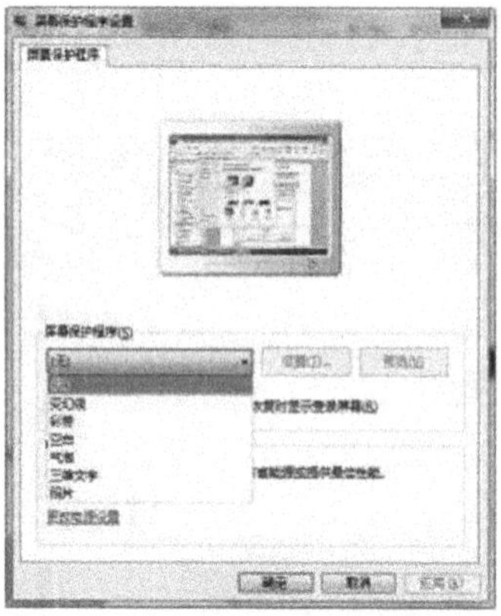

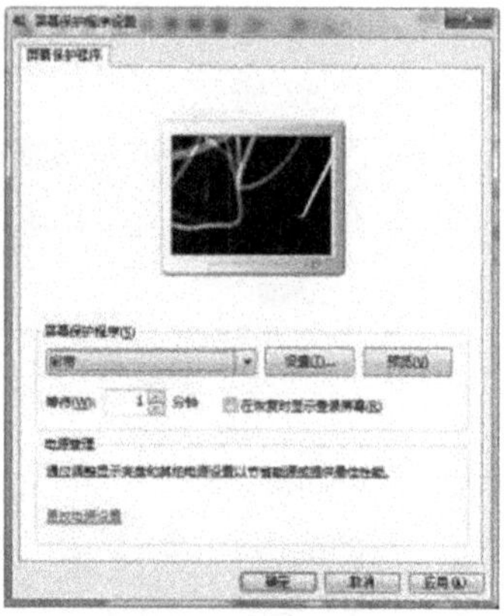

图 2.58　屏幕保护程序选择图　　2.59　屏幕保护程序设置

(3)声音

要更改声音,单击【声音】链接。在【声音】对话框中,可使用【声音方案】列表选择不同的系统事件声音集,如图 2.60 所示。要恢复默认声音,选择“Windows 默认”。要关闭程序事件声音,可选择“无声”。设置完毕后单击【确定】按钮。如果要关闭声音,还可取消【播放 Windows 启动声音】选项。

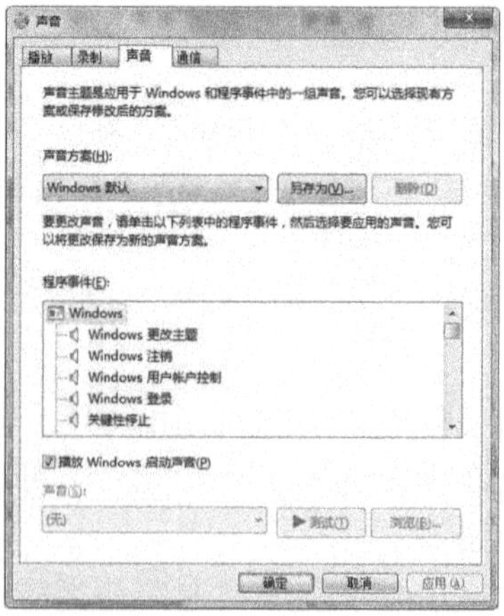

图 2.60　“声音”对话框

(4)颜色方案

要更改颜色,单击【窗口颜色】链接,随后选择要使用的颜色即可,同时还可以选中或取消选中【启用透明效果】选项，单击【保存修改】按钮，如图 2.61 所示。

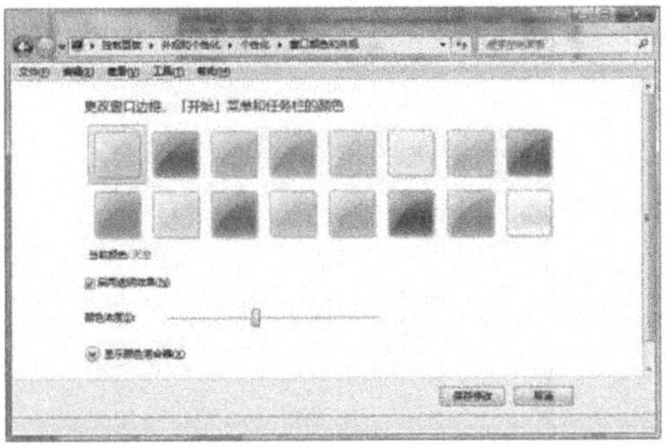

图 2.61　“窗口颜色和外观”对话框

(5) 鼠标指针

要更改鼠标指针，单击左侧窗格的【更改鼠标指针】链接，在如图 2.62 所示【鼠标属性】对话框的【指针】选项卡下的【方案】列表中，可以选择不同的鼠标指针方案，如图 2.63所示，然后单击【确定】按钮。

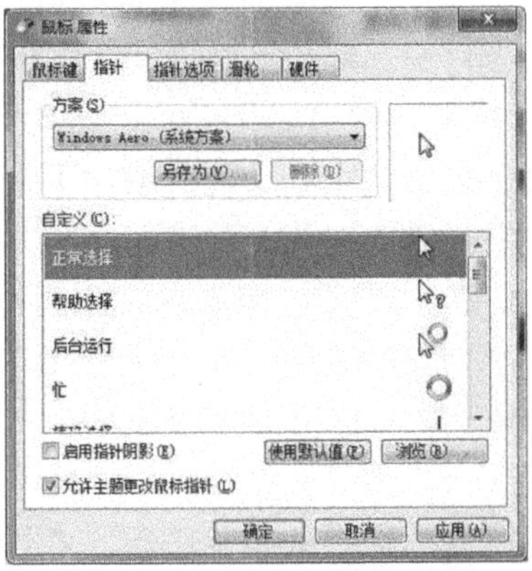

图 2.62　鼠标指针方案修改前

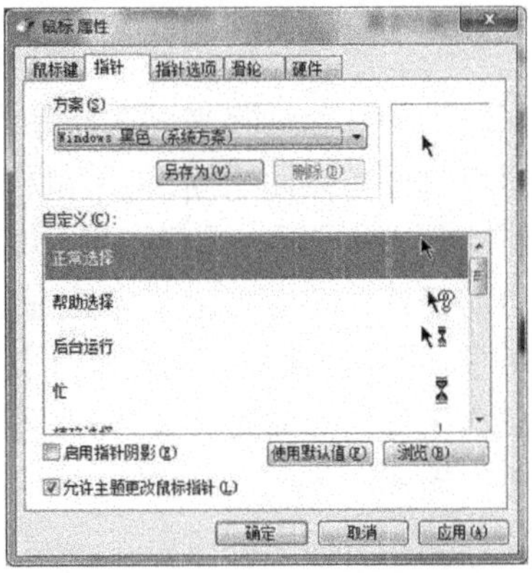

图 2.63　鼠标指针方案修改后

(6) 桌面图标

默认情况下，只有回收站图标会显示在桌面上。双击回收站图标可以打开窗口，在这个窗口中可以查看已经被标记为删除的文件和文件夹。

可以添加到桌面上的其他常见图标如下：

● 计算机：双击计算机图标可以打开一个窗口，在这里可访问硬盘驱动器和其他可移动存储设备。用鼠标右击计算机图标，然后从弹出的快捷菜单中选择【管理】选项，可直接打开计算机管理控制台。

● 控制面板：双击控制面板图标可打开控制面板，访问系统配置和管理工具。

● 网络：双击网络图标可以打开一个窗口，在这里可访问网络上的计算机和设备。用鼠标右击网络图标，然后从弹出的快捷菜单中选择【映射网络驱动器】选项，随后即可连接到共享的网络文件夹。用鼠标右击计算机图标，并选择【断开网络驱动器】选项，随后即可删除到网络共享文件夹的链接。

● 用户的文件：双击用户的文件图标可以打开个人文件夹。

用鼠标右击桌面空白处,从弹出的快捷菜单中选择【个性化】选项,打开【个性化】控制台。在左侧窗格中单击【更改桌面图标】选项,打开如图2.64所示的【桌面图标设置】对话框。

图2.64 “更改桌面图标”对话框

①显示/隐藏桌面图标。

【桌面图标设置】对话框中的每个默认图标都有复选框,选中复选框可以显示图标。取消选中复选框可以隐藏图标。如,取消【回收站】复选框的选择,单击【应用】按钮,即可将桌面上的回收站图标隐藏起来。选择完毕后单击【确定】按钮。

要想直接隐藏所有桌面图标,可用鼠标右击桌面空白处,选择【查看】选项子菜单中的【显示桌面图标】命令;再次选择【显示桌面图标】命令可恢复隐藏图标。

如果不再需要某个图标或快捷方式显示在桌面上,可以用鼠标右击图标,然后从弹出的快捷菜单中选择【删除】选项,再单击【是】按钮确认操作。要注意的是:如果删除的图标对应着桌面上的文件或文件夹,则文件或文件夹(以及其中的内容)将全部被删除。

②修改桌面图标。

为了能更好地归类标识桌面项目,用户可以修改默认的桌面图标。在【桌面图标设置】对话框中的预览区选中需要修改的图标,单击下方的【更改图标】按钮,弹出如图2.65所示【更改图标】对话框,在列表中选择将要使用的图标,单击【确定】按钮返回。

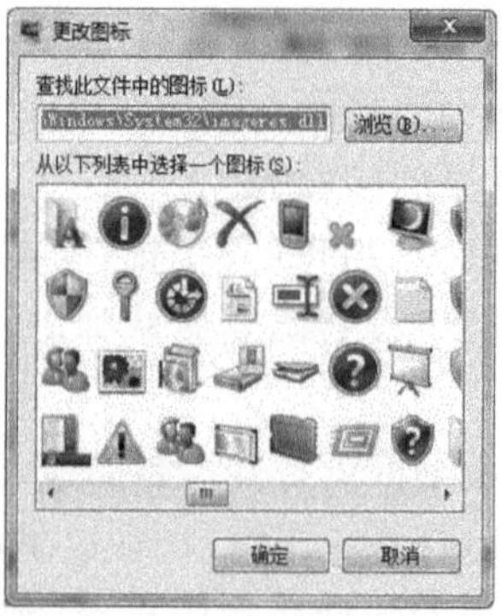

图2.65 “更改图标”对话框

2.使用小工具

Windows 7自带了一些小工具帮助用户提高工作效率,默认情况下并不开启小工具,需要手动操作，在桌面单击鼠标右键，选定“小工具”即可开启如图 2.66 所示菜单，选中需要添加的项目拖动到桌面即可。还可通过网络下载更多小工具，当工具渐多时，每页存储数量有限，可以通过右上方的搜索功能快速找到已经添加好的项目。

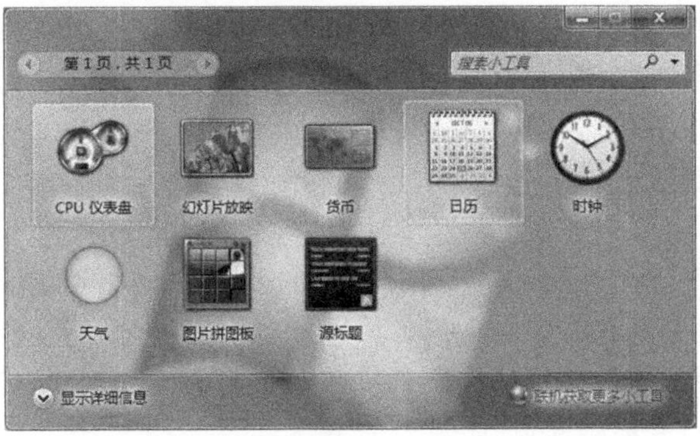

图 2.66　“小工具”窗口

2.4.2　设置系统用户

在 Windows 操作系统中，通过设置不同种类的用户帐户来分配权限和资源。用户帐户指的是一种信息集合，这些信息用于通知 Windows 7 该用户可以访问哪些文件和文件夹，可以对计算机和个人首选项进行哪些更改。通过为操作系统分配多个用户帐户，可以实现多人共享一台计算机，而且每个人都可以有自己的文件和设置。

1. 用户类型

用户帐户有 3 种类型：标准用户帐户、管理员用户帐户和来宾帐户。

(1) 标准用户帐户

标准用户帐户允许用户使用计算机的大多数功能，但是如果用户所进行的更改会影响计算机其他用户或安全，则是需要经过管理员的许可。

使用标准用户帐户时，用户可以使用计算机上的大多数程序，但是无法安装或卸载软件和硬件，也不能删除计算机正常运行所必需的文件，或者无法更改计算机上影响其他用户的设置。如果使用的是标准用户帐户，某些程序可能要求提供管理员密码才能正常运行。

一般建议使用标准用户帐户登录计算机使用常用程序，这样可尽最大可能保护计算机的安全。

(2) 管理员用户帐户

管理员用户帐户可以做影响其他用户的更改，可以更改安全设置，安装或卸载硬件和软件，访问计算机上的所有文件夹，并对其他用户帐户权限进行更改等。

如果要设置 Windows 7，则会要求创建用户帐户。这时创建的帐户就是允许用户设置计算机以及安装所需的所有程序的管理员帐户。

日常使用可以用标准用户帐户，只用管理员帐户对计算机进行设置。

(3) 来宾帐户

来宾帐户是一种临时帐户，供在计算机域中没有永久帐户的用户使用。来宾帐户允许用户使用计算机，但是没有访问个人文件的权限，也无法安装软件和硬件、更改设置或创建密码。在使用来宾帐户之前必须先开启来宾帐户。

(4)使用家长控制

使用家长控制可以限制孩子使用计算机的时间，设置可以玩的游戏类型，可以访问的网站以及可以运行的程序，使用这一功能可以有效地防止青少年过度沉迷于计算机游戏或网络。

2. 通过控制面板设置用户

(1)控制面板

控制面板是一个用来对 Windows 系统环境的设置进行控制的一个工具集，是用来更改计算机硬件、软件设置的一个专用窗口。通过控制面板可以更改系统的外观和功能，可以管理打印机，添加新硬件，添加/删除程序，并进行多媒体和网络设置等。

常用两种方法打开控制面板，如图 2.67 所示：

方法一：单击【开始】按钮，选择【控制面板】选项。

方法二：在【我的电脑】窗口工具栏中单击【打开控制面板】按钮。

图 2.67　控制面板窗口

(2)设置用户

添加用户的操作可在【控制面板】中选择【用户帐户和家庭安全】→【用户帐户】→【添加或删除用户帐户】→【管理用户】→【创建新用户】，如图 2.68 所示。

图 2.68　管理用户窗口

如需对用户的名称、密码、图片进行修改，在图中单击需要修改的用户，弹出【更改用户】对话框进行对应设置，如图 2.69 所示。

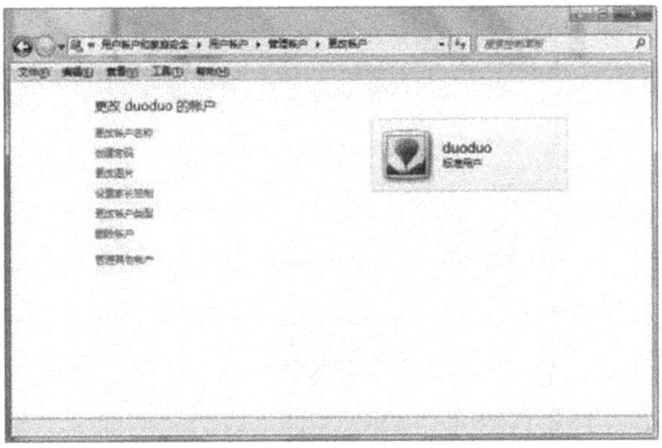

图 2.69　更改帐户窗口

2.4.3　磁盘管理

磁盘是计算机的外存储设备,物理形态包括硬盘、软盘、U 盘、移动硬盘等能与计算机连接进行文件读写操作并长期保存信息的设备统称。磁盘管理是一种用于管理硬盘及其所包含的卷或分区的系统实用工具。磁盘管理可以无须重新启动系统或中断用户就能执行与磁盘相关的大部分任务,多数配置可以立即生效。

右击桌面上的【计算机】图标,在弹出的快捷菜单中选择【管理】命令。

打开【计算机管理】窗口,选择窗口左侧列表中的【磁盘管理】选项,则右侧会显示出当前磁盘的相关信息,如图 2.70 所示。

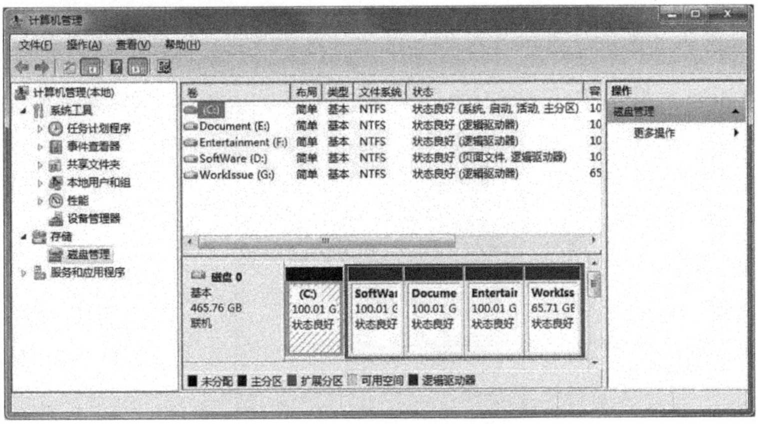

图 2.70　计算机管理窗口

1. 查看磁盘属性

通过查看磁盘属性,可以了解到磁盘的总容量、可用空间和已用空间的大小,及该磁盘的卷标(即该磁盘的名字)等信息。还可以为磁盘在局域网上设置共享、进行磁盘压缩等操作。

右击磁盘分区,在弹出的快捷菜单中选择【属性】,打开【属性】对话框,如图 2.71 所示。

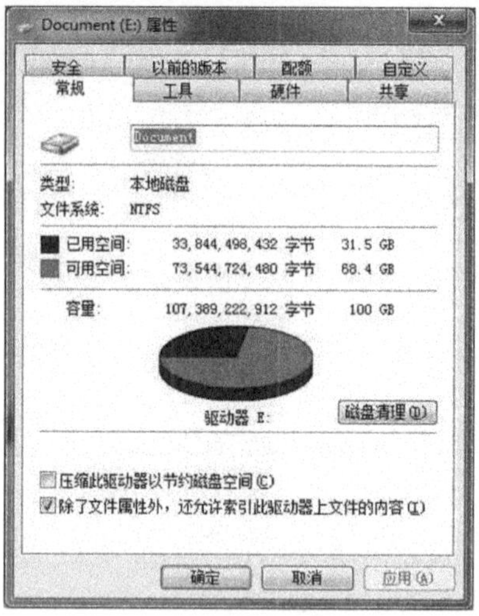

图 2.71　磁盘属性对话框

2. 格式化磁盘

格式化磁盘就是对选定的磁盘以指定的文件系统格式进行重新划分，在磁盘上建立可以存放信息的磁道和扇区的一种操作。一个没有经过格式化的磁盘，操作系统将无法向其中写入信息。格式化还是彻底清除病毒的最有效的方法。

目前，用户新买的存储设备都是已经格式化，若对使用过的磁盘进行重新格式化，一定要慎重，因为格式化将清除磁盘上的全部信息。

格式化方法：

(1) 右击需要格式化的磁盘，出现的快捷菜单中选择格式化命令。

(2) 弹出如图 2.72 所示对话框，在文件系统下拉列表框中选择文件系统。

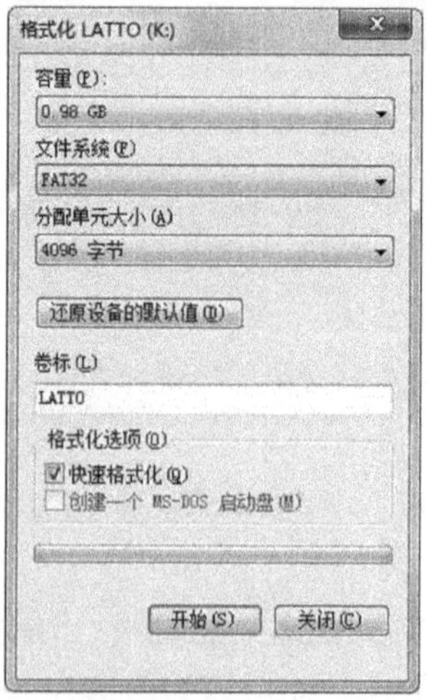

图 2.72　格式化对话框窗口

(3) 如果需要设置卷标，在卷标文本框中输入磁盘的卷标即可。

(4) 格式化选项，快速格式化在格式化时只删除磁盘上的内容，不检查磁盘中的错误,一般推荐选择此项。压缩表示将以压缩的格式进行格式化。

2.5　软件的安装与卸载

1. 安装

尽管 Windows 7 提供了许多常用的程序,但用户在使用计算机的过程中,仍然需要安装第三方应用程序以满足不同需求。

应用程序的安装不是复制与粘贴,而应该使用专门的安装程序。一般来说,安装程序的名称为 setup. exe 或 install. exe,不同应用程序其安装程序的名称也各不相同。在安装应用程序的时候,只需要运行这种“安装程序”,然后根据向导一步一步完成安装即可。

应用程序的安装程序可以来自光盘或是互联网,也可以直接从其他计算机上复制而来,不管来自什么途径,其安装方法都大同小异。在文件的存储位置中,找到其中的安装程序,然后双击运行,具体方法也可参考应用程序提供的安装说明。

搜狗拼音输入法是目前应用较多的一款输入法产品,下面以它的安装为例介绍安装过程。

(1)找到计算机中文件的存储位置,双击安装文件名“sogou_pinyin_62. exe”,弹出【安装向导】对话框显示提示信息,单击【下一步】按钮,如图 2.73 所示。

(2)在弹出的【许可证协议】对话框中单击【我接受】按钮,如图 2.74 所示。

图 2.73　安装向导

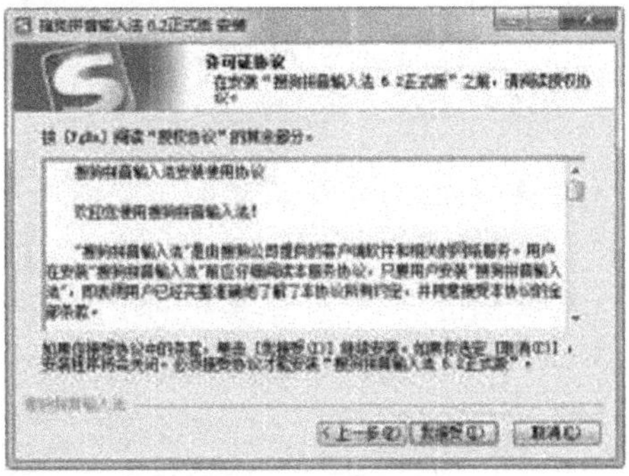

图 2.74　许可证协议

(3)弹出【选择安装位置】对话框,使用系统默认的位置即可,如图 2.75 所示,用户如果想安装到其他位置可单击【浏览】按钮在弹出的对话框中设置。单击【安装】按钮,系统开始安装搜狗拼音输入法。安装过程中可能需要用户设置选择“开始菜单”文件夹及程序快捷方式,如图 2.76 所示。

(4)安装完成后弹出【安装完毕】对话框,选中【运行向导】复选项,如图 2.77 所示,单击【完成】按钮。

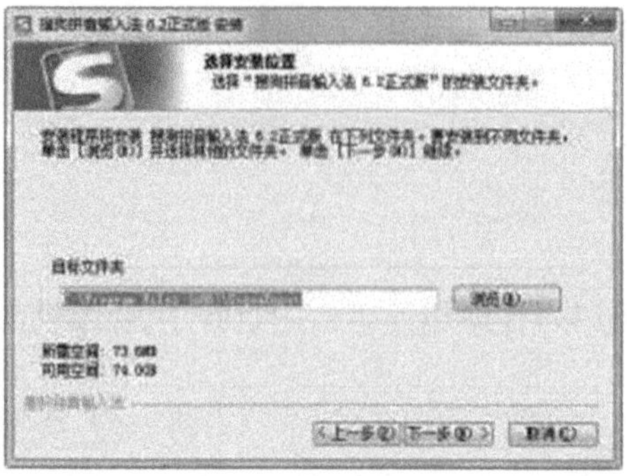

图 2.75　选择安装位置

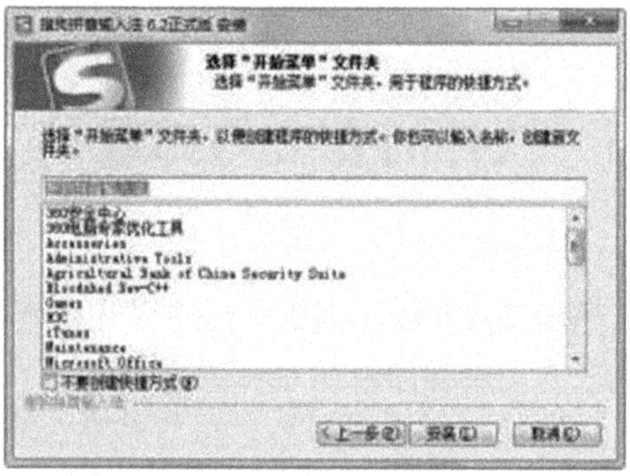

图 2.76　文件夹设置

(5)安装完成后还需对搜狗拼音输入法进行个性化设置以适应用户的操作习惯,在弹出的对话框中单击【下一步】按钮,如图 2.78 所示。

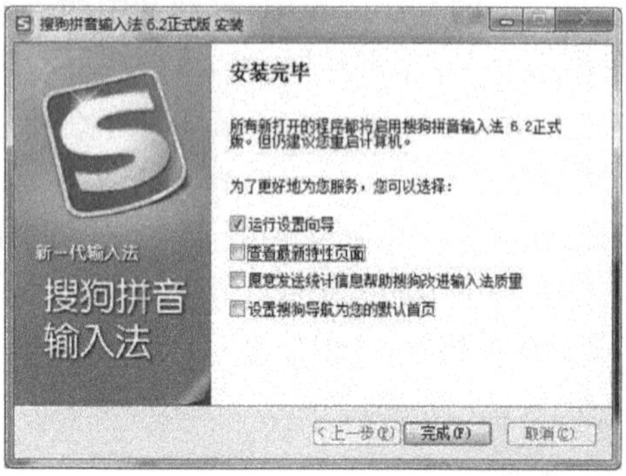

图 2.77 安装完毕

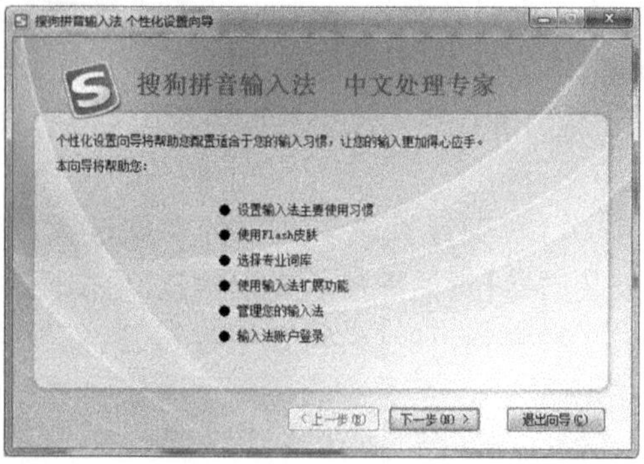

图 2.78　输入法设置

(6)在弹出的【请配置您的主要输入习惯】对话框,将【常用拼音习惯】默认"全拼",【每页候选词数】设置为 9,单击【下一步】按钮,如图 2.79 所示。

(7)弹出的【请选择您喜欢的皮肤】对话框,在下面图形列表中选择【天空气象站】选项,单击【下一步】按钮,如图 2.80 所示。

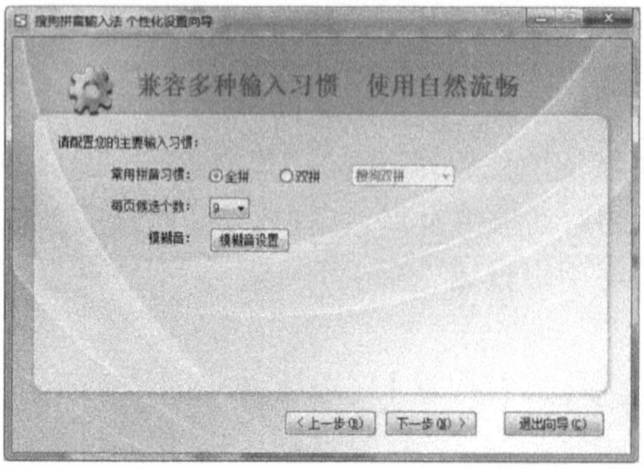

图 2.79　设置输入习惯

图 2.80　选择皮肤

(8)弹出【请选择您所需要的细胞词库】,可根据自己输入习惯选择,如图 2.81 所示。单击【下一步】按钮弹出鼠标手势设置对话框,此选项需下载独立模块并开机启动。这里不启用并继续选择【下一步】。

(9)弹出【请选择您要使用的输入法】对话框,在列表中全选各输入法,并勾选设置

【切换搜狗拼音快捷键】,如图 2.82 所示。

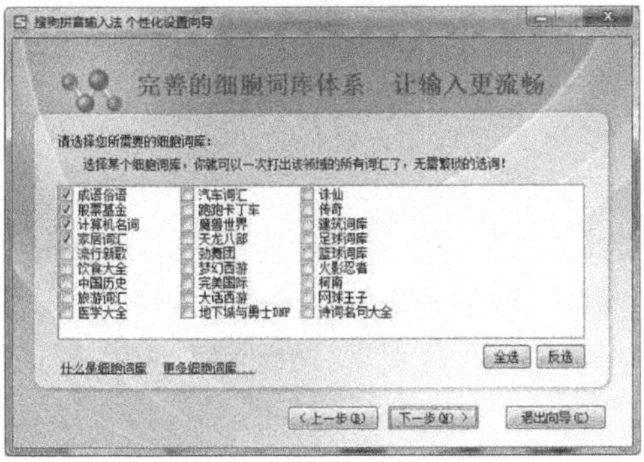

图 2.81　选择词库

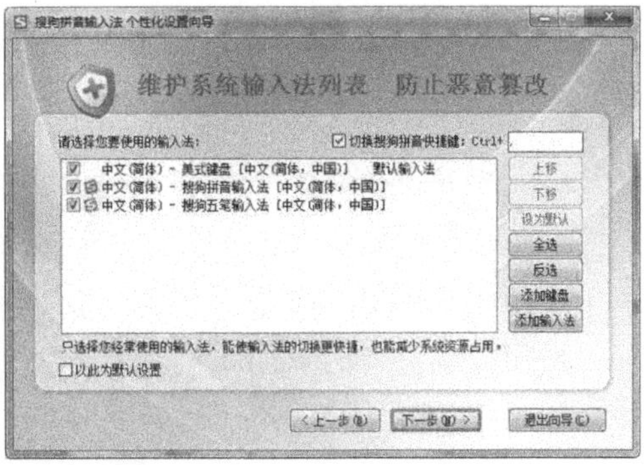

图 2.82　选择输入法

(10)单击【下一步】按钮,如果用户已有搜狗账户,还可立即登录保存个性化的词库和配置。

2. 卸载

应用程序的安装不是简单地复制,应用程序的卸载也不是简单地删除。安装时有专门的安装程序,卸载时也有专门的卸载程序。卸载程序会将应用程序在系统中安装的文件,以及在注册表中所做的设置一并删除,所以如果某个程序不再使用,应该按照正确的方法来卸载,而不应盲目地删除。一般情况下,应用程序在安装时都会在“开始”菜单的“所有程序”列表中添加卸载程序的快捷方式,使用这种快捷方式可以完成程序的卸载。此外,使用“程序和功能”窗口也能够安全地卸载应用程序,如图 2.83 所示。

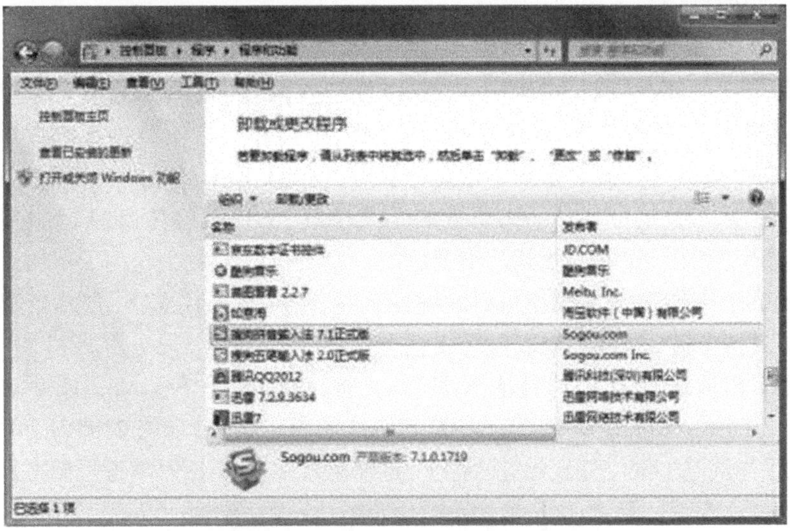

图 2.83　卸载或更改程序窗口

3. 升级

随着时间的推移,已经安装到系统中的应用程序可能会升级。升级指的是应用程序在功能方面进行了改进,或者在某些安全问题方面进行了补充。不同的应用程序的升级方法也是不同的,为了更好地使用,一般建议定期升级。

2.6 中英文输入

2.6.1 键盘的基本操作

键盘是计算机最主要的输入设备,常用于向计算机键入文本。目前的标准键盘主要有 104 键和 107 键两种,107 键盘比 104 键多了睡眠、唤醒、开机等电源管理按键。

按功能划分,如图 2.84 键盘总体上可分为四个大区,分别为:功能键区,打字键区,编辑键区,小键盘区。

图 2.84　键盘

功能键区:一般键盘上都有 F1 ~ F12 共 12 个功能键,它们最大的特点是按键即可完成一定的功能,这些键的功能因程序而异。不同的操作系统或不同的应用软件给出了不同的定义,甚至在有的情况下用户可以自定义它们的功能。

打字键区:平时最为常用的键区,包括字母键、数字键、符号键和控制键等,可实现各种文字和控制信息的录入。

打字键区的正中央有 8 个基本键,即左边的"A、S、D、F"键,右边的"J、K、L、;"键,其中的 F、J 两个键上都有一个凸起的小棱杠,以便于盲打时手指能通过触觉定位。

基本键指法:开始打字前,左手小指、无名指、中指和食指应分别虚放在"A、S、D、F"键上,右手的食指、中指、无名指和小指应分别虚放在"J、K、L、;"键上,两个大拇指则虚放在空格键上。基本键是打字时手指所处的基准位置,击打其他任何键,手指都是从这里出发,而且打完后又须立即退回到基本键位。

其他键的手指分工:左手食指负责的键位有"4、5、R、T、F、G、V、B"共八个键,中指负责"3、E、D、C"共四个键,无名指负责"2、W、S、X"键,小指负责"1、Q、A、Z"及其左边的所有键位。右左手食指负责"6、7、Y、U、H、J、N、M"八个键,中指负责"8、I、K、,"四个键,无名指负责"9、O、L、。"四键,小指负责"0、P、;、/"及其右边的所有键位,如图 2.85 所示。击打任何键,只需把手指从基本键位移到相应的键上,正确输入后,再返回基本键位即可。

图 2.85　指法示意图

编辑键区:包括四个方向键、“Home”“End”“PageUp”“PageDown”“Delete”和“Insert”等。其中有个特殊键“PrintScreen”,按下后可将整个桌面复制到计算机内存中的剪贴板里。若使用组合键“Alt + PrintScreen”,则只将当前活动窗口复制到剪贴板里。然后通过“粘贴”操作可将图片复制到其他程序中。“Insert”键表示插入并覆盖状态,一般情况下,Windows 系统默认光标位置插入字符,而光标向后移动对光标后字符无影响。但是当“Insert”键按下后再输入,光标后的字符会被当前输入字符替换掉,再次按下后则会还原到默认插入状态。

小键盘区:若使用在打字键区一字排开的数字键进行大量数字录入,操作不便;为了方便集中输入数据,而将数字键集中放置在小键盘区,可实现单手快速键入大量数字。

2.6.2　汉字输入法简介

英文和汉字差异较大,使用计算机处理汉字信息的前提是把汉字输入到计算机中,因此需要利用键盘的英文键,把一个汉字拆分成几个键位的序列,对汉字代码化。常用的汉字输入码可分为 4 种:

(1)序号码:这是一类基于国标汉字字符集的某种形式的排列顺序的汉字输入码。将国标汉字字符集以某种方式重新排列以后,以排列的序号为编码元素的编码方案即是汉字的序号码。这种方法适合某些专业人员。

(2)音码:以汉字的汉语拼音为基础,以汉字的汉语拼音或其一定规则的缩写形式为编码元素的汉字输入码统称为拼音码。全拼、智能 ABC 及紫光拼音属于此类。这种输入符合听想习惯,编码反应直接,非常适合普通的电脑操作者。缺点是重码率高,速度不太快。

(3)形码:以汉字的形状结构及书写顺序特点为基础,按照一定的规则对汉字进行拆分,从而得到若干具有特定结构特点的形状,然后以这些形状为编码元素“拼形”而成汉字的汉字输入码统称为拼形码。典型代表是五笔字型输入法。

(4)音形码:这是一类兼顾汉语拼音和形状结构两方面特性的输入码,它是为了同时利用拼音码和拼形码两者的优点,一方面降低拼音码的重码率,另一方面减少拼形码需较多学习和记忆的困难程度而设计的。音形码的设计目标是要达到普通用户的要求,重码少,易学,少记,好用。音形码虽然从理论上看很具有吸引力,但具体设计尚存在一定的困难。

中文输入在进行中文文字处理工作时经常要用到。用户可通过不同的输入法将中文字符输入到文档中。Windows 7 在安装时提供了“微软拼音”“全拼”“郑码”“智能 ABC”等多种中文输入法。用户还可根据需要添加或删除某种输入法。目前,还可以从网上下载一些拼音输入法软件,如:搜狗拼音输入法、QQ 拼音输入法等。安装完成后,用户可以根据个人喜好设置词库、外观等属性。

打开某种输入法后,出现如图 2.86 所示的输入法状态窗口。中文输入法状态窗口由“中英文切换”“输入方式切换”“全/半角切换”“中英文标点切换”和“软键盘”等 5 个按钮组成。

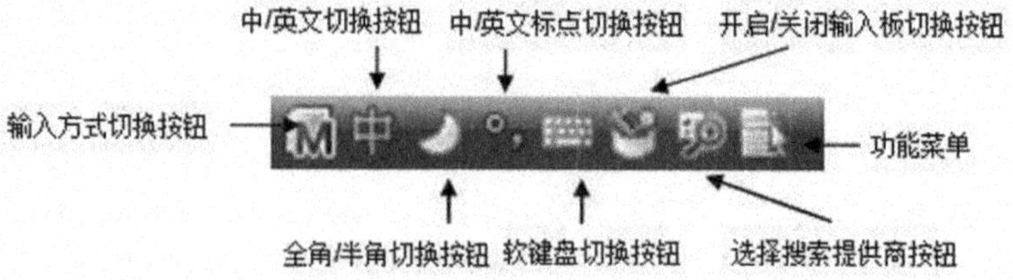

图 2.86　输入法状态窗口

中英文切换:用鼠标单击该按钮或按"Ctrl + Space"组合键,可在中文和英文输入法之间进行切换。

输入方式切换:用鼠标单击该按钮或按"Ctrl + Shift"组合键,可在已装入的各种输入法之间切换。

全/半角切换:用鼠标单击该按钮或按"Ctrl + 空格"组合键,可在中文输入方式的全角与半角之间切换。全角是指一个字符占用两个标准字符位置,而半角是指一字符占用一个标准的字符位置。Windows 7 系统的初始输入法一般都默认为英文输入法,这时处在半角状态下,无论是输入英文字母、数字还是标点符号,始终都只占一个英文字符的位置。若切换到中文输入法状态中,就会有全角半角两种选择。对中文字符来说,这两种选择对其没有影响,它始终都要占两个英文字符的位置,但对此状态下输入的英文字母、数字还是标点符号来说,就会有显著不同。其形状为"半月"的是半角,"圆月"的是全角。

中/英文标点切换:用鼠标单击该按钮或按"Ctrl + 小数点"组合键,可在中/英文标点符号之间进行切换。当按钮上显示中文的句号和逗号时,表示当前输入状态为中文。当按钮上显示英文的句号和逗号时,则表示当前输入状态为英文。中英文标点符号对应关系如表 2.2 所示。

表 2.2　中/英文标点符号对应表

键面符	中文标点	键面符	中文标点
,	，逗号	.	。句号
<	《左书名号	>	》右书名号
?	？问号	/	、顿号
;	；分号	:	：冒号
'	‘’单引号	"	“”双引号
(	（左括号	)	）右括号
——	——破折号	^	……省略号
!	！感叹号	$	￥人民币符

软键盘按钮:用鼠标单击该按钮,可弹出软键盘菜单,如图 2.87 所示。软键盘中提供了 13 种软键盘布局。当用户选择了某种格式后,相应的软键盘即可显示在屏幕上。在软键盘中单击所需符号对应按钮,即可将其输入到屏幕上,如图 2.88 所示。

图 2.87　软键盘

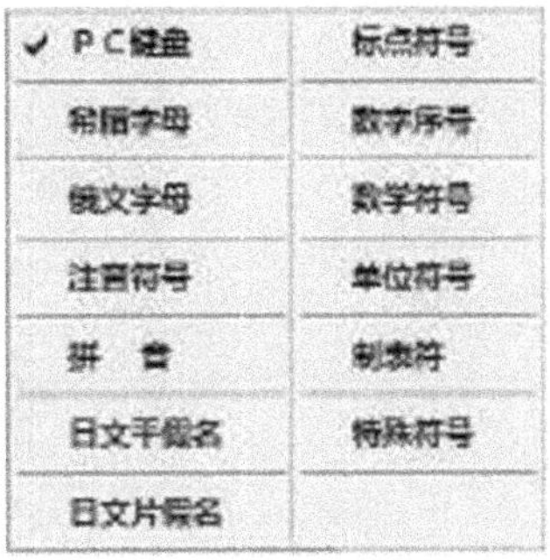

图 2.88　软键盘布局

对于很多用户来说，习惯性只常用一种输入法就可以满足日常需要。为了更加方便高效地使用，可以把不常用的输入法暂时删除掉，只保留一个最常用的输入法即可。要删除不需要的输入法，或者将某输入法重新添加回系统，可按照以下方法操作：【控制面板】→【区域和语言选项】→【语言】→【详细信息】。在“已安装的服务”中，选择希望删除的输入法，然后点击“删除”键。要注意，这里的删除并不是卸载，以后还可以通过“添加”按钮重新添加回系统，如图 2.89 所示。

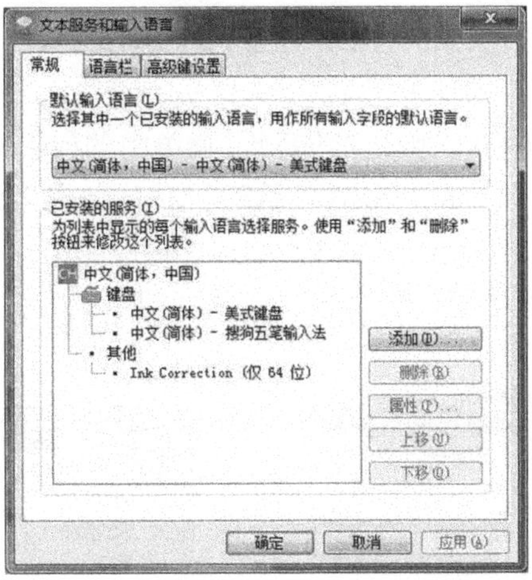

图 2.89　输入法设置

2.7　附件程序

Windows 7 提供了丰富的附件程序，包括写字板、画图、计算器、截图工具等，这些小程序可帮助用户解决不少问题。本节将介绍一些常用附件程序的使用。

1. 写字板

写字板是一个可用来创建和编辑文档的文本编辑程序。与记事本不同，写字板文档可以包括复杂的格式和图形，并且可以在写字板内链接或嵌入对象如图片或其他文档，如图 2.90 所示。

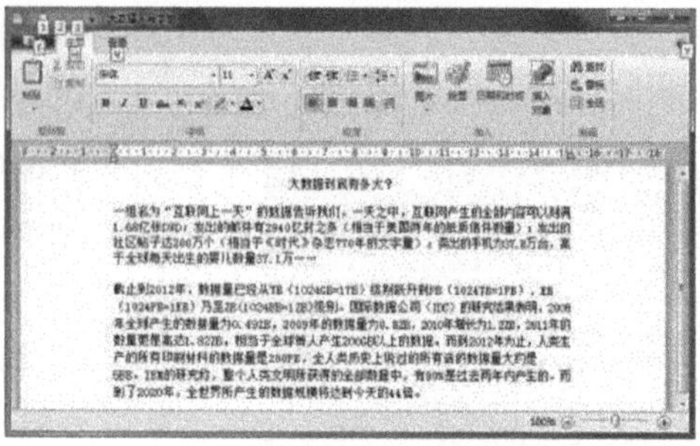

图 2.90　写字板窗口

该窗口界面与 Office 2007 的窗口界面有些相同之处，操作界面包括标题栏、写字板按钮、功能区和工作区等。写字板文档的后缀名为.rtf。

2. 计算器程序

Windows 7 自带的计算器程序不仅具有标准计算器的功能，而且集成了编程计算器、科学型计算器和统计信息计算器的高级功能。另外，还附带了单位转换、日期计算和工作表等功能，使计算器变得更加人性化。

打开计算器的方法有两种：

方法一：单击【开始】按钮，从弹出的【开始】菜单中选择【计算器】选项，即可弹出【计算器】窗口。

方法二：单击【开始】按钮，从弹出的【开始】菜单中的【搜索程序和文件】文本框中输入“计算器”，然后按 Enter 键，即可弹出【计算器】窗口，如图 2.91 所示。

设置不同类型计算器，可单击【查看】菜单选择对应类型选项，如图 2.92 所示。计算器工具的默认设置为标准型界面，使用标准型计算器可进行加、减、乘、除等简单的四则混合运算。

图 2.91　计算器窗口

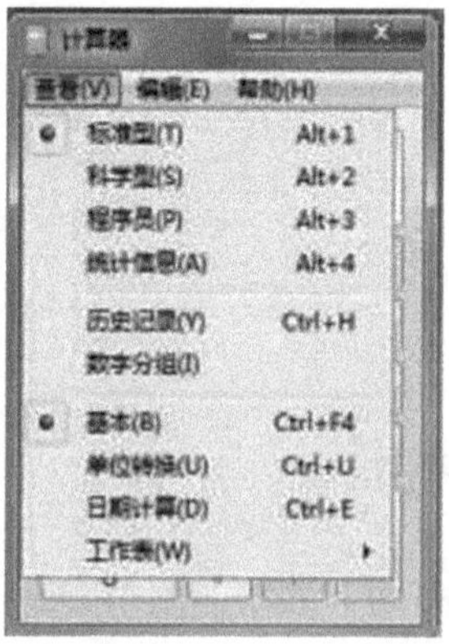

图 2.92　计算器类型设置

(1)算术运算

进行立方运算可选择科学型计算器，如输入 9 后，单击按钮，即可得出结果如图 2.93 所示。

(2)进制转换

如需进制转换可选择程序员计算器,十进制 25 转换成十六进制数,先设置进制为【十六进制】,输入 25,再选中【八进制】单选钮,即可完成转换,如图 2.94 所示。

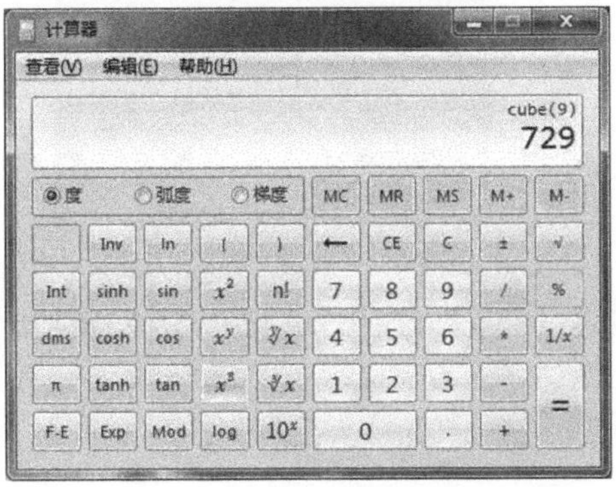

图 2.93　算术运算示例

图 2.94　进制转换示例

(3)统计

进行统计需打开统计信息计算器,每输入一个数据,单击右下角的【Add】按钮添加运算数。在上方的统计框中,列出参与统计的运算数及其个数。单击按钮进行求和,结果如图 2.95 所示。

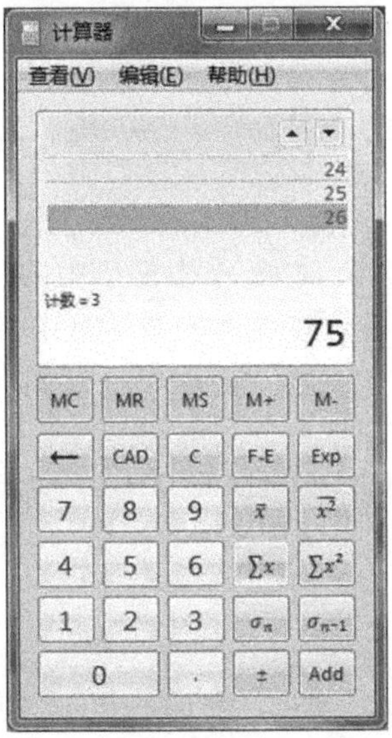

图 2.95　统计示例

3. 截图工具

Windows 7 自带的截图工具用于帮助用户截取屏幕上的图像,并且可以对截取的图像进行编辑。

准备好需要截图的界面,单击【开始】按钮,从弹出的【开始】菜单中,选择【所有程序】中【附件】的子菜单【截图工具】选项,随即弹出【截图工具】窗口,如图 2.96 所示。

单击【新建】按钮右侧的下拉按钮，从弹出的下拉菜单中选择截图方式，这里使用默认的截图方式，如图 2.97 所示。

图 2.96 “截图工具”窗口

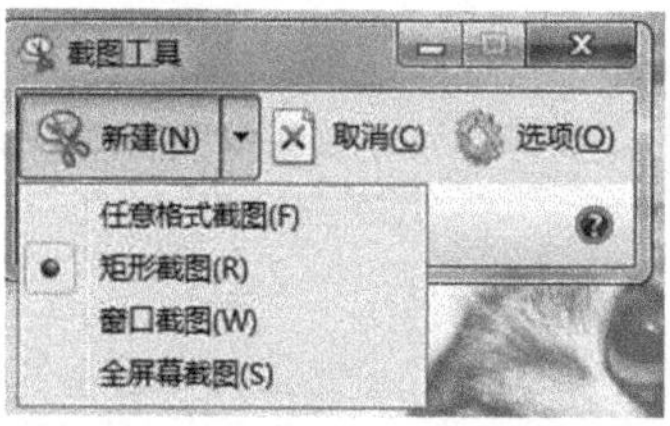

图 2.97 “新建”下拉菜单

选择要截取的图像区域，释放鼠标即可完成截图，此时，在【截图工具】窗口中会显示出截取的图像，如图 2.98 所示。

图 2.98 截图示例

截图工具带有简单的图像编辑功能，单击窗口中的【笔】按钮右侧下拉按钮，从弹出的下拉菜单中选择【自定义】选项。在弹出的对话框中，将【颜色】设置为“红色”，将“粗细”定义为“粗点笔”，将【笔尖】定义为“圆头笔”。返回【截图工具】窗口，按住鼠标不放在图像上书写文字如图 2.99 所示。

图 2.99 截图编辑示例

截取的图像只有保存到电脑中，才能在之后进行查看和编辑，也可像保存其他文件一样进行截图保存。

习　题

一. 选择题

1. 操作系统的主要功能是(　　)。

A. 实现软、硬件转换　　B. 管理系统中所有的软、硬件资源

C. 把源程序转化为目标程序进行数据处理　　D. 进行数据处理

2. 操作系统的主要功能包括(　　)。

A. 运算器管理、存储器管理、设备管理、处理器管理

B. 文件管理、处理器管理、设备管理、存储管理

C. 文件管理、设备管理、系统管理、存储管理

D. 管理器管理、设备管理、程序管理、存储管理

3. 切换用户是指(　　)。

A. 关闭当前登录的用户,重新登录一个新用户

B. 重新启动电脑用另一个用户登录

C. 注销当前的用户

D. 在不关闭当前登录用户的情况下切换到另一个用户

4. Windows 7"任务栏"上存放的是(　　)。

A. 当前窗口的图标　　B. 已启动并正在执行的程序名

C. 所有已打开的窗口的图标　　D. 已经打开的文件名

5. 对话框中的复选框是指(　　)。

A. 一组互相排斥的选项,一次只能选中一项;外形为一个正方形,方框中有"√"表示选中

B. 一组互相不排斥的选项,一次只能选中其中几项;外形为一个正方形,方框中有"√"表示选中

C. 一组互相排斥的选项,一次只能选中一项;外形为一个正方形,方框中有"√"表示未被选中

D. 一组互相不排斥的选项,一次可以选中其中几项;外形为一个正方形,方框中有"√"表示被选中

6. 根据文件的命名规则,下列字符串中是合法文件名的是(　　)。

A. *ASDF. FNT　　B. AB_F@!. C2M　　C. CON. PRG　　D. CD?. TXT

7. 要使文件不被修改和删除,可以把文件设置成(　　)。

A. 存档文件　　B. 隐含文件　　C. 只读文件　　D. 系统文件

8. 在 Windows 中,关于快捷方式的说法,不正确的是(　　)。

A. 删除快捷方式将删除相应的程序　　B. 可以在文件夹中为应用程序创建快捷方式

C. 删除快捷方式将不影响相应的程序　　D. 可以在桌面上为应用程序创建快捷方式

9. 在"全角"状态下,输入的字符和数字占据(　　)半角字符的位置。

A. 1 个　　B. 2 个　　C. 4 个　　D. 8 个

10. 使用(　　)可以重新安排文件在磁盘中的存储位置,将文件的存储位置整理到

一起，同时合并可用空间，实现提高运行速度的目的。

A. 格式化　B. 磁盘清理程序　C. 整理磁盘碎片　D. 磁盘查错

二. 填空题

1. 用鼠标对文件进行拖曳操作，若源位置和目标位置不在同一个驱动器上，则该拖曳操作产生的效果是________。

2. 不经过回收站，永久删除所选中文件和文件夹中要按键________。

3. 桌面一般由________、________、________键等组成。

4. 在 Windows 中，剪切文本可用快捷键是________。

5. 在 Windows 中，复制文本可用快捷键是________。

6. 文件名是有由基本名和________组成，其中________不能省略。

7. Windows XP 的菜单主要有________和________两种类型。

8. 在资源管理器中，选中要创建桌面图标的磁盘或光盘，用鼠标________键拖动至桌面上，即可为之在桌面上创建图标。

9. Windows 7 中有设置、控制计算机硬件配置和修改桌面布局的应用程序是________。

10. Windows 7 操作系统中的“剪贴板”是________中的一个临时区域。

三. 简答题

1. 什么是操作系统？常用操作系统有哪几种？

2. 对话框要素有哪些？分别举实例说明。菜单选项的特殊标志各代表什么含义？

3. 如何完成文件及文件夹的新建、重命名、复制、移动和删除等相关操作？

4. 如何设置常用输入法？

第 3 章　Word 2010

3.1　Office 2010 概述

Microsoft Office 2010 是微软公司开发的办公软件,其组件主要包括 Word 2010、Excel 2010、PowerPoint 2010 等。相对于以前的各个版本,Office 2010 不仅在功能上进行了优化,而且增强了安全性和稳定性。

为方便用户使用,每一个版本都会对功能及界面进行升级和美化。Office 2010 共有 6 个版本,分别是初级版、家庭及学生版、家庭及商业版、标准版、专业版和专业高级版,此外还推出了免费版本,其中仅包括 Word 和 Excel,并且其中还含有广告。除了完整版以外,微软还发布了针对 Office 2007 的升级版 Office 2010。

Office 2010 可支持 32 位和 64 位的 Windows Vista 及 Windows 7 操作系统,但对于 Windows XP 系统,仅支持 32 位,不支持 64 位。

3.1.1　Office 2010 的新特性

1. Office 2010 的新增功能

为满足用户对办公软件越来越高的要求,Office2010 在新版本中新添加了很多非常实用的工具,主要的新增工具如下:

(1)后台浏览视图(Backstage View):Office 2010 延续 Office 2007 的 Ribbon 功能区接口,但原本 Office 2007 接口中左上方的圆形“Office 按钮”已移除,改回一般选项卡样式,并沿用 Office 2003 版之前用户较熟悉的名称“文件”,这个新界面即是后台浏览视图,如图 3.1 所示。

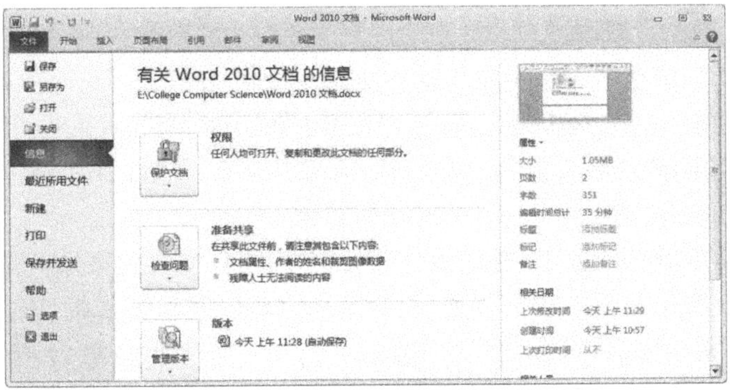

图 3.1　Word 后台浏览视图

单击 Office 2010 的文件选项卡后，就可看到后台检视，它主要分成三个部分，最左边是各个文件功能命令，中间则是每个功能的子选项，而最右边的字段中，可以直接预览文件。这样的设计比原本 Office 2007 的显示方式更丰富，子选项的呈现方式也较直观。开启后台检视后，随即可以看到文件的详细信息，同时，为了强调文件的发布及管理，特意将文件保护、版本管理、发布前的确认等相关功能选项集中于此。

（2）截屏工具：该工具支持多种截图模式，特别是能够自动缓存当前打开窗口的截图，单击鼠标就能将截好的图片插入到文档中。

（3）背景移除工具：用户可以在 Word 的图片工具或图片属性菜单中找到该工具，在执行简单的抠图操作时就无须再使用 Photoshop 等软件，该工具还可以添加、去除水印。

（4）保护模式：出于保护版权的目的，如果打开从网络上下载的文档，Word 2010 会自动处于保护模式下，并默认禁止编辑。

（5）新的 SmartArt 模板：SmartArt 是 Office 2007 引入的一个非常实用的功能，可以轻松制作出精美的业务流程图，而 Office 2010 在现有类别下增加了大量新模板，还新添了多个新的类别。

（6）作者许可：在线协作是 Office 2010 的重点努力方向，也符合当今办公趋势，Office 2010 强化了这一功能。

（7）打印选项：在之前的版本中，打印部分只有较少的三个选项，Word 2010 中几乎能组成一个控制面板，基本可以完成所有与打印相关的操作。

2. Office 2010 组件的新增功能

相对于以往的版本而言，Office 2010 中的多个组件新增了很多方便用户的实用功能，下面简要介绍相关知识：

（1）Word 2010 增强了导航窗格特性，包括搜索文本框以及 3 个选项卡，需要搜索内容时，在搜索文本框中输入需要搜索的内容，程序就会自动执行搜索操作。用户可以在导航窗格中快速切换至任何一章节的开头，同时也可在文本框中进行即时搜索，包含关键词的章节标题会高亮显示。

（2）Word 2010 还增加了在线实时协作功能，用户可以对 Word 2010 进行在线文档编辑，并可在左下角看到同时编辑的其他用户。而当其他用户修改了某处后，Word 2010 会提醒当前用户哪里做了修改。

（3）Word 2010 中新增了文本效果设置功能，在程序中预设了一些文本效果。选中文本后选择需要使用的样式，然后根据需要对文本的阴影、映像等效果进行编辑即可。

（4）利用新增的截图软件，用户可在 Word 2010、PowerPoint 2010 等程序中直接插入其他正在运行软件的截图。

（5）在 Office 2010 中，除了 Office 2007 版原有的图片样式效果外，还新增加了图片艺术效果处理功用，例如，标记、钢笔灰度、铅笔素描、线条图、粉笔素描、画图笔画、画图刷、虚化、浅色屏幕、水彩海绵、马赛克气泡、混凝土、影印、发光边缘等 22 种图片效果，使用这些图片艺术效果可以使图片效果更加丰富。

（6）在 Office 2010 中，用户可以方便地将图片快速转换为 SmartArt 图形。将图片插入到文档中，Word 会根据图片容量自动调整图片的大小，将其转换为 SmartArt 图形。转换后，还会根据所选择的图形类型对图片进行裁剪或调整大小。

(7)Excel 2010 新增了 Spark lines(中文称为迷你图)功能，可根据用户选择的数据直接在单元格内画出折线图、柱状图、饼状图等，并配有 Spark lines 设计面板供自定义样式时使用。

(8)Excel 2010 新增了切片器功能，可以与数据透视表一起对数据进行汇总和分析。一个 Excel 工作簿中的数据透视表可以创建多个切片器，使用切片器可以对数据进行进一步查看。

(9)PowerPoint 2010 除了新增很多幻灯片切换特效、图片处理特效外，还增加了大量的视频功能，用户可直接在 PowerPoint 2010 中设定开始和终止时间剪辑视频，也可将视频嵌入到文件中。PowerPoint 2010 还支持在线播放功能。

(10)PowerPoint 2010 左侧的幻灯片面板也新增了分区功能，用户可将幻灯片分区归类，也可对整个区内的所有幻灯片进行操作。

(11)PowerPoint 2010 还增加了类似格式刷的工具，可将动画效果应用至其他对象，用法与格式刷相同。

(12)PowerPoint 2010 对形状的编辑新增加了几个命令：形状组合、形状联合、形状交点及形状剪除，方便制作一些复杂的形状。

(13)PowerPoint 2010 新增加了时装设计、波形、极目远眺、茅草等幻灯片的主题样式，大大丰富了幻灯片的样式效果，同时也使用户可以发挥更多创意，制作出更好的幻灯片。

3.1.2　Office 2010 的启动和退出

Office 2010 中的各个组件的启动和退出方法基本相同，下面以 Word 2010 为例介绍常用几种的启动和退出方法。

1. 启动

方法一：单击【开始】→【所有程序】→【Microsoft Office】→【Microsoft Word 2010】命令，即可启动 Word 2010，如图 3.2 所示。

方法二：在 Windows 桌面或文件夹的空白处单击鼠标右键，从弹出的快捷菜单中选择【新建】→【Microsoft Word 文档】命令，如图 3.3 所示。在桌面上创建一个“新建 Microsoft Word 文档”，双击新建的 Word 文档，也可启动 Word 2010。

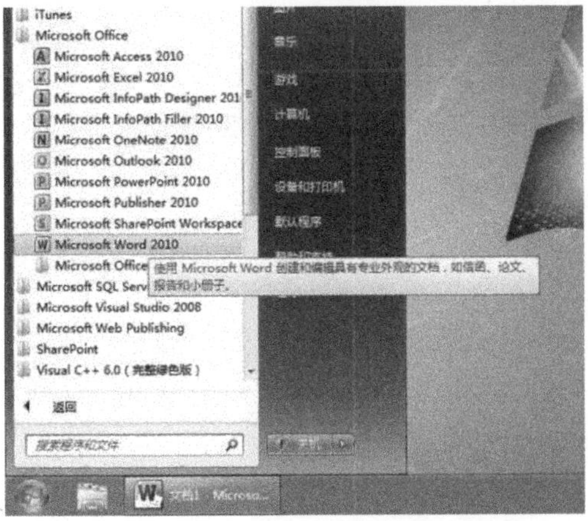

图 3.2　开始菜单启动 Word 2010

图 3.3　快捷菜单创建 Word 文档

方法三:双击桌面上的【Microsoft Word 2010】快捷图标可快速启动 Word 2010。

如果在桌面上没有【Microsoft Word 2010】快捷图标,为了使用方便,可在方法一最后出现【Microsoft Word 2010】菜单项上单击鼠标右键,从弹出的快捷菜单中选择【发送到】→【桌面快捷方式】,即可在桌面上添加【Microsoft Word 2010】的快捷图标。

方法四:双击已存在的任意 Word 文档,也可启动 Word 2010。

2. 退出

方法一:单击 Word 工作窗口右上角的【关闭】按钮。

方法二:单击【文件】选项卡,选择【关闭】命令。

方法三:直接按"Alt + F4"组合键关闭。

方法四:右键单击文档标题栏或左键单击 Word 图标,从弹出的快捷菜单中单击【关闭】命令。

如果在退出之前没有保存编辑修改过的文档,在退出文档时将会弹出一个保存文档的信息提示对话框,如图 3.4 所示。

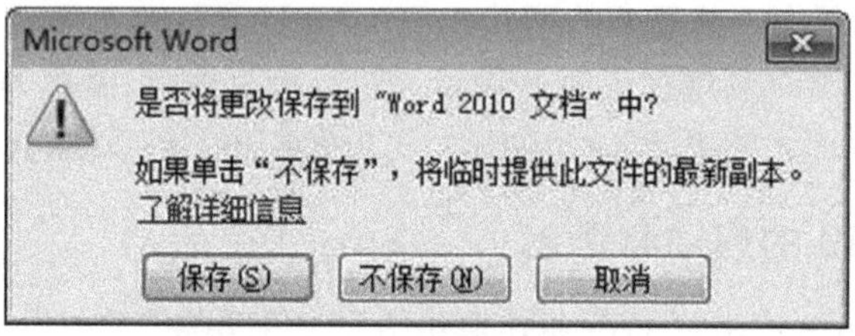

图 3.4　Word 提示窗口

单击【保存】按钮,将会保存文档且关闭程序;单击【不保存】按钮,将不保存文档而直接关闭程序;单击【取消】按钮,将取消此次操作,返回之前的 Word 2010 编辑窗口。

3.2　Word 文档的基本操作

3.2.1　Word 2010 工作界面

启动 Word 2010 后,系统会自动创建一个名为"文档 1"的空白文档。该窗口界面与普通 Windows 窗口不同,增加了许多与文档编辑相连的信息,如图 3.5 所示。

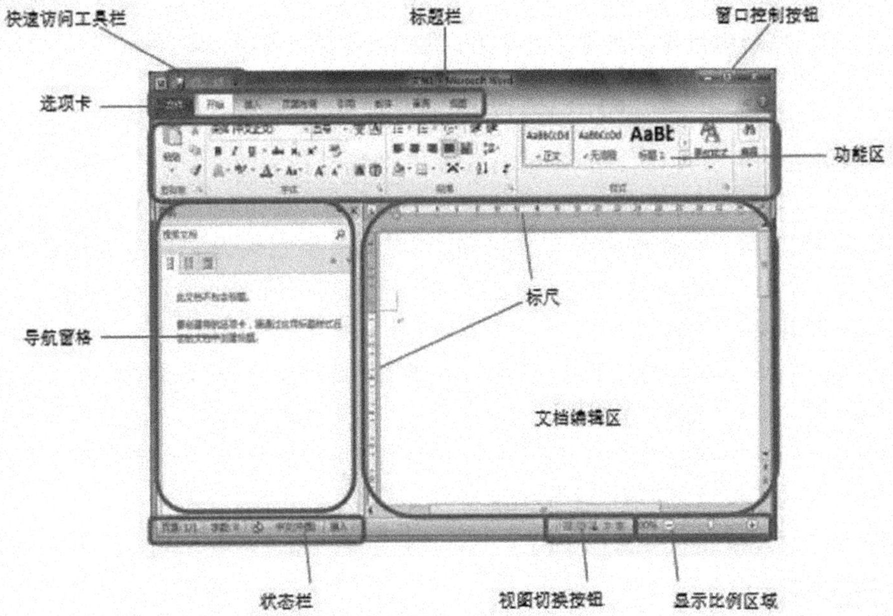

图 3.5　Word 2010 窗口界面

1. 窗口界面元素

(1)标题栏:位于窗口的最上面用于显示当前编辑的文档名称和格式。

(2)窗口控制按钮:在标题栏的最右侧有三个按钮,分别实现“最小化”、“最大化/向下还原”和“关闭”等窗口操作。

(3)快速访问工具栏:位于工作窗口的顶部,用于快速执行某些常用操作。默认情况下,快速访问工具栏包含“保存”“撤销”和“恢复”3 个快捷按钮。单击其右侧的下拉按钮,可以添加和取消快捷操作按钮,如图 3.6 所示。

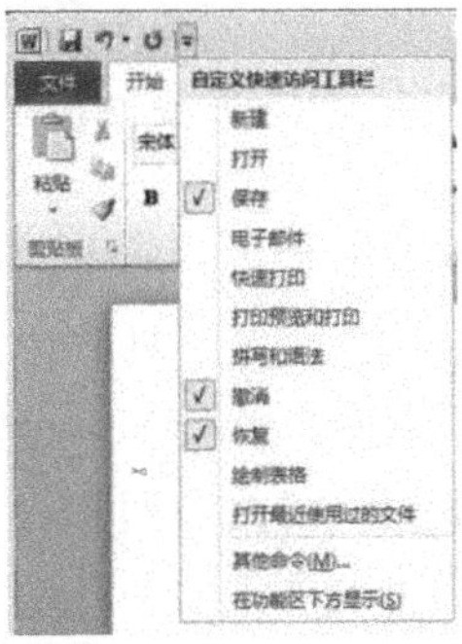

图 3.6　快速访问工具栏下拉菜单

(4)选项卡:位于标题栏下方,显示了可进行切换并执行操作的各项任务,比如“文件”“开始”“插入”“页面布局”“引用”“邮件”“审阅”“视图”以及一些特定情况下出现的上下文工具选项卡。

(5)功能区:位于选项卡下方,几乎包含了所有的编辑功能。功能区是一个命令界面,它使许多隐藏的控件显示出来,并将其放在最能发挥作用的页面上。每个选项卡都包含若干个组,这些组将相关项显示在一起。每个组中提供不同形式的命令,如按钮、用于输入信息的框或者菜单等。

若要暂时隐藏功能区以扩大文档显示空间,可以双击活动选项卡将组收起;再次需要查看并使用命令时,可以再次双击活动选项卡将组展开。同样,也可交替单击功能区右上角的“功能区最小化/展开功能区”按钮。

(6)文档编辑区:Word 的主要工作区域,所有的文字编辑操作都在编辑区中进行。在此区域有一个闪烁的竖线称为光标(也叫插入符),光标所在的位置也叫插入点,是下一个输入字符出现的位置。

(7)状态栏:位于窗口的最下方,显示当前文档的状态信息,依次包含“页面”“字数”“校对”“语言”“插入/改写”等按钮。

①单击“页面”按钮可弹出“查找与替换”对话框进行查找、替换和定位操作。

②单击“字数”按钮可弹出“字数统计”对话框。

③单击“校对”按钮可对文档中的文本进行拼写和语法的校对,如果没有错误,就会弹出提示信息框。

④单击“语言”按钮可对文档中使用的语言种类进行设置。

⑤单击“插入/改写”按钮可在插入和改写两种状态进行切换。

(8)标尺:标尺包括水平标尺和垂直标尺,用于显示和调整页面边距等。

(9)视图快速切换按钮:位于状态栏右侧的一组按钮,单击相应按钮可快速在各视图之间进行切换。

(10)显示比例区域:显示当前文档显示的比例,在此可单击“放大”和“缩小”按钮,快速调整显示比例。

2. 其他元素

(1)对话框启动器

在某些组的右下角有一个小对角箭头,该箭头称为对话框启动器。单击对话框启动器将打开对应的对话框或任务窗格,以提供更多与该组相关的命令或设置选项。

(2)上下文工具

上下文工具使用户能够方便地操作在文档编辑区中选择的对象,如表、图片或绘图。当用户选择文档中的对象后,相关的上下文工具将以突出颜色显示在标准选项卡的旁边。如图 3.7 所示,当选中文档中的一个艺术字,标题栏处出现“绘图工具”选项,包含“格式”选项卡,单击格式选项卡可显示相关的组和命令。如在艺术字区域以外单击鼠标,艺术字不再被选中,“绘图工具”将会消失。

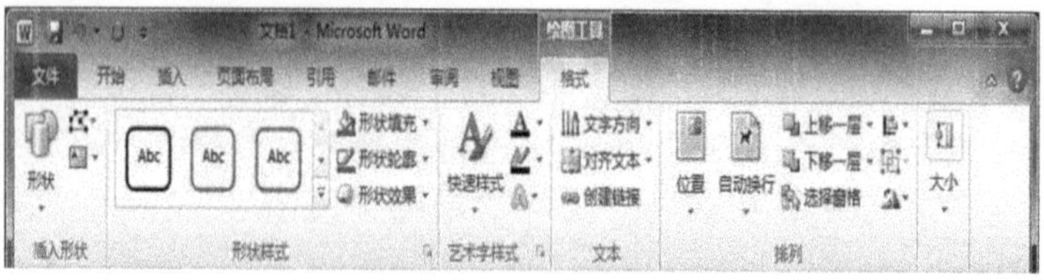

图 3.7　上下文工具

3. 功能区介绍

(1)【开始】功能区

该功能区包括:剪贴板、字体、段落、样式和编辑等五个组,主要用于文档的文字编辑和格式设置,是用户最常用的功能区,如图3.8所示。

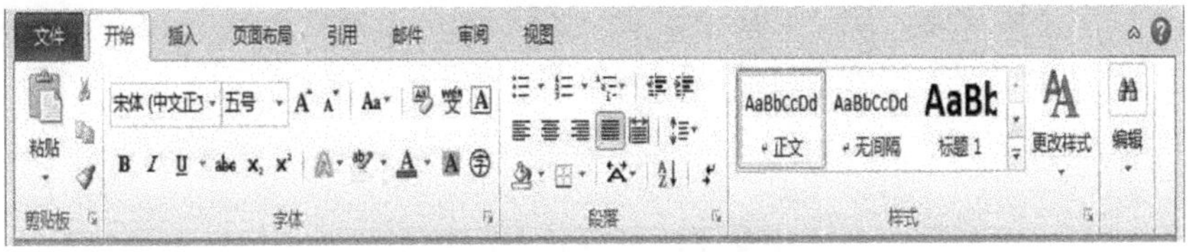

图3.8 “开始”功能区

(2)【插入】功能区

该功能区包括:页、表格、插图、链接、页眉和页脚、文本、符号和特殊符号等七个组,主要用于在文档中插入各种元素,如图3.9所示。

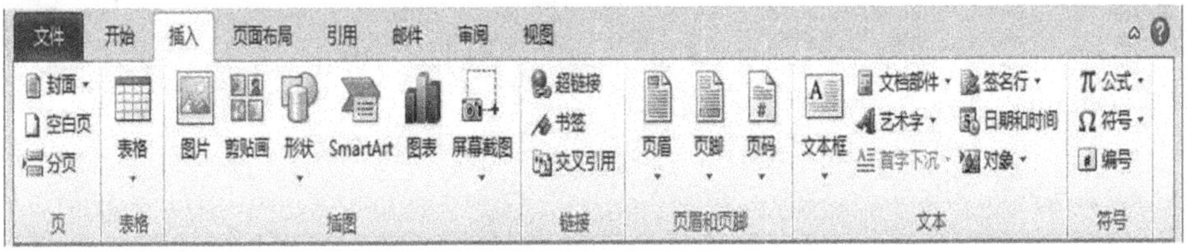

图3.9 “插入”功能区

(3)【页面布局】功能区

该功能区包括:主题、页面设置、稿纸、页面背景、段落、排列等六个组,用于帮助用户设置文档页面样式,如图3.10所示。

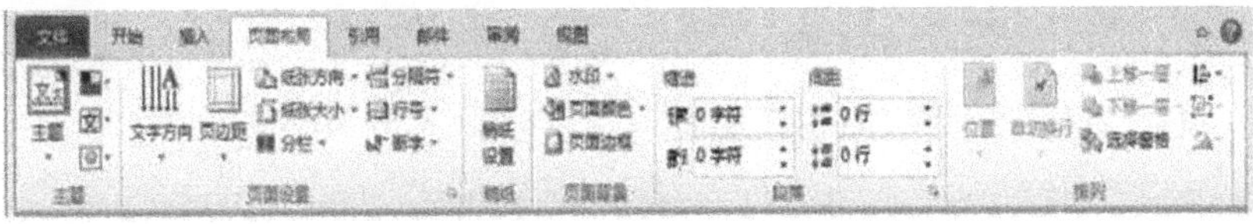

图3.10 “页面布局”功能区

(4)【引用】功能区

该功能区包括:目录、脚注、引文与书目、题注、索引和引文目录等六个组,用于在文档中插入目录等比较高级的功能,如图3.11所示。

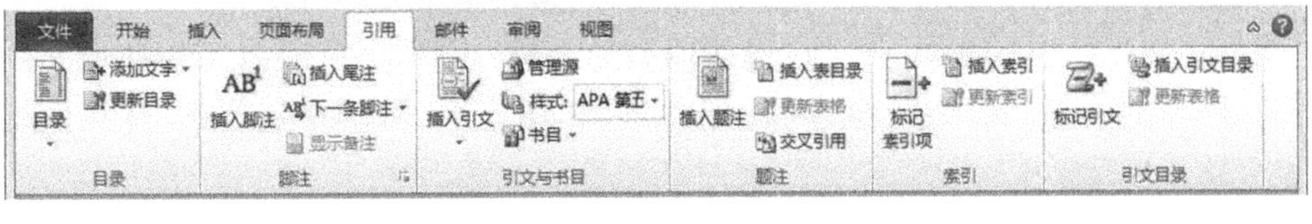

图3.11 “引用”功能区

(5)【邮件】功能区

该功能区包括:创建、开始邮件合并、编写和插入域、预览结果和完成等五个组,该功能区的作用比较专一,专门用于在文档中进行邮件合并方面的操作,如图 3.12 所示。

图 3.12 “邮件”功能区

(6)【审阅】功能区

该功能区包括:校对、语言、中文简繁转换、批注、修订、更改、比较和保护等八个组,主要用于对文档进行校对和修订等操作,适用于多人协作处理长文档,如图 3.13 所示。

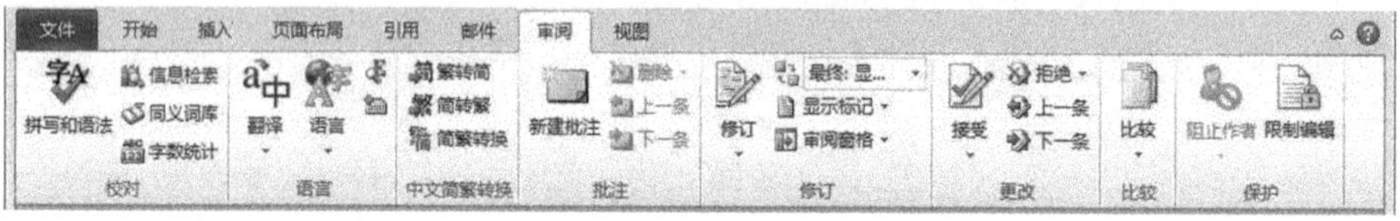

图 3.13“审阅”功能区

(7)【视图】功能区

该功能区包括:文档视图、显示、显示比例、窗口和宏等五个组。主要用于用户设置操作窗口的视图类型,以方便操作,如图 3.14 所示。

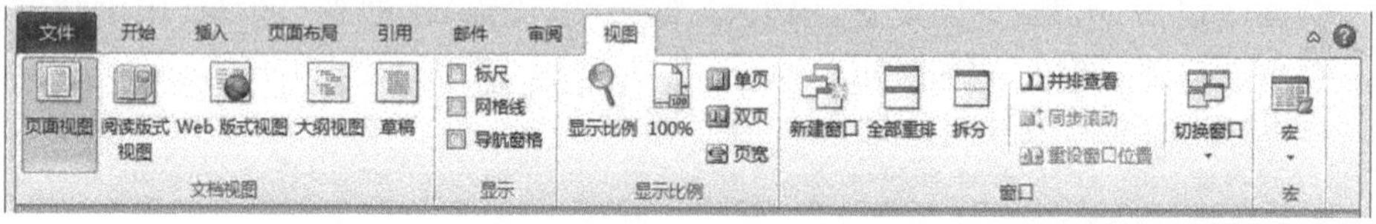

图 3.14 “视图”功能区

3.2.2 文档的创建、打开与保存

1. 创建新文档

进行文档编制之前,首先应该创建一个新的文档。启动 Word 2010 时,系统会创建一个默认的新文档,用户可以直接输入内容,进行编辑和排版。

如果要在已启动的 Word 2010 中创建新文档,常用以下几种方法:

方法一:通过【文件】选项卡【新建】选项,在右侧打开的选项面板【可用模板】的选项组中选择【空白文档】,再单击【创建】按钮即可,如图 3.15 所示。此时双击【空白文档】选项也可快速创建。

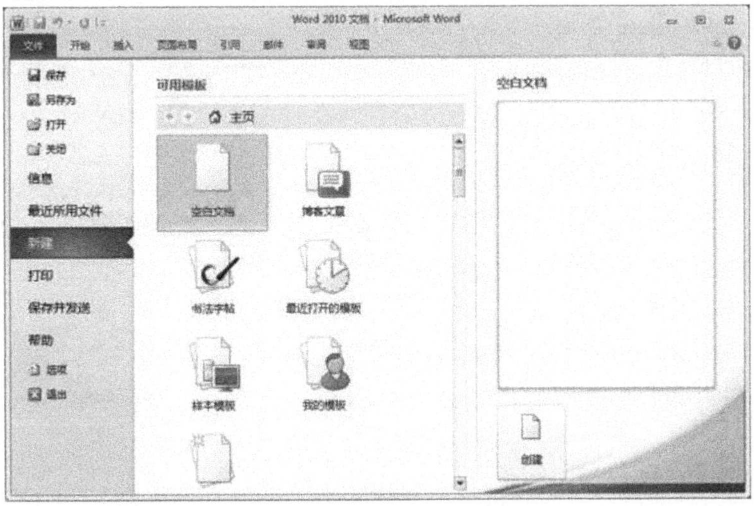

图 3.15 “新建”对话框

方法二:如果需要新建的文档与之前创建的文档格式类似,则可以选择【根据现在有内容】方法来创建。通过【文件】的【新建】选项,在选项面板的【可用模板】选项组中双击【根据现有文档新建】选项,打开【根据现有文档新建】对话框,选择“文档库”中的源文档,单击【新建】按钮即可,如图 3.16 所示。

图 3.16 “根据现有文档新建”对话框

方法三:使用模板,通过【文件】的【新建】选项,在选项面板的【可用模板】选项组中选择选择【样本模板】选项,可以显示出更多的 Word 2010 内置的文档模板样式,选中合适的模板创建即可,如图 3.17 所示。

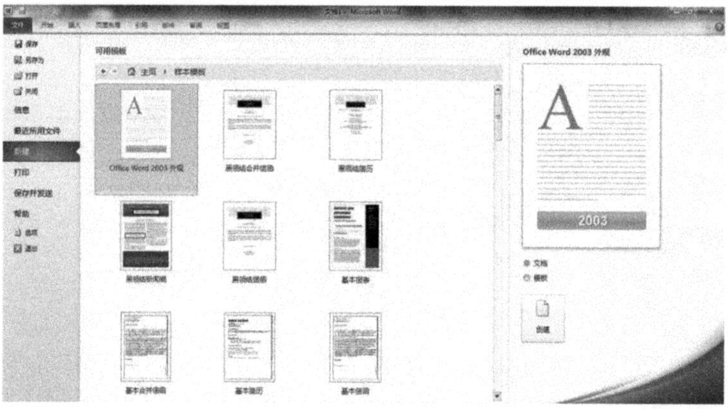

图 3.17　使用“模板”创建

如果这些内置的模板不能满足需求，用户还可以自己创建模板，或者使用 Office. com 提供的模板。在下载时，Word 2010 会进行正版验证，如果不是正版 Office 办公软件，将无法下载模板。

方法四：启动 Word 2010 应用程序后，按下“Ctrl + N”组合键。

2. 打开文档

方法一：在存放 Word 文档的文件夹窗口中双击已有文档。

方法二：单击【文件】选项卡，打开【打开】命令，在【打开】对话框中选择目标文件后，单击【打开】按钮即可打开该文档。

方法三：右击目标文件，从弹出的快捷菜单中选择【打开】或【编辑】命令，同样可以打开该文档。

方法四：Word 2010 会保存用户最近使用过的文档（默认保存 20 个），用户可以通过快捷方式打开上次使用过的文档，而不必在电脑磁盘中逐一寻找。

启动 Word 程序后，单击【文件】选项卡，在打开的面板中选择【最近所用文件】选项，弹出【最近使用的文档】列表，从中单击要打开的文件。如图 3.18 所示。

图 3.18　“最近使用的文档”列表

同 Word 2007 一样，Word 2010 中可以打开较早的 Word 版本文件，Word 启动后自动开启“兼容模式”，在文档窗口的标题栏可以看到文档名称后附加了“兼容模式”的提示，如图 3.19 所示。

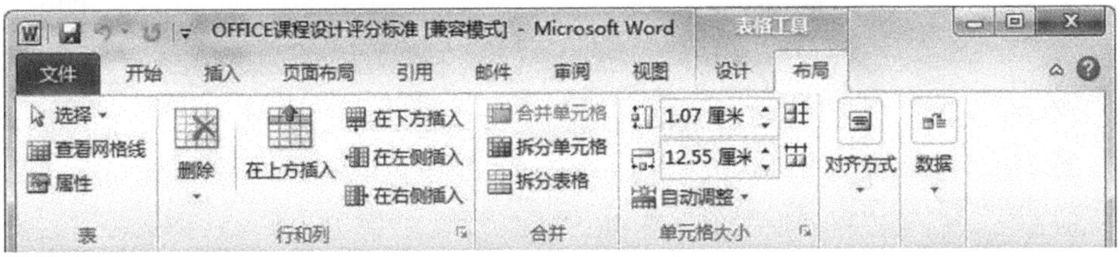

图 3.19　兼容模式

3. 保存文档

无论是新建或是修改文档后都必须进行保存，Word 2010 提供了多种保存文档的方法和格式。

(1) 新文档的保存

方法一：单击【快速访问工具栏】中的【保存】按钮。

方法二：单击【文件】选项卡中的【保存】选项。

方法三：使用快捷键“Ctrl + S”。

这三种方式执行时，都会打开【另存为】对话框，在这个对话框中需要指定文档的保存位置和文档名。默认情况下，系统以“. docx”作为文档的后缀名。

(2) 保存已存在的文档

文档已经存在，经过修改后再保存，系统会自动对文档进行覆盖，替换掉原文档的内容，不再弹出对话框提示。

若修改后的文档希望保存成一份副本，可选择单击【文件】选项卡中的【另存为】选项，在【另存为】对话框中输入新的文件名或新的保存位置。

如果希望将文档保存后能在较早版本的 Word 中打开，可以单击【保存类型】右侧的下拉箭头，在下拉列表中选择“Word 97 -2003 文档”来替换默认的“Word 文档”类型。

(3) 自动保存文档

文档编辑时遭遇意外断电或死机情况会导致文件不能成功保存而带来损失，Word 2010 提供的“自动保存”功能可在后台及时对文档进行保存。

单击【文件】选项卡中的【选项】命令，弹出的【Word 选项】对话框。在左侧功能选区中选择【保存】选项，在右侧的详细信息窗格中勾选【保存自动恢复信息时间间隔】，并通过微调按钮调整时间间隔，默认为 10 分钟，如图 3.20 所示。

3.2.3　文档的编辑

1. 输入文本

文本是文字、符号和特殊字符等内容的总称。创建文档之后，就可以开始输入文本以填充页面。使用 Word 的“即点即输”功能可以在页面中的任意一行开始输入文本。

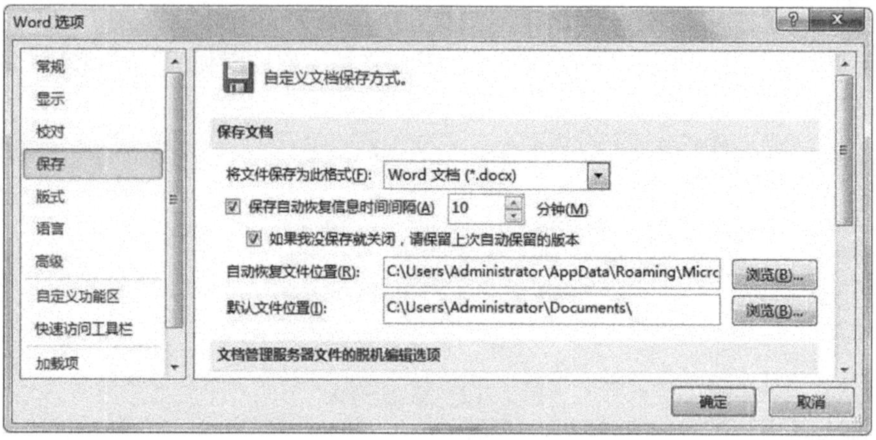

图 3.20 “Word 选项”对话框

随着文本内容的录入，光标会不断向后移动，当移至当前行末尾时，系统会自动换行而不需要按回车键。如果按下回车键，系统会插入一个段落标记，并将插入符移动到下一行，产生一个新段落。

在 Word 中，按 Insert 键或单击状态栏上的“插入”按钮，即可实现文本输入时插入模式与改写模式的切换。在插入模式下，将在插入点后插入新的内容，而在改写模式下，输入的内容将替换插入点后的内容。用户可以根据需要选择合适的模式输入文本。此外，如果首先选中要改写的文本，则输入新文本后，原有内容会自动被替换。

(1)插入中英文字符

输入中英文内容的方法非常简单，只需要切换到相应的输入法，直接在文档中输入即可。如需输入大写英文，还要按下“CapsLock”键。

(2)插入符号

使用键盘可以输入文字、数字、字母和一些符号，但有些符号不能用键盘直接输入如“(”、“?”等，此时可以通过插入特殊符号的方法来输入。

光标定位到插入点，选择【插入】选项卡，单击【符号】组中的【符号】下拉按钮，在弹出的下拉面板中选择需要的符号。如果需要的符号并未列出，则选择【其他符号】选项弹出【符号】对话框，如图 3.21 所示。在【符号】选项卡中选择需要的符号，单击【插入】按钮，关闭对话框即可将选择的符号添加到文档中。最近使用的符号会自动添加到符号下拉面板中，方便用户再次使用。

另外，系统还为某些特殊符号预定义了一组快捷键，用户可直接用这些快捷键来输入。要了解可通过预定义快捷键输入的特殊符号，可在【符号】对话框中选择【特殊字符】选项卡中查看，如图 3.22 所示。

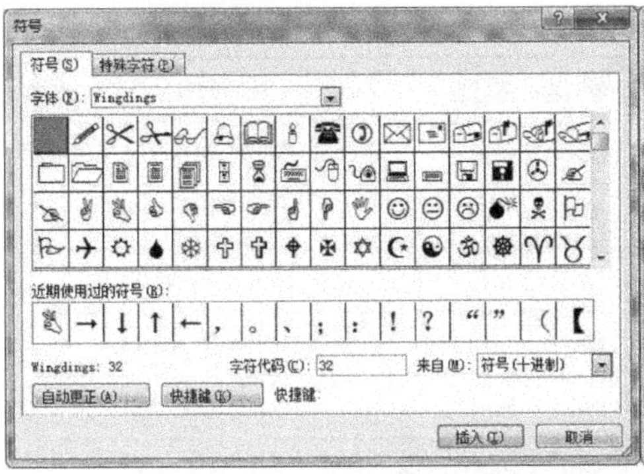

图 3.21　"符号"选项卡

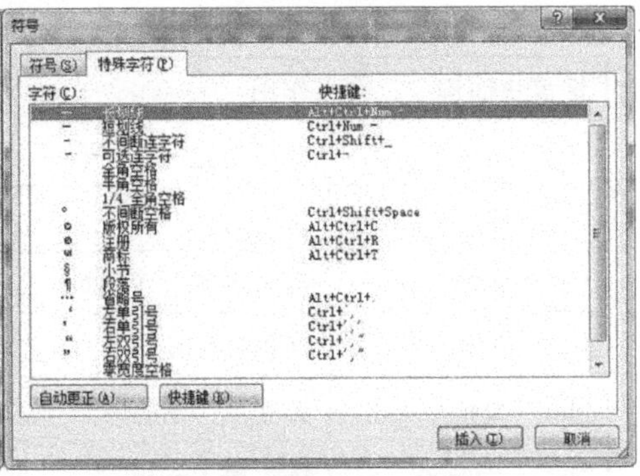

图 3.22　"特殊字符"选项卡

2. 选择文本

在对文本进行编辑之前，首先应该选中文本，以便对指定的文本进行编辑。其中，被选中的文本均以淡蓝色底色进行标识。在 Word 2010 中，利用鼠标或键盘，可以选中任意长度的文本。

(1)使用鼠标拖动方法进行选择

选择连续文本，方法有三种：

方法一：将光标置于文档中，当指针呈形时，按住鼠标左键并向上或下拖动，即可选中光标之前或之后的连续多行文本；按住鼠标左键并向左或右拖动，即可选中光标之前或之后的当前行文本内容。

方法二：将光标定位在将要选定的文本之前，按住 Shift 键，在选定文本的结束位置单击鼠标左键。

方法三：将鼠标指针移至文本左侧空白处，当指针呈箭头形态时，单击鼠标即可选中一行文本，双击可选中一段文本，三击可以选中整篇文档。如需要选中任意多行文本，可单击后拖动鼠标向上或向下移动。

其他文本内容的选定：

①单个英文单词或中文词组的选中可以通过双击该单词或词组。

②句子选定，可通过光标定位在要选定句子的任意位置，按住 Ctrl 键同时单击鼠标左键。

③任意文本块的选定，把光标定位在所选文字的开始位置，按住 Shift 键，移动鼠标到所选文字的末尾再单击即可。

④整篇文档的选定，可按住 Ctrl 键将鼠标指针移至文本左侧空白处单击。

(2)使用键盘选择区域

Word 2010 提供了一套利用组合键来选定文本的方法，其方法如表 3.1 所示。

表 3.1　选定文本的组合键

键盘快捷键	作用	键盘快捷键	作用
Shift + →	向右选定一个字符	Shift + ←	向左选定一个字符
Shift + ↑	向上选定一行	Shift + ↓	向下选定一行
Ctrl + Shift + →	向右选定一个单词	Ctrl + Shift + ←	向左选定一个单词
Ctrl + Shift + ↑	向上选定至段首	Ctrl + Shift + ↓	向下选定至段尾
Shift + Home	选定至当前行首	Shift + End	选定至行尾
Shift + Pageup	选定至上一屏	Shift + PageDown	选定至下一屏
Ctrl + Shift + Home	选定至文档开头	Ctrl + Shift + End	选定至文档结尾

若选定文本有误，只需在任意未被选中的区域单击鼠标左键撤销选定即可。

3. 移动、复制、删除文本和选择性粘贴

移动、复制和删除是编辑工作中最常用的编辑操作。

Windows 中的移动和复制操作是通过“剪贴板”来完成，Microsoft Office 应用程序实际上使用自己的“剪贴板”版本，称为 Office 剪贴板，它在 Windows 剪贴板的功能上有所改进，最多可以容纳 24 项。

(1)移动文本

在编辑文档过程中，可能需要将文档部分文本从当前位置移动到其他位置。文本移动的操作如下：

方法一：选定需要移动的文本，使用【开始】选项卡中【剪贴板】组的【剪切】命令或右键快捷菜单中的“剪切”命令或直接使用快捷组合键“Ctrl + X”，然后将插入点定位到目标位置，使用【开始】选项卡中【剪贴板】组的【粘贴】命令或右键快捷菜单中的“粘贴”命令或直接使用快捷组合键“Ctrl + V”。

方法二：近距离移动文本可直接选定后拖动鼠标，此时，鼠标指针会变成一个带有虚线方框的箭头，光标呈虚线状。当光标移动到目标位置松开鼠标左键即可。

(2)复制文本

在编辑文档过程中，对有些需要重复出现文本内容可通过复制与粘贴实现输入，从而加快用户录入速度、提高效率。文本复制的操作如下：

方法一：选定需要复制的文本，使用【开始】选项卡中【剪贴板】组的【复制】命令或右键快捷菜单中的“复制”命令或直接使用组合键“Ctrl + C”，然后将插入点定位到目标位置，使用【开始】选项卡中【剪贴板】组的【粘贴】命令或右键快捷菜单中的“粘贴”命令或直接使用快捷组合键“Ctrl + V”。

方法二：选定需要重复出现的文本内容，拖动鼠标移动到要插入复制文本的位置过程中，按住 Ctrl 键。当光标移动到目标位置松开鼠标左键即可实现文本的复制。

(3)删除文本

当文档编辑时可能会有需要将部分内容删除，删除时按以下方式操作：

方法一：按【Backspace】键删去插入点左侧相邻的一个字符，并使插入点及插入点后的内容向前移动。

方法二:按【Delete】键删去插入点右侧相邻的一个字符并使插入点保持不动,其后的内容向前移动。

方法三:删除较多文字内容时,先选定文本,然后按"Delete"键删除。

(4)选择性粘贴

当用户在其他文档或网络上看到自己有兴趣的文本或内容时,需要将这些内容复制到 Word 文档中,由于网络上的内容通常带有各类特有的文本格式,如果直接将这些内容复制粘贴到 Word 文档的话,可能会无法显示或出现各类的问题,因此用户往往不能得到满意的排版结果。一般可使用"选择性粘贴"功能来解决这个问题。

用户首先将其他地方的内容复制到剪贴板上。在 Word2010 中,当剪贴板上的文本带有文字格式,可以点击功能区的【开始】选项卡,在【剪贴板】分组中点击【粘贴】命令,弹出下拉菜单,如图 3.23 所示,选择【选择性粘贴】,在弹出的【选择性粘贴】窗口中选择是否保留文字格式,如图 3.24 所示。

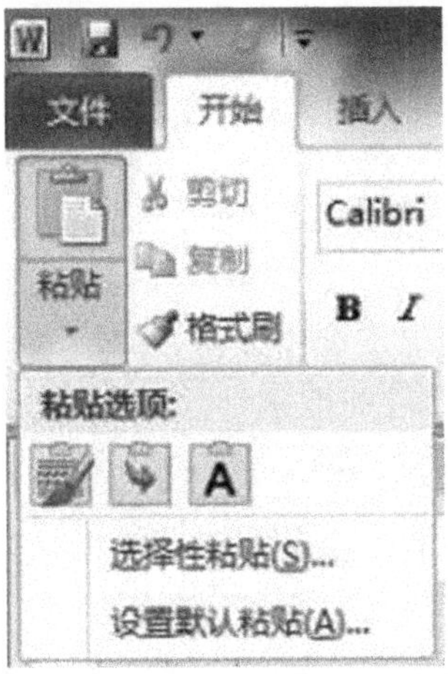

图 3.23　"粘贴"选项

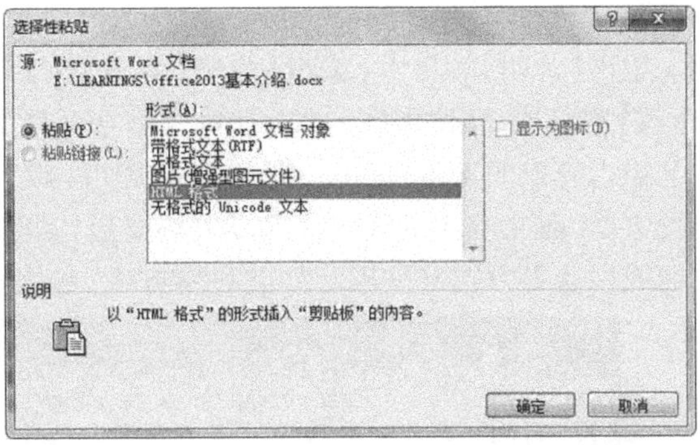

图 3.24　"选择性粘贴"对话框

在 Word2010 中,当执行"复制"或"剪切"操作后,则会出现"粘贴选项"命令,包括三个命令:

"保留源格式"命令:被粘贴内容保留原始内容的格式。

"合并格式"命令:被粘贴内容保留原始内容的格式,并且合并应用目标位置的格式。

"仅保留文本"命令:被粘贴内容清除原始内容和目标位置的所有格式,仅仅保留文本。

Office 2010 提供实时预览的方式,使用户在粘贴之前,便可以预先看到粘贴后文件内容改变的样子。如粘贴的格式不如预期时,只需移动鼠标选择不同的格式即可。

4. 撤销和恢复

编辑文档过程中,难免会出现一些误操作,Word 2010 提供了撤销和恢复功能来帮助用户操作。其中,撤销操作是将编辑状态恢复到刚刚所做的插入、删除、复制或移动等操作之前的状态;恢复操作是恢复最近一次被撤销的状态。

撤销操作的执行,可直接单击【快速访问工具栏】中的【撤销】按钮或使用组合键

"Ctrl + Z",用于取消上一步操作;如果要撤销多步操作,可通过单击【快速访问工具栏】中的【撤销】按钮右边的下拉箭头,打开下拉列表框,从中选择要撤销的操作步骤。

恢复操作是撤销操作的逆过程,它的执行使刚刚的"撤销"操作失效,恢复到撤销操作之前的状态。可直接单击【快速访问工具栏】中的【恢复】按钮或使用组合键"Ctrl + Y"。

5. 查找和替换

Word 提供的查找功能允许对文字甚至文档格式进行快速定位,提供的替换功能,提高了整个文档范围内的修改工作的效率。

新的"查找及替代"功能,改进搜寻文字内容时的一些困扰。例如,现在当按下"Ctrl + F"后,Office 2010 的功能选单会出现在左侧的"导航"窗格内,不像以往弹出的窗口选项,有时可能会挡住文件内容。

(1)查找文本

查找文本功能可以将长篇文档中的某一个字或某一段文本找到,不用手动查看整篇文章进行查找。操作步骤如下:

①单击【开始】选项卡【编辑】组中【查找】按钮右边的下拉列表,在弹出的列表中选择【查找】菜单项,或使用组合键"Ctrl + F",在文档编辑区左侧弹出【导航】窗格。

②输入查找的文本,单击【搜索】按钮即可,如图 3.25 所示。

搜索后,在文中会将该字背景以色块突显,同时也会在导航窗中显示搜寻结果,并以段页面或段落等方式来呈现。如此显示方式,在长篇多页文件的搜索时,更显优势。

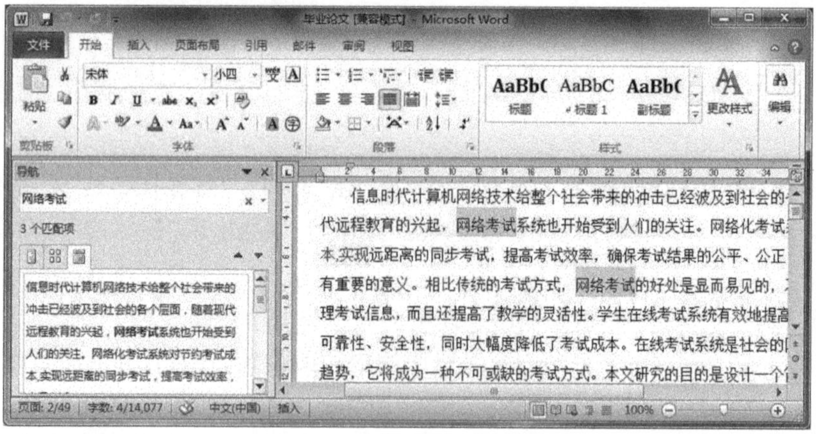

图 3.25 "导航"窗格查找

(2)查找格式化文本

如需查找带格式的文本内容,操作步骤如下:

①单击【开始】选项卡【编辑】组中【查找】按钮右边的下拉列表,在弹出的列表中选择【高级查找】菜单项,弹出【查找和替换】对话框,如图 3.26 所示。

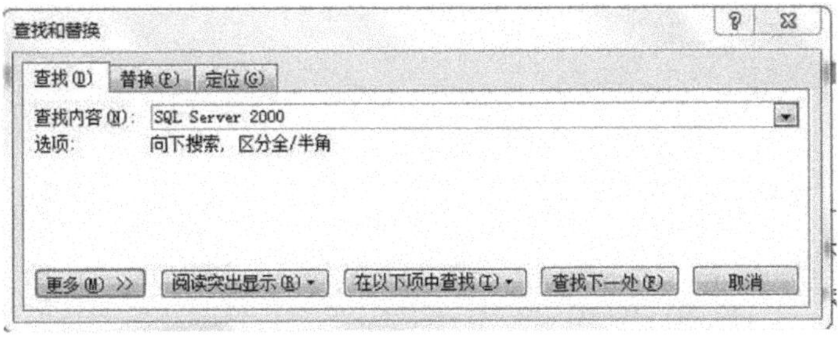

图 3.26　“查找和替换”对话框

②在【查找】选项卡的【查找内容】文本框中输入需要查找的文本内容，单击左下角的【更多】按钮。

③弹出【搜索选项】区域如图 3.27 所示，单击【格式】下拉菜单中选择【字体】菜单项，在弹出的【查找字体】对话框中根据需要设置，单击【确定】按钮返回【查找和替换】对话框。

④单击【查找下一处】按钮，就可查找到满足要求的文本。如果要继续查找，再次单击【查找下一处】按钮。

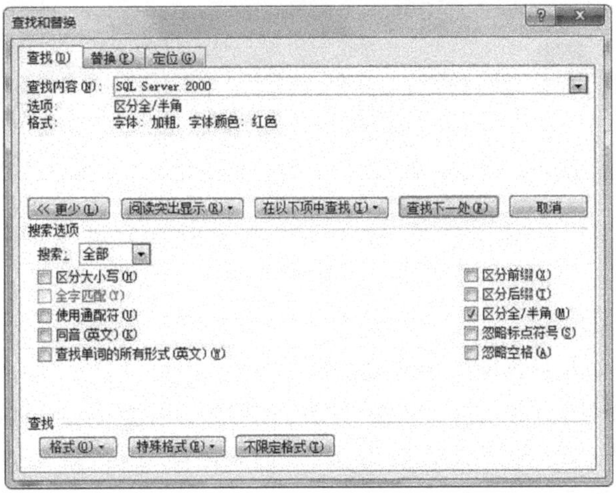

图 3.27　查找格式化文本

(3)替换文本

替换操作的原则是：找到并删除原来的内容，输入新内容以替代原有内容。最简单快捷的替换操作是选定要修改的内容，然后直接输入新内容，只不过这样的操作一次只能替换一个对象。要想一次替换多个相同的内容，就要使用 Word 的替换功能。

替换的操作步骤如下：

①单击【开始】选项卡【编辑】组中【查找】按钮右边的下拉列表，在弹出的列表中选择【替换】菜单项，打开【查找和替换】对话框，如图 3.28 所示。

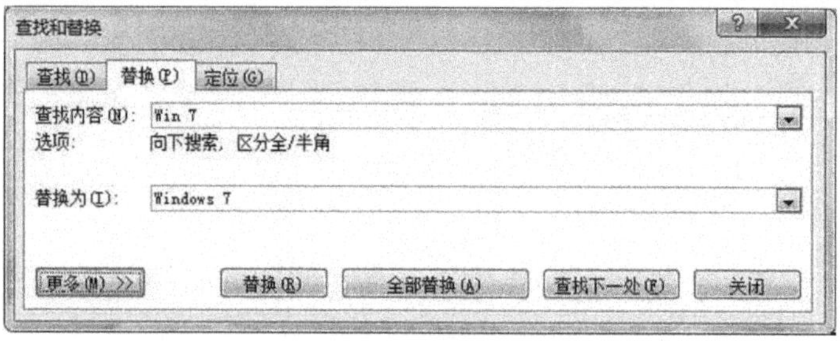

图 3.28　替换文本

②在【替换】选项卡的【查找内容】列表框中输入要查找的文本内容，在【替换为】列表框中输入要替换的文本内容。

③单击【全部替换】按钮，弹出【Microsoft Word】对话框提示总共替换多少处内容，如图 3.29 所示，单击【确定】按钮；若是对查找到的内容进行有选择的替换，则应单击【查找下一处】按钮，逐个查找，找到想要替换的文本内容时，单击【替换】按钮，否则继续单击【查找下一处】按钮查找。

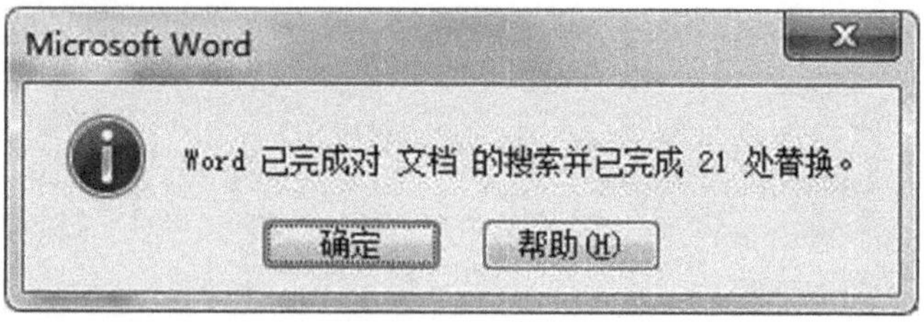

图 3.29　“Microsoft Word”提示信息

(4)替换格式化文本

替换带格式的文本内容操作步骤如下：

①在【查找和替换】对话框中，单击【更多】按钮展开【搜索选项】区域。

②分别清除【查找内容】和【替换为】列表框中的原有内容，将插入符置于【查找内容】列表框中，输入要查找的文本内容。

③单击【格式】按钮并从弹出的列表中选取【字体】命令，打开【查找字体】对话框进行设置；如果还有段落标记、分栏符、省略号等特殊格式的替换，单击【特殊格式】在下拉菜单中选择对应的特殊格式如【段落标记】选项。在【替换为】列表框中输入要替换的文本内容，格式设置方式同前面一样，如图 3.30 所示。

④单击【全部替换】按钮可全部替换，或单击【替换】按钮，一步一步地进行替换。

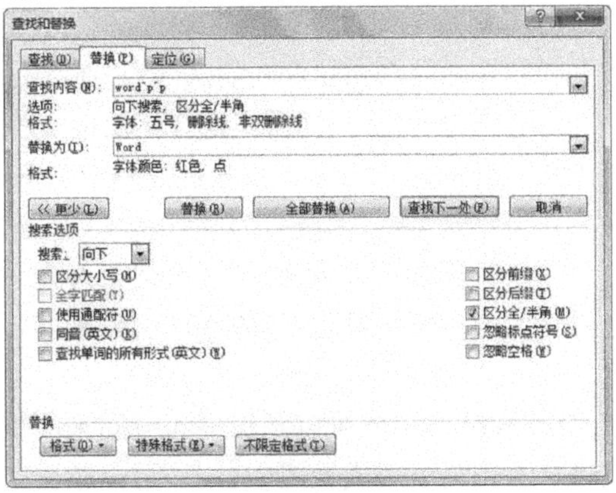

图 3.30　替换格式化文本

6. 自动更正

在输入文本过程中,当需要经常输入一些固定的短语或句子时,逐字输入费时费力。此时可使用“自动更正”功能来简化操作。

选择【插入】选项卡,单击【符号】组中的【符号】下拉按钮,在弹出的下拉面板中选择【其他符号】选项弹出【符号】对话框,在【符号】选项卡左下角,单击【自动更正】按钮,打开如图 3.31 所示的【自动更正】对话框,在替换文本框中输入需要替换掉的文字,在替换为文本框中输入替换后的文字,并单击文本框下方的【添加】按钮即可在列表框中看到刚添加的文字。同时【添加】按钮转成【替换】,【删除】按钮不变。

设置过后,输入文字后按空格键或继续输入后续文字,即会被自动替换。

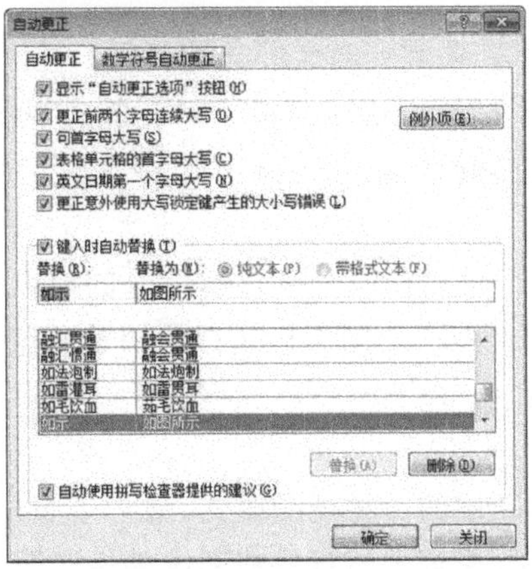

图 3.31　“自动更正”对话框

3.2.4　文档的查看方式

视图是文档在屏幕上的显示方式,为了更好地使用阅读和编辑文档,Word 2010 提供了五种视图模式方便用户查看。分别为:页面视图、阅读版式视图、Web 版式视图、大纲视图和草稿视图。

除此以外,对于长篇文档 Word 2010 中还提供了极为方便的浏览模式及查看方式来提高浏览文档的效率。

1. 切换视图模式

用户可以通过【视图】功能区的【文档视图】组选择需要的文档视图模式,也可以在文档窗口右下方单击视图按钮进行选择。

(1)页面视图

用于显示文档内容在整个页面的分布状况和打印结果外观,主要包括页眉页脚、图形对象、分栏设置、页边距等元素,是最接近打印效果的页面视图。

(2)阅读版式视图

进行了优化的视图,在此视图下用户可以利用最大空间来阅读文档,"文件"按钮、功能区等窗口元素被隐藏起来。在阅读版式视图中,用户可以单击"工具"按钮选择各种阅读工具,如图3.32所示。

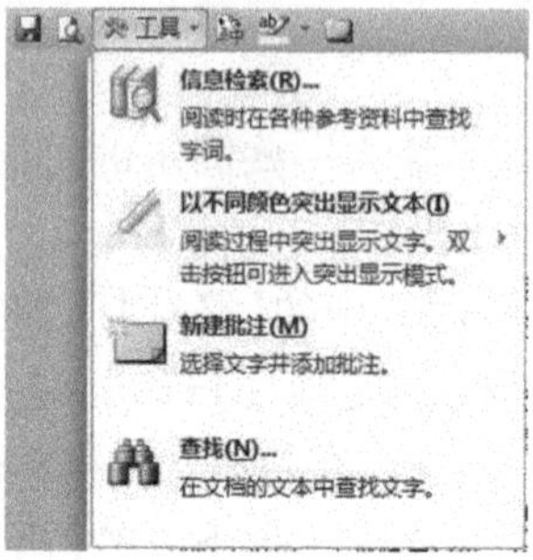

图3.32　阅读工具

(3)Web版式视图

在Web版式视图下可以查看网页形式的文档外观。在此视图模式下,不管文档的显示比例为多少,系统都会自动换行以适应窗口。Web版式视图适用于发送电子邮件和创建网页。如果文档中含有超链接内容,超链接内容的下方将带有下划线标注。

(4)大纲视图

主要用于设置Word 2010文档的设置和显示标题的层级结构,并可以方便地折叠和展开各种层级的文档。大纲视图广泛用于长文档的快速浏览和设置中,可以不用复制和粘贴就移动文档的整章内容。

(5)草稿视图

草稿视图是Word 2010新增的一种视图模式,取消了页面边距、分栏、页眉页脚和图片等元素,仅显示标题和正文,是最节省计算机系统硬件资源的视图方式。

2. 设置显示比例

为了在编辑文档时观察得更加清晰,需要调整文档的显示比例,将文档中的文字或图片放大。这里的放大并不是文字或图片本身放大,而是在视觉上变大,打印时仍然是原始大小,设置屏幕显示比例的具体操作方法如下:

方法一:选择【视图】选项卡,单击【显示比例】组中的【显示比例】按钮,弹出【显示比例】对话框,如图3.33所示,在【显示比例】选项区中选择需要的比例,或在【百分比】数值框中设置显示比例,单击【确定】按钮。

方法二:在状态栏中拖动【显示比例】滑块,也可以快速调节文档的显示比例,如图 3.34 所示。

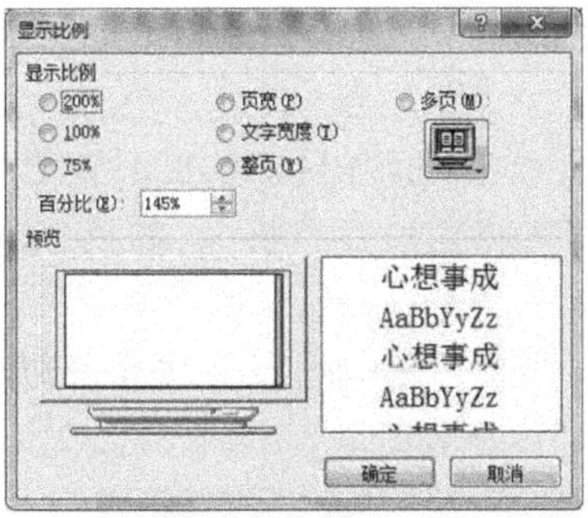

图 3.33 “显示比例”对话框　　图 3.34 状态栏视图区

3. 导航窗格浏览

当处理超长文档时,要查看特定的内容,可通过 Word 2010 新增的“导航窗格”精确“导航”。使用该窗格可以查看当前文档的大纲结构,还可以快速准确地定位到文档的某个标题位置以及页面位置。

在功能区【视图】选项卡的【显示】组中,勾选【导航窗格】复选框,即可在 Word 2010 编辑窗口的左侧打开【导航】窗格。默认情况是在“浏览您当前搜索的结果”选项卡下。

还可通过单击【浏览您的文档中的标题】选项卡,查看文档中所有的标题,并在单击某章节标题后快速定位到文档中的对应位置;或是切换至【浏览您的文档中的页面】,查看文档的所有页面,单击文档页面的缩略图直接定位到该页面。

4. 使用书签

书签用于标识和命名指定的位置或选中的文本。可以在当前光标所在位置设置一个书签,也可以为一段选中的文本添加书签。插入书签后,可以直接定位到书签所在的位置,而无须使用滚动条在文档中进行查找。

插入符置于要设置书签的位置,在功能区中【插入】选项卡的【链接】组中单击【书签】命令,即可弹出【书签】对话框,如图 3.35 所示。在【书签名】中输入书签的名称,单击【添加】按钮完成设置。

使用书签定位,按上述操作方式打开【书签】对话框,单击【定位】按钮即可迅速定位。

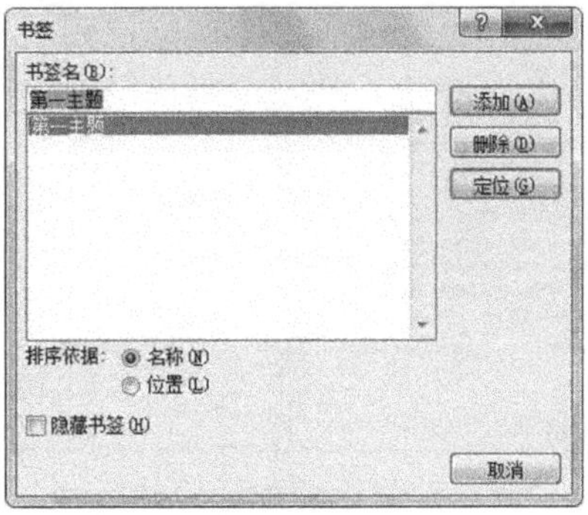

图 3.35 “书签”对话框

5. 拆分窗口

编辑长文档时可能需要对同一文档的前后多个不同位置进行比较,“拆分窗口”功能可以帮助用户方便高效地实现查看和对比。拆分是将一个编辑区拆分成两个,文档仍然是同一个。拆分的方法有两种:

方法一:在【视图】选项卡中的【窗口】组中,单击【拆分】按钮,此时窗口中出现了一条拆分分界线,拖动鼠标至合适位置处单击,即可将窗口进行拆分,如图 3.36 所示。撤销拆分双击拆分线即可。

方法二:单击在水平标尺右边的拆分按钮,向下拖动到合适位置松开鼠标即可。撤销拆分窗口将拆分分界线拖出文档窗口即可。

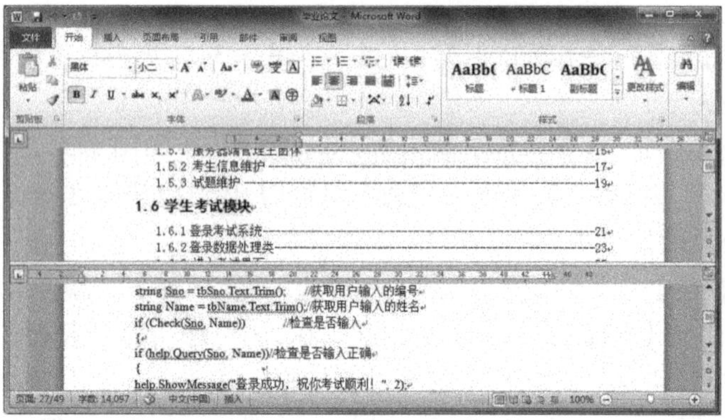

图 3.36　拆分窗口

6. 并排查看

如果希望将某个文档的内容与另一个文档同时查看,以便于进行对比,可以使用“并排查看”功能。

首先打开需要并排查看的文档,在【视图】选项卡中的【窗口】组中,单击【并排查看】按钮。如果只有两个文档,可以看到所选择的文档与当前文档同时并排显示,拖动滚动条移动内容时,两个文档同步滚动,如图 3.37 所示;如果有两个以上文档,还会弹出【并排比较】对话框选择需要与当前文档进行比较的多个文档。

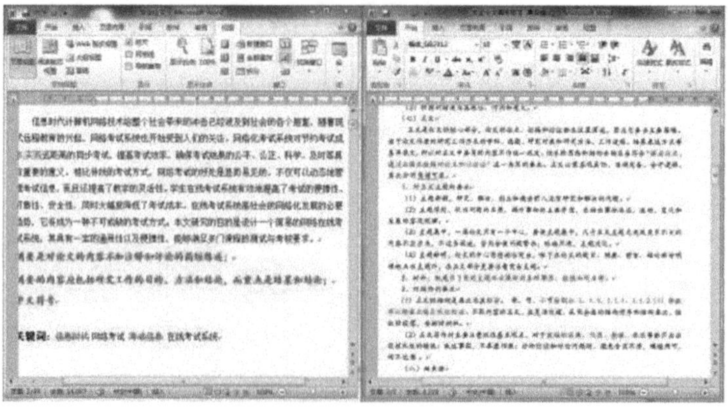

图 3.37　并排比较

3.3　文档的格式编排

3.3.1　字符格式设置

在 Word 中，字符是指作为文本输入的汉字、字母、数字、标点符号以及特殊符号等。字符是文档格式化的最小单位，对字符格式的设置决定了字符在屏幕上或打印时的形式。

字符格式的设置包括文本字体、字体字形、字体字号、字体颜色等。Word 2010 中还可以向文本应用图像效果，如阴影、凹凸、发光和映像等。

如果用户在未设置各种格式的情况下输入文本，Word 默认字体为中文宋体、字号为五号。Windows 操作系统向用户提供了一些常用的中英文字体，不同的字体有不同的外观形状，一些字体还带有自己的符号集，有些字体在输入时甚至以图片的方式显示。

字体字形是指在文档中文字的表现形式，通常表现为加粗、倾斜等，Word 2010 默认字形状态为常规状态，用户可以自行对字体字形进行设置。加粗是指将字体外轮廓扩大，使文字更明显，倾斜指将字体向右偏斜显示，加粗和倾斜是指将字体既加粗又倾斜。

字体字号是指字体的显示大小，扩大或缩小字体字号后，整个文档的格式也会发生变化，如字体字号扩大后，下面的文本将向下移动，为扩大后的字体让出位置。

在 Word 中，表示字体大小的计量单位有两种：一种是汉字的字号，如初号、小初、…、八号，值越大字越小；另一种是国际通用的磅来表示，在打印中通常 1 磅等于 1/28 厘米。如 4，4.5、…、72 等，值越小字符越小，值越大字符越大。字号与磅的对应关系如表 3.2 所示。

表 3.2　字号与磅对应关系表

字号	初号	小初	一号	小一	二号	小二	三号	小三
磅	42	36	26	24	22	18	16	15
字号	四号	小四	五号	小五	六号	小六	七号	八号
磅	14	12	10.5	9	7.5	6.5	5.5	5

除了系统提供的字号之外，还可以自定义字号的大小，以便制作一些超大或超小的字体效果。设置的方法只需在字号下拉列表框中直接输入数值即可。

文本字体不仅仅只有黑白两种颜色，还可以更改成彩色文本。用户可以根据个人需要，更改文本字体的颜色。

设置字符格式有三种方式：

1. 通过【字体】对话框设置字符格式

设置步骤如下：

(1)先选中文字，单击【开始】选项卡的【字体】组右下角的对话框启动器，打开【字体】对话框。

(2)在此对话框中可对【中文字体】、【西文字体】、【字形】、【字号】、【字体颜色】、【下划线线型】、【字体效果】等进行设置，对话框下方的【预览】框中可以看到字体设置后的预览效果，如图 3.38 所示。

(3)单击【高级】选项卡，设置字符的【间距】、【缩放】及【位置】。

(4)要设置文字的文本效果，如发光，单击【字体】对话框左下角的【文字效果】按钮，弹出【设置文本效果格式】对话框，左侧选中【发光和柔化边缘】选项，在右侧窗口继续进行详细设计，如图 3.39 所示

(5)设置完成后，单击【确定】按钮即可。

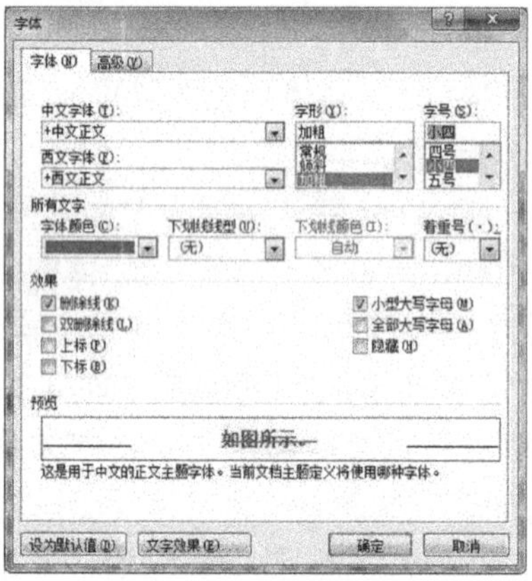

图 3.38 “字体”选项卡

图 3.39 “高级”选项卡

2. 通过浮动工具栏设置字符格式

浮动工具栏是 Word 2007 新推出的功能，Word 2010 延续了此功能。用鼠标选中文本后，会自动弹出一个半透明的浮动工具栏，将鼠标移动到工具栏上，就可以显示出完整的屏幕提示，如图 3.40 所示。

通过浮动工具栏可以对字符进行字体、字号、字形、字体颜色、突出显示、缩进级别和项目符号等设置。使用浮动工具栏，用户可以快速设定文本的文字格式和字符格式。但相对于用于设置文本格式的“字体”和“段落”对话框中功能，浮动工具栏的功能就逊色许多。

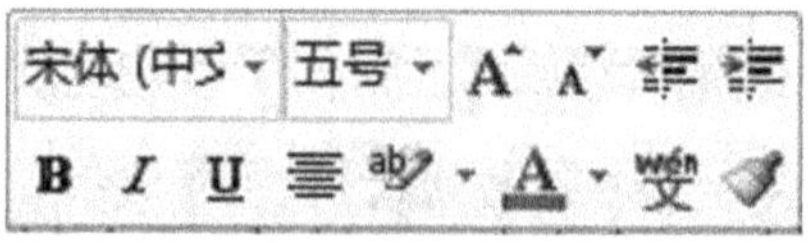

图 3.40 浮动工具栏

3. 通过【字体】组功能按钮设置字符格式

通过【字体】组提供的常用功能按钮，可以对字符进行字体、字号、字形、颜色、突出显示等设置，还可设置字符边框、字符底纹和文本效果等，如图 3.41 所示。在单击【加粗】按钮后，按钮呈选中状态。用户如果继续在文档中输入文本，输入的文本字形将是设置完成后的字形。再次单击【加粗】按钮后，字形恢复常规状态。

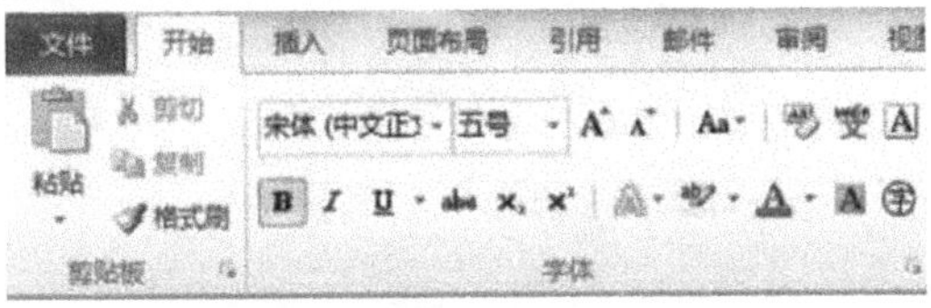

图3.41　“字体”组

4. 通过“格式刷”复制字符格式

在 Word 中,可以方便地查看一个段落或字符的格式,并利用“格式刷”快速地将设置好的格式复制到其他段落或文本。

选定要复制格式的样本段落或字符,如果只想复制一次格式,则单击格式刷;如果要多次应用格式,则双击“格式刷”。鼠标移动到需要设置相同格式的目标段落或字符处,单击应用格式到目标内容,完成后按“ESC”键或再次单击“格式刷”退出格式涂刷模式。

3.3.2　段落格式设置

段落格式用于控制段落的外观,包括段落的对齐方式、段落的缩进方式,段落的间距等。设置段落格式时不必选定整个段落,只需将插入点置于段落中任意位置即可。如果需要同时对多个段落进行排版设置,则必须选中这些段落。

1. 设置段落对齐方式

段落对齐方式是指段落内容在文档左右边界之间的横向排列方式,段落对齐方式共有5种,分别是左对齐、居中、右对齐、两端对齐和分散对齐。

●左对齐:是指将段落或文档中的文字沿水平方向向左侧对齐的一种段落对齐方式,使用左对齐方式,文档左侧文字具有整齐的边缘。

●居中:是指将段落或文档中的文字沿水平方向向中间集中对齐的一种段落对齐方式。使用居中对齐方式,文档两侧文字整齐地显示在页面中间。

●右对齐:是指将段落或文档中的文字沿水平方向向右侧对齐的一种段落对齐方式,使用右对齐方式,文档右侧的文字具有整齐的边缘。

●两端对齐:是指将段落或文档中文字沿水平方向均匀地分布在文档左右两侧的一种段落对齐方式,使用两端对齐方式,两侧文字具有整齐的边缘。

●分散对齐:是指将段落或文档中的文字沿水平方向同时对齐到页面两侧的边缘,并且当字符间距不够时,根据需要自行增加字符间距。使用分散对齐方式时,整篇文档两侧具有整齐的边缘。

设置段落对齐方式的方法共有两种:

(1)通过【段落】对话框

设置步骤如下:

①先选中要设置对齐方式的段落,单击【开始】选项卡的【段落】组右下角的对话框启动器,打开【段落】对话框。

②在【缩进和间距】选项卡中,在【对齐方式】下拉列表框中选择对齐方式,如图3.42所示。设置完成后,单击【确定】按钮。

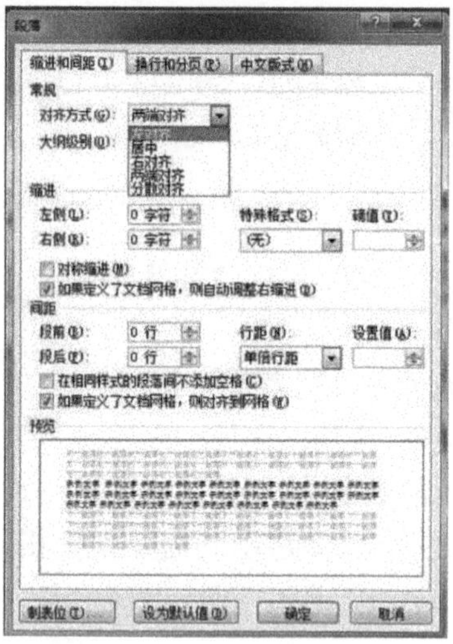

图 3.42 “对齐方式”列表

(2)通过【段落】组中的功能按钮

段落的5种对齐方式在【段落】组中都有对应的功能按钮:【左对齐】按钮,组合键是“Ctrl + L”;【居中】按钮,组合键是“Ctrl + E”;【右对齐】按钮,组合键是“Ctrl + R”;【两端对齐】按钮,组合键是“Ctrl + J”;【分散对齐】按钮,组合键是“Ctrl + Shift + J”,如图3.43所示。

图 3.43 “段落”组

2. 设置段落缩进方式

段落的缩进方式,指的是文本与页面边界之间的距离。段落缩进方式共有4种,分别是:

- 首行缩进:段落的第一行向右缩进,其余行不缩进。
- 悬挂缩进:段落的首行不缩进,其余行缩进,缩进长度可以自定义。
- 左缩进:将段落整体向右缩进,缩进的长度必须自定义输入。
- 右缩进:将段落整体向左缩进,缩进的长度必须自定义输入。

设置段落对齐方式的方法共有三种:

(1)通过【段落】对话框设置

设置步骤如下:

①选中需要设置缩进方式的段落,单击【开始】选项卡的【段落】组右下角的对话框启动器按钮,打开【段落】对话框。

②弹出【段落】对话框,在【缩进】区域中调节【左侧】和【右侧】微调框到需要的数值。在【特殊格式】列表框中选择准备使用的其他缩进方式,如图3.44所示。

③完成缩进方式的选择后，单击【确定】按钮。

（2）通过【段落】组中的功能按钮

在【段落】组中提供了两个缩进命令，如图 3.45 所示。利用这两个功能按钮可以增加或减少段落的缩进量。

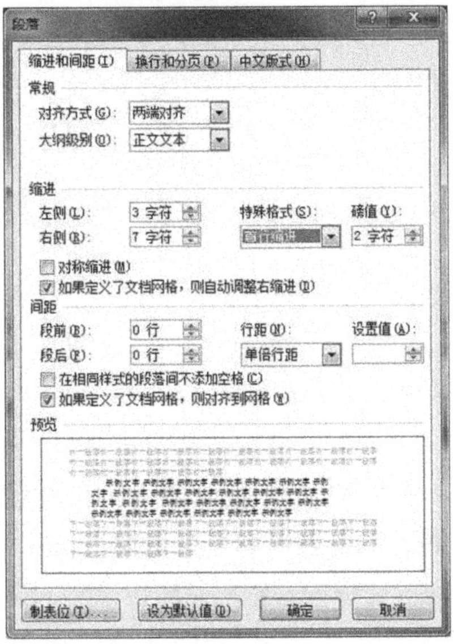

图 3.44　“缩进”设置

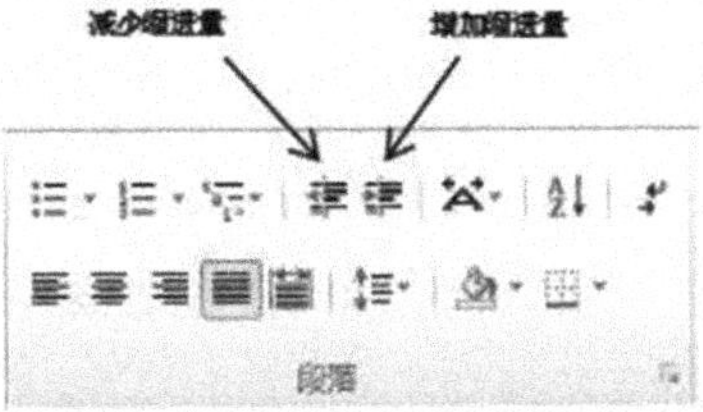

图 3.45　“缩进”命令

（3）通过标尺

利用标尺可以比较直观简便地设置段落的缩进距离。在标尺栏中有 4 个小滑块，分别代表了 4 种缩进方式，通过移动这些缩进标记可改变段落的缩进方式，如图 3.46 所示。

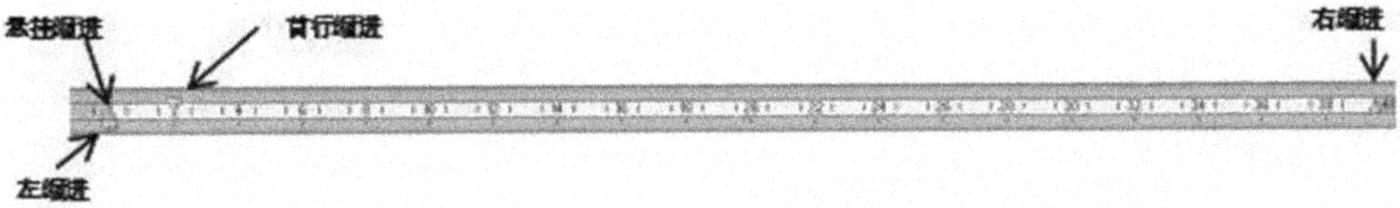

图 3.46　“缩进标记”

3. 设置段落间距

段落间距，指的是段落与段落之间的纵向距离，有时为了区分段落间的内容或者版面美观的需要，用户对段落的间距进行更改。一种简单方法是在段落间按回车键来加入空白行。更多使用且更有效的设置段落间距的步骤如下：

选中需要设置段落间距的段落，单击【开始】选项卡的【段落】组右下角的对话框启动器，弹出【段落】对话框，在【间距】区域中调节【段前】和【段后】微调框的数值，单击【确定】按钮，如图 3.47 所示。

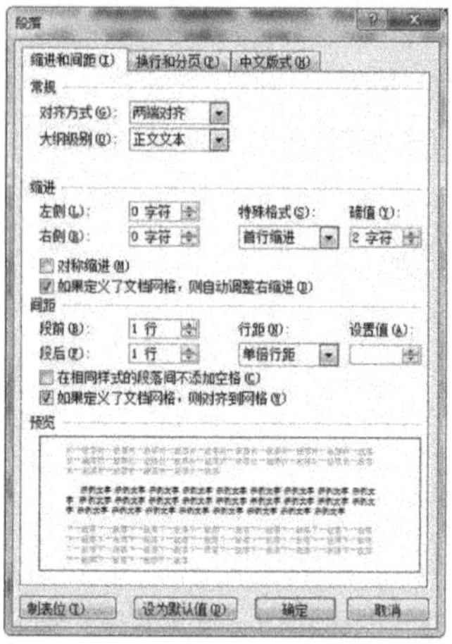

图 3.47 “间距”设置

4.设置行间距

设置文本行距，指的是一个段落中行与行之间的距离，默认情况下，Word 自动设置段落内文本的行间距为一行，即单倍行距。当行中出现图形或字体发生变化时，Word 会自动调节行间距以容纳较大的字体。只有当行间距为固定值时，增大字体不会改变行间距。在这种情况下，增大的字体可能在一行内不能完整显示，用户需要适当增加“设置值”框中的行距大小直到文字被完整地显示。

设置行间距的方法有两种：

方法一：选中需要设置行距的段落，单击【开始】选项卡的【段落】组右下角的对话框启动器，弹出【段落】对话框，在【间距】区域中单击【行距】下拉按钮，在弹出的下拉列表中选择准备应用的行距样式。在【设置值】微调框中选择需要的数值，如图 3.48 所示，单击【确定】。

方法二：单击【开始】选项卡的【段落】组中的【行距】按钮，在下拉列表中进行选择，如图 3.49 所示。

图 3.48 “行距”设置

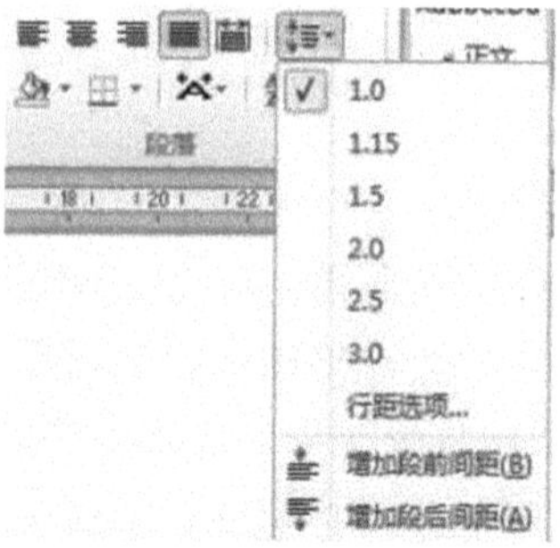

图 3.49 “行距”选项

3.3.3　制表符和制表位

制表位是段落格式的一部分，它决定了每当按下 Tab 键时插入符移动的距离，并且影响了使用缩进按钮时的缩进位置。默认情况下，Word 每隔 0.75 厘米设置一个制表位。Word 的制表位不显示在标尺上，只有用户创建的制表位才显示在标尺上，而每种制表位有不同的符号。

如果没有设置制表位，只能靠插入空格来实现不同行中同一项目间的上、下对齐。如果在每一个项目间设置了适当的制表位，在输入一个项目后只需按一次 Tab 键，插入符就立即移到下一个项目位置。

1. 制表符的类型

制表位是文字对齐的位置，而制表符则能形象地表示文字在制表位置上的排列方式、制表符的类型及其功能。

(左对齐)：从制表位开始向右扩展文字。

(居中对齐)：使文字在制表位处居中。

(右对齐)：从制表位开始向左扩展文字。文字填满制表位左边的空白后，会向右扩展。

(小数点对齐)：在制表位处对齐小数点。文字或没有小数点的数字会向制表位左侧扩展。

(竖线对齐)：这不是真正的制表符，其作用是在段落中该位置的各行中插入一条竖线，以构成表格的分隔线。

2. 设置制表位

可以利用制表位命令或标尺两种方式设置制表位。

(1)用标尺设置制表位

在水平标尺的左端有一个【制表位】按钮，默认情况下的制表符是左对齐，单击【制表位】按钮可以在制表符间进行切换。使用标尺可以方便快捷地设置，操作步骤如下：

①单击【制表位】按钮，选中需要的制表符类型。

②在标尺中单击想要设置制表位的位置，设置一个制表位。重复前两步，直到完成所有制表位的设置，如图 3.50 所示。

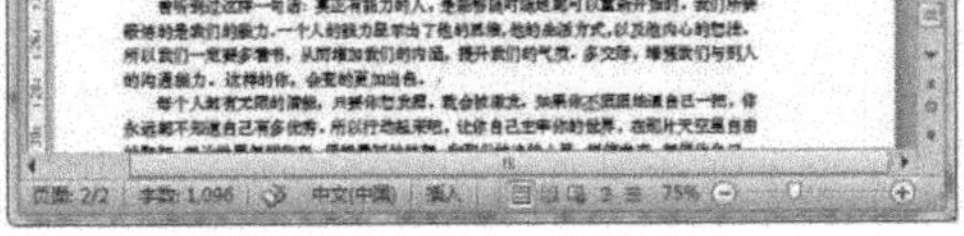

图 3.50　制表符设置示例

(2)用命令设置制表位

如果想精确设置制表位，或要设置带前导字符的制表位，可使用【制表位】命令来完成，操作步骤如下：

①将插入符置于要设置制表位的位置,单击【开始】选项卡【段落】组对话框启动器,打开【段落】对话框,单击左下角的【制表位】按钮,弹出如图 3.51 所示对话框。

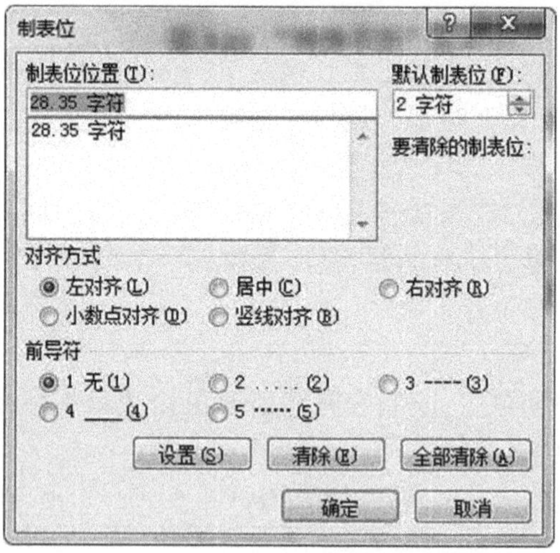

图 3.51 "制表位"对话框

②在【制表位位置】框中输入一个制表位位置,在【对齐方式】选项区中指定此制表位上文本的对齐方式;如果要填充制表位左侧的空格,可在【前导符】选项区选择制表位的前导字符。单击【设置】按钮,完成一个制表位的设置。

③重复第二步,直到完成所有制表位的设置。

3. 调整和取消制表位

直接在标尺上拖动制表位符号,就可以调整制表位的位置。要删除某个制表位,只要把该制表位符号拖离水平标尺即可。或使用【制表位】对话框,在【制表位位置】框中指定要删除的制表位,然后单击【删除】按钮。

3.3.4 分页、分栏和分节

通常情况下,用户在编辑文档时,系统会自动分页。但用户也可在指定位置插入分页符来强制分页。例如,毕业论文中不同的章经常另起一页。

为了便于对同一个文档中的不同部分进行不同的格式化,用户可以将文档分割成多个节。节是文档格式化的最大单位,只有在不同的节中,才可以设置与前面文本不同的页眉和页脚等格式。分节使文档的编辑排版更灵活,版面更美观。

1. 插入分页符

要想将文档中指定位置以后的内容安排到下一页上,首先将光标定位在选定位置,然后单击【页面布局】选项卡,在【页面设置】组中单击【分隔符】按钮,在展开的列表中选择分隔符类型,如图 3.52 所示。

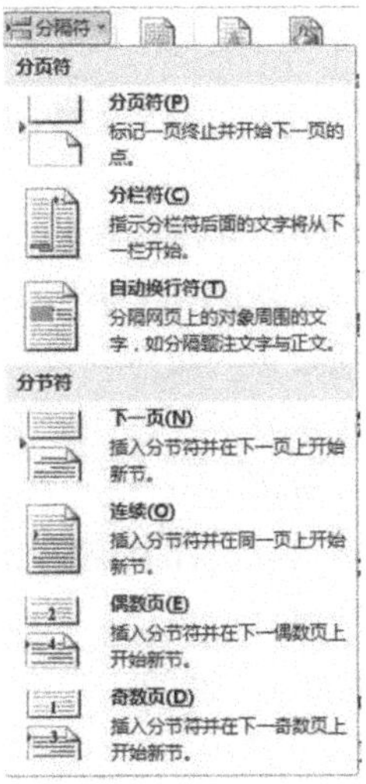

图 3.52　“分隔符”选项

2. 插入分栏符

分栏是排版的一种形式，常见于报纸杂志，是将文档中的文本分成两栏或多栏的基本编辑方法。在 Word 2010 中分栏一般可分为一栏、两栏、三栏、偏左和偏右第 5 种样式。

选中准备进行分栏排版的文本，单击【页面布局】选项卡，在【页面设置】组中单击【分栏】下拉按钮，在弹出的下拉菜单中选择准备使用的分栏样式，或单击【更多分栏】选项在弹出的【分栏】对话框中进一步设置，如图 3.53 及 3.54 所示。

在【预设】组中选择分栏样式，在【宽度和间距】区域，设置每栏宽度及栏间间隔。如需明确区分两栏内容，可勾选【分栏线】选项。

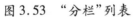

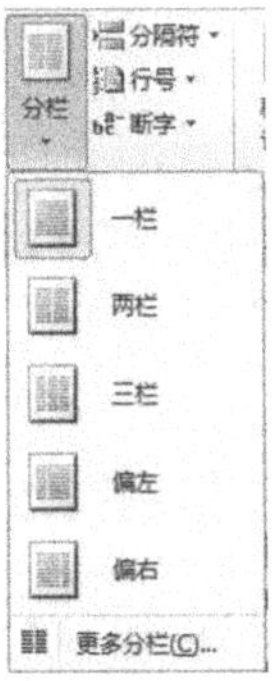

图 3.53　“分栏”列表

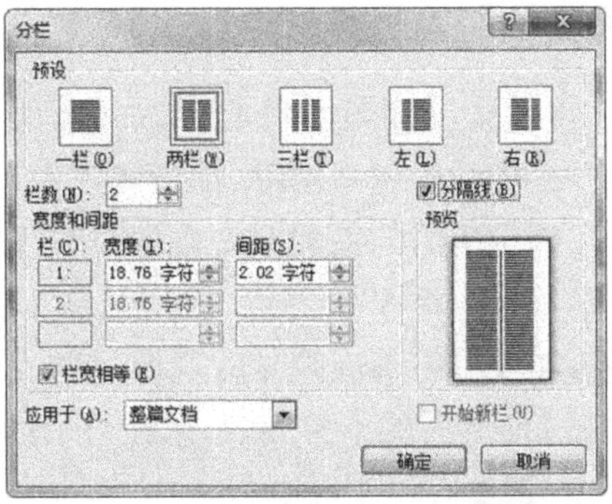

图 3.54　“分栏”对话框

3. 插入分节符

在普通视图模式下，节与节之间用一个双虚线作为分界线，称为分节符。单击“开始”选项卡上“段落”组中的(显示/隐藏编辑标记)按钮可以显示或隐藏分节符。

分节符是一个节的结束符号，在分节符中存储了整个一节的文本格式，如页的方向、页眉页脚以及页码顺序等。由于分节符还意味着一个新节的开始，所以在插入分节符时，用户可以设置下一个新节的开始位置。

(1)插入分节符

操作步骤如下:

①单击需要插入分节符的位置。

②打开【分隔符】列表,在【分节符类型】区,选择开始新节的位置。

- 下一页:则分节符后的文本从新的一页开始。
- 连续:则新节与其前一节同处于一页中。
- 偶数页:则新节中的文本显示或打印在下一偶数页上。如果该分节符已经在一个偶数页上,则其下面的奇数页为一空页。
- 奇数页:则新节中的文本显示或打印在下一奇数页上。如果该分节符已经在一个奇数页上,则其下面的偶数页为一空页。

③通过以上操作即可在插入符所在位置插入一个分节符。

(2)自动建立新节

如果全篇文档采用相同的格式设置,则不必分节。默认方式下,Word 将整个文档当成一个节来处理。如果需要改变文档中某一部分的页面设置,Word 会自动建立一个新节,并在重新设置格式的开始位置自动插入一个分节符。当用户移动插入符或浏览新节的页面时,状态区会反映当前节的节号。自动建立新节的操作步骤如下:

①单击要建立新节的开始位置。

②单击【页面布局】选项卡【页面设置】组的对话框启动器,弹出【页面设置】对话框,选择【版式】选项卡。

③在【应用于】列表框内选择【插入点之后】,单击【确定】按钮即自动给插入符以下的文档建立一个新节。

3.3.5 项目符号和编号

在 Word 中经常要用到项目符号和编号功能,通过对并列项目的组织,起到强调作用。编号分为行编号和段编号两种,都是按照大小顺序为文档中的行或段落加编号。项目符号则是在一些段落的前面加上完全相同的符号。

1. 添加项目符号和编号

选定需要添加项目符号或编号的项目,单击【开始】选项卡中【段落】组中的【项目符号】命令或【编号】命令后的下拉列表,选择合适的项目符号和编号,如图 3.55 所示。

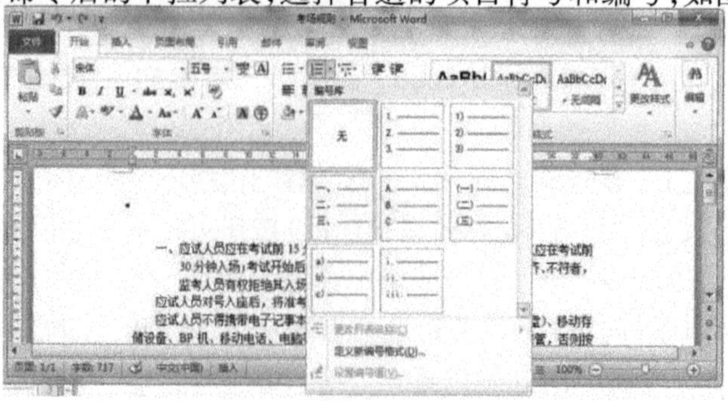

图 3.55 “项目符号”设置

2. 更改项目符号和编号

对于已经插入的项目符号或编号列表，可以对其进行修改以适应排版要求。选定需要修改的项目符号或编号的项目，单击【开始】选项卡中【段落】组中的【项目符号】命令或【编号】命令后的下拉列表，选择合适的项目符号和编号，如图 3.56 所示。

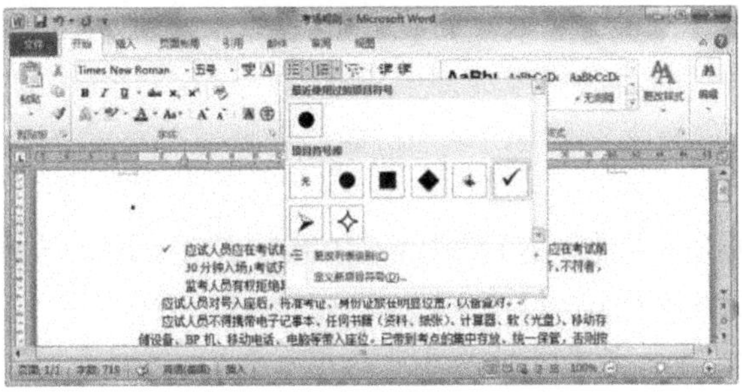

图 3.56　“项目符号”更改

3. 设置多级编号

对于类似图书目录或是毕业论文中用到的形如“1.1”、“1.2.1”等逐段缩进形式的段落编号，可单击【开始】选项卡中【段落】组中的【多级列表】命令来设置。其操作方法与设置项目符号和编号的方法基本一致，只是在输入段落内容时，需要按照相应的缩进格式进行输入，如图 3.57 所示。

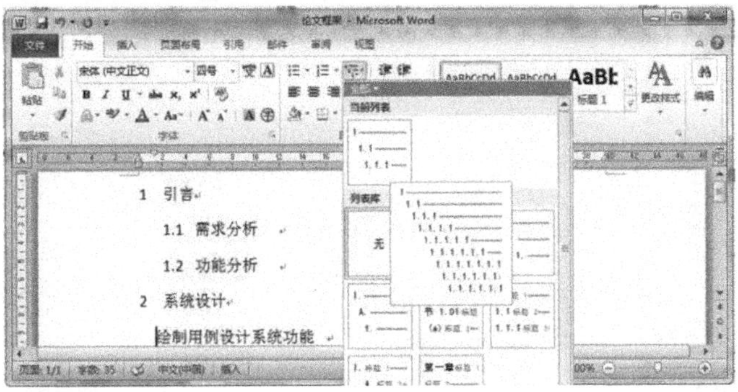

图 3.57　“多级编号”设置

4. 删除项目符号和编号

对于已不再使用的项目符号和编号可以将其删除。选中要删除的项目符号或编号文本，单击【开始】选项卡中【段落】组中的【项目符号】按钮或【编号】按钮，即时删除该项目符号或编号；或是将光标置于要删除的项目符号或编号后，按下“BackSpace”键删除。

3.3.6　边框和底纹设置

为了使 Word 文档更加美观，用户还可以对文档添加一些外观效果。如添加边框和底纹等，可以使显示的内容更加突出和醒目。

1. 设置边框

Word 提供了多种线型边框和由各种图案组成的艺术型边框，并允许使用多种边框类型。用户可以为选中的一个或多个文字添加边框，也可以在选中的段落、表格、图像或整个页面四周或任意一边添加边框。

(1)给文字加单线框

选中需要添加单线框的单个或多个文字，单击【开始】选项卡中【字体】组中的【字符边框】按钮即可实现。

(2)给文字或段落加边框

前一种方法中只能对文字添加单线框，如果需要其他样式的边框就不能满足要求。操作步骤如下：

①单击【开始】选项卡中【段落】组中的【边框和底纹】按钮，在弹出的下拉菜单中选择列表底部的【边框和底纹】选项，打开【边框和底纹】对话框。

“无”：表示不设边框。若选中的文本或段落有边框，边框将被去掉。

“方框”：表示给选中的文本或段落加上边框。

“阴影”：表示给选中的文本或段落添加具有阴影效果的边框。

“三维”：表示给选中的文本或段落添加具有三维效果的边框。

“自定义”：只在给段落添加边框时有效。利用该选项可以给段落的某一条或几条边加上边框线。

②在【样式】列表框中，选择需要的边框样式；在【颜色】和【宽度】列表框中，设置边框的颜色和宽度；在【应用于】列表框中，选择添加边框应用的对象，如图 3.58 所示，单击【确定】按钮即可。

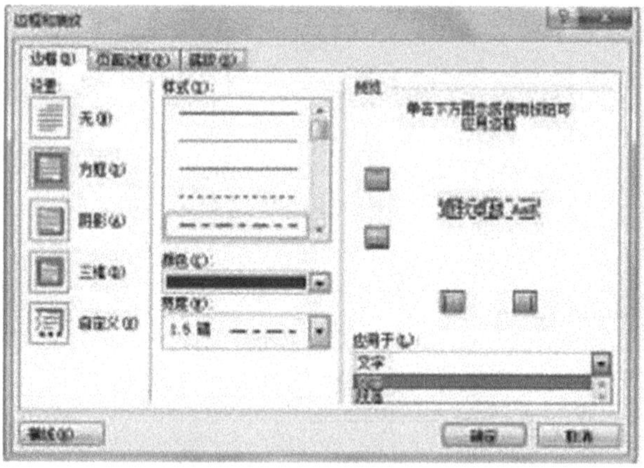

图 3.58 “边框和底纹”对话框

(3)给页面加边框

页面边框是为文档的外围或内部添加框线效果，这样可以使文档更加整洁美观。

单击【页面布局】选项卡，在【页面背景】组中单击【页面边框】按钮，弹出【边框和底纹】对话框，或与给文字或段落添加边框类似方法打开【页面边框】选项卡进行设置，如图 3.59 所示。通过【应用于】下拉列表框，用户可以决定为整篇文档、本节、本节首页或本节除首页外所有的页添加边框。

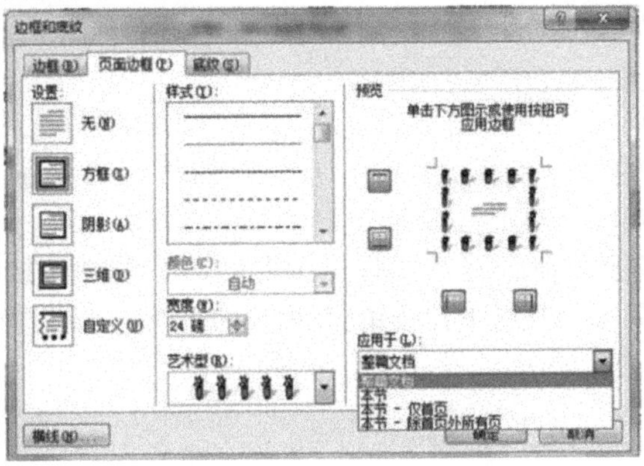

图 3.59　“页面边框”选项卡

2. 设置底纹

(1)给文字或段落添加底纹

选定需要添加底纹的文本或段落,同上方法打开【边框和底纹】对话框,单击【底纹】选项卡进行设置,如图 3.60 所示。

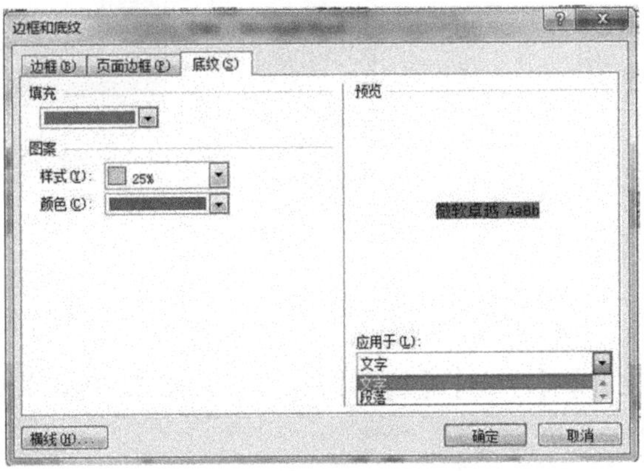

图 3.60　“底纹”选项卡

(2)给页面添加底纹

页面底纹是指被选中文本的字符或段落的背景,用户可以自定义设置页面底纹的颜色。

①选中需要设置页面底纹的文本,单击【页面布局】选项卡,在【页面背景】组中单击【页面边框】按钮。

②弹出【边框和底纹】对话框,单击【底纹】选项卡,然后单击【填充】下拉按钮,在弹出的下拉菜单中选择准备使用的底纹颜色。

③在【预览】区域中,单击【应用于】下拉按钮,选择添加底纹的位置,然后单击【确定】按钮。

(3)设置水印效果

设置水印效果,是指在页面的背景上添加一种颜色略浅的文字或图片的效果,这样

会使文档更加美观,水印效果在印刷中常用于人民币、购物券、粮票等纸张上。操作步骤如下:

①单击【页面布局】选项卡,在【页面背景】组中单击【水印】按钮。

②在弹出的下拉菜单中选择内置的水印样式,如图3.61所示。如果想自己设计个性化水印,选择【自定义水印】菜单项。

③弹出如图3.62所示【水印】对话框,点选【文字水印】单选按钮,在【文字】文本框中输入需要的文字,单击【颜色】下拉按钮,在弹出的下拉列表中选择准备使用的底纹颜色。

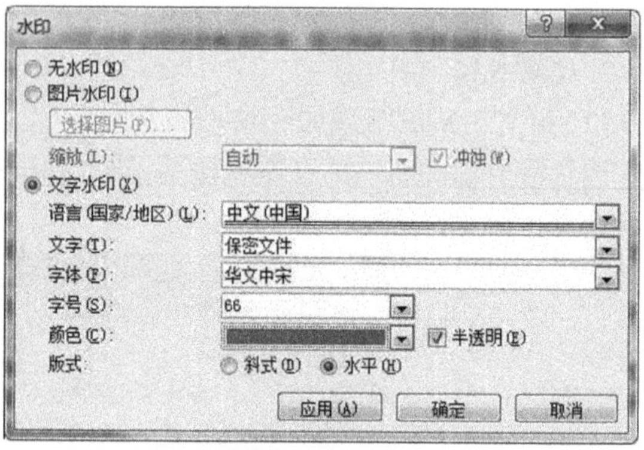

图3.61 “特殊字符”选项卡　　图3.62 “水印”对话框

④选择需要的【字体】、【字号】、【颜色】和【版式】,单击【确定】按钮,如图3.63所示。

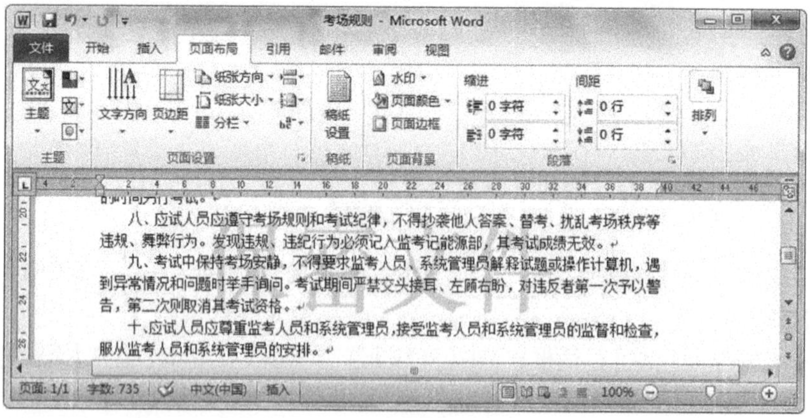

图3.63 文字水印效果

⑤如在【水印】对话框中点选【图片水印】单选按钮,可以为页面添加图片水印效果,再单击【选择图片】按钮,选择准备添加水印效果的图片,即可完成页面水印效果的设置,如图3.64所示。

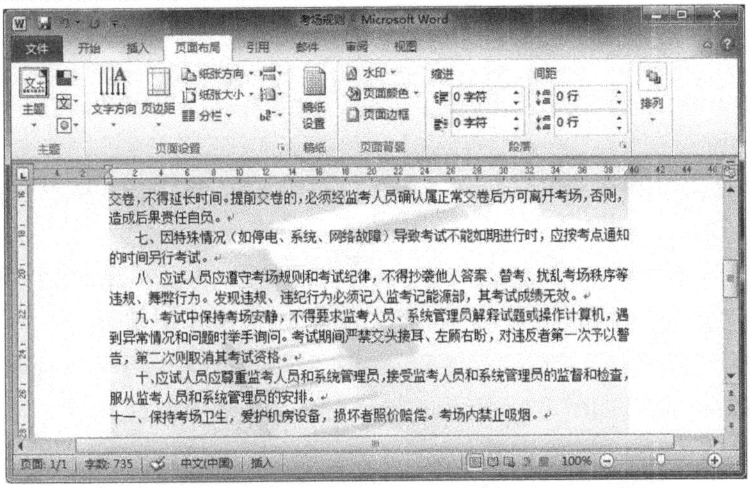

图 3.64　图案水印效果

若要删除水印，直接在下拉列表中选择【删除水印】选项即可。

(4)设置页面颜色

页面颜色是指整篇文档的背景色，用户可以通过设置页面颜色更改整篇文档的背景，而且还可以设置渐变页面颜色。设置方法类似，这里仅以渐变页面颜色为例做介绍。

①单击【页面布局】选项卡，在【页面背景】组中单击【页面颜色】下拉按钮，在弹出的下拉菜单中选择【填充效果】菜单项。

②弹出如图 3.65 所示【填充效果】对话框，在【颜色】区域中选择准备使用的颜色，在【底纹样式】区域中选择准备使用的渐变样式，在【变形】区域中选择渐变的方向，单击【确定】按钮。设置效果如图 3.66 所示。

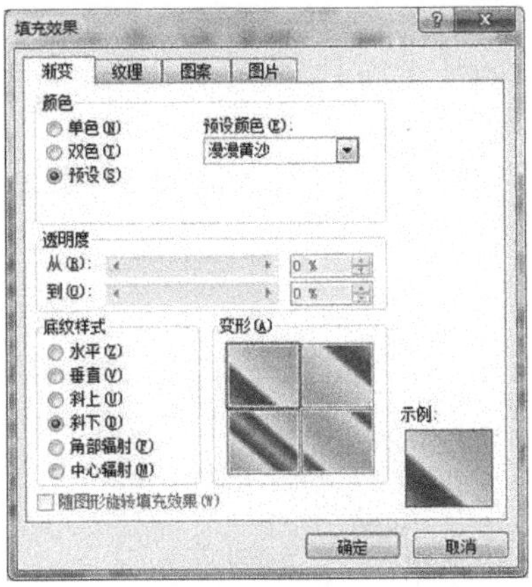

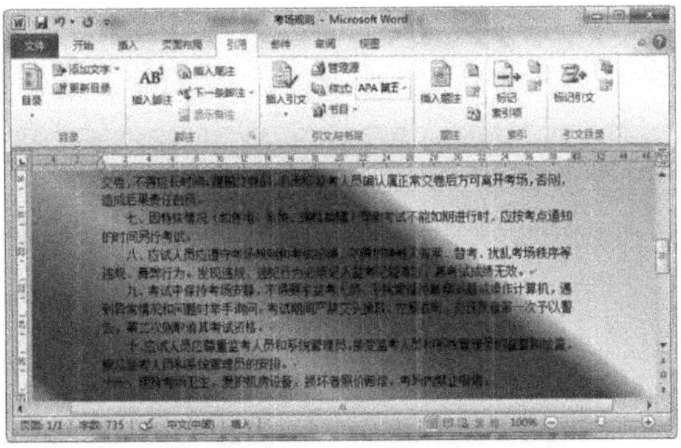

图 3.65　"填充效果"设置　　　　图 3.66　页面背景效果

在【填充效果】对话框中，除了【渐变】选项卡外，还有【纹理】、【图案】和【图片】选项卡可供用户选择。用户可以通过【纹理】选项卡将页面背景设置成纹理背景；通过【图案】选项卡预设图案作为背景；通过【图片】选项卡将页面背景设置成图片背景。

3.3.7 特殊版式

在 Word 2010 中还有许多特殊版式,这些技巧性的操作在编辑 Word 经常用到。

1. 首字下沉

首字下沉是指将段落的第一行第一个字的字号变大,并且向下移动一定的距离,段落的其他部分保持不变。

选中准备进行首字下沉的文本,单击【插入】选项卡,在【文本】组中单击【首字下沉】下拉按钮,在弹出的下拉菜单中选择准备使用的样式,如图 3.67 所示。

如果还要设置字体、下沉行数及与正文的距离,则需选择【首字下沉选项】打开【首字下沉】对话框进行设置,如图 3.68 所示。

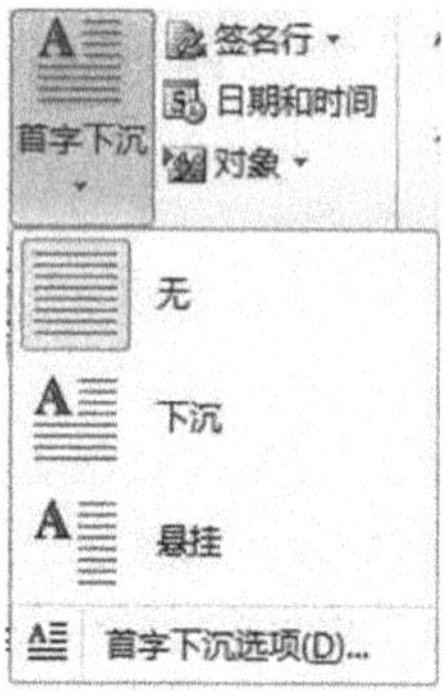

图 3.67 “首字下沉”下拉列表

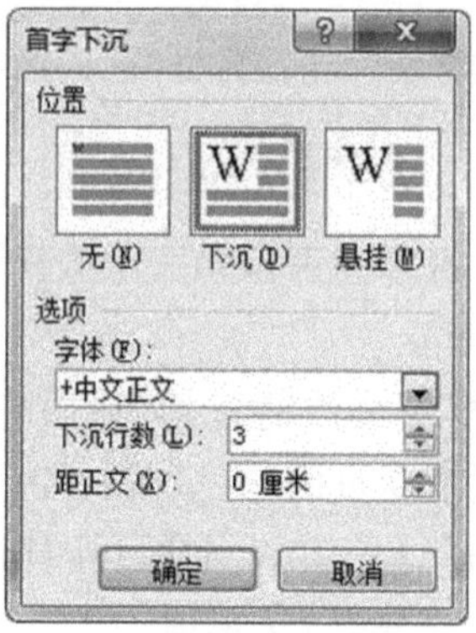

图 3.68 “首字下沉”对话框

2. 拼音指南

拼音指南是 Word 中为汉字加注拼音的功能,可明确汉字读音。默认情况下拼音会被添加到汉字的上方,且汉字和拼音将被合并成一行。

选中需要添加汉语拼音的汉字后,在【开始】功能区的【字体】组中单击【拼音指南】按钮,即可设置对齐方式、偏移量、字体和字号,如图 3.69 所示。

如果需要删除“拼音指南”的格式,选定字符后,在【拼音指南】对话框中单击【清除读音】按钮。

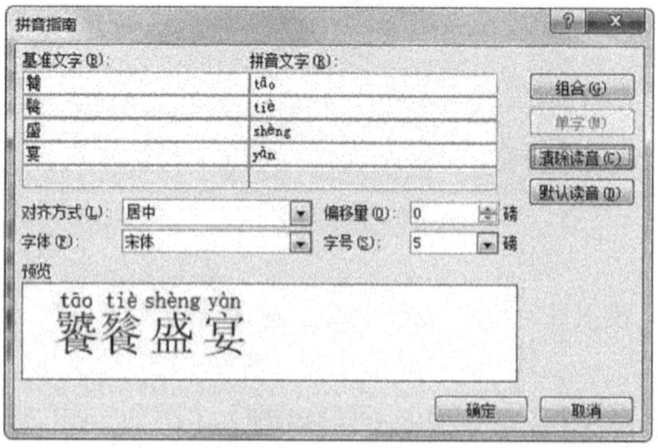

图 3.69 “拼音指南”对话框

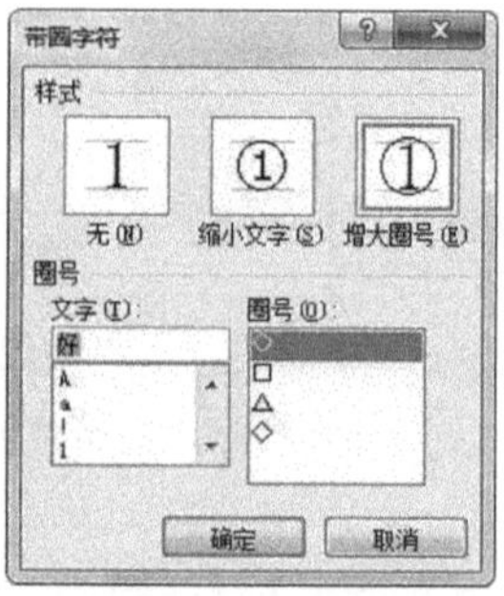

图 3.70 “带圈字符”对话框

3. 带圈字符

输入字符后在其外添加一个圈号称为带圈字符。如果是汉字、全角符号、数字或字母，只能选择一个字符；如果是半角的符号、数字或字母，最多可选择两个，多选的将自动被舍弃。

选中需要带圈效果的字符后，在【开始】功能区的【字体】组中单击【带圈字符】按钮，在出现的【带圈字符】对话框中设置样式及选择圈号，如图 3.70 所示。如果要删除字符的圈号样式，选定字符后，设置样式为“无”即可。

4. 文字方向

默认的文字排列方向是文字自左向右横向排列，但在请柬和一些仿古书刊中也会使用到竖排文字，这些可以通过调整“文字方向”来实现。

在功能区【页面视图】选项卡中的【页面设置】组中选择【文字方向】，弹出【文字方向】下拉列表，如图 3.71 所示。在该下拉列表中选择需要设置的文字方向格式，或选择【文字方向选项】，弹出【文字方向 - 主文档】对话框，如图 3.72 所示。

在该对话框中的【方向】选项组中选择文字方向，在【应用于】下拉列表中选择【所有文字】或【整篇文档】。

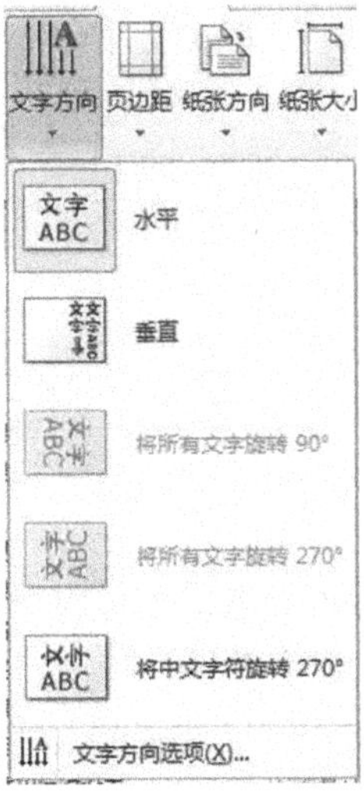

图 3.71　“文字方向”下拉列表

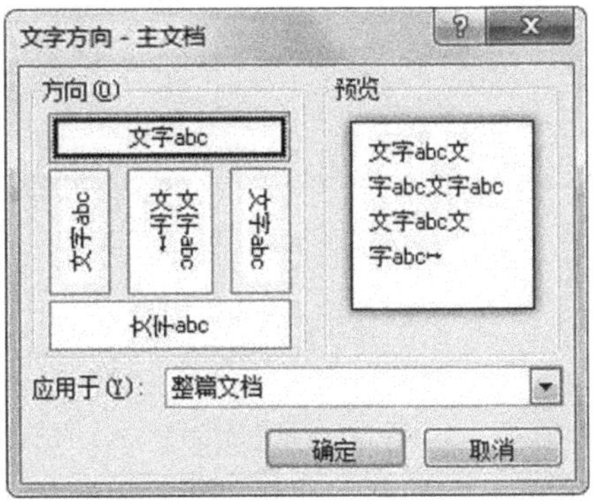

图 3.72　“文字方向 - 主文档”对话框

5. 中文版式

中文版式可以设置一些特殊的排版效果，如纵横混排、合并字符、双行合一、调整宽度和字符缩放等。

(1)纵横混排

选中需要横向排版的字符后，在【开始】功能区的【段落】组中单击【中文版式】按钮，弹出的如图 3.73 所示下拉菜单，从中选择【纵横混排】选项，弹出如图 3.74 所示【纵横混排】对话框。由于选择的字数较多，在文档中根本看不清设置的效果，清除【适应行宽】复选框，单击【确定】按钮，设置的效果就可以看出来了。

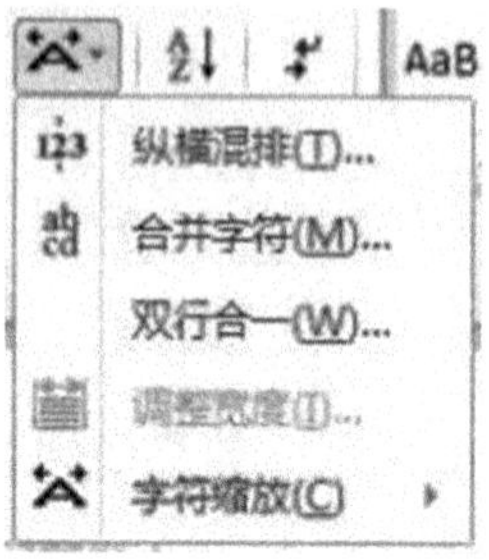

图 3.73 “文字方向”下拉列表

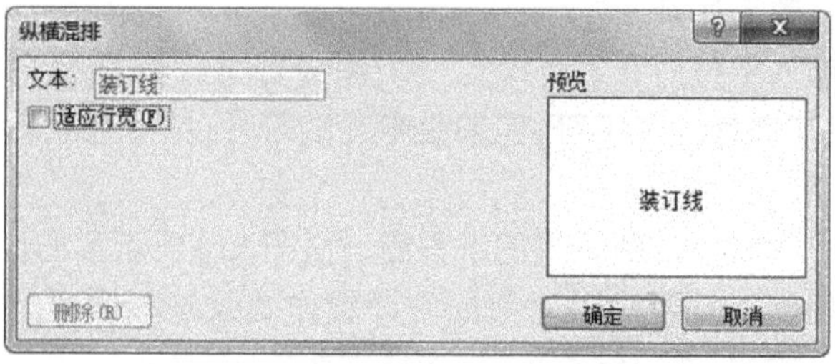

图 3.74 “纵横混排”对话框

(2)合并字符

合并字符功能可以把几个字符集中到一个字符的位置上。在如图 3.73 所示下拉菜单中选择【合并字符】选项,弹出如图 3.75 所示【合并字符】对话框,输入文字并设置字体字号,单击【确定】按钮。

如果想要取消合并,把插入点定位在合并字符处,打开【合并字符】对话框,单击【删除】按钮。

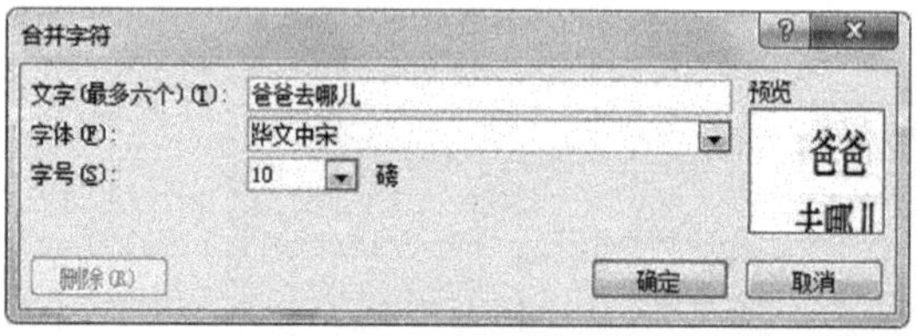

图 3.75 “合并字符”对话框

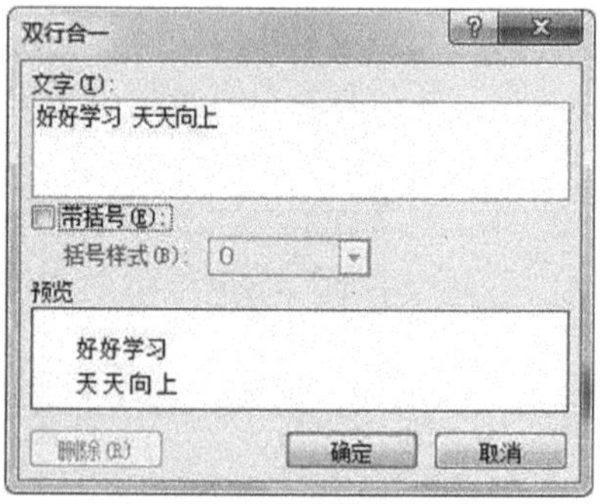

图 3.76 “双行合一”对话框

(3)双行合一

双行合一就是在一行里显示两行文字。首先选择要双行显示的文本(注意:只能选择同一段落内且相连的文本),然后在如图 3.73 所示下拉菜单中选择【双行合一】,弹出如图 3.76 所示【双行合一】对话框,在【文字】输入框中可修改已选择的文字,如果需要的话可以勾选“带括号”复选框,单击【确定】按钮。

使用双行合一后,为了适应文档,双行合一的文本的字号会自动缩小,根据需要,也可以设置双行合一的文本的字体格式,设置方法和普通文本一样。

(4)字符宽度

字符宽度是指字符之间的间距。在如图 3.73 所示菜单中选择【字符宽度】,可直接在级联菜单中选择值,也可选择【其他】选项,打开如图 3.77 所示【调整宽度】对话框设置新文字宽度。

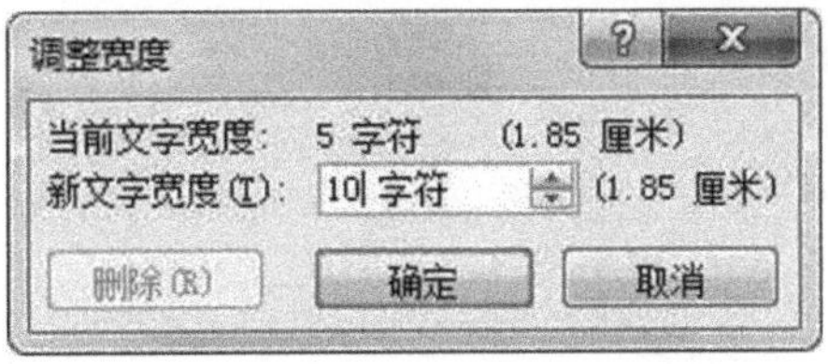

图 3.77　“双行合一”对话框

四种中文版式的效果，如图 3.78 所示。

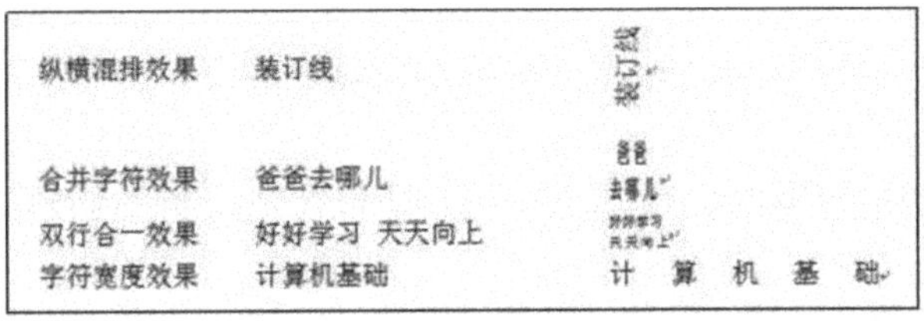

图 3.78　“中文版式”示例

3.4　表格

表格是日常办公中经常使用的文档形式，它以一种简洁直观地方式来组织和显示数据信息，并能进行比较、运算和分析。

表格是由行和列交叉的单元格构成，在单元格中可输入文字和插入图形对象。

制作表格的基本步骤如下：

(1)根据制表内容，确定表格的行数、列数。

(2)创建空表格。

(3)修改表格结构并输入表格内容。

(4)设置表格格式，选择字体、字号、文字方向及对齐方式等。

(5)美化表格，为表格设置边框、底纹。

3.4.1　插入表格

Word 2010 提供多种方法进行表格的创建，它们的操作均可在【插入】选项卡的【表格】组中进行。

1. 使用表格菜单

使用表格菜单创建表格，适合于创建行、列数较少，并具有规范的行高和列宽的简单表格，这是创建表格的最快捷方法。

操作步骤如下：

(1)单击要建立表格的位置。在【插入】选项卡的【表格】组中，单击【表格】下拉按钮，在【插入表格】下方的预设表格中移动鼠标选择合适的行和列，选中表格的行列规模会同步显示在“插入表格”位置，如图 3.79 所示。

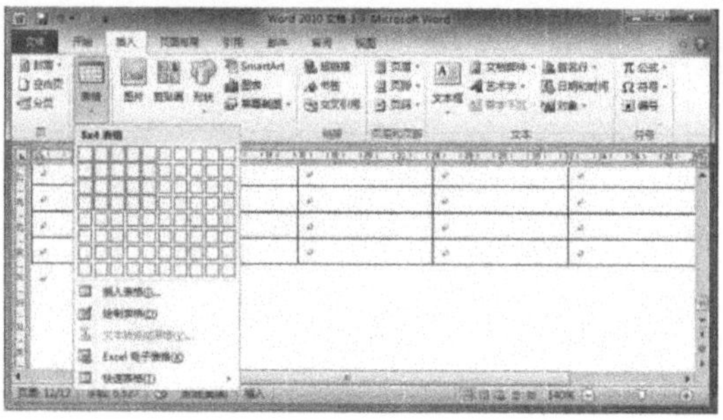

图 3.79　选择表格的行列数

(2)选定所需的单元格数量后,单击鼠标,即可完成表格的创建。Word 将在插入符处插入一个空表格。

2. 使用"插入表格"命令

使用表格菜单虽然方便,但由于屏幕宽度和高度有限,拖动到一定的位置就不能再拖动了,所以用它无法创建行数或列数较大的表格。用"插入表格"命令可以不受行、列数的限制,而且还可以设置表格格式。由于适应性更强,这种方法最常用。操作步骤如下:

(1)单击要建立表格的位置。【插入】选项卡的【表格】组中,单击【表格】下拉按钮,选择【插入表格】选项,在弹出的如图 3.80 所示【插入表格】对话框中设置表格的【列数】和【行数】,默认值分别为 5 和 2。

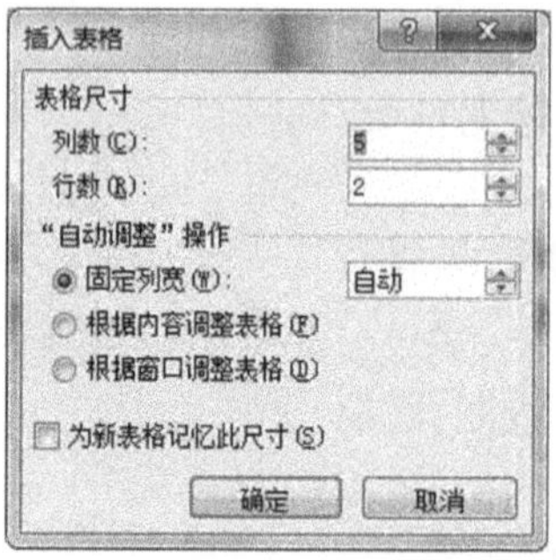

图 3.80　"插入表格"对话框

(2)在【"自动调整"操作】选项区中选择一种定义列宽的方式。

●固定列宽:给列宽指定一个确切的值,将按指定的列宽创建表格。默认设置为自动,表示表格宽度与正文区的宽度相同。

●根据内容调整表格:表格列宽随每一列输入的内容多少而自动调整。

●根据窗口调整表格:表格的宽度将与正文区的宽度相同,列宽等于正文区的宽度除以列数。

(3)选中【为新表格记忆此尺寸】复选框,对话框中的设置将成为以后新建表格的默认设置。单击【确定】按钮。

3. 使用表格模板

创建表格及设置格式的工作比较烦琐，Word 可提供表格模板方便用户快捷制作一组预先设置好格式的表格。表格模板中包含有示例数据，便于用户理解添加数据时的正确位置。操作步骤如下：

(1)单击要建立表格的位置。在【插入】选项卡的【表格】组中，单击【表格】下拉按钮，选择【快速表格】选项，在展开的级联菜单中单击所需要的模板，如图 3.81 所示，即可在文档中快速插入一个设置了格式的表格。

(2)将表格模板中各个单元格的数据替换为需要的数据，即可完成表格的创建，如图 3.82 所示。

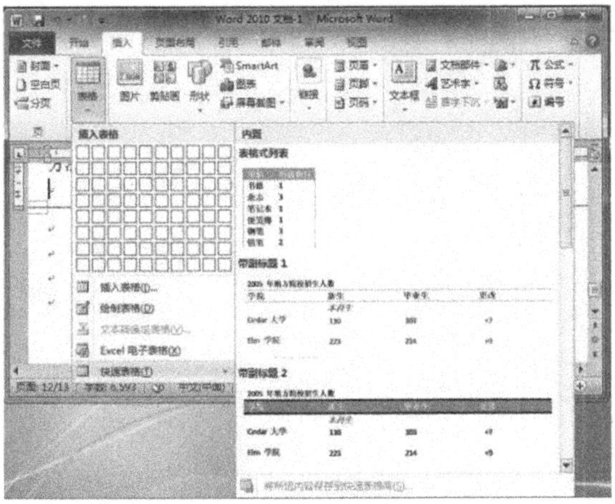

图 3.81　利用模板快速插入表格

项目	所需数目
书籍	1
杂志	3
笔记本	1
便笺簿	1
钢笔	3
铅笔	2
荧光笔	2 色
剪刀	1 把

图 3.82　表格示例

4. 绘制表格

使用绘制表格工具可以非常灵活、方便地绘制或修改表格，特别是那些单元格的行高、列宽不规则，或带有斜线表头的复杂表格。操作步骤如下：

(1)在【插入】选项卡的【表格】组中，单击【表格】下拉按钮，选择【绘制表格】选项。

(2)单击要建立表格的位置，按住鼠标左键并拖动，当到达合适的位置后释放鼠标左键，即可绘制出表格的矩形边框。此时，屏幕上显示出表格设计工具和表格布局工具功能区。

(3)在矩形框内上下、左右移动鼠标，便可自由绘制表格的横线、竖线或斜线，重复上述操作，直到绘制出需要的表格为止。

(4)如果要擦除画错的或不要的线条，单击表格【设计】选项卡的【绘图边框】组中的【擦除】按钮，鼠标指针变成橡皮擦状。在要擦除的线上拖动鼠标，即可删除表格的边框线。

3.4.2　编辑表格

为了更好地满足用户的工作需要，Word 提供了多种方法来修改已经创建的表格。例如：调整单元格的宽度和高度，增加新的单元格，插入行或列，删除多余的单元格、行或列，合并或拆分单元格等。

1. 选中表格

要对表格进行操作,必须选中要修改的内容后才可进行。在表格中的操作对象有单元格、行或列,以及整个表格。使用以下这些专门为选定表格而设计的方法,会使选定表格的工作更加便捷、有效。

(1)使用【选择】按钮

【选择】按钮位于【表格工具】的【布局】选项卡,在【表】分组中。单击后会有如下列表选项,如图 3.83 所示:

“选择单元格”:可选中插入符所在的单元格。

“选择行”(或“选择列”):选中插入符所在的行(或列)。

“选择表格”:选中要整个表格。

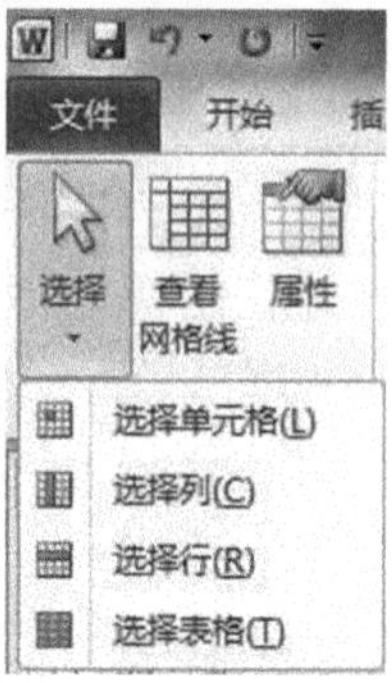

图 3.83 “选择”下拉菜单

(2)快捷选定

Word 中提供了多种在表格中直接进行选定的方法。常用的选定方法如下:

①选中当前单元格,移动鼠标到单元格左边界与第一个字符之间,待光标变成向右黑色箭头后,单击鼠标左键可选中该单元格

②选中整行,将鼠标移动到该行左侧的选定栏中,当光标变成向右白色箭头后,单击鼠标左键。

③选中整列,将鼠标移动到该列顶端,当光标变成向下黑色箭头后,单击鼠标左键;也可以按住 Alt 键,单击该列中的任何位置。

④选择多个单元格,单击要选择的第一个单元格,按下 Shift 键同时单击最后一个单元格。

⑤选择整个表格,单击表格左上角的按钮,可以选中整个表格。

2. 合并与拆分单元格

把相邻的单元格之间的连线擦除,就可以将两个单元格合并成一个大的单元格,而在一个单元格中添加一条边线,则可以将一个单元格拆分成两个小单元格。表格设计过程中遇到不规则单元格的时候,可使用单元格的合并与拆分来完成。

(1)合并单元格

选中要合并的两个或多个单元格,单击表格布局工具功能区中【合并】组的【合并单元格】按钮,如图 3.84 所示。

(2)拆分单元格

选中要拆分的一个或多个单元格,单击表格布局工具功能区中的【拆分单元格】按钮,打开如图3.85所示对话框,分别在【列数】和【行数】框中指定要拆分的列数和行数。

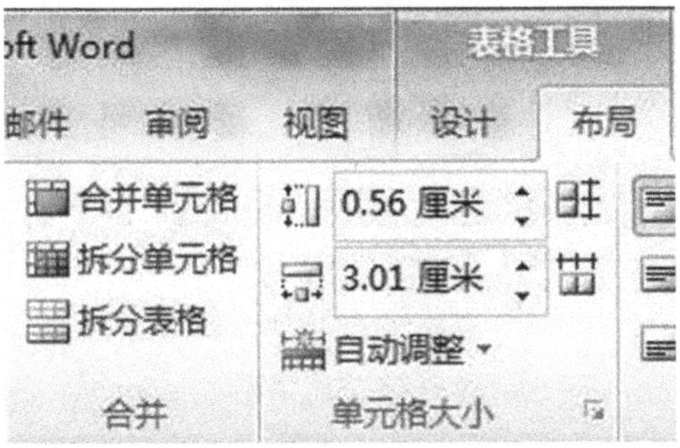

图3.84 “合并”组

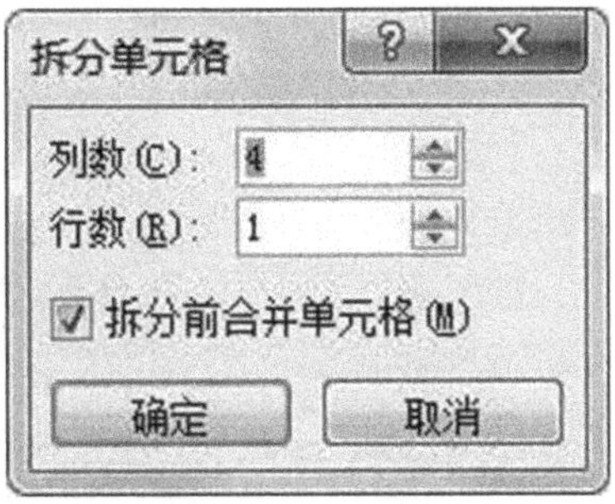

图3.85 “拆分单元格”对话框

如果用户选中的是多行和多列的单元格,可以做以下选择:

“拆分前合并单元格”:Word首先将所有选中的单元格合并成一个单元,然后再设置行列数进行拆分。如果未选中该复选框,将对选中的每一个单元格按指定的列数进行拆分。

(3)拆分表格

有时,需要将一个大表格拆分成两个表格,以便在表格之间插入一些说明性文字。

将插入符放置在要成为第二个表格的首行上。单击【表格工具】下【布局】选项卡中的【拆分表格】按钮,即可将表拆分成两部分。

如果某一页的第一行就是表格,要在表格前输入标题或文字,只需单击表格第一行中的任一单元格,并选择【拆分表格】命令,则在表格的上方可插入一个空行。

3. 插入行、列或单元格

在制作表格过程中,可以根据需要在表格内插入行、列或单元格。要进行插入操作,先要确定插入位置。

(1)在表格末尾插入行

把插入符置于表格最后一行的最后一个单元格中,单击Tab键,可在表格的最后一行再添加一个新行。

(2)在表格的右边界插入列

在【表格工具】下【布局】选项卡的【行和列】组中单击【在右侧插入】按钮。

(3)插入单元格

①单击要插入单元格的位置(相当于在要插入新单元格的位置选中一个单元),或选中多个单元格。

②单击【行和列】组右下角的对话框启动器,打开【插入单元格】对话框,如图3.86所示。

- 活动单元格右移:可以在所选单元格的左侧插入新单元格。
- 活动单元格下移:可以在所选单元格的上方插入新单元格。
- 整行插入:可以在所选单元格的上方插入新行。

● 整列插入:可以在所选单元格的左侧插入新列。

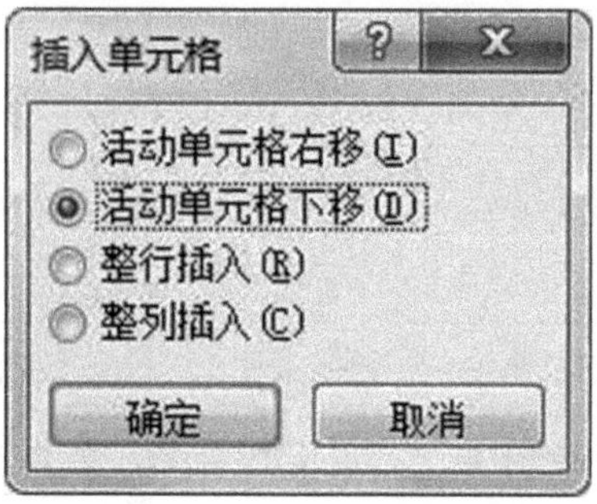

图 3.86 “插入单元格”对话框

③选择适当的设置,单击【确定】按钮。

(4)在表格中插入行或列

在编辑表格的过程中,常常需要在表格中间插入新行或新列。在表格中插入行或列时,在指定插入位置时所选中的行(列)数,决定着插入的行(列)数,如图 3.87 所示。

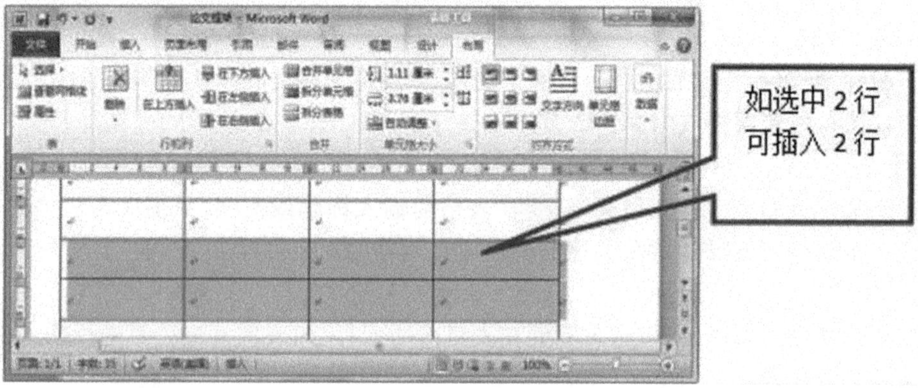

图 3.87 表格中插入行

4. 删除表格、单元格、行与列

Word 中,可以用在文档中删除文本的方法来删除表格中的文字,也可以删除单元格、行或列本身。

(1)删除行、列或表格

选中要删除的单元格、行(列)或表格,单元表格布局工具功能区【行和列】组中的【删除】按钮,从打开的列表中选择所需的选项,如图 3.88 所示。

(2)删除单元格

①选中要删除的单元格。

②在删除选项列表中选择【删除单元格】选项,打开【删除单元格】对话框,如图 3.89 所示。

● 右侧单元格左移:删除选中的单元格并将剩余的单元格左移。

● 下方单元格上移:删除选中的单元格并将剩余的单元格上移。

- 删除整行：删除所选单元格所在的整行。
- 删除整列：删除所选单元格所在的整列。

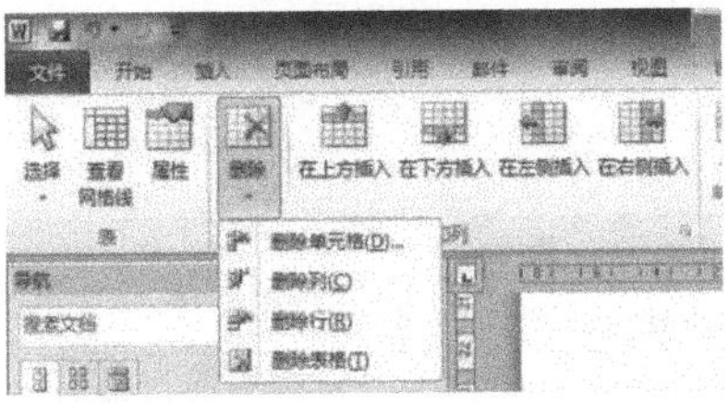

图 3.88　“删除”下拉菜

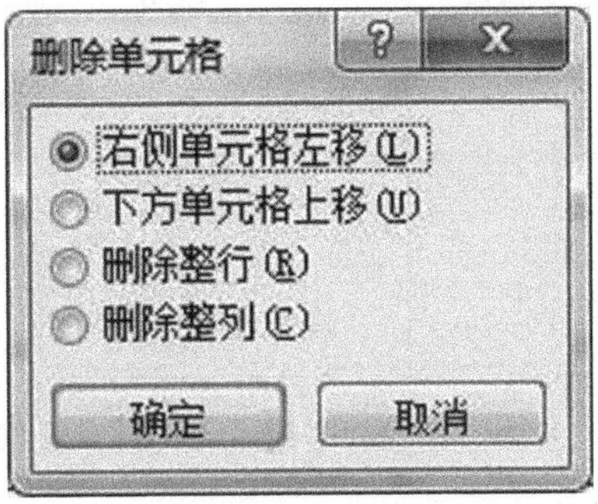

图 3.89　“删除单元格”对话框

5. 绘制斜线表头

在实际工作中，经常会用到斜线表头，但在处理带有文字的斜线表头时非常麻烦，得到的结果也不尽人意。Word 2010 中取消了之前版本中的绘制斜线表头命令，用户需要自行设计。操作步骤如下：

(1)把插入符置于需要绘制斜线的单元格中，并调整单元格的高度和宽度以适应插入内容。

(2)单击【表格工具】下【设计】选项卡中【表格样式】组的【边框】按钮右边的下拉箭头，在弹出的下拉菜单中选择【斜下框线】。

(3)输入表头的文字，通过空格和回车控制到适当的位置，如图 3.90 所示。

要绘制多根表头斜线不能直接插入，只能通过插入“斜线”形状来完成，绘画的斜线颜色与表格不一致的话，我们需要调整一下斜线的颜色，保证一致协调。插入后输入文字，通过空格和回车控制排列到适当的位置，如图 3.91 所示。

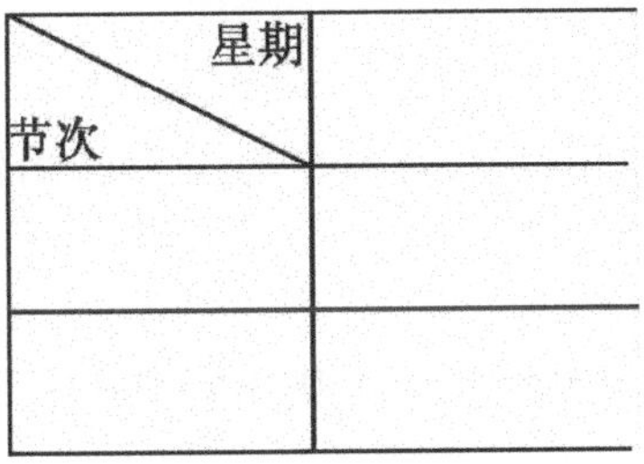

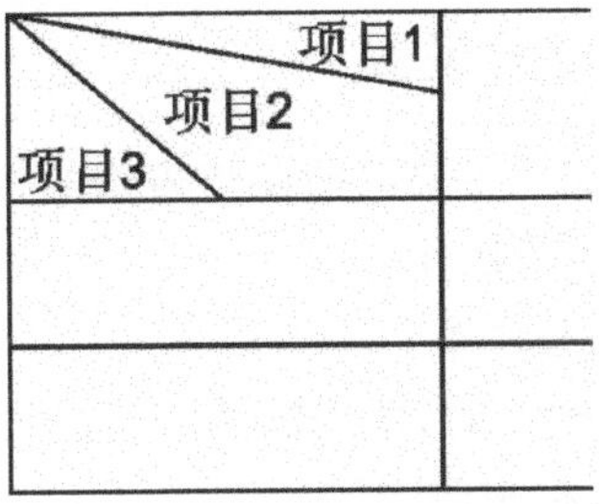

图 3.90　绘制单斜线表头　图 3.91　绘制多斜线表头

6. 输入和编辑文本

表格是由若干个单元格组成的，在表格中输入和编辑文本，实际上就是在单元格中输入和编辑文本。

(1)在表格中移动插入符

在表格中单击要输入文本的单元格，即可将插入符置于要输入文本的单元格中。在单元格中输入文本后，可使用快捷键在相邻单元格中移动插入符，如表 3.3 所示。

表 3.3　表格中文本选定方式

键盘快捷键	作用	键盘快捷键	作用
Tab	移到同一行下一个单元格中	Shift + Tab	移到同一行前一个单元格中
↑	移到上一行	↓	移到下一行
Alt + PageUp	移到表格的首行尾部	Alt + Page-Down	移到表格的最后一行尾部
Alt + Home	移到当前行第一个单元格中	Alt + End	移到当前行最后一个单元格中

(2)输入和编辑文本

单元格是一个小的文本编辑单位，在其中输入文本或进行编辑操作与在文档窗口中是一样的。在单元格中增加或删除文本不会影响其他单元格中的数据或文本。

一个单元格中可包含多个段落，通常情况下，Word 能自动按照单元格中最高的字符串高度来设置每行文本的高度。当输入文本到达单元格的右边线时，Word 能自动换行并增加行高，以容纳更多内容；按 Enter 键，可在单元格中另起一个新段落。因为单元格中可包含多个段落，所以它也能包含多个段落样式。用户可以在单元格中为不同的段落设置不同的缩进、制表位、行间距等。

在单元格中移动或复制文本与在文档中的操作基本相同，依然可以用拖动、使用命令按钮或快捷键等方法移动或复制单元格、行或列中的内容。

在选择文本时，如果选中的内容不包括单元格结束标记，则只是将选中单元格中的文本内容移动或复制到目标单元格内，并不覆盖目标单元格中的原有文本。如果选中的内容包括单元格结束标记，则将替换目标单元格中原有的文本和格式。

3.4.3　表格格式设置

表格的格式化主要包括调整表格的行高和列宽、对齐方式、自动套用格式、边框和底纹以及混合排版等操作。

1. 列宽、行高设置

Word 创建表格时，使用默认的行高列宽，实际应用中，则需要对其进行调整。

(1)利用鼠标更改

①如果要改变某个单元格的宽度，选中这个单元格。如果要改变一行或一列的高度或宽度，将插入符置于要调整大小的行或列中的任何一个单元格内。

②将鼠标移到要调整列宽(或行高)的表格边框中，当鼠标指针变成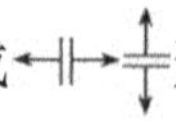形状，按下鼠标左键，并向左、右(或上、下)拖动鼠标。此时会出现一条垂直(或水平)的虚线，以显示单元格或行、列改变后的大小。

③达到所需要的宽度(或高度)时，松开鼠标左键，完成改变列宽(或行高)的操作。

手工拖动鼠标的方式虽简单方便，但不能对行高和列宽进行精确设置。

(2)利用【表格属性】更改

使用“表格属性”对话框可以精确设置表格的行高或列宽。设置表格行高或列宽的方法类似,下面仅以设置行高为例说明设置方法。操作步骤如下:

①选中要改变行高的一行或多行。

②单击【表格工具】下【布局】选项卡中【单元格大小】组的右下角的对话框启动器,打开如图3.92所示【表格属性】对话框【行】选项卡。

③选中【指定高度】复选框,并在后面的方框中指定所选行的行高值。用户也可以在【行高值是】方框中将所选行的行高设置为“最小值”或“固定值”。

④使用【上一行】或【下一行】按钮,能够在完成现在修改以后,自动选定相邻的上一行或下一行,继续进行设置行高的操作,从而免去了关闭对话框再选择其他行的麻烦。

⑤在【选项】区,可做以下选择:

● 允许跨页断行:允许对所选中的行跨页断行。

● 在各页顶端以标题行形式重复出现:此复选项只有当用户选择了表格中自第一行开始的一行或多行时才有效。当表格被分成多页时,当前选中的一行或多行会以标题形式出现在表格每一页的顶端。

⑥单击【确定】按钮。

(3)使用【自动调整】更改

将插入符置于要修改的表格内或选中要修改的部分表格,再单击表格布局工具功能区【单元格大小】组中的【自动调整】按钮,在弹出的列表中,如图3.93所示,选择要使用的修改方式,即可修改表格。【自动调整】命令的子菜单集中包含以下修改表格的命令:

●根据内容自动调整表格:表格按每一列的文本内容重新调整列宽,调整后的表格看上去紧凑、整洁。

●根据窗口自动调整表格:表格中每一列的宽度将按照相同的比例扩大,调整后的表格宽度与正文区宽度相同。

●固定列宽:必须给列宽指定一个确切的值。如果选择“自动”选项,则与“根据窗口调整表格”的效果相同。

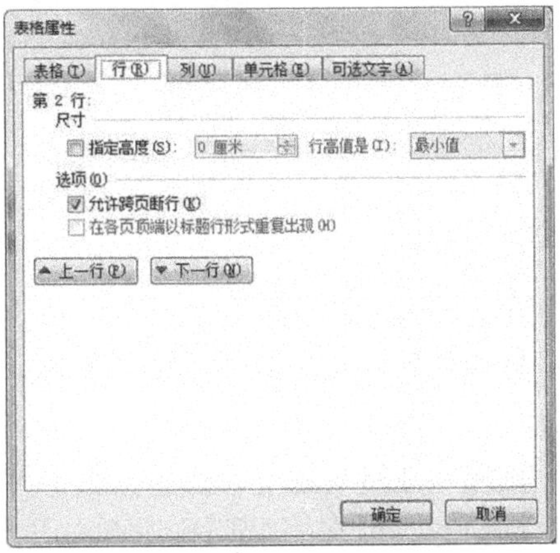

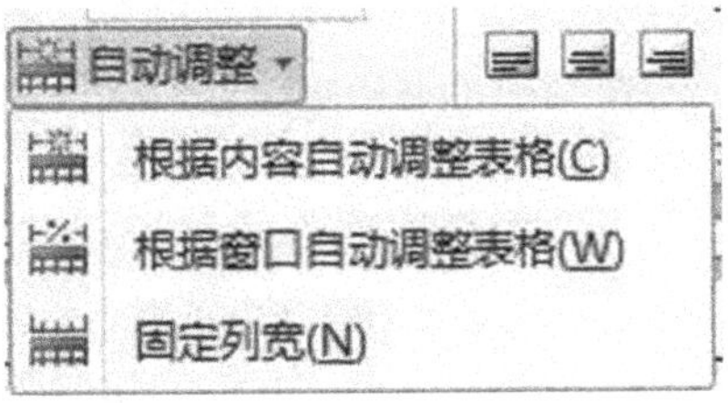

图3.92 “行”选项卡　　　图3.93 “自动调整”选项

另外,单击功能区右侧的“分布行”或“分布列”按钮,表示将整个表格或选定的行(列)都设置成相同的高度(宽度)。

2. 表格文本对齐方式的设置

表格中的文本编排与文档中的正文编排一样,同样可设置字体、字形、字号以及改变文字方向,也可对表格中的文本进行添加底纹或修改文本在单元格中的对齐方式等操作。

(1)设置文字方向

默认状态下,表格中的文本都是横向排列的。在 Word 中可以改变整个表格中文本的文字方向,也可只改变某一个单元格的文字方向。将插入符置于要改变文字方向的单元格内,单击【表格工具】下【布局】选项卡中【对齐方式】组中的【文字方向】按钮,即可实现单元格内文字横排或竖排方向的转换。单个单元格的文字方向更改不会影响其他单元格,如要修改整个表格的文字方向,则需先选中该表格。

(2)设置文本的对齐方式

默认情况下,单元格中的文本内容以顶端左对齐,用户可根据需要调整文本的对齐方式。当对一个或多个单元格中的文本设置对齐方式时,首先应将插入符置于该单元格中或选中这些单元格。选中整个表格,则是对整个表格设置对齐方式。

“表格工具”下“布局”功能区中“对齐方式”组中汇集了多种对齐方式,如图 3.94 所示。

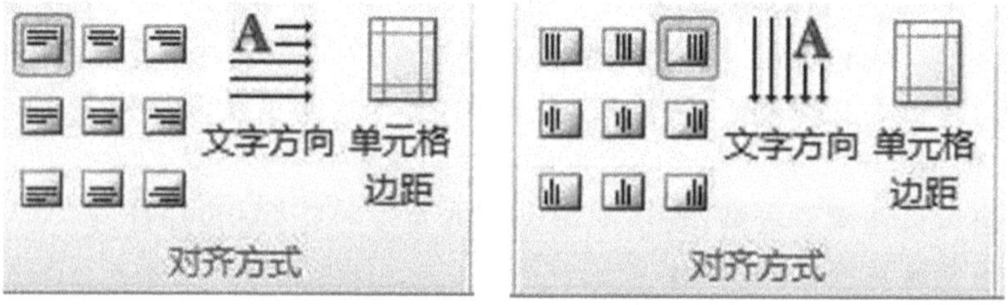

图 3.94 “对齐方式”组

改变了文字方向后,行间距、段落格式以及其他的格式都会发生相应的变化,功能区上的一些按钮也会发生相应地旋转。

3. 边框和底纹的设置

为使表格更具表现力,更突出表格中的内容,可为表格添加边框和底纹效果,类似于为字符、段落添加边框和底纹。

(1)设置表格边框

①选定整个表格,在【表格工具】中的【设计】选项卡中的【表样式】组中单击【边框】命令,或者单击鼠标右键,从弹出的快捷菜单中选择【边框和底纹】命令,弹出【边框和底纹】对话框,打开【边框】选项卡,如图 3.95 所示。

②在【设置】选区中选择相应的边框形式,在【样式】列表框中设置边框线的样式,在【颜色】和【宽度】下拉列表中分别设置边框的颜色和宽度,在【预览】区中单击预览区域左侧和下方的按钮可以分别设置相应的边框,在【应用于】下拉列表中选择应用范围。

③设置完成后,单击【确定】按钮。

(2)设置表格底纹

①选定要设置底纹的单元格。

②在【表格工具】中的【设计】选项卡中的【表样式】组中单击【底纹】命令,或者单击鼠标右键,从弹出的快捷菜单中选择【边框和底纹】命令,弹出【边框和底纹】对话框,打开【底纹】选项卡,如图 3.96 所示。

③设置填充颜色或图案样式完成后,单击【确定】按钮。

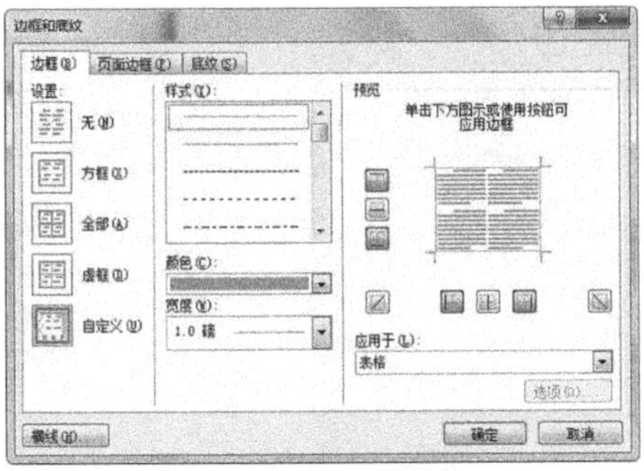

图 3.95　“边框和底纹”对话框

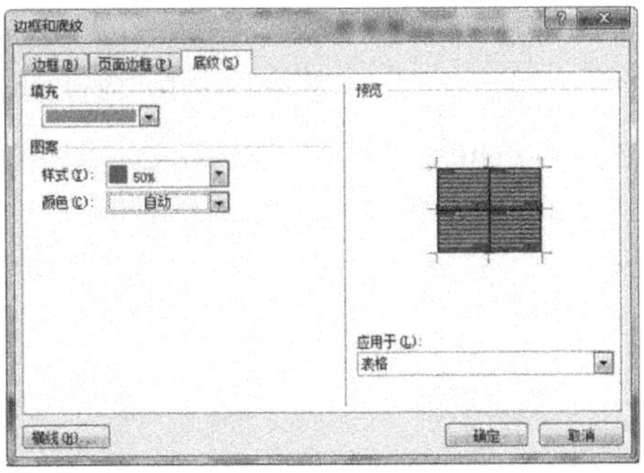

图 3.96　“特殊字符”选项卡

4. 自动套用格式

Word 为用户提供了 30 多种预置的表格样式,这些样式可供用户在编辑表格时直接套用,操作步骤如下:

(1)单击要设置格式的表格中的任何位置。

(2)在【表格工具】中的【设计】选项卡中的【表样式】组中,选择要使用的表格样式,单击列表框右侧的【其他样式】旁的下拉按钮,可展开该列表框,如图 3.97 所示。

(3)在列表中单击【修改表格样式】选项,打开如图 3.98 所示的【修改样式】对话框,利用该对话框,可以在选定表格样式的基础上,再进行一些自定义设置。

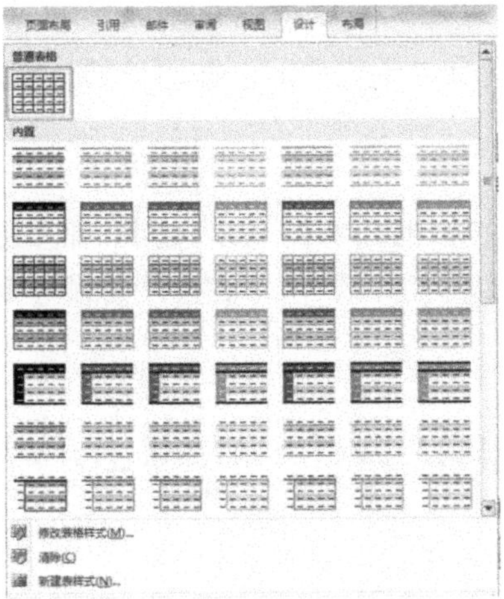

图 3.97　“表格样式”下拉列表

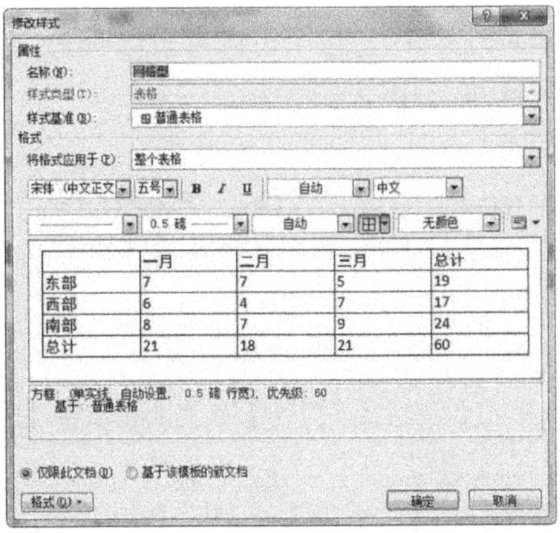

图 3.98　“修改样式”对话框

5. 设置文字环绕

在实际工作中,经常会碰到文字和表格混排的情况。Word 2010 的文字环绕表格功

能,可在表格的四周环绕文字,从而实现表格和文字混排。操作步骤如下:

(1)将插入符置于表格中的任何位置以选中表格。

(2)单元【表格工具】下【布局】选项卡中【表】组中的【属性】按钮,打开如图 3.99 所示【表格属性】对话框。

在【文字环绕】选项区选中“环绕”项,在【对齐方式】选项区选择一种对齐方式,单击【确定】按钮即完成了对表格的环绕设置。

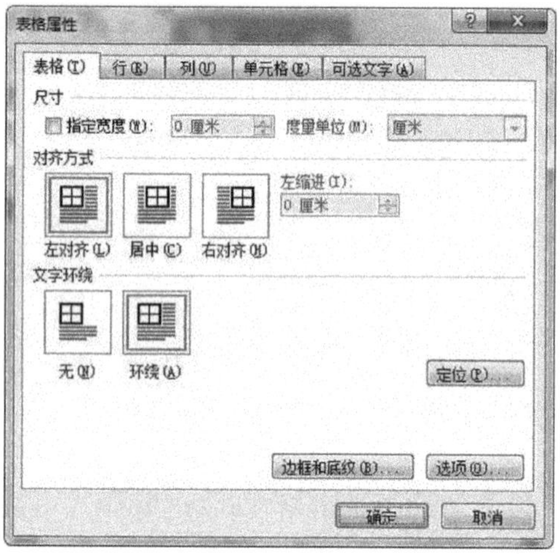

图 3.99 “表格属性”对话框

表格设置了环绕方式后,如果表格后面有正文内容,Word 会按照选定的环绕方式将正文内容环绕在表格周围。这时想要调整表格位置,可以拖动调整表格和正文内容的相对位置。

3.4.4 表格的排序与计算

在 Word 表格中,除了可以存放数据外,还具有电子表格的一些简单的功能,可对表格中的数据进行排序和计算。

1. 排序

在 Word 中,可以按照递增或递减的顺序把表格的内容按笔画、数字、拼音及日期进行排序。由于对表格的排序可能重新排列表中数据的先后,所以在排序前最好要保存文档。为表格排序的方法如下:

(1)插入符置于要排序的表格中。

(2)单击【表格工具】下【布局】选项卡上【数据】组中的【排序】按钮,打开如图 3.100 所示排序对话框。

①单击【主要关键字】列表框中的下拉按钮,从中选择一种排序依据。

②单击【类型】列表框中的下拉按钮,从中选择一种排序类型。其中【笔画】按笔画数量的多少排序、【数字】按数据大小排序、【日期】按日期先后排序和【拼音】按汉字的拼音首字母排序。

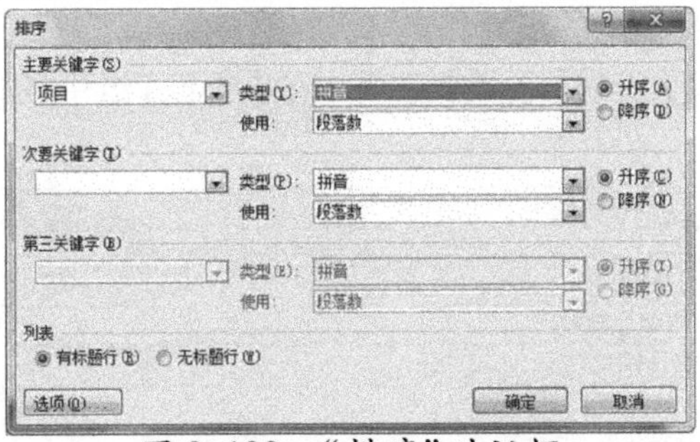

图3.100 “排序”对话框

③选择【升序】或【降序】单选按钮，确定排序为递增或递减。

(3)Word中允许有多个排序依据进行排序。如果要进一步指定排序的依据，可以指定在次要关键字、第三关键字、排序类型及排序的顺序。

(4)在【列表】区中有两个选项，若选中【有标题行】，则排序时不把标题行算在排序范围内，若选中，则对标题行也进行排序。

2. 表格计算

在表格中，排序或计算都是以单元格为单位进行的，为方便单元格之间的运算，将表格中的列从左至右用英文字母(a,b,…)表示，表格的行自上而下用正整数1,2,…表示，每一个单元格的名字由它所在的行和列的编号组合而成，以一个四行四列的表格为例，表中所有单元格的名称如图3.101所示。

A1	B1	C1	D1
A2	B2	C2	D2
A3	B3	C3	D3
A4	B4	C4	D4

图3.101 “排序”对话框

单元格中实际输入的内容称为单元格的值。如果单元格为空或不以数字开始，则该单元格的值等于0。如果单元格以数字开始，后面还有其他非数字字符，该单元格的值等于第一个非数字字符前的数字值。

下面列出几个典型的单元格值使用方式，如表3.4所示。

表3.4 单元格值的使用

使用方式	含义
B3 =5	第3行第2列的单元格中值为5
A1:B2	由A1、B1、A2、B2四个单元格组成的区域
A1,B2	A1、B2两个单元格
3:3	整个第3行
D:D	整个第4行

利用【表格】菜单中的公式命令，用户可以对表格中的数据进行多种计算。操作步骤如下：

(1)单击要保存计算结果的单元格。

(2)单击【表格工具】下的【布局】选项卡的【数据】组中的【公式】按钮,打开如图3.102所示对话框。

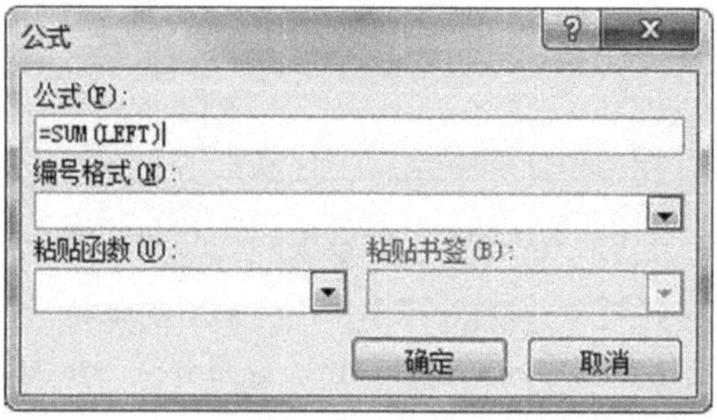

图 3.102 "公式"对话框

在【公式】列表框中显示"=SUM(LEFT)"公式,表示对插入点左侧各单元格中的数值求和,单击【确定】按钮。如果所选的单元格位于数字列底部,Word 会建议用"=SUM(ABOVE)"公式,即对该插入符上方各单元格中的数值求和。若指定运算和建议存在出入,可自行按需要设置。

(3)删除【公式】框中除"="以外的内容:输入自己的数据和运算公式,或从【粘贴函数】列表中选择一个函数,并在括号内输入要运算的参数值。

(4)如果要设置计算结果的数字格式,单击【编号格式】列表框中的下拉按钮,从弹出的列表中,选择自己所需的数字格式,如"0%"、"0.00"。

(5)单击【确定】按钮,结果即计算出来并填入该单元格。

3.4.5 文本和表格的转

在 Word 中,可以方便地进行文本和表格之间的转换,这对于更灵活地使用不同的信息源,或利用相同的信息源实现不同的工作目的都将十分有益。

1. 文本转换成表格

Word 可以通过识别段落标记、逗号、制表符、空格或其他特定字符隔开的文本,从而实现将文本转换成表格,进行转换时分隔符被自动转换成表格列边框线。操作步骤如下:

(1)单击要建立表格的位置。

(2)选定要转换成表格的文本,在【插入】选项卡的【表格】组中,单击【表格】下拉按钮,选择【文本转换成表格】选项,弹出【将文本转换成表格】对话框,如图 3.103 所示。

图 3.103　“文本转换成表格”对话框

(3)在【表格尺寸】选项区的【行数】、【列数】中设置转换后的行、列规模。如果指定的列数大于所选内容的实际需要,多余单元格将成为空单元格。

(4)在【“自动调整”操作】选项区中按所需设置列宽,默认值为“固定列宽”。

(5)在【文字分隔位置】选项区中选择或输入一种分隔符。不同分隔符有不同含义:

“段落标记”:把选中的段落转换成表格,每个段落成为一个单元格的内容,行数等于所有段落数。

“制表符”:每个段落转换为一行单元格,用制表符隔开的各部分内容作为一行中各个单元格的内容。转换后的表格列数等于选择的各段落中制表符的最大个数加 1。

“逗号(半角逗号)”:每个段落转换为一行单元格,用逗号隔开的各部分内容成为同一行中各个单元格的内容。转换后表格的列数等于各段落中逗号的最大个数加 1。

“其他字符”:可在对应的方框中输入其他的半角字符作为文本分隔符。每个段落转换为一行单元格,用输入的文本分隔符隔开的各部分内容作为同一行中各个单元构的内容。

(6)设置完成后,单击【确定】按钮即可将文本转换成表格,如图 3.104 所示。

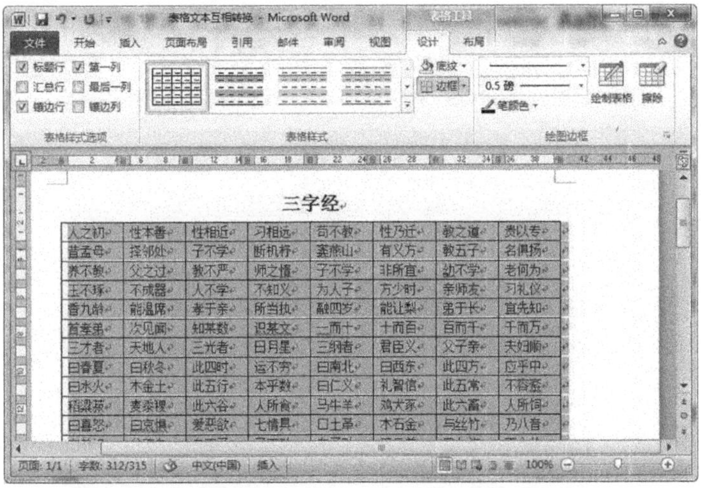

图 3.104　“文本转换成表格”示例

2. 表格转换成文本

文档编辑过程中，有时需要引用表中的数据，这时可以执行【转换为文本】命令可将表格的内容转换为文本段落，并将各单元格中的内容转换后用段落标记、逗号、制表符或用户指定的特定字符隔开。操作步骤如下：

(1)选中要转换为文本段落的若干行单元格，或将插入符置于要转换的表格中。

(2)单击【表格工具】下【布局】选项卡上【数据】组中的【转换为文本】按钮，打开如图 3.105 所示【转换为文本】对话框。

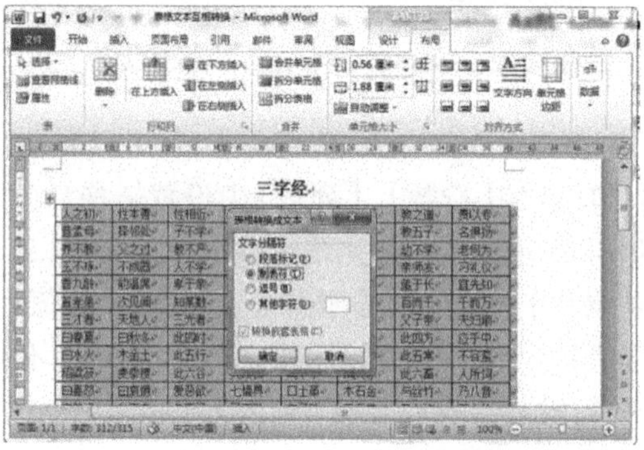

图 3.105 “表格转换成文本”对话框

(3)在【文字分隔符】选项区，选择要当作文本分隔符的项。

“段落标记”：将每个单元格的内容转换成一个文本段落。

“制表符”：将每个单元格的内容转换后用制表符分隔，每行单元格的内容成为一个文本段落。

“逗号”：将每个单元格的内容转换后用逗号分隔。每行单元格的内容成为一个文本段落。

“其他字符”：可在对应的方框中输入用作分隔符的半角字符。每个单元格的内容转换后用输入的文本分隔符隔开。每行单元格的内容成为一个文本段落

(4)设置完成后，单击【确定】按钮即可将表格转换成文本，如图 3.106 所示。

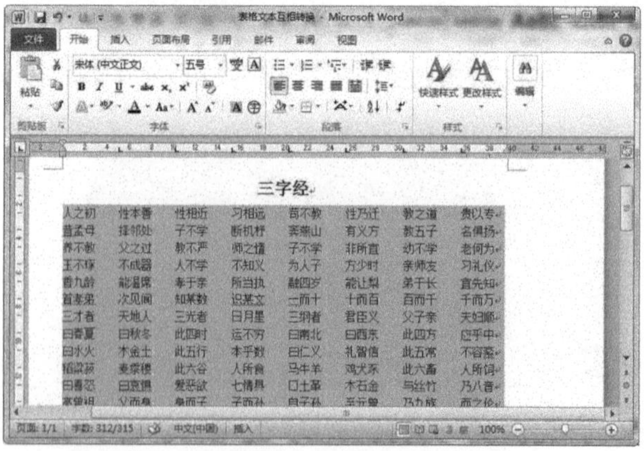

图 3.106 “表格转换成文本”示例

3.5　图文混排

图像是对图片、图形、图表以及艺术字、公式等图形对象的总称，Word 中可实现对各种图形对象的绘制、缩放、存储和修饰等多种操作，还可以把图形对象与文字结合在一个版面上，实现图文混排。

3.5.1　插入图片

1. 插入剪贴画

Word 附带了一个非常丰富的剪贴画库，在使用 Word 2010 输入和编辑文档时，用户可以通过剪贴画功能，搜索并插入绘画、影片、声音、照片等信息。操作步骤如下：

(1)单击【插入】选项卡，在【插图】组中单击【剪贴画】按钮。

(2)在窗口右侧弹出【剪贴画】任务窗格，在【搜索文字】文本框中输入搜索的内容，在【结果类型】中选择插入插图、照片、音频或视频，单击【搜索】按钮。

(3)在窗格下方显示搜索到的剪贴画，移动鼠标到每个剪贴图上会出现该剪贴画的有关信息。右键单击准备使用的剪贴画，从弹出的快捷菜单中选择【复制】选项，然后在文本中插入光标，【粘贴】剪贴画；或是先确定插入位置，直接在窗格中双击剪贴画也可实现插入到文档中，如图 3.107 所示。直接拖动也可将剪贴画插入到文档中。

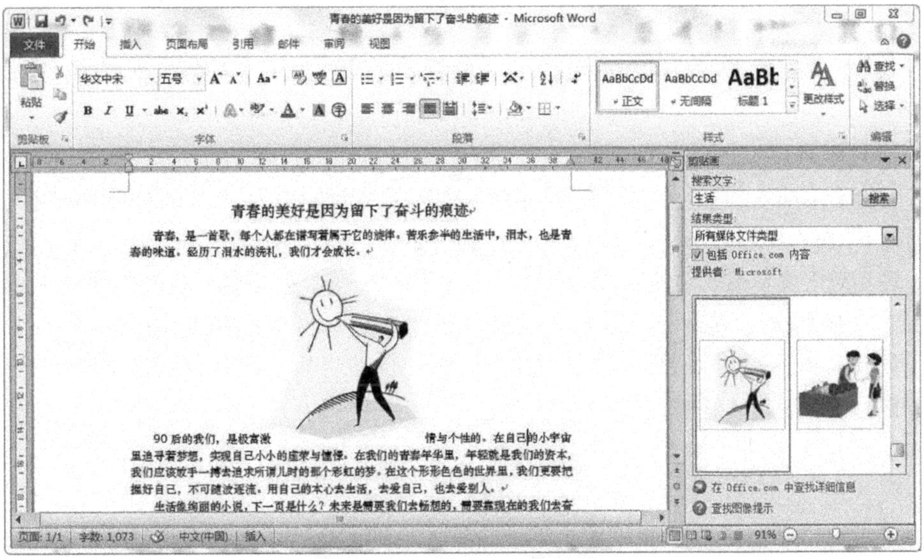

图 3.107　“插入剪贴画”示例

2. 插入图片文件

外部图片一般来自于本机上的文件夹、从其他程序中创建的图片、从网上下载的图片、扫描仪或数码相机等，插入图片的操作步骤如下：

(1)单击文档中要插入图片的位置。

(2)单击【插入】选项卡，在【插图】组中单击【图片】按钮。

(3)弹出如图3.108所示【插入图片】对话框,选择打开图片的路径,然后选择准备插入的图片,单击【插入】按钮即可将选定图片插入到文档中。

图3.108 “插入图片”对话框

3. 插入屏幕截图

在新版Office中,内建的屏幕截图功能相当好用,用户可以直接以鼠标拖拉的方式直接截取特定区域,使用方式也相当人性化。

虽然无法比拟专用屏幕截图软件,具备下拉窗口、整页截图功能,但这样的功能已经很实用。还有要注意的是,如果在编辑.doc文件时,这个功能是无法使用的,需要转成.docx文件格式,才可执行此功能。

Word 2010提供了“屏幕截图”功能,可方便截取屏幕图像,并直接插入文档中。操作步骤如下:

(1)打开需要截图的窗口。

(2)单击【插入】选项卡中【插图】组中【屏幕截图】按钮,从展开的列表中选择【屏幕剪辑】选项,如图3.109所示。

(3)当按下屏幕截取功能后,Word窗口将自动缩小,整个桌面会变得透明度较高,鼠标指针变成了十字形状,直接拖动鼠标选择一块区域时,该区域便会取消透明度而变为正常。

(4)选择好区域后,只要释放鼠标左键,Word自动将截取的屏幕图像插入文档中,并自动切换到【图片工具】的【格式】选项卡。

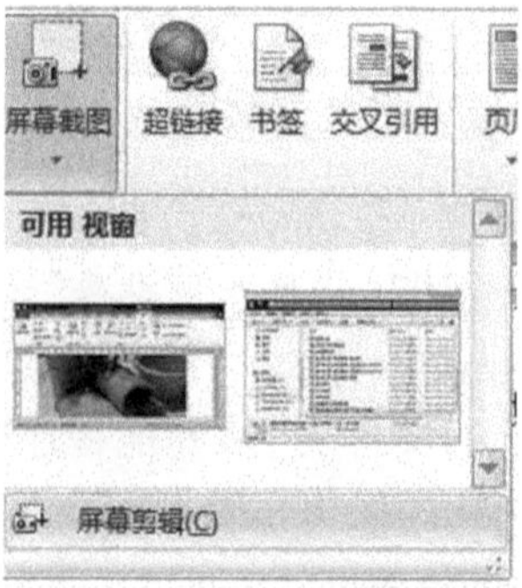

图3.109 “屏幕截图”下拉列表

4. 编辑图片

在 Word 文档中插入图片后，图片的大小、位置、效果等属性是否能与文档配合和谐，是影响文档显示效果的一个重要因素，因此经常需要对插入的图片进行编辑。

插入图片后，Word 2010 会自动出现一个上下文工具【图片工具】，图片设置的相关工具都会集中呈现在它的【格式】选项卡上，分为【调整】、【图片样式】、【排列】、【大小】等四个组，如图 3.110 所示。

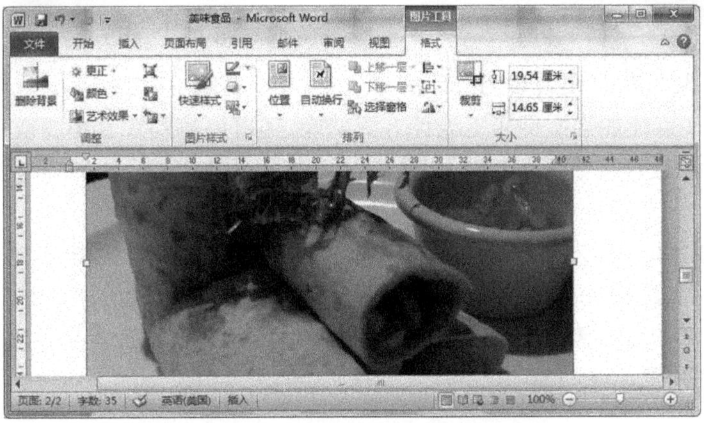

图 3.110　“图片工具”格式选项卡

(1)调整：可以对插入的图片进行亮度、对比度的设置或是更改图片颜色，也可以将图片进行压缩。选择“艺术效果”→“马赛克气泡”对图片设置得到如图 3.111 所示效果。

(2)图片样式：Word 内置了几十种图片样式风格，可以快速更改图片的外形和边框。选定图片后直接点击需要的图片样式，鼠标移动就可以预览不同样式的效果。如图 3.112所示为选择“快速样式”→“居中矩形阴影”选项后的效果。

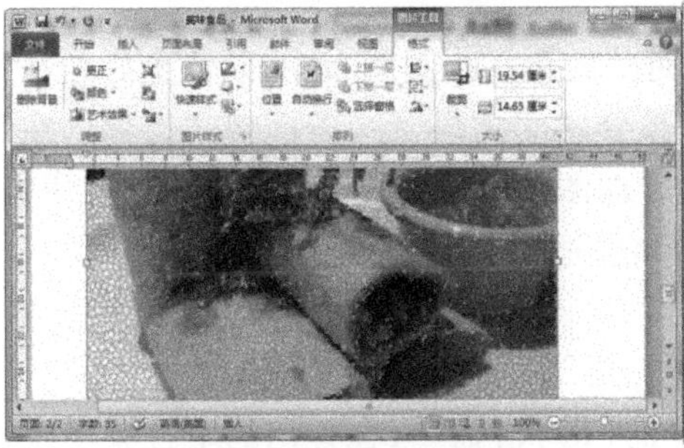

图 3.111　“图片调整”示例

图 3.112　“图片样式”示例

(3)排列：可设置图片与文字的环绕方式、位置关系及旋转等。如图 3.113 所示为选择“旋转”→“水平翻转”选项后的效果。

(4)大小：用于精确设置图片的高度、宽度，还可以对图片进行裁剪。选择“裁剪”→“裁剪形状为”→“菱形”选项后的效果如图 3.114 所示。

图 3.113 “图片排列”示例

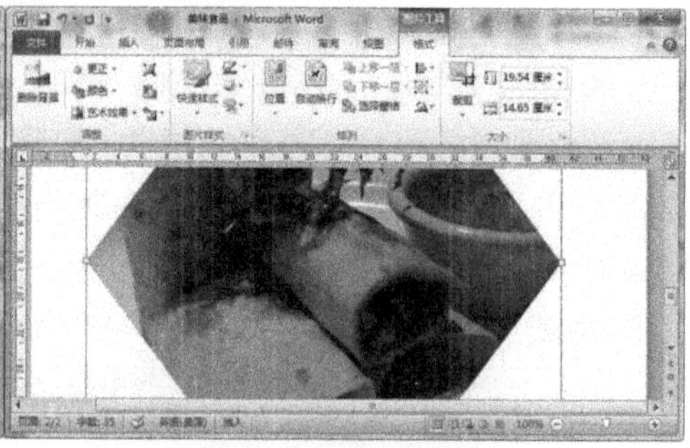

图 3.114 “图片大小”示例

新版 Office 持续加强文件美工设计方面功能,还可以将图片套用滤镜特效,如笔触效果、水波效果,或是直接给文字加上边框、阴影、光晕等效果,让文件、简报效果看起来更丰富。

2010 版的 Office 加入了图形处理时常用的去除背景功能。使用时,透过软件针对智能型演算去判别,这种去背景功能相当容易使用,不过面对复杂的图片时,效果就不如专业绘图软件提供的魔术棒、套索工具等功能强大。其他选项设置效果读者可逐一选用后对比,按实际使用需求来设置。

3.5.2 绘制图形

用户可向 Word 文档中插入图片,图片可以是剪贴画、照片或图画。使用 Word 2010 可以在文档中插入图片作为文本,而且用户还可以对插入的图片进行自定义设置,如调整图片大小、旋转图片、设置图片亮度和对比度等。

Word 中提供了一些预设的矢量图形对象,如矩形、圆、箭头、线条、流程图符号、标注等,用户可将其进行组合绘制出各种更复杂的图形。

1. 添加画布

在 Word 中插入图形对象时,可以将图形对象放置在绘图画布中,以便更好地在文档中排列绘图。绘图画布在绘图和文档的其他部分之间提供了一条框架式边界。在默认情况下,绘图画布没有背景或边框,但可以同处理图形对象一样,对绘图画布应用格式,并且它还能帮助用户将绘图的各个部分进行组合,适用于多个图形的组合情况。

插入和设置绘图画布的步骤如下:

(1)将光标定位到要插入绘图画布的位置。

(2)选择【插入】选项卡,单击【插图】组中的【形状】命令,在弹出的下拉菜单中选择【新建绘图画布】,如图 3.115 所示,此时将在文档中出现如图 3.116 所示的画布区域。

(3)将鼠标移到画布的边界或四个角处,单击鼠标左键拖动鼠标可调整画布的大小。

(4)切换到【格式】选项卡,单击【形状样式】组中的一种形状样式,可更改画布的外观。

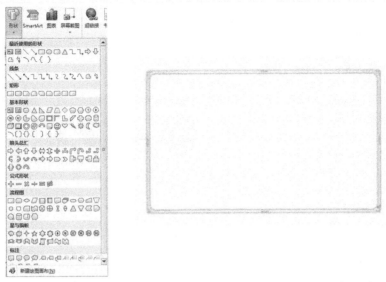

图 3.115 “自选图形”列表　　　　图 3.116 画布区域

2. 绘制图形

在“形状”列表中，可以绘制出 100 多种能够任意改变形状的自选图形工具，用户可以在文档中使用这些工具来绘制所需图形，操作步骤如下：

(1)在【插入】选项卡中，单击【插图】组的【形状】按钮，打开自选图形列表，在其中选择所需的形状。

(2)此时鼠标指针变成“十”字形，拖动鼠标到画布区域中，单击要插入图形的位置即可在画布中绘制一个形状。此时图形是按默认设置插入，如想自定义图形尺寸，单击并拖动鼠标。

(3)以同样的方法绘制其他多个图形，如图 3.117 所示。

图 3.117 绘制自选图形

3. 添加文字

在各类自选图形中，除了直线、箭头等线条图形外，其他所有图形都允许向其中添加文字。为此，可在绘制图形后，右击所绘的图形，然后从弹出的快捷菜单中选择【添加文字】选项，如图 3.118 所示。

对于向图形中添加的文字，用户可像设置正文一样设置其字体和段落格式，如图 3.119所示。要编辑图形中的文字，直接单击这些文字即可进入编辑状态。

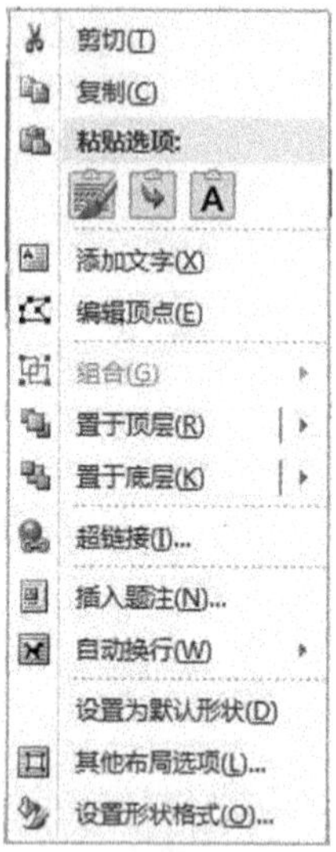

图 3.118 “图形”快捷菜单

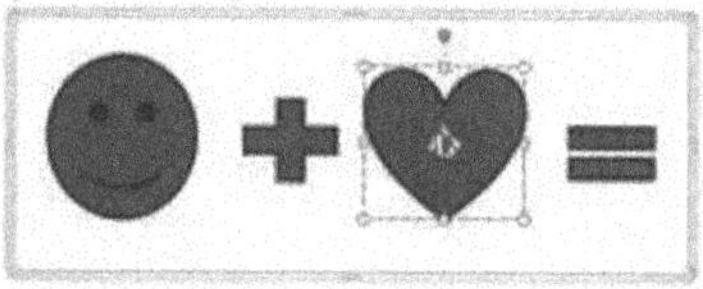

图 3.119 “添加文字”示例

4. 移动、旋转图形及调整尺寸、形状

要移动图形,可在单击选中图形后拖动鼠标,移至目标位置。

要旋转图形对象,先单击选中,图形上方会显示一个绿色的旋转控点,将光标移至该点上,单击并拖动即可旋转图形对象了。

如果用户对绘制出来的图形不满意,可直接利用图形的【调整控制点】改变图形的尺寸。选中一个图形后,其四周将出现一组控点。将光标移至这些控点上,单击并拖动即可调整。

对于某些图形而言,当选中该图形时并拖动该图形的控制点,会获得多个不同形状的图形,如图 3.120 所示。

图 3.120 利用调整控点改变的各种图形形状

5. 多个图形的组合与分解

当文档中某个页面上插入了多个自选图形时,为了统一调整其位置、尺寸、线条和填充效果,可将其组合为一个图形单元。为此,首先单击选中第一个图形,然后按下 Shift 键,单击选中其他将要参与组合的图形。接下来右击其中任何一个已选中的图形,打开快捷菜单,从中选择【组合】菜单项中的【组合】命令,如图 3.121 所示。

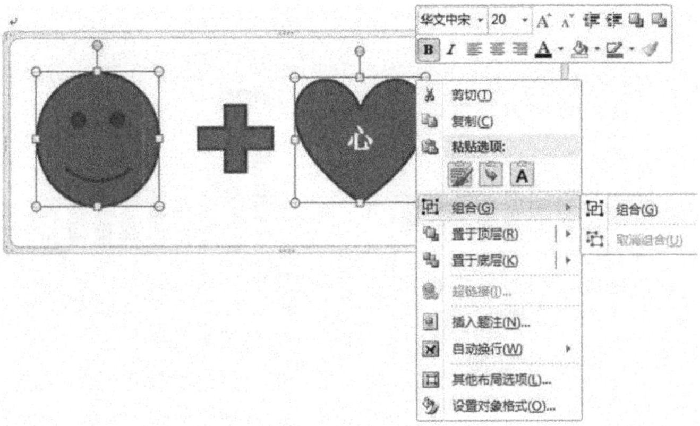

图 3.121　组合图形

要取消组合,可右击组合图形对象,然后从弹出的快捷菜单中选择【组合】中的【取消组合】命令。

6. 调整图形的叠放次序

用户可通过在文档中放置多个图形来制作更加符合要求的图形,而通过调整图形之间和图形与文字之间的叠放次序,可获得更为灵活的效果。

要调整图形之间和图形与文字之间的叠放次序,可右击选定图形,然后选择快捷菜单中【置于顶层】或【置于底层】菜单项中的子菜单,如图 3.122 所示。

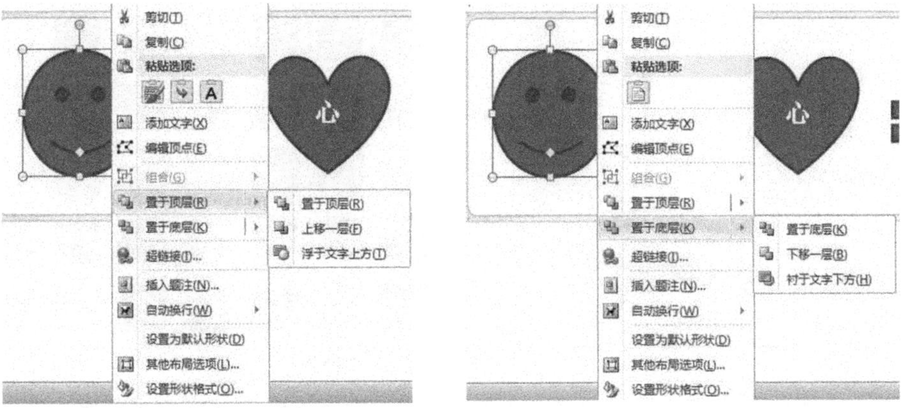

图 3.122　叠放图形

7. 设置图形样式

图形的样式包括形状填充、轮廓线型、粗细及颜色、形状的阴影和三维效果。设置方式主要使用【图片工具】的【格式】选项卡中的【形状样式】组。

插入图形后,可使用如图 3.123 所示的【形状填充】下拉菜单,从中选择向图形区域中填充的颜色或图片,或渐变及纹理效果;如图 3.124 所示列出【形状轮廓】下拉菜单,从中选择图形边界的颜色、线型及粗细磅值。

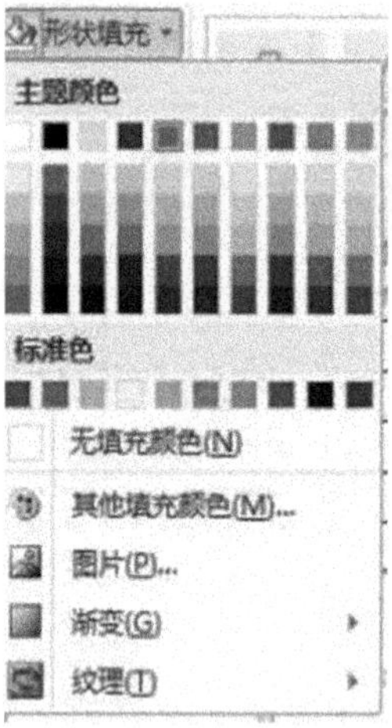

图 3.123 “形状填充”菜单

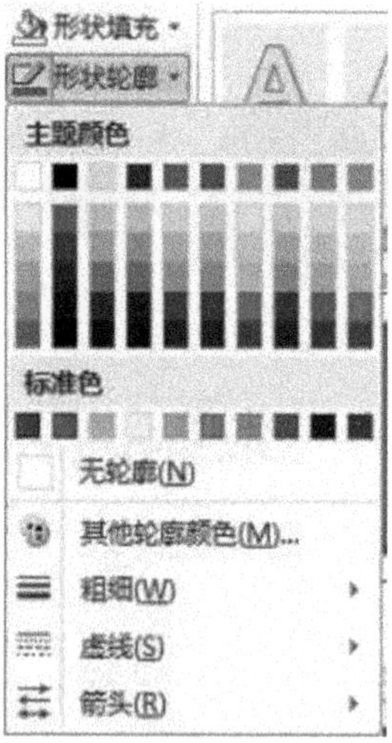

图 3.124 “形状轮廓”菜单

为丰富图形的视觉效果,还可在如图 3.125 所示的【形状效果】下拉菜单中,选择不同效果设置。

如果用户不愿费时进行逐一设置,还可使用 Word 2010 提供的快速样式功能,如图 3.126 所示,选中图形后,在样式列表中找到合意的样式单击即完成设置。

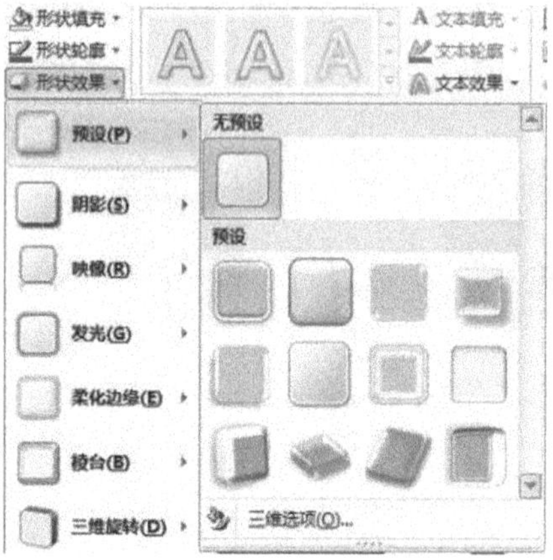

图 3.125 “形状效果”菜单

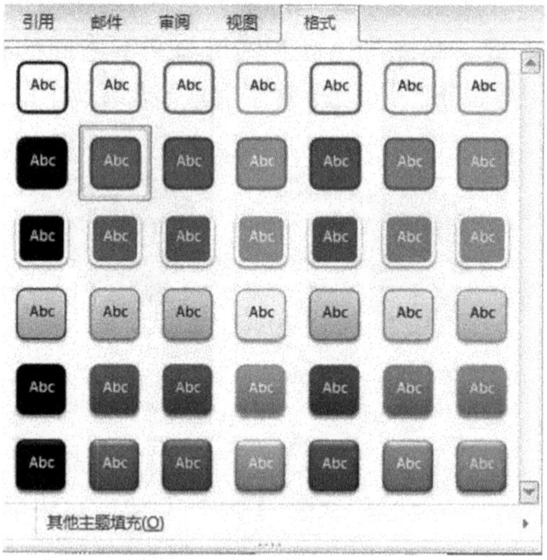

图 3.126 快速样式列表

3.5.3 插入艺术字

艺术字是 Word 的一个特殊功能,可以更改文本文字的外观,而且还可以自定义设置艺术字的大小、环绕方式、效果、样式等。

1. 插入艺术字

插入一些具有美感的艺术字,起到装饰文档的作用。操作步骤如下:

(1)单击【插入】选项卡,在【文本】组中单击【艺术字】下拉按钮,在弹出的下拉菜单中选择插入艺术字的样式,如图 3.127 所示。

(2)在弹出的文本框中输入需要的文字即可,如图 3.128 所示。

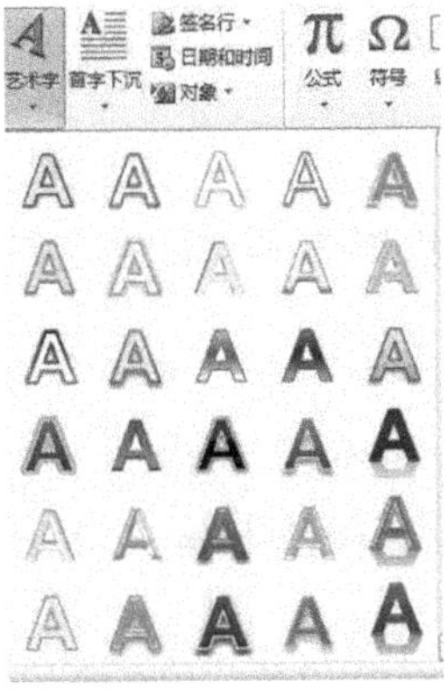

图 3.127　“艺术字”下拉列表

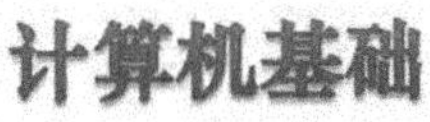

图 3.128　插入艺术字示例

也可在工作区中选择准备设置成艺术字的文本,单击【艺术字】下拉按钮,在弹出的下拉菜单中选择准备使用的艺术字样式,即可将选中的文本文字以艺术字的形式显示。

2. 编辑艺术字

(1)修改艺术字大小

插入艺术字后,可以对艺术字的大小进行更改。在文本框中选择要设置大小的艺术字,在【开始】选项卡的【字体】组中,选择准备使用的字号。

(2)设置文字环形方式

Word 文档中可以同时存在文本文字和艺术字,用户可以通过设置艺术字的环绕方式,使文本文字和艺术字的表现方式更加美观。

选择准备设置环绕方式的艺术字,单击【格式】选项卡,然后单击【排列】下拉按钮,再单击【自动换行】下拉按钮,如图 3.129 所示,选择打算使用的环绕方式或是单击【其他布局选项】菜单项。

弹出【布局】对话框,在【文字环绕】选项卡上的【环绕方式】区域中选择准备使用的环绕方式,如图 3.130 所示。

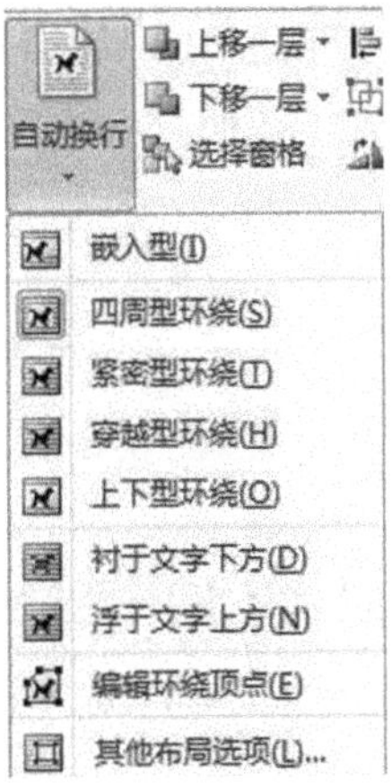

图 3.129　“自动换行”下拉列表

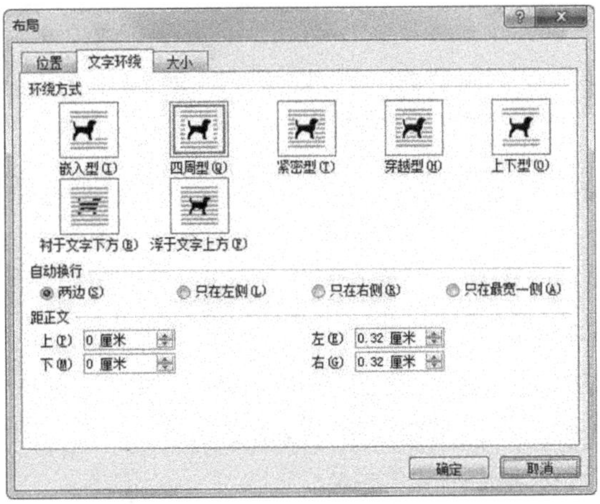

图 3.130　“布局”对话框

在 Word 2010 的默认状态下,插入的艺术字环绕方式是浮于文字上方,而更改环绕方式后,再插入艺术字将使用更改后的环绕方式。

(3)更改艺术字样式

选中要更改样式的艺术字,单击【格式】选项卡,在【艺术字样式】列表框中选择其他艺术字的样式即可。

此外,艺术字的其他效果设置方式与前面自选图形的设置相似,在此不再重复叙述。

3.5.4 插入文本框

文本框是指一种可移动、可调整大小的文字和图形容器。文本框中的字体、字号和排版格式与文本框外的文本无任何联系。作为一种图形对象,文本框可放置在页面的任何位置上,并可随意调整文本框的大小。

文本框有两种:横排文本框和竖排文本框。

1. 插入文本框

插入文本框的操作步骤如下:

(1)单击【插入】选项卡,在【文本】组中单击【文本框】下拉按钮,选择准备使用的文本框样式,Word 2010 中提供了一定样式的文本框供用户选择使用,如图 3.131 所示。

(2)在文档中插入文本框,如图 3.132 所示,文本框中有一些提示信息。

(3)在文本框中输入需要的文字内容。

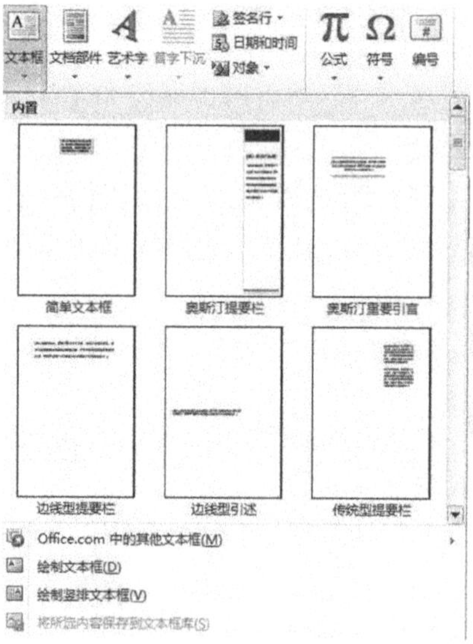

图 3.131 “文本框”下拉列表

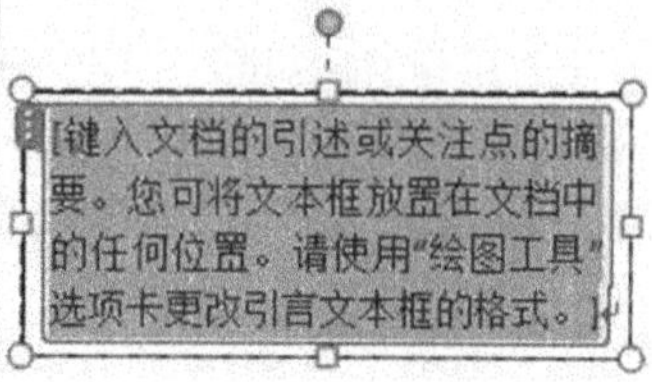

图 3.132 “简单文本框”示例

2. 设置文本框的大小

选中需要设置大小的文本框,单击【格式】选项卡,然后单击【大小】下拉按钮,调整【高度】和【宽度】微调框到需要的数值。

3. 设置文本框效果格式

选中准备设置样式的文本框,单击【格式】选项卡,单击【艺术字样式】组对话框启动器按钮,弹出如图 3.133 所示【设置文本效果格式】对话框。

在对话框左侧选择以【文本框】选项，在【文字版式】区域中选择【垂直对齐方式】和【文字方向】，在【内部边距】区域中分别调节【左】、【右】、【上】、【下】微调框，单击【关闭】按钮。

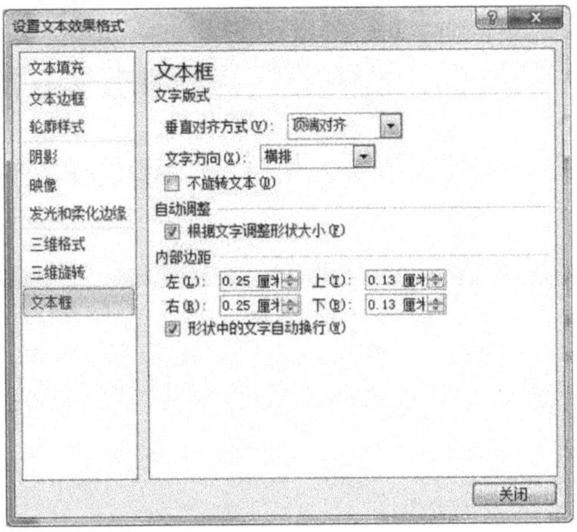

图 3.133　“设置文本效果格式”对话框

用户可以在【格式】选项卡中，通过【形状轮廓】按钮对文本框外框的颜色、粗细和样式进行设置，也可以通过【文本填充】按钮、【文本轮廓】按钮和【文本效果】按钮，对文本框中的文字颜色、文字边框颜色和文字效果进行设置。

3.5.5　插入 SmartArt 图形和公式

1. 插入 SmartArt 图形

SmartArt 图形是信息和观点的视觉表示形式，能够快速、轻松、有效地传达信息。在 Word 2010 中，通过创建 SmartArt 图形，可以制作出专业的列表、流程、循环的关系等不同布局的专业图形。

SmartArt 图形的类型共分 8 种，在每个类型中包含着对应类型的多种 SmartArt 图形的布局。

- 列表：用于创建显示无序信息的图示。
- 流程：用于创建在流程或时间线中显示步骤的图示。
- 循环：用于创建显示持续循环过程的图示。
- 层次结构：用于创建结构图，以反映各种层次关系。
- 关系：用于创建对连接进行图解的图示。
- 矩阵：用于创建显示各部分如何与整体关联的图示。
- 棱锥图：用于创建显示与顶部或底部最大一部分之间比例关系的图示。
- 图片：用于从某个角落开始成块显示一组图片。

下面介绍 SmartArt 图形的绘制和编辑方法，具体操作方法如下：

(1) 单击【插入】选项卡，在【插图】组中【SmartArt】按钮，弹出【选择 SmartArt 图形】对话框，如图 3.134 所示。

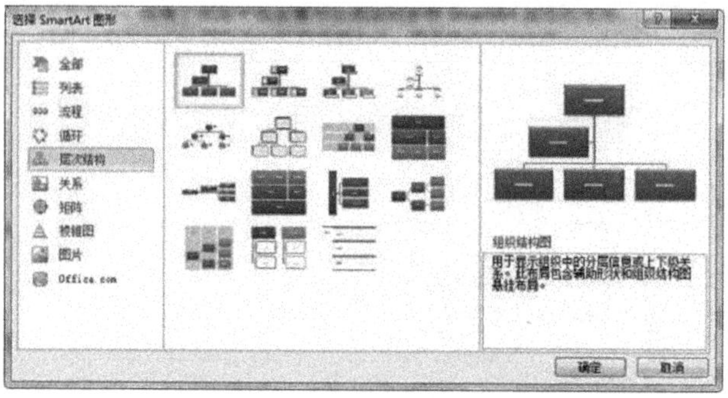

图 3.134 “选择 SmartArt 图形”对话框

(2)在对话框左侧选择一种类别,从中间选择准备使用的 SmartArt 图形布局结构,单击【确定】按钮,创建如图 3.135 所示图形。左侧为文本窗格,可在该窗格内直接输入文本,完成文字的添加。

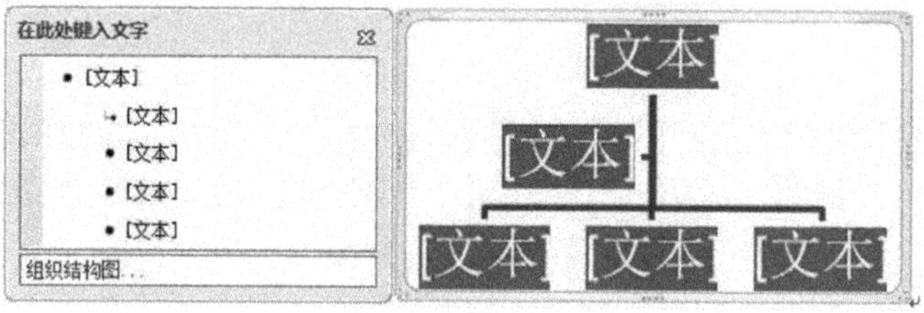

图 3.135 “SmartArt 图形”示例

(3)插入 SmartArt 图形后,还可以对其进行编辑操作。通过如图 3.136 所示【设计】选项卡,可以对 SmartArt 图形的布局、颜色、样式等进行设置。

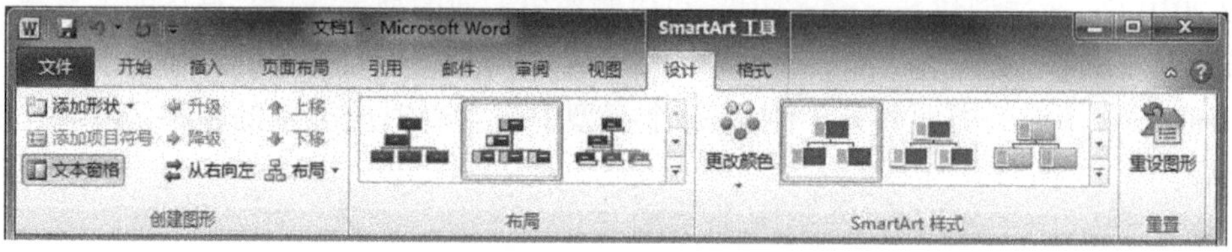

图 3.136 SmartArt 工具“设计”选项卡

(4)通过如图 3.137 所示【格式】选项卡,可对 SmartArt 图形的形状、形状样式、艺术字样式、排列、大小等进行更改。

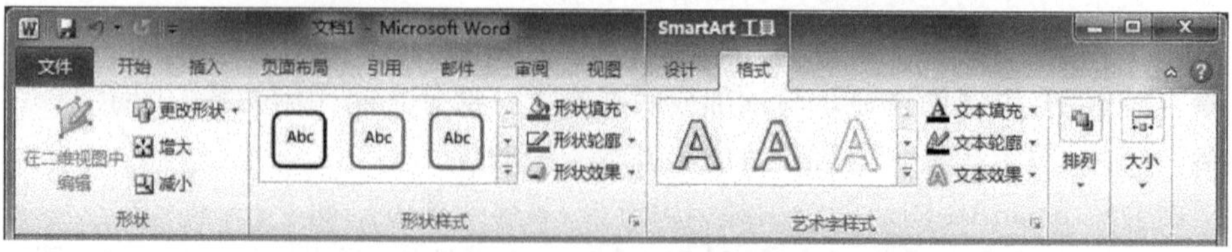

图 3.137 SmartArt 工具“格式”选项卡

2. 插入公式

利用 Office 中的【公式】工具,可以方便地插入和编辑数学公式、化学方程式等特殊对象。要在文档中插入公式,按如下步骤操作:

(1)单击【插入】选项卡中【符号】组的【公式】按钮右侧的下拉按钮,打开内置的公式样式列表,如图 3.138 所示,从中选择一种所需的公式类型即可。

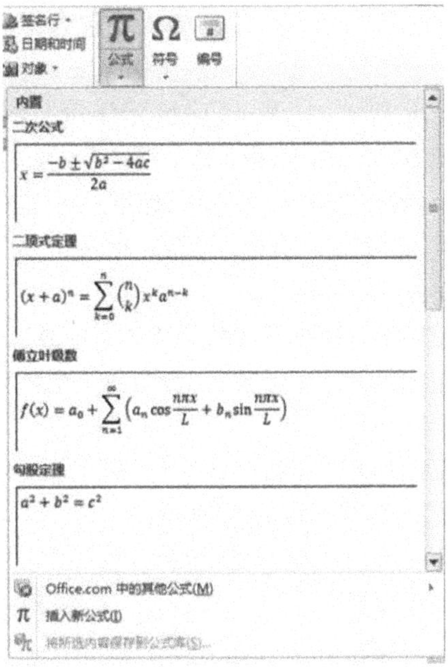

图 3.138　“公式”下拉列表

(2)若要自己创建公式,可在列表中选择【插入新公式】选项,此时打开【公式工具】的【设计】选项卡,在此可选择公式的组成元素,如图 3.139 所示。

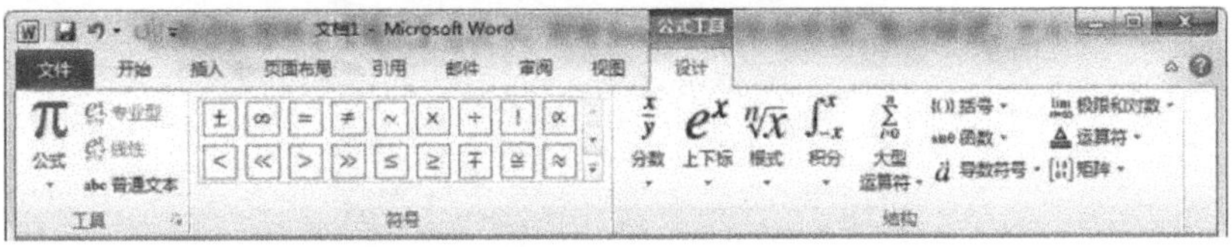

图 3.139　公式工具“设计”选项卡

3.6　Word 高级应用

样式是 Word 中最有效的工具之一,它可以简化操作,节省时间。一个设计好的样式可以重复使用,多人协同完成一个复杂的项目时制定一个统一的样式,可以很容易地保持整个文档格式和风格的一致性,并使版面更加整齐、美观。

3.6.1 样式

样式是一系列排版命令，可分为字符样式和段落样式两种。只包含字体、字形、字号、字符颜色等字符格式的样式称为字符样式。字符样式只能应用于字符，设置字符样式的目的是使一些字符区别于其他字符。段落样式是对整个段落都起作用的样式，包括字体、段落样式、制表符、边框和编号等。段落样式也包含了字符格式信息，而字符样式不包含段落样式的信息。

每一个文档都有它自己的样式，在 Word 中创建任何文档都是以某一个模板为基础的，Word 会自动将该模板的样式应用于新建的文档。

使用通用模板（Normal. dotx）的样式，常用的标准样式包括：正文、标题 1、标题 2、标题 3 以及默认段落字体。默认情况下，Word 把新段落中的文字都当作正文来处理，这个模板中正文的字符样式就是五号宋体。

每个样式都有自己的名字，这就是样式名。单击【开始】选项卡，在【样式】组的列表框中显示了一些样式，其中“标题 2”、“标题”、“副标题”等都是样式名称。

单击【样式】组右下角对话框启动器，打开【样式】任务窗格。将鼠标指针停留在列表框中的样式名称上时，会显示出该样式的格式信息，如图 3.140 所示。另外，样式名称后面带 a 符号的是字符样式，带↵符号的是段落样式。

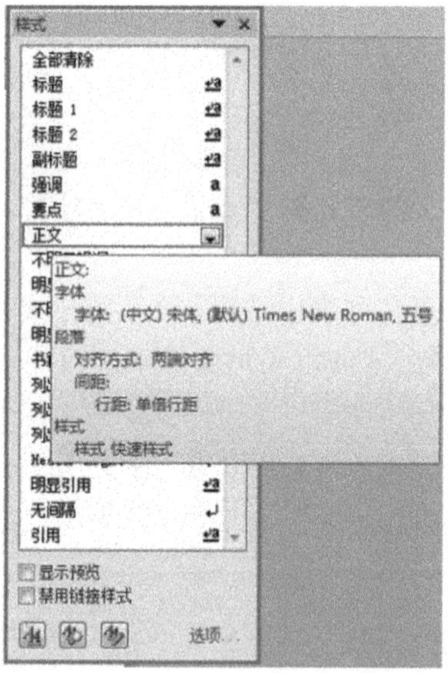

图 3.140 “样式”窗格

Word 2010 提供了许多预置的样式，并允许用户自行创建或修改样式。用户在编制文档时，可将那些经常用到的格式归类整理，例如，各级标题、表头、题注等，然后按照要求对已有样式进行修改或创建新样式，以后只要对选中的文本应用这个样式，它所包含的所有格式就立刻被应用到所选的文本中。

1. 应用样式

应用样式的操作步骤如下：

(1)选中要应用样式的段落或字符。

(2)单击【开始】选项卡,在【样式】组的列表框中单击选择要应用的样式,还可单击样式列表右侧的下拉按钮,在展开列表框中选择要应用的样式,如图 3.141 所示。

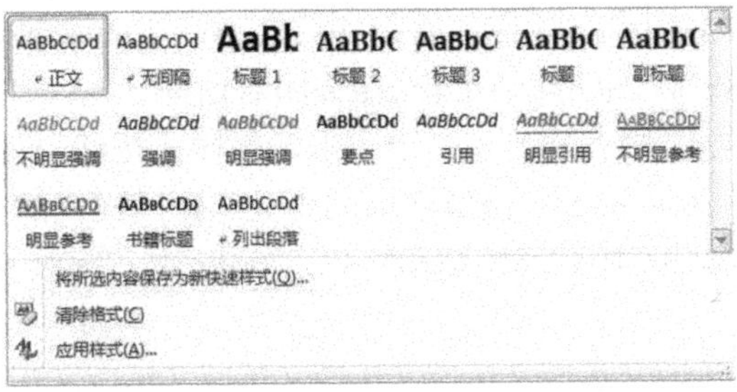

图 3.141　“样式”列表

(3)则当前段落或字符便快速格式化为所选样式定义的格式。

2. 创建和修改样式

Word 中的样式分为标准样式和自定义样式两类。标准样式是 Word 中内置的样式,如正文、脚注、各种标题、目录、页眉及页脚等。

在创建或修改样式时,基本上应遵循如下原则,如果系统已定义了内置样式,但它并不满足要求,应该对样式进行修改,而不是创建新样式来取代它。

设计一个复杂的样式要花费很多时间,在 Word 中创建新样式时,可以选择一个最接近需求的基准样式,然后在此基础上设计新的样式。默认情况下,所有标准样式都以正文样式为基准样式。因此,如果修改了正文样式,其他标准样式中的某些格式也将自动进行修改。操作步骤如下:

(1)单击【开始】选项卡,在【样式】组的对话框启动器,打开【样式】任务窗格,选中需要修改的样式后右击,弹出样式的快捷菜单,如图 3.142 所示。

(2)选择【修改】选项,打开【修改样式】对话框,如图 3.143 所示。

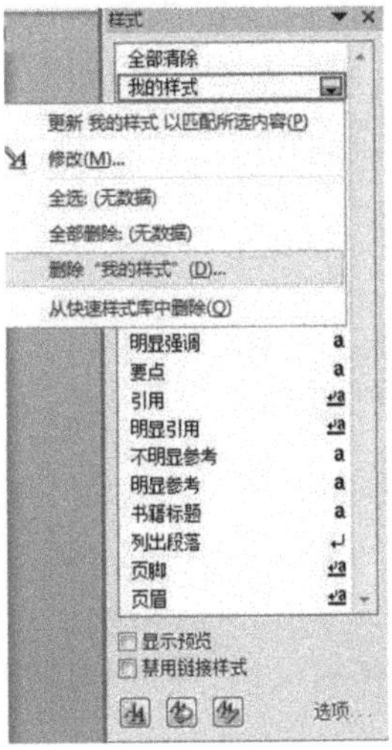

图 3.142　“样式”快捷菜单

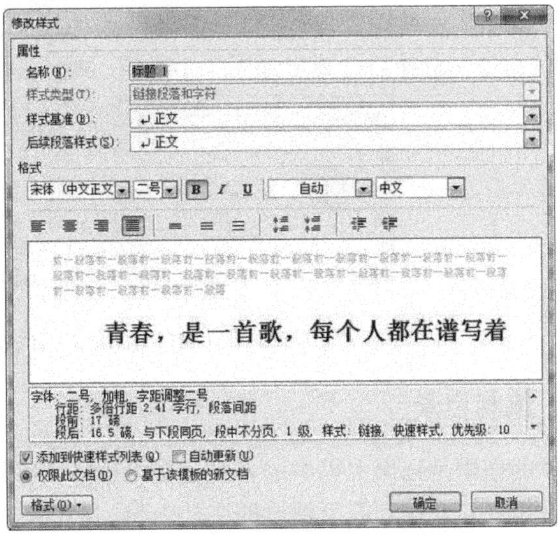

图 3.143　“修改样式”对话框

(3)在【名称】框中输入新样式名称,在【样式类型】列表框中选择应用于段落或字符,在【样式基准】下拉框中选择一个可作为创建基准的样式,在【后续段落样式】下拉框中为应用本段落样式的段落后面的段落设置一个默认样式。

(4)在【格式】设置区内设置该样式所包含的文字格式或段落格式。

(5)设置完所有格式后,单击【确定】按钮关闭对话框。

如果需要创建新样式,则在样式窗格中单击新建样式按钮,打开【根据格式设置创建新样式】对话框,如图 3.144 所示。设置选项的含义与修改样式的类似,这里不再赘述。

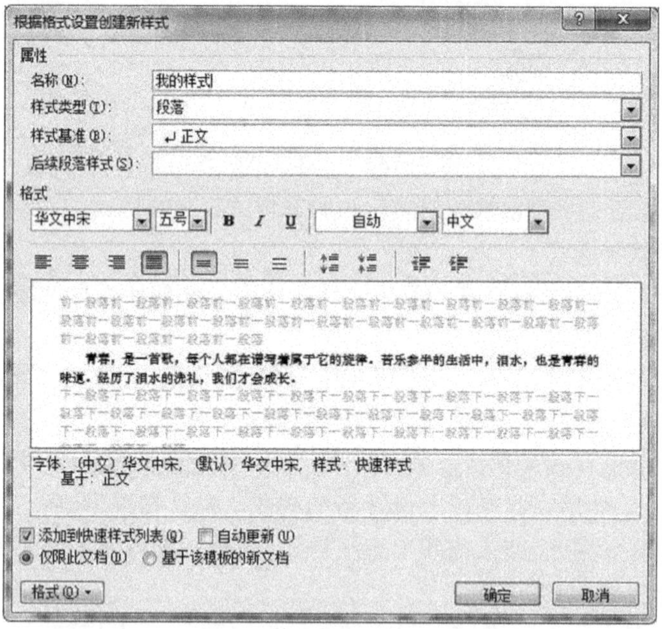

图 3.144 "根据格式设置创建新样式"对话框

3. 删除样式

如果要删除一种样式,只需要右击要修改的样式,从出现的快捷菜单中选择【删除 XX 样式】命令。选择后会弹出如图 3.145 所示提示信息框,用户根据需要选择。

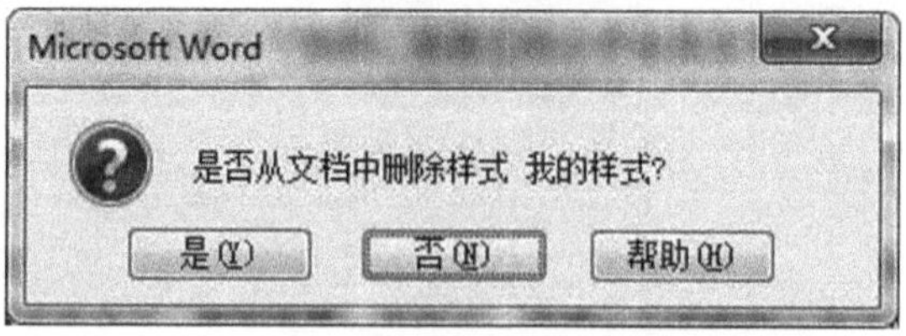

图 3.145 "Microsoft Word"提示信息

3.6.2 编制目录

目录的作用是列出文档中的各级标题以及每个标题所在的页码,通过它用户可以快速了解文档内容及找到需要阅读的文档内容。

Word 提供的自动生成目录功能,使目录的创建变得非常简便,而且在文档发生了改变时可更新目录来适应内容变化。

1. 创建目录

创建目录的具体操作步骤如下:

(1)选中要编入目录的标题,对其按结构分别应用不同标题样式。

各级标题的属性(如字体、对齐等)可以根据需要自行修改。修改方法:右键单击标题样式,在弹出的快捷菜单中选择【修改】,会弹出如图 3.143 所示的【修改样式】对话框,在对话框中按实际需要修改。

(2)将插入符置于文档中想要放置目录的位置,一般在文档的开头部分。

(3)单击【引用】选项卡中【目录】组的【目录】按钮,打开如图 3.146 所示的目录样式列表。

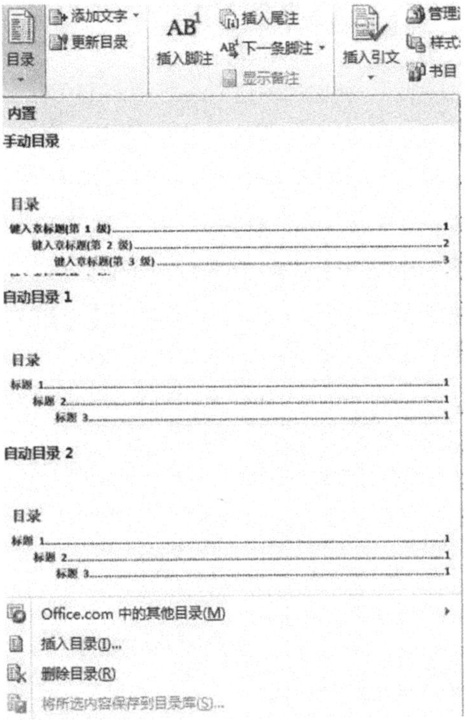

图 3.146 “目录”选项卡

在列表中“手动目录”需要用户逐一键入各级标题内容,比较烦琐,一般不建议使用;在“自动目录 1”和“自动目录 2”中选择一种编制目录的风格,Word 将搜索整个文档的标题,以及标题所在的页码,并把它们编制成目录,如图 3.147 所示。

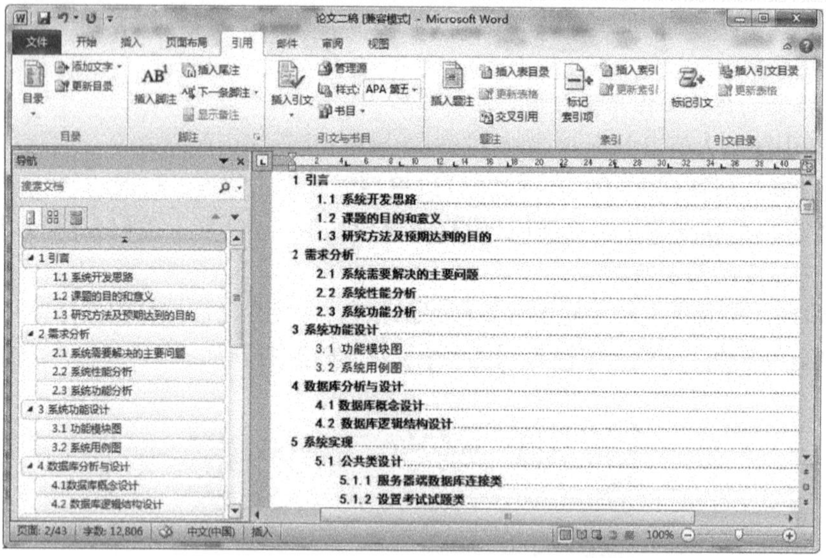

图 3.147 “插入目录”示例

(4)如果还需要设置页码及制表符,则选择【插入目录】选项,弹出如图 3.148 所示【目录】对话框。在该选项卡中选中【显示页码】和【页码右对齐】复选框,便可在目录中的每个标题后边显示页码并右对齐;在【制表符前导符】下拉列表中选择一种分隔符样式;在【常规】选区中的【格式】下拉列表中选择一种目录风格;在【Web 预览】区中即可看到该风格的显示效果;在【显示级别】微调框中设置目录中显示的标题层数。

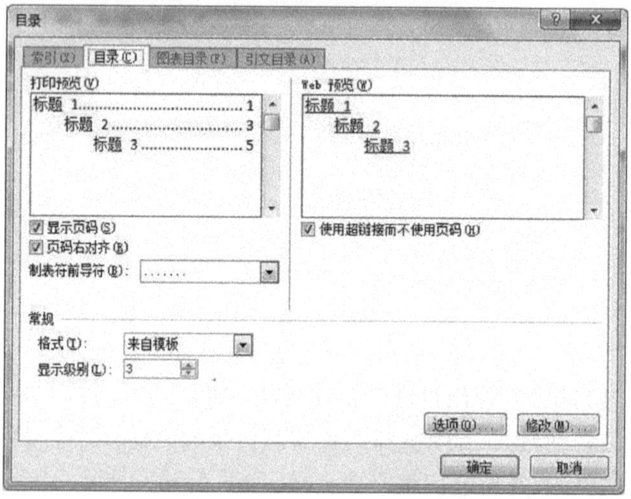

图 3.148 “目录”对话框

(5)设置完成后,单击【确定】按钮,即可将目录插入到文档中。

2. 更新目录

使用目录时,如果对文档进行了修改,则必须更新目录。具体操作步骤如下:

(1)将光标定位在需要更新的目录中。

(2)选择【引用】选项卡,单击【目录】组中的【更新目录】命令,弹出【更新目录】对话框,如图 3.149 所示。

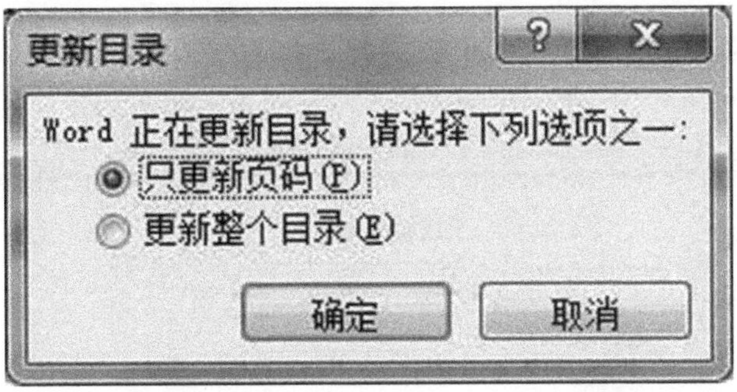

图 3.149 “目录”对话框

(3)在该对话框中选中【只更新页码】按钮,则只更新现在目录的页码而不影响目录的增加或修改;选中【更新整个目录】,则重新创建目录。

(4)单击【确定】按钮即可完成目录更新。

3.删除目录

如需删除不再使用的目录,手动选定整个目录,然后按 Delete 键即可。

3.6.3 邮件合并

邮件合并功能的目的旨在加速创建一个文档并发送给多个人,常用于大量重复性工作的场合。比如制作请柬、工资单、成绩单等,它们多数文本都是相同的,只是在称呼、地址等细节方面有所不同。如果逐张设计,会带来较大的工作量。

邮件合并涉及两个文档:第一个文档是邮件的内容,这是所有邮件相同的部分,以下称为“主文档”;第二个文档包含收件人的称呼、地址等每个邮件不同的内容,以下称为“收件人列表”或数据源。

执行邮件合并操作之前首先要创建这两个文档,并把它们联系起来,也就是标识收件人列表中的各部分信息在主文档的什么地方出现。完成以后合并两个文档,即为每个收件人创建邮件。

1.设置主文档

主文档是一个样板文档,用来保存发送文档中的重复部分,任何一个普通文档都可以当作主文档来使用。因此,建立主文档的方法与创建普通文档的方法相同,如图3.150所示。

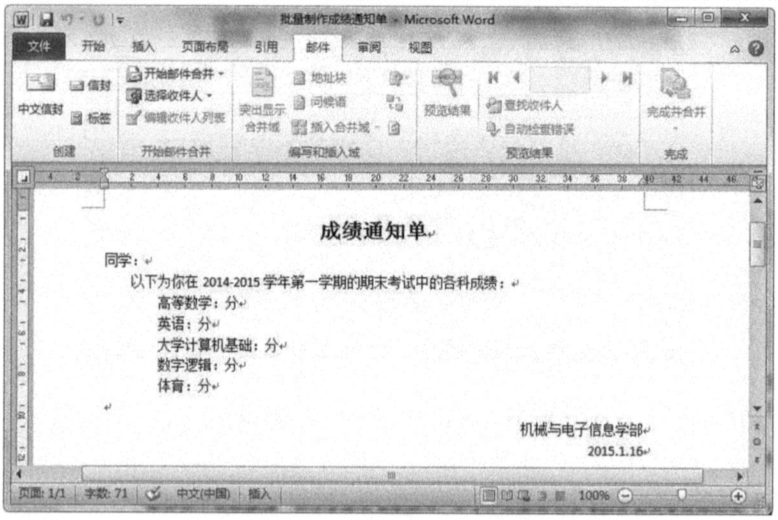

图 3.150 “邮件合并”主文档

2 设置数据源

数据源又叫收件人列表,可看成一张二维表格。表格中的每一列对应一个信息类别,如姓名、学号等。各个数据域的名称由表格第一行来表示,这一行称为域名行。随后的每一行为一条数据记录,数据记录是一组完整的相关信息。

数据源可以有不同的形式,如 Word 自身制作的表格、Excel 表格、Outlook 地址簿和特定格式的文本文件。常用 Word、Excel 表格作为数据源。

要使用已有数据源,选择【邮件】选项卡,在【开始邮件合并】组中单击【选择收件人】命令,在弹出菜单中选择【使用现在列表】打开数据源文件,如图 3.151 所示为数据源。

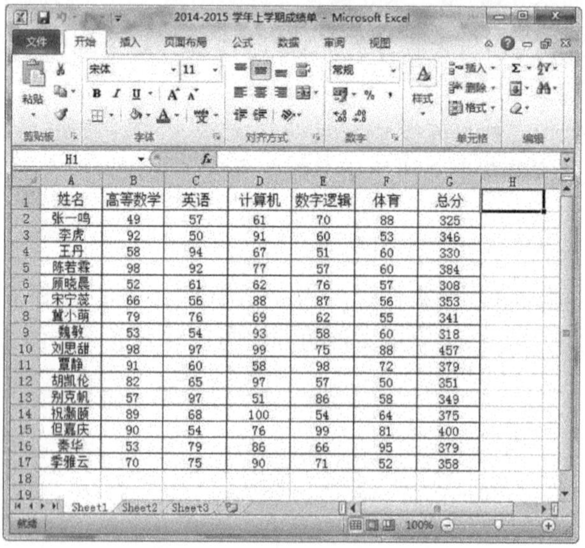

姓名	高等数学	英语	计算机	数字逻辑	体育	总分
张一鸣	49	57	61	70	88	325
李虎	92	50	91	60	53	346
王丹	58	94	67	51	60	330
陈若霖	98	92	77	57	60	384
顾晓晨	52	61	62	76	57	308
宋宁蕊	66	56	88	87	56	353
冀小萌	79	76	69	62	55	341
魏敏	53	54	93	58	60	318
刘思甜	98	97	99	75	88	457
覃静	91	60	58	98	72	379
胡凯伦	82	65	97	57	50	351
别克帆	57	97	51	86	58	349
祝灏颐	89	68	100	54	64	375
但嘉庆	90	54	76	99	81	400
秦华	53	79	86	66	95	379
李雅云	70	75	90	71	52	358

图 3.151 “邮件合并”数据源

3. 添加邮件合并域

当主文档制作完毕,数据源添加成功后,就可以在主文档中添加邮件合并域。域即是引用数据列的位置。

(1)打开主文档,将光标定位到文档中需要插入域的地方。如本例,插入到“同学”前,单击【邮件】选项卡中【插入合并域】命令,在弹出的列表中选择“姓名”域,如图 3.152 所示。

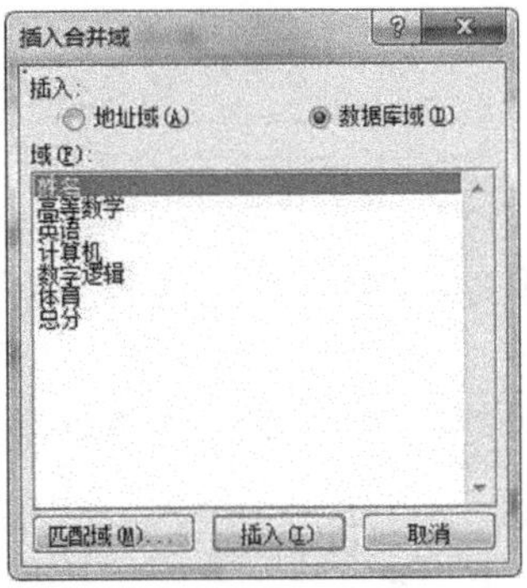

图 3.152 “插入合并域”对话框

(2)以相同的方式,依次将其他域插入到主文档中对应的位置上,如图 3.153 所示,合并后的文档中出现了三个引用字段,域名用书名号间隔。

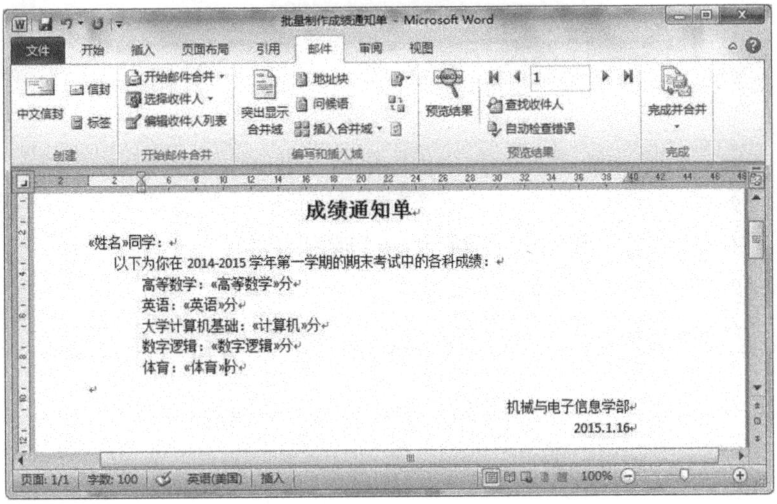

图 3. 153 添加邮件合并域

4. 完成邮件合并

(1)预览邮件合并

在设置好主文档、数据源、插入合并域后,可通过【邮件】选项卡中单击【预览结果】组中的【预览效果】命令直观地观察屏幕显示目的文档。

(2)完成邮件合并

预览后没有错误即可进行邮件合并。在进行邮件合并时,有三个选项:【编辑单个文档】、【打印文档】和【发送电子邮件】。选择【编辑单个文档】,合并到文档中。Word 会弹出一个对话框,在此对话框中设置要合并的记录,默认为全部,如图 3.154 所示。

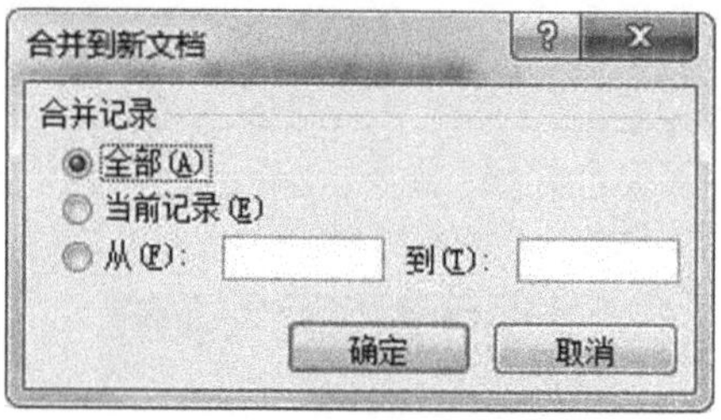

图 3.154 “合并到新文档”对话框

(3)单击【确定】按钮,即可把主文档和数据源合并,合并结果将输入到新文档中,如图 3.155 所示。

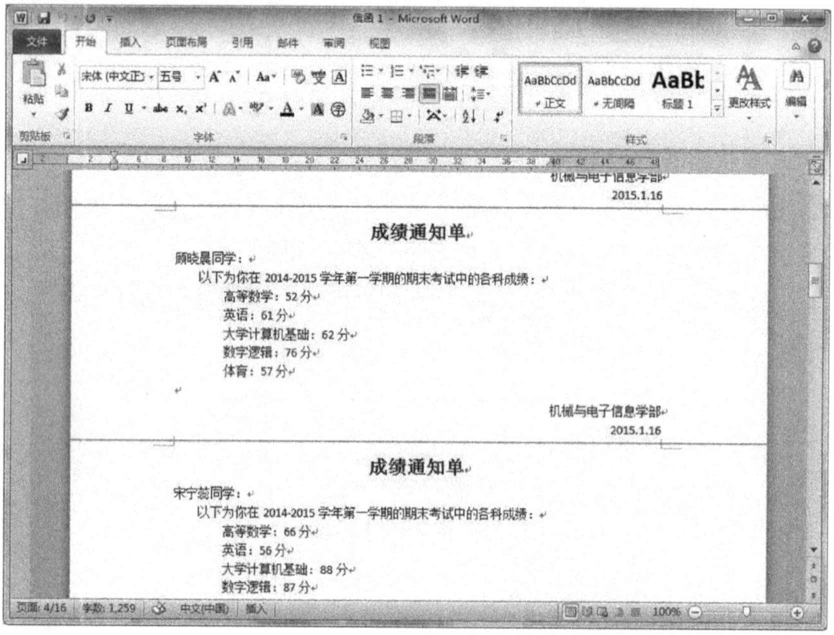

图 3.155 “邮件合并”文档

3.7 页面设置与打印

3.7.1 页面设置

将内容编辑完毕后,还需要设置文档的页面,使其达到所需要的文档要求。对于内容较多的文档,通常还需要为其设置页眉和页脚,以便于进行管理。

默认情况下,Word 创建的文档是“纵向”排列的,上端和下端各留有 2.54 厘米,左边和右边各留有 3.17 厘米的页边距。

1. 设置页边距

设置页边距是为了控制文本的宽度和长度,为文档预留出装订边。用户可以使用标尺快速设置页边距,也可以使用对话框来进行设置。

(1)使用标尺设置

在页面视图中,用户可以通过拖动水平标尺或垂直标尺上的页边距线来设置边距,如图 3.156 所示。在页边距线上按住鼠标左键不动,拖动虚线到需要设置页边距位置后释放鼠标即可。

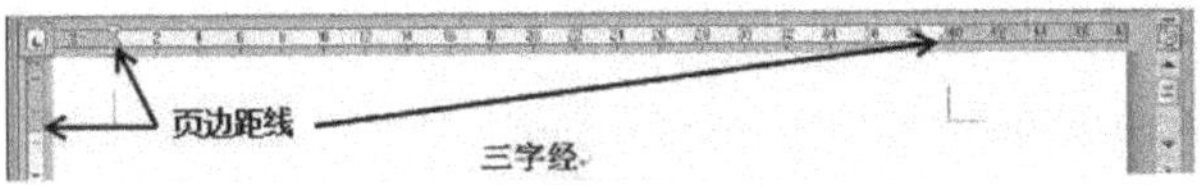

图 3.156 页边距线

如果在拖动页边距线同时按住"Alt"键,还会显示文本区和页边距的量值。

(2)使用对话框设置

如果需要精确设置,或者需要添加装订线等,还需通过【页面设置】对话框来设置。装订线是在已有左边距或内侧边距的基础上增加额外的一段距离。

①在【页面布局】选项卡中的【页面设置】组中的【页边距】下拉列表中,如图 3.157 所示,已经设置了"普通""适中""宽""窄"几种的预设值。用户需自定义的话,选中底部的【自定义边距】选项。

②弹出如图 3.158 所示【页面设置】对话框,在【页边距】选项卡中【页边距】选区中的"上""下""左""右"微调框中分别输入页边距的数值。在【装订线】微调框中输入装订线的宽度值;【装订线位置】下拉列表中选择"左"或"上"选项。

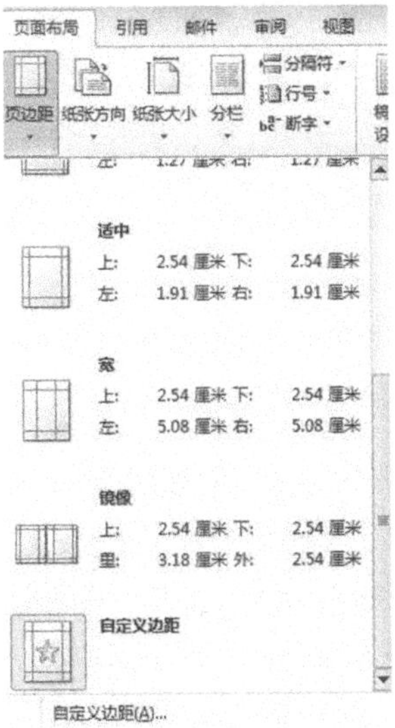

图 3.157 "页边距"选项

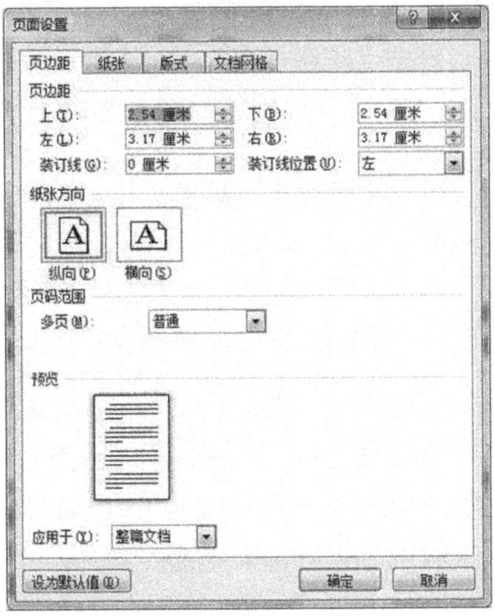

图 3.158 "页边距"选项卡

③在【方向】选区中选择"纵向"或"横向"选项来设置文本方向;在【页码范围】选区中单击【多页】下拉列表,在弹出的下拉列表中选择相应的选项,可设置页码范围类型。

④设置完成后,单击【确定】按钮即可。

2. 设置纸张类型

Word 默认打印纸张为 A4,其宽度为 210 毫米,高度为 297 毫米,且页面方向为纵向。如果实际需要的纸型与默认设置不一致,就会造成分页错误,此时必须重新设置纸张类型。

设置纸张类型的操作步骤如下:

(1)单击【页面布局】选项卡中的【页面设置】组中的【纸张大小】下的下拉按钮。

(2)在弹出的下拉列表中选择所需纸张类型,如图 3.159 所示。

(3)如下拉列表中无满意设置,选择【其他页面大小】选项,弹出如图 3.160 所示对话框。

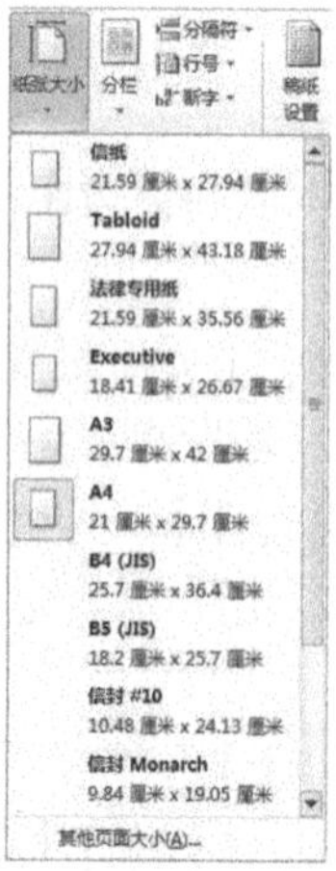

图 3.159 “纸张大小”选项

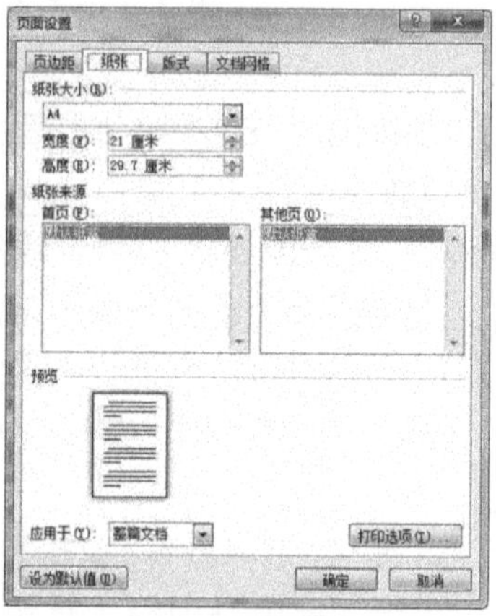

图 3.160 “纸张”选项卡

(4)在【纸张大小】下拉列表中,选择合适纸型。还可以在【宽度】和【高度】微调框中设置具体数值,自定义纸张的大小。在【纸张来源】选区中设置打印机的送纸方式,在【首页】和【其他页】列表框中分别选择首页和其他页的送纸方式;在【应用于】下拉列表中选择应用范围为“整篇文档”或“插入点之后”。单击【打印选项】按钮,弹出【Word 选项】对话框中的【打印选区】中进一步设置打印属性。

(5)设置完成后,单击【确定】按钮即可。

3.7.2 页眉和页脚

页眉和页脚分别位于文档页面的顶端或底部的页边距中,常常用来插入标题、页码、日期等文本,或公司徽标等图形、符号。用户可以将首页的页眉或页脚设置成与其他页不同的形式,也可以对奇数页和偶数页分别设置不同的页眉和页脚。在页眉和页脚中还可以插入域,如时间和页码信息的域。当域的内容被更新时,页眉页脚中的相关内容就会发生变化。

1. 添加页眉页脚

在文档中添加页眉页脚的操作步骤如下:

(1)打开要添加页眉和页脚的文档。

(2)在【插入】选项卡的【页眉和页脚】组中,单击【页眉】命令,弹出如图 3.161 所示的页眉样式列表,即可以从内置样式中选择一种,也可以选择空白页眉插入到页面中。

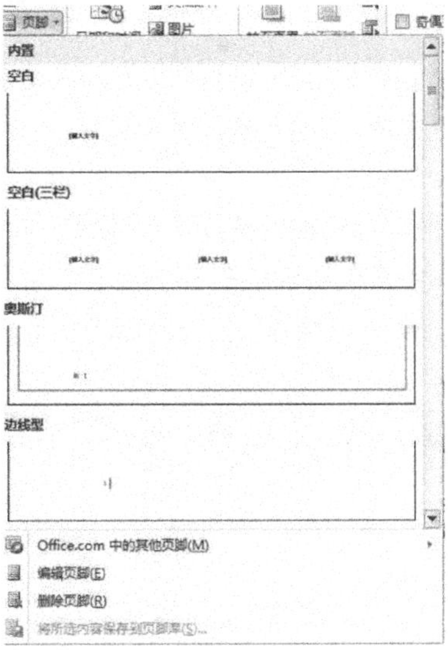

图 3.161　“页眉”选项

(3)插入页眉后,将自动切换到页眉和页脚的编辑状态,此时,用户可以在页眉区输入需要的文字或插入图形,正文部分呈灰色不可编辑。

(4)在上下文工具栏中的【设计】选项卡中单击【转至页脚】命令,使插入点转移到页脚编辑区。

(5)在【设计】选项卡的【页眉和页脚】组中,单击【页脚】命令,弹出如图 3.162 所示的页脚样式列表,即可以从内置样式中选择一种,也可以选择空白页角插入到页面中。在页脚区输入需要的文字或插入图形。

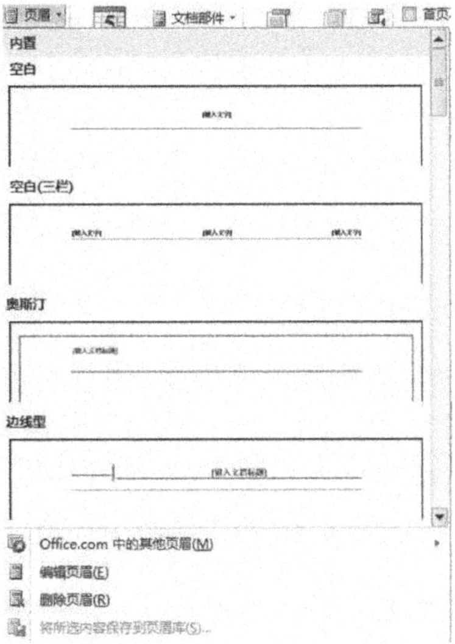

图 3.162　“页脚”选项

(6)单击【设计】选项卡的【关闭页眉和页脚】命令,或是双击正文区域返回文档编辑状态,这样,所有页面中都设置了相同的页眉页脚信息。

2. 设置不同的页眉页脚

如前设置后,同一文档所有的页眉页脚是相同的,这是默认设置,但有些文档如学生的毕业论文、出版的书籍可能会要求不同的页眉和页脚。

(1)奇偶页不同

像经常在书籍中出现的情况,奇数页使用文档标题,而偶数页上使用章节标题。可以在【页眉和页脚工具】的【设计】选项卡的【选项】组中勾选【奇偶页不同】来设置,如图3.163所示。即可在奇数页上设置奇数页的页眉页脚内容,在偶数页上设置偶数页的页眉页脚内容。

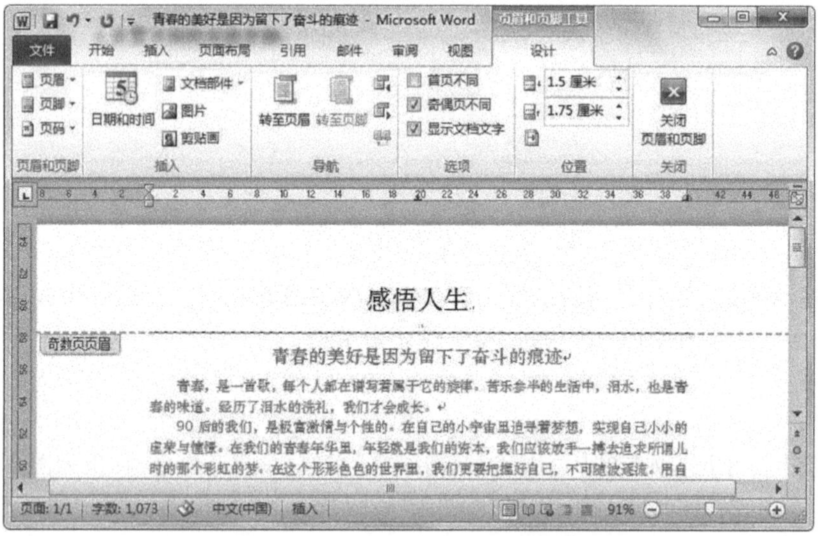

图3.163 页眉页脚"奇偶页不同"

还可以打开【页面设置】对话框的【版式】对话框,在【页眉页脚】选区中勾选【奇偶页不同】进行设置。

(2)首页不同

首页不同是指文档的第一页使用与其他页不同的页眉页脚。设置方法同设置"奇偶页不同"。

3. 插入页码

文档内容较长时,可设置页码排列纸张顺序,便于整理和阅读。在【页眉和页脚工具】的【设计】选项卡的【页眉和页脚】组中,单击【页码】命令,弹出如图3.164所示下拉菜单。【页面顶端】、【页面底端】和【页边距】等用于设定页码在页面上的位置;选择【设置页码格式】选项,弹出【页码格式】对话框,如图3.165所示,在其中设置页码格式。

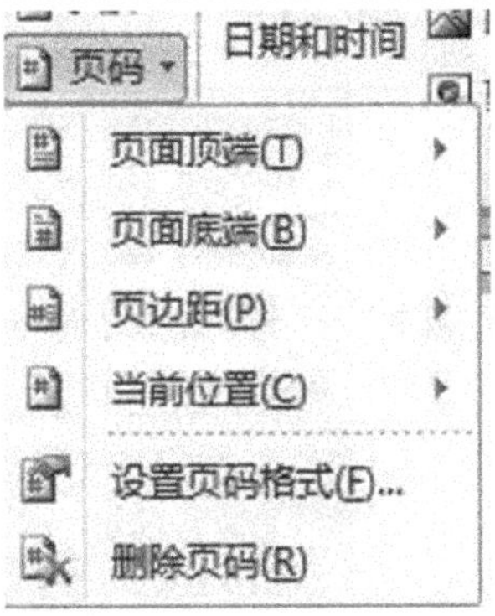

图 3.164　“页码”选项列表

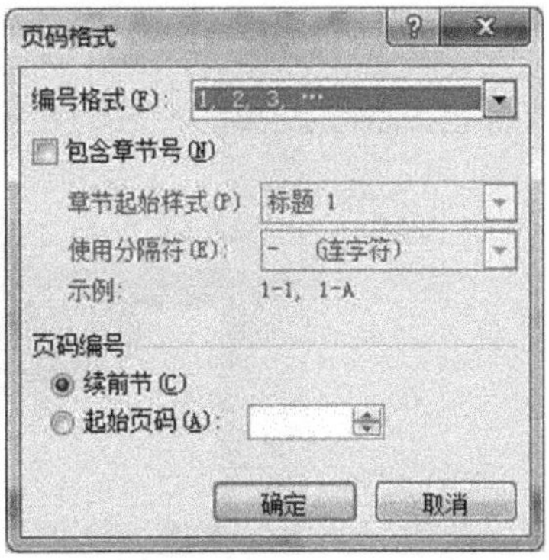

图 3.165　“页码格式”对话框

4. 插入封面

从 Word 2007 开始,用户可以使用“插入封面”功能,制作完全格式化的封面。用户只需更改模板中的标题、作者、日期和其他封面信息便可成为个性化的文档封面。操作步骤如下:

(1)打开要添加封面的文档。在【插入】选项卡的【页】组中,单击【封面】命令,便可展开预设的封面模板列表,如图 3.166 所示。

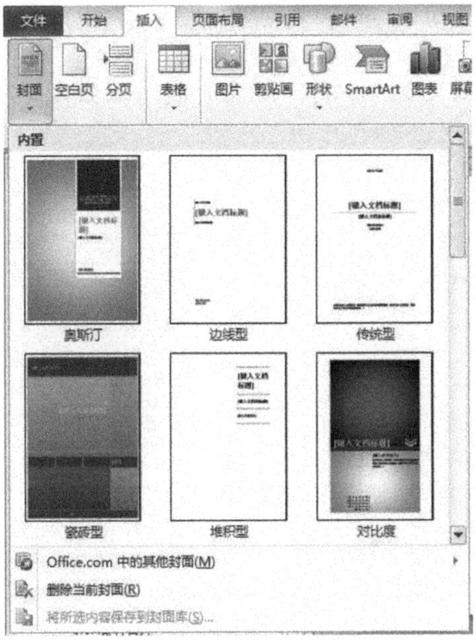

图 3.166　“封面”选项列表

(2)从列表中选择一种合适的封面模板,便可在文档的第一页之前自动插入该封面模板,将封面中相应的提示性内容更改为自定义的文本内容,如图 3.167 所示。

图 3.167　插入封面

3.7.3　打印

虽然现在提倡无纸化办公，但在日常工作中还是经常会用到书面的文档，这就需要将文档打印出来。在 Word 中，可只打印文档的内容，也可将文档的相关信息

1. 预览打印效果

预览打印效果是指在输出打印文档前，用户通过显示器，查看文档打印输出到纸张上的效果。如果不满意，可以在打印前进行必要的修改。

单击【文件】选项卡，在左侧选中【打印】选项。进入【打印】窗口后，在窗口右侧显示打印效果，如图 3.168 所示。

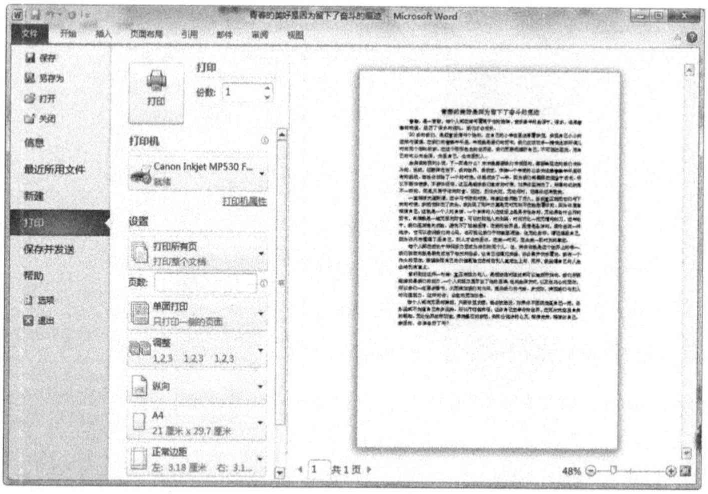

图 3.168　打印面板

2. 打印方式

在 Word 中有多种打印方式，用户不仅可以按指定范围打印文档，还可以打印多份、多篇文档或将文档打印到文件。此外，Word 2010 中还提供了更具灵活性的可缩放的文件打印方式。

(1)快速打印

如果用户不需要对打印的页数、位置等进行设置，可以通过快速打印操作，直接打印

文档。单击【自定义快速访问工具栏】下拉按钮，在弹出的下拉菜单中选择【快速打印】菜单项，如图 3.169 所示

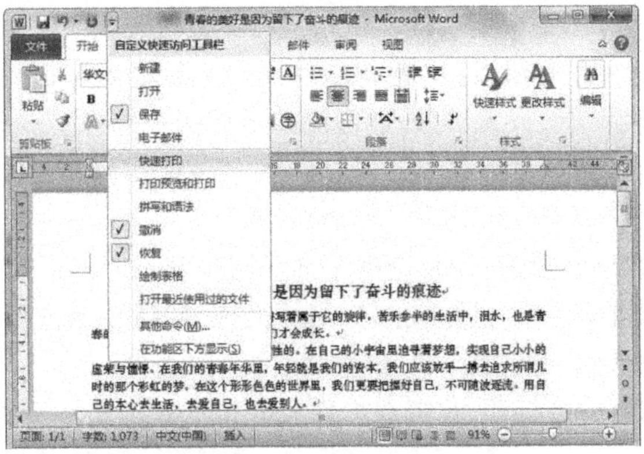

图 3.169　“快速打印”选项

在快速访问工具栏中单击【快速打印按钮】，即可快速打印文档。此时按照默认的设置将整个文档快速地打印一份。当 Word 进行后台打印时，在任务栏上会显示打印的进度。

(2)一般打印

如果要打印当前页或指定页，或要设置其他的打印选项。可使用后台视图中【打印】选项，操作步骤如下：

①在【打印】选项区，通过微调按钮调整打印份数。

②在【打印机】选项区，单击【名称】列表框右侧的下拉按钮，可显示系统已安装的打印机列表，从中选择所需的打印机。

③在【设置】选项区，可设置打印【文档】或【文档属性】以及标记、奇偶页的打印。在【文档】选项中，可对打印范围进行指定，如文档全部、所选内容、当前页面和指定范围；在【文档属性】选项中，可对文档属性、标记列表、样式等内容进行打印，如图 3.170 所示。

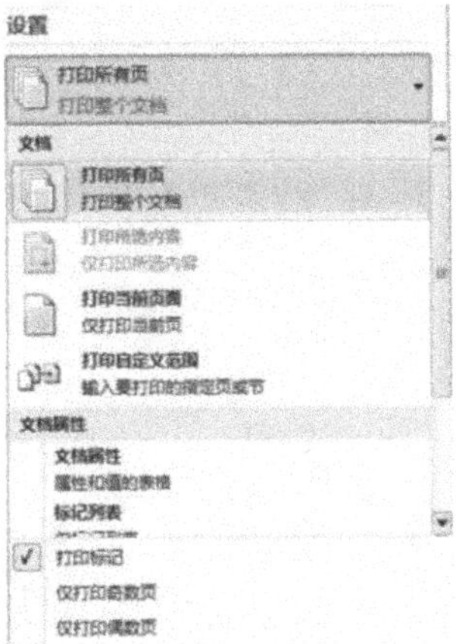

图 3.170　“特殊字符”选项卡

④单击【单面打印】命令按钮右侧的下拉箭头，还可选择【手动双面打印】命令。

⑤【调整】按钮表示当文档打印多份时,逐份打印;单击【调整】命令按钮右侧的下拉箭头,还可选择【取消排序】命令实现文档打印多份时,逐页打印。

⑥【纵向】和【横向】用于调整文档在纸张中的排列方向。

⑦【A4】按钮默认页面大小,还可通过右侧的下拉箭头选择其他页面大小。

⑧【正常边距】按默认值设置,可通过右侧的下拉箭头选择其他页边距。

⑨【每版打印 1 页】可实现纸张缩放,从而在一版内打印多页。

3. 暂停和终止打印

在打印过程中,如果要暂停打印,应首先打开【打印机和传真】窗口,然后双击打印机图标。在打开的打印机窗口中,选中正在打印的文件,然后单击鼠标右键,在打开的快捷菜单中选择【暂停】命令;如果选择【取消】命令,则可取消打印文档。

如果用户使用的是后台打印,只需双击任务栏中的打印机图标即可取消正在进行的打印作业。此外,单击任务栏上的打印机图标,在弹出的【打印机】对话框中选择【清除打印作业】命令,也可立刻取消打印作业。不过即使打印状态信息在屏幕上消失了,打印机还会在终止打印命令发出前打印出几页内容,这是因为许多打印机都有自己的内存(缓冲区)。用户可以查看一下自己的打印机,并找到快速清除其内存的方法。

3.8 文档的安全

在使用文档的某些时候用户希望能把自己的文档进行加密,或者根据浏览者的职位不同或者职能不同,对文档的修改也有一定的限制,或者利用 word 文档记录一些密码,或者希望一段时间就取消的资料,或者只允许指定的用户查看文档内容等。

在 word2010 中,提供了各种保护措施。在【文件】选项卡下的【信息】选项中,【权限】选择区中,有五种保护方式,如图 3.171 所示。其中常用的有三种:“标记为最终状态”、“用密码进行加密”和“限制编辑”。

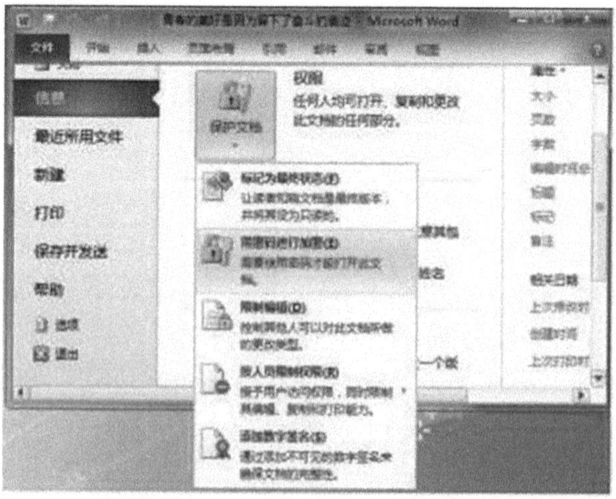

图 3.171 “保护文档”方式

3.8.1　用密码进行加密

用户需要对文档内容进行保护,可以选择用密码加密。在 Word 2010 中,用户可以为文档设置和修改密码,这样在查看和编辑该文档前必须输入正确的文档密码才可打开。

1. 设置密码

操作步骤如下:

(1)单击【文件】选项卡,在窗口左侧选择【信息】选项,单击【保护文档】下拉按钮,在弹出的下拉菜单中选择【用密码进行加密】菜单项,如图所示。

(2)弹出【加密文档】对话框,如图 3.172 所示,在【密码】文本框中输入需要的密码内容,单击【确定】按钮;弹出【确定密码】对话框,如图 3.173 所示,在【重新输入密码】对话框中,将输入的密码内容再输入一次,单击【确定】按钮,即完成设置。

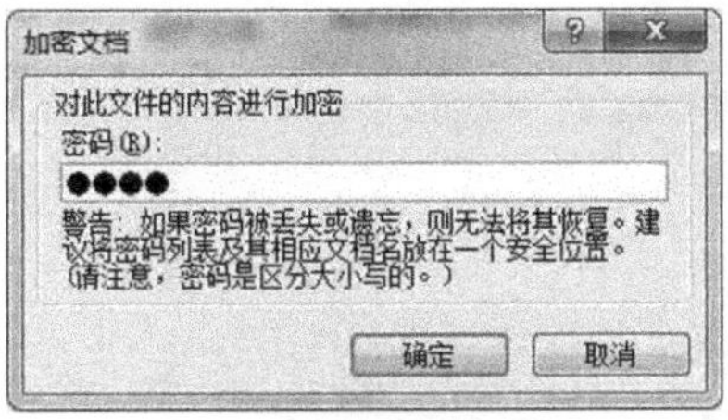

图 3.172　“加密文档”对话框

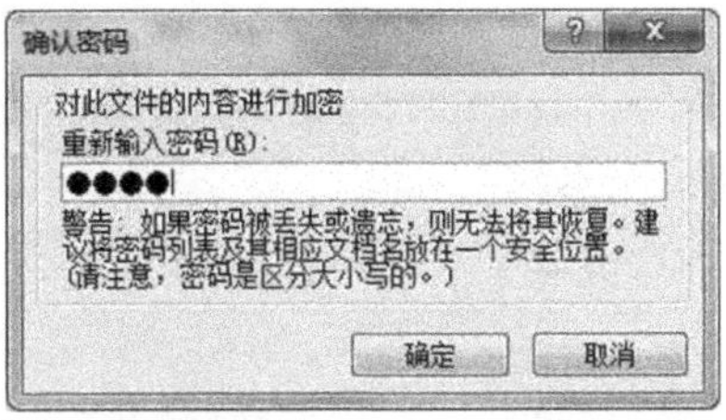

图 3.173　“确认密码”对话框

(3)此时的“权限”提示信息提示用户需要提供密码才能打开此文档,如图 3.174 所示。退出文档窗口时,先保存后再退出。

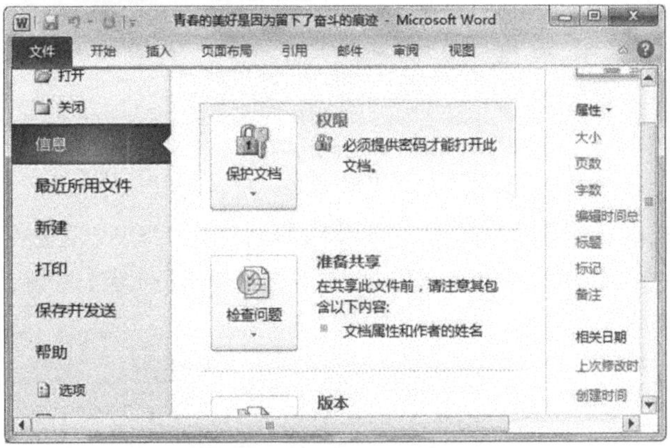

图 3.174　加密文件信息

再次打开加密文档时,弹出【密码】对话框,在文本框中输入正确的密码,才能打开文档查看文档内容。

2. 修改密码

(1)单击【文件】选项卡,在窗口左侧选择【信息】选项,单击【保护文档】下拉按钮,在弹出的下拉菜单中选择【用密码进行加密】菜单项,如图 3.171 所示。

(2)弹出【加密文档】对话框,在【密码】文本框中删去原密码内容,输入新的密码内容,单击【确定】按钮;弹出【确定密码】对话框,在【重新输入密码】对话框中,将修改后的密码内容再输入一次，单击【确定】按钮，即可修改文档密码。

在设置密码内容时，用户需要注意密码区分大小写字母，如果设置密码时使用了大写字母，在打开文档时同样需要输入大写字母。

在设置或修改密码后，需要将该文档进行保存才能使密码生效。

如果要取消密码，直接将文本框中的密码删除后保存即可。

3.8.2 限制格式和编辑

限制格式和编辑可以控制用户对该文档的格式和内容进行自定义的编辑和修改。

(1)单击【文件】选项卡，在窗口左侧选择【信息】选项，单击【保护文档】下拉按钮，在弹出的下拉菜单中选择【限制编辑】菜单项。

(2)在文档窗口的右侧弹出【限制格式和编辑】窗格，在【格式设置限制】区域中单击【设置】选项，如图 3.175 所示。

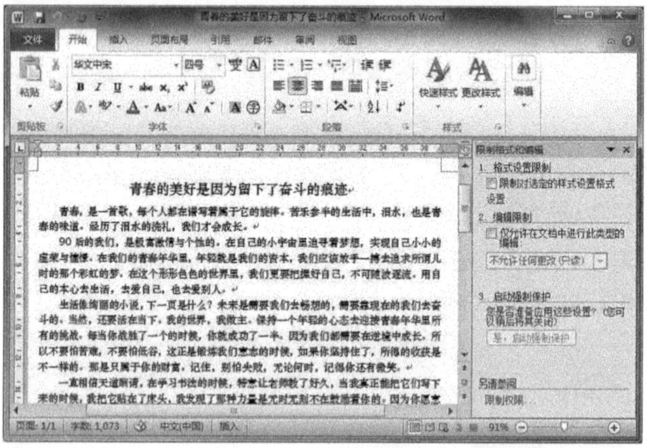

图 3.175 "特殊字符"选项卡

(3)弹出【格式设置限制】对话框，勾选【限制对选定的样式设置格式】复选框，在【当前允许使用的样式】区域中勾选允许样式的复选框，单击【确定】按钮，即可完成格式限制的设置，如图 3.176 所示。

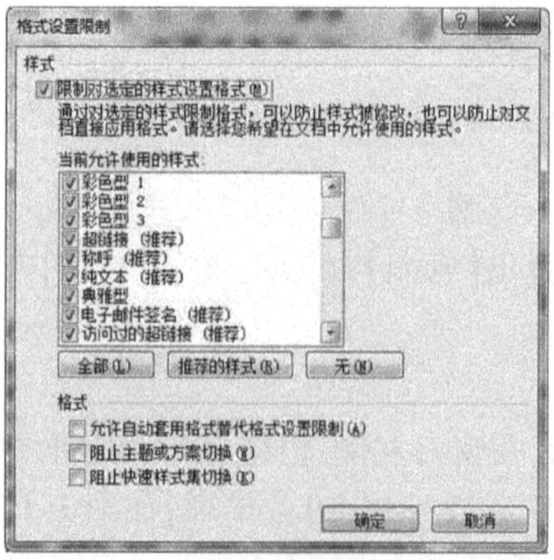

图 3.176 "特殊字符"选项卡

勾选【仅允许在文档中进行此类型的编辑】复选框，在下拉列表框中选择允许的编辑操作，即可完成编辑限制的设置，如图 3.177 所示。

图 3.177 “特殊字符”选项卡

3.8.3 将文档标记为最终状态

将文档标记为最终状态后，此文档会变为只读文档，只能查看而不能进行编辑和修改。

单击【文件】选项卡，在窗口左侧选择【信息】选项，单击【保护文档】下拉按钮，在弹出的下拉菜单中选择【将文档标记为最终状态】菜单项，会弹出如图 3.178 所示提示框，要求先将文档标记为终稿，单击【确定】按钮。

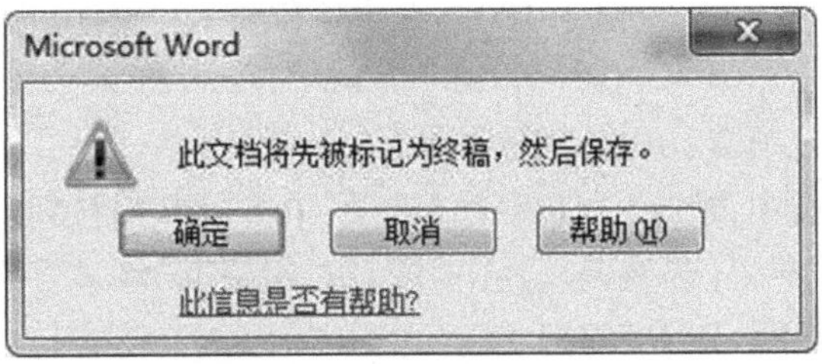

图 3.178 “特殊字符”选项卡

接下来弹出提示框如图 3.179 所示。提示已标记好文档的最终状态。

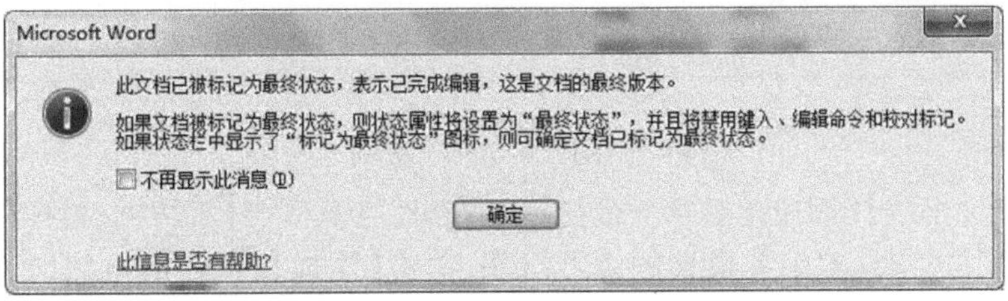

图 3.179 “特殊字符”选项卡

取消只读可再次选择【将文档标记为最终状态】菜单项。

3.9 应用案例

3.9.1 创建书法字帖

用户可创建属于自己的定制字帖，而不必局限于市售字帖。创建好的字帖效果如图3.180所示。

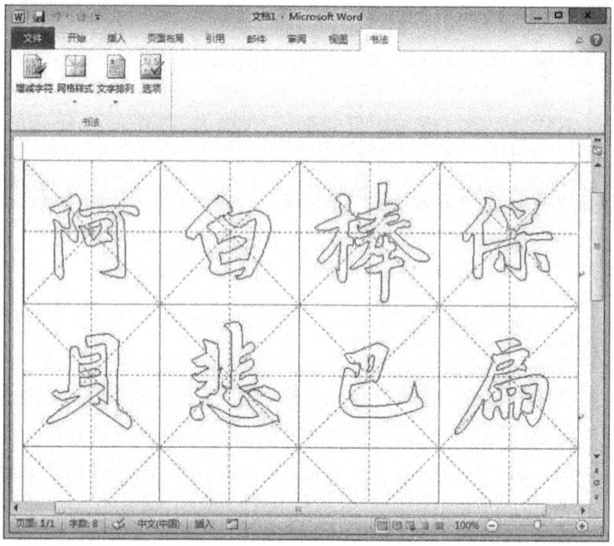

图3.180　书法字帖示例

操作步骤：

(1)单击【文件】选项卡，单击【新建】命令。

(2)在【新建】面板中，选择【书法字帖】选项，单击【创建】按钮。

(3)功能区出现【书法】选项卡及其【书法】组，组中有“增减字符”“网格样式”“文字排列”及“选项”四个按钮，如图3.181所示。

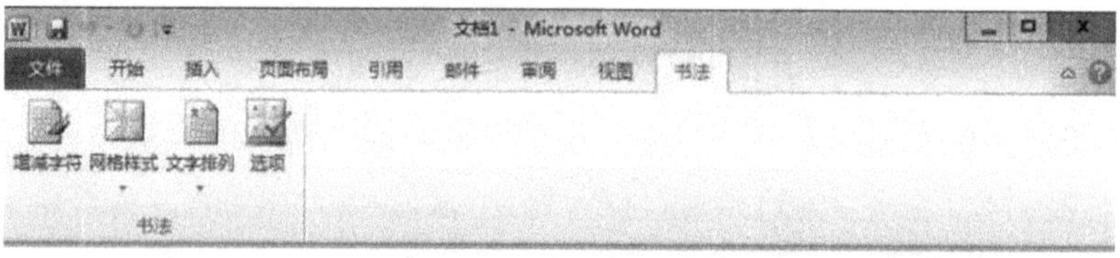

图3.181　“书法”选项卡

(4)单击【书法】组中的【增减字符】按钮，弹出【增减字符】对话框，可在【字符】选项区的【可用字符】中选中想要设置的练习汉字，单击【添加】按钮，加入到【已用字符】列表，如图3.182所示。

(5)单击【关闭】按钮退回到文档窗口即可。

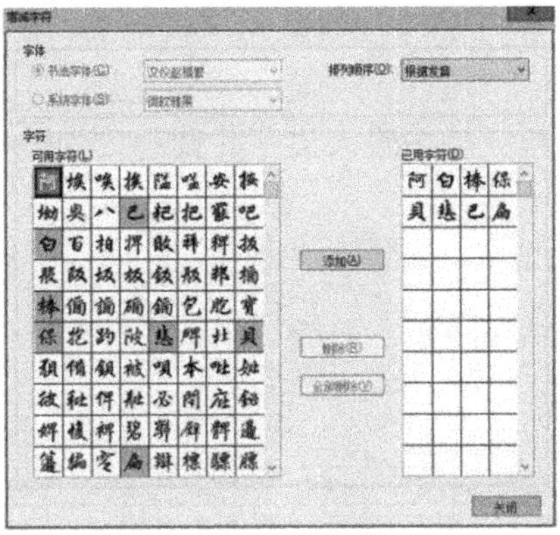

图 3.182 “增减字符”对话框

3.9.2 生活费用明细表

本例介绍生活费用明细表的制作,需要用到插入表格、合并单元格、插入公式、设置单元格格式、调整字体等内容,最终效果如图 3.183 所示。

生活费用明细							
单位:元							
费用 月份	餐费	话费	交通费	应酬	学习资料	进修费用	总计
1 月	500	50	40	200	50	0	840
2 月	1000	100	30	200	50	0	1380
3 月	550	60	40	200	50	0	900
4 月	600	55	50	200	50	0	955
5 月	600	60	55	200	50	0	965
6 月	550	70	45	200	50	0	915
7 月	600	70	80	200	150	2000	3100
8 月	700	70	80	200	150	3000	4200
9 月	600	50	65	200	50	0	965
10 月	800	90	75	200	50	0	1215
11 月	800	65	50	200	50	0	1165
12 月	700	75	55	200	50	0	1080
各项费用小计	8000	815	665	2400	800	5000	17680
年总费用							17680

图 3.183 表格示例

(1)单击【文件】选项卡,新建一个空白的 Word 文档。

(2)单击【插入】选项卡,在【表格】组中单击【表格】按钮,在其下拉菜单中选择【插入表格】选项,在弹出的【插入表格】对话框中,将【列数】改为“8”,将【行数】改为“17”,单击【确定】按钮。

(3)分别选中第 1、2 及最后一行需要合并的单元格,然后执行【表格工具】下【布局】选项卡中【合并】组中的【合并单元格】命令,把鼠标放到表格行列线的位置,拖动鼠标调整表格的行高和列宽。

(4)调整完成后,光标定位到第 3 行第 1 列单元格中,选择【表格工具】下【设计】选项卡中【表格样式】组中，单击【边框】按钮旁的下拉箭头，弹出的下拉菜单中选中“斜下框线”选项绘制一条斜线，在所有单元格中输入文本数据。

（5）在斜线表头所在的单元格中输入文字并调整排列位置，以上步骤完成后效果如图 3.184 所示。

生活费用明细							
单位：元							
费用 月份	餐费	话费	交通费	应酬	学习资料	进修费用	总计
1月	500	50	40	200	50	0	
2月	1000	100	30	200	50	0	
3月	550	60	40	200	50	0	
4月	600	55	50	200	50	0	
5月	600	60	55	200	50	0	
6月	550	70	45	200	50	0	
7月	600	70	80	200	150	2000	
8月	700	70	80	200	150	3000	
9月	600	50	65	200	50	0	
10月	800	90	75	200	50	0	
11月	800	65	50	200	50	0	
12月	700	75	55	200	50	0	
各项费用小计							
年总费用							

图 3.184　插入表格内容

（6）在“总计”列第四行单元格中选择【表格工具】中【布局】选项卡的【数据】组中【公式】命令，在弹出的【公式】对话框的【公式】栏中输入“ = SUM(LEFT)”，单击【确定】按钮，如图 3.185 所示。自上而下重复上述操作。

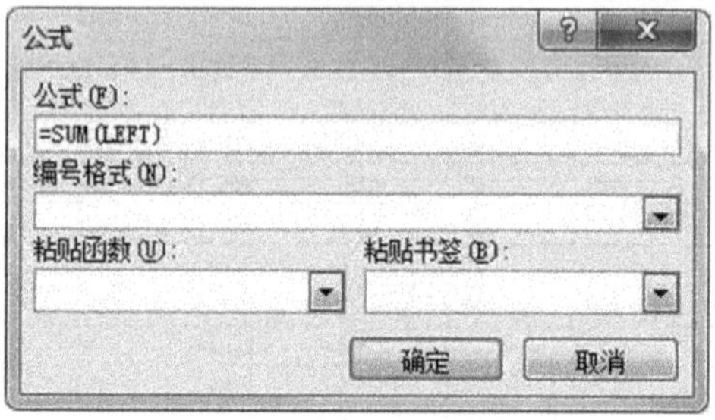

图 3.185　“公式”对话框

（7）在“各项费用小计”行第二列单元格中选择【表格工具】中【布局】选项卡的【数据】组中【公式】命令，在弹出的【公式】对话框的【公式】栏中输入“ = SUM(ABOVE)”，单击【确定】按钮。自左向右重复上述操作。年总费用等于各项费用小计中的总计栏。

（8）选中含有数值的单元格和“单位:元”，选择【开始】选项卡【段落】组，单击【文本右对齐】按钮。

（9）用同样方法选择“生活费用明细表”文本，将其【字号】设为“三号”，单击【加粗】和【居中】按钮，如图 3.186 所示。

生活费用明细							
							单位：元
费用 / 月份	餐费	话费	交通费	应酬	学习资料	进修费用	总计
1 月	500	50	40	200	50	0	840
2 月	1000	100	30	200	50	0	1380
3 月	550	60	40	200	50	0	900
4 月	600	55	50	200	50	0	955
5 月	600	60	55	200	50	0	965
6 月	550	70	45	200	50	0	915
7 月	600	70	80	200	150	2000	3100
8 月	700	70	80	200	150	3000	4200
9 月	600	50	65	200	50	0	965
10 月	800	90	75	200	50	0	1215
11 月	800	65	50	200	50	0	1165
12 月	700	75	55	200	50	0	1080
各项费用小计	8000	815	665	2400	800	5000	17680
年总费用							17680

图 3.186　“字符”格式设置

(10)选中需要添加单元格底纹的单元格,如第一行和最后一行。选择【表格工具】下【设计】组的【底纹】命令,在其下拉菜单中选择所需要的颜色,如“水绿色,强调文字颜色 5 ,淡色 40%”底纹。

(11)将所有的数值单元格及费用表头行选中,单击【表格工具】下【布局】选项卡【单元格大小】组中的【分布列】按钮。

(12)选中“餐费”至“总计”单元格,单击【表格工具】下【布局】选项卡【对齐方式】组中的【水平居中】按钮。调整“学习资料”及“进修费用”的文字排列方式。

3.9.3　制作杂志内页

制作杂志内页,运用了文字排版设计、图文插入、页眉页脚的插入、文字格式的更改等,最终效果如图 3.187 所示。

(1)单击【文件】选项卡,新建一个空白的 Word 文档,在文档中输入文字。

(2)选择【页面布局】选项卡的【页面设置】组【分栏】按钮旁边的下拉按钮,在弹出的下拉菜单里选择【更多分栏】选项,弹出【分栏】对话框,选择“两栏”,再选中【分隔线】复选框,单击【确定】按钮。

(3)选择【开始】选项卡【字体】组中的命令按钮,改变文字的颜色和字体。将序言即第一段文字设为“宋体”、“小四”、“橙色,强调文字颜色 6 ,深色 25%”;文章题目分别设置为“宋体”“小三”“深蓝,文字 2 ,深色 50%”和“宋体”“小三”“紫色,强调文字颜色 4 ,深色 25%”;并对前两者都进行“加粗”设置。将正文设置为“宋体”“小四”“茶色,背景 2,深色 75%”。以上步骤完成后效果如图 3.188 所示。

Open World 开放课程

从波士顿市区前往麻省理工学院(MIT)，乘搭坐"出城"方向的红线地铁，在这个名为剑桥的小镇里，坐落着两所享誉世界的大学。

"为知识开锁，让大脑给力"

在剑桥镇，哈佛校园所特有的绯红色，具有凝结历史般的厚重感。与之相对应，麻省理工学院则是一片漫草地散落在查尔斯河畔的混搭式建筑。MIT没有围墙，没有大门，所有的建筑都任人穿梭。很多外形粗犷的大楼有水泥灰色的外墙，或者被大块厚重的玻璃幕墙所包围。研究中心楼顶的烟囱飘出白烟或热气，甚至有弃用的铁道从校区穿过，让人觉得它简直就是一个大工厂。

也许麻省理工学院的最大特点就是不像大学，但正是这里，走出了76位诺贝尔奖得主，他们或工作在这里，或从这里毕业。

左边拿锤，右边捧书，是铭刻在麻省理工学院校徽上的两个人物形象，而它的校训——"动脑，动手"更是用一句大实话诠释了这所大学务实、开放的一贯精神。

在150年前建校之初，麻省理工学院开创了研究型大学的模式，引领了一场大学教育的革命，而10年前的这次惊人之举已经带动了全球的开放课程运动：自麻省理工学院2001年4月宣布将其2000多门课程全部搬上互联网，供全世界免费使用以来，全球已有200多所大学加入到教育资源共享的行列中来，他们建立起的"开放课程联盟"已经在互联网上免费提供了超过13000门课程的资料。

开放课程项目

身处在世界的任何一个角落，虽然你可能没有机会走进麻省理工学院那不拘小节的校园，不能花每年41000美元的学费去拿一张它的文凭，但是只要你打开任何一台与互联网相连的电脑，你都能学习这所世界顶尖大学的任何一门课程，包括最受欢迎的哲学、电子工程和计算机科学、地球和大气科学、数学、核工程学、物理学、管理学……你不用花钱，甚至连注册都不用。

"大学的使命是分享知识，我们的项目正是为全世界的教育机构和个人提供帮助，让更多的人从中受益。"斯蒂芬·卡森说，"我们的宗旨和麻省理工学院的校训一脉相承"。

开放课程项目的口号是——"为知识开锁，让大脑给力(Unlock knowledge, empower mind)。"这听起来的确像是那百年校训的翻版。

图 3.187　制作杂志内页示例

从波士顿市区前往麻省理工学院(MIT)，乘搭坐"出城"方向的红线地铁，在这个名为剑桥的小镇里，坐落着两所享誉世界的大学。

"为知识开锁，让大脑给力"

在剑桥镇，哈佛校园所特有的绯红色，具有凝结历史般的厚重感。与之相对应，麻省理工学院则是一片漫草地散落在查尔斯河畔的混搭式建筑。MIT没有围墙，没有大门，所有的建筑都任人穿梭。很多外形粗犷的大楼有水泥灰色的外墙，或者被大块厚重的玻璃幕墙所包围。研究中心楼顶的烟囱飘出白烟或热气，甚至有弃用的铁道从校区穿过，让人觉得它简直就是一个大工厂。

也许麻省理工学院的最大特点就是不像大学，但正是这里，走出了76位诺贝尔奖得主，他们或工作在这里，或从这里毕业。

左边拿锤，右边捧书，是铭刻在麻省理工学院校徽上的两个人物形象，而它的校训——"动脑，动手"更是用一句大实话诠释了这所大学务实、开放的一贯精神。

在150年前建校之初，麻省理工学院开创了研究型大学的模式，引领了一场大学教育的革命，而10年前的这次惊人之举已经带动了全球的开放课程运动：自麻省理工学院2001年4月宣布将其2000多门课程全部搬上互联网，供全世界免费使用以来，全球已有200多所大学加入到教育资源共享的行列中来，他们建立起的"开放课程联盟"已经在互联网上免费提供了超过13000门课程的资料。

开放课程项目

身处在世界的任何一个角落，虽然你可能没有机会走进麻省理工学院那不拘小节的校园，不能花每年41000美元的学费去拿一张它的文凭，但是只要你打开任何一台与互联网相连的电脑，你都能学习这所世界顶尖大学的任何一门课程，包括最受欢迎的哲学、电子工程和计算机科学、地球和大气科学、数学、核工程学、物理学、管理学……你不用花钱，甚至连注册都不用。

"大学的使命是分享知识，我们的项目正是为全世界的教育机构和个人提供帮助，让更多的人从中受益。"斯蒂芬·卡森说，"我们的宗旨和麻省理工学院的校训一脉相承"。

开放课程项目的口号是——"为知识开锁，让大脑给力(Unlock knowledge, empower mind)。"这听起来的确像是那百年校训的翻版。

图 3.188　格式设置效果

(4)将光标定位到正文第一段的任意位置,选择【插入】选项卡【文本】组中的【首字下沉】下拉菜单中【下沉】选项,通过首字周围的控点调整它的大小和位置。第二部分正文的第一段按同样方法设置,在【首字下沉】菜单中选择【首字下沉选项】,设定位置为“下沉”,距离正文 1 厘米,如图 3.189 所示。

图 3.189　“首字下沉”设置

(5)将光标定位在需要插入图片的位置,选择【插入】选项卡【插图】组中的【图片】命令,在弹出的【插入图片】对话框中选择需要的图片后,单击【插入】按钮即可。

(6)调整图片大小,并通过【图片工具】下的【格式】选项卡,在【排列】组中单击【自动换行】按钮,在弹出的下拉菜单中选择“上下型环绕”。

(7)单击【插入】选项卡【页眉和页脚】组中的页眉命令,在文档中插入页眉,输入文字。

(8)在页眉中,将【字号】设为“小二”,【字体】设置为“Calibri”,单击【加粗】按钮,将首字母字号设为“初号”,【字体】设置为“Batang”。选择【开始】选项卡【段落】组中【文本右对齐】按钮。

(9)选择【插入】选项卡【文本】组中【文本框】按钮,弹出下拉菜单中选择【简单文本框】命令,在文本框中输入“开放课程”,【字号】设为“小四”,【字体】设置为“宋体”,单击【加粗】按钮,然后调整文本框的大小,将其移至合适位置。

(10)选择【绘图工具】下的【格式】选项卡,在【形状样式】组中选择【形状轮廓】,在弹出的下拉菜单中设置为“无轮廓”,将【形状填充】设置为“无填充颜色”。

(11)选择【页眉和页脚工具】下的【设计】选项卡,在【导航】组中选择【转至页脚】命令。在【页眉和页脚】组中单击【页码】按钮,在弹出的下拉菜单中选择【页面底端】,从级联菜单中选择“普通数字 2”,调整字号为“小四”。

(12)单击【关闭】组中的【关闭页眉和页脚】命令。

习 题

一、选择题

1. Word 2010 默认的文件扩展名是(　　)。

A. doc　　B. docx　　C. xls　　D. ppt

2. 在 Word 2010 中,如果已存在一个名为 old. docx 的文件,要想将它换名为 NEW. docx,可以选择(　　)命令。

A. 另存为　　B. 保存　　C. 全部保存　　D. 新建

3. 要使文档的标题位于页面居中位置,应使标题(　　)。

A. 两端对齐　　B. 居中对齐　　C. 右对齐　　D. 分散对齐

4 下列关于 Word 2010 文档窗口的说法中,正确的是(　　)。

A. 只能打开一个文档窗口

B. 可以同时打开多个文档窗口,被打开的窗口都是活动窗口

C. 可以同时打开多个文档窗口,但其中只有一个是活动窗口

D. 可以同时打开多个文档窗口,但在屏幕上只能见到一个文档窗口

5. 在退出 Word 2010 时,如果有工作文档尚未存盘,系统的处理方法是(　　)。

A. 不予理会,照样退出

B. 自动保存文档

C. 会弹出一要求保存文档的对话框供用户决定保存与否

D. 有时会有对话框,有时不会

6. 在 Word 2010 文档操作中,按 Enter 键其结果是(　　)。

A. 产生一个段落结束符　　B. 产生一个行结束符

C. 产生一个分页符　　D. 产生一个空行

7 . 启动 Word 后,系统为新文档的命名应该是(　　)。

A. 系统自动以用户输入的前 8 个字

B. 自动命名为“. Doc ”

C. 自动命名为“文档 1”或“文档 2”或“文档 3”

D. 没有文件名

8. 在 Word 的编辑状态下,当前输入的文字显示在(　　)处。

A. 鼠标光标处　　B. 插入点　　C. 文件尾部　　D. 当前行尾部

9. Word 具有分栏功能,下列关于分栏的说法中,正确的是(　　)。

A. 最多可以设 4 栏　　B. 各栏的宽度必须相同

C. 各栏的宽度可以不同　　D. 各栏之间的间距是固定的

10. 下列方式中,可以显示出页眉和页脚的是(　　)。

A. 普通视图　　B. 页面视图　　C. 大纲视图　　D. Web 版式视图

11. 在 Word 中制作表格时,按(　　)组合键,可以移到前一个单元格。

A. Tab　　B. Shift + Tab　　C. Ctrl + Tab　　D. Alt + Tab

12. 在 Word 文档编辑状态，先执行“复制”命令，再执行“粘贴”命令后(　　)。

A. 被选择的内容移动到插入点　　B. 被选择的内容移动到剪贴板

C. 剪贴板的内容移到插入点　　D. 剪贴板中的内容复制到插入点

13. 在 Word 文档编辑中，可以删除插入点前字符的按键是(　　)。

A. Del　　B. Ctrl + Del　　C. Backspace　　D. Ctrl + Backspace

14 . 在 Word 中，节是一个重要的概念，下列关于节的叙述错误的是(　　)。

A. 在 Word 中，第一节必须要设置页码

B. 可以对一篇文档，设定多个节

C. 可以对不同的节，设定不同的页码

D. 删除某一节的页码，不会影响其他节的页码设置

15. 在 Word 中，关于打印预览叙述错误的是(　　)。

A. 在打印预览中可以给文档设置页边距等操作

B. 预览的效果和打印出的文档效果相匹配

C. 无法对打印预览的文档编辑

D. 在打印预览方式中，可同时查看多页文档

16. 关于样式和格式的说法正确的是(　　)

A. 样式是格式的集合　　B. 格式是样式的集合

C. 格式和样式没有关系　　D. 格式中有几个样式，样式中也有几个格式

17. 在制表位对话框中，(　　)。

A. 只能清除特殊制表符　　B. 只能设置特殊制表符

C. 既可以设置又可以清除特殊制表符　　D. 不能清除特殊制表符

18. 在 Word 中，输入文字时可以通过(　　)查看统计的页数和字数。

A. 标题栏　　B. 编辑栏　　C. 状态栏　　D. 选项卡

19. 如果在 Word 的文字中插入图片，那么图片只能放在文字的(　　)。

A. 左边　　B. 中间　　C. 下面　　D. 前三种都可以

20. 在 Word 中，以下(　　)不属于 Word 分隔符类型。

A. 分页符　　B. 分栏符　　C. 换行符　　D. 分时符

二、填空题

1. 在 Word 中要将文档中某段内容移到另一处，则先要进行(　　)操作。

2. 在 Word 主窗口的右上角，可以同时显示的按钮是最小化、还原和(　　)按钮。

3. 在 Word 文档编辑状态下，若要设置打印页面格式，应当使用(　　)选项卡中的“页面设置”组。

4. 在 Word 中，要将新建的文档存盘，应当选用(　　)中“保存”按钮。

5. 在 Word 中，用户在用“Ctrl + C”组合键将所选内容拷贝到剪贴板后，可以使用(　　)组合键粘贴到所需要的位置。

6. 在 Word 中，段间距分为(　　)间距和段后间距。

7. 要设置字符的间距，应在“字体”对话框中选择(　　)选项卡来设置。

8. 要在文档某处插入某一图片，可以在“插入”选项卡下(　　)组中选择“图片”命令。

9. 在 Word 文档中，要编辑某些数学公式可以使用“插入”选项卡下“符号”中的(　　)命令。

10. 为创造艺术字体，即实现文字的图形效果，可以在“插入”选项卡下选择(　　)组中的“艺术字”命令。

11. 在 Word 中，要将文档保存成与 Word 97 - 2003 兼容的格式，应选择的保存类型为(　　)。

12. 在 Word 中，页面设置是针对(　　)进行的，主要包括纸张大小和页边距。

13. 将文档分为左右两个版面的功能叫作(　　)。

14. 每段首行首字距页左边界的距离称为(　　)。

15. 在 Word 文档的录入过程中，如果出现了错误操作，可单击快速访问工具栏中(　　)按钮取消本次操作。

三、判断题

1. 在字符格式中，衡量字符大小的单位是号和磅。(　　)
2. 关于字符边框，其边框线不能单独定义。(　　)
3. 设置分栏时，可以使各栏的宽度不同。(　　)
4. 图形既可浮于文字上方，也可衬于文字下方。(　　)
5. Word 中，一个表格的大小不能超过一页。(　　)
6. 在 Word 中，表格中只能输入数据，不能输入公式。(　　)
7. 双击 Word 文档窗口滚动条上的拆分块，可以将窗口一分为二或合二为一。(　　)
8. “恢复”命令的功能是将误删除的文档内容恢复到原来位置。(　　)
9. Word 把艺术字作为图形来处理。(　　)
10. 删除表格的方法是将整个表格选定，按 Delete 键。(　　)
11. 给 Word 文档设置的密码生效后，就无法对其进行修改了。(　　)
12. 对于插入的图片，只能是图在上文在下，或文在上图在下，不能产生环绕效果。(　　)
13. 在 Windows 中制作的图形不能插入到 Word 中。(　　)
14. 在 Word 中允许使用非数字形式的页码。(　　)
15. 在 Word 中删除分页符、分节符和删除一般字符的方法一样。(　　)

四、简答题

1. 如何使用功能键移动或复制文本?
2. “查找”和“替换”命令可实现什么功能?
3. 设置字符格式可以怎样操作，有几种常用方法?
4. 设置段落格式可以怎么操作，是怎么操作的?
5. 在表格中移动插入符的常用快捷键有哪些?
6. 如何创建一个目录?

拓展训练

某高校学生会计划举办一场“大学生网络创业交流会”的活动，拟邀请部分专家和老师给在校学生进行演讲。因此，校学生会外联部需制作一批邀请函，并分别递送给相关的专家和老师。

邀请函文字内容以保存在 Word. docx 文件中，请按如下要求，完成邀请函的制作：

(1)调整文档版面，要求页面高度 18 厘米、宽度 30 厘米，页边距(上、下)为 2 厘米，页边距(左、右)为 3 厘米。

(2)将考生文件夹下的图片“背景图片. TIF”设置为邀请函背景。

(3)根据“Word－邀请函参考样式. docx”文件，调整邀请函中内容文字的字体、字号和颜色。

(4)调整邀请函中内容文字段落对齐方式。

(5)根据页面布局需要，调整邀请函中“大学生网络创业交流会”和“邀请函”两个段落的间距。

(6)在“尊敬的”和“(老师)”文字之间，插入拟邀请的专家和老师姓名，拟邀请的专家和老师姓名在考生文件夹下的“通讯录. xlsx ”文件中。每页邀请函中只能包含 1 位专家或老师的姓名，所有的邀请函页面请另外保存在一个名为“Word－邀请函. docx”文件中。

(7)邀请函文档制作完成后，请保存“Word. docx”文件。

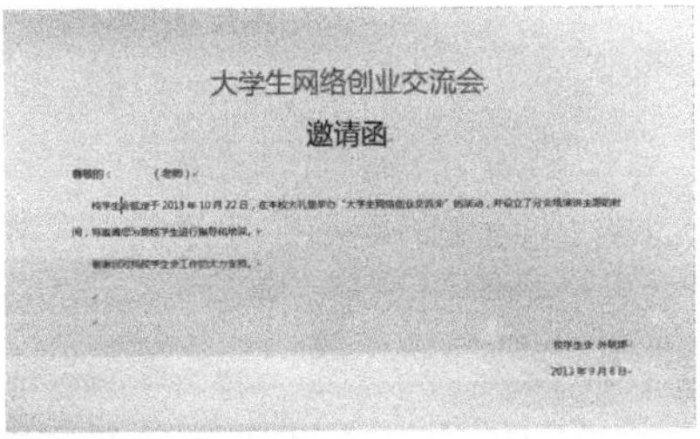

解题步骤：

点击“保存”按钮，保存文件名为“Word. docx”

第 4 章　电子表格处理软件 Excel 2010

Excel 2010 是 Microsoft 公司新推出的 Office 2010 办公系列软件的一个重要组成部分，主要用于电子表格处理。它可以高效地输入数据、对数据进行计算、分析和处理，并由这些数据生成表格、图表。与早期版本相比，中文 Excel 2010 增加了许多新的功能，在更大程度上满足了不同层次用户的需要，被广泛应用在财务、行政、金融、经济、统计和审计等众多领域，大大提高了数据处理的效率。

4.1　Excel 2010 新特性

1. 改进的功能区

Excel 2007 中首次引入了功能区，利用功能区，可以轻松地查找以前隐藏在复杂菜单和工具栏中的命令和功能。尽管在 Excel 2007 中，可以自定义快速访问工具栏，但无法向功能区中添加您自己的选项卡或组。但在 Excel 2010 中，可以创建自定义选项卡和组，还可以重命名内置选项卡和组或更改其顺序。

2. 迷你图

"迷你图"是在这一版本 Excel 中新增加的一项功能，使用迷你图功能，可以在一个单元格内显示出一组数据的变化趋势，或者突出显示最大值和最小值，可以让用户获得直观、快速的数据的可视化显示，对于股票信息等来说，这种数据表现形式将会非常适用。

3. 切片器

利用"切片器"可以以一种直观的交互方式来快速筛选数据透视表中的数据。一旦插入切片器，即可使用按钮对数据进行快速分段和筛选，以便仅显示所需数据。此外，对数据透视表应用多个筛选器之后，不再需要打开一个列表来查看对数据所应用的筛选器，这些筛选器会显示在屏幕上的切片器中。可以使切片器与工作簿的格式设置相符，并且能够在其他数据透视表、数据透视图和多维数据集函数中轻松地重复使用这些切片器。

4. 对 Web 的支持

较前一版本而言，Excel 2010 中一个最重要的改进就是对 Web 功能的支持，用户可以通过浏览器直接创建、编辑和保存 Excel 文件，以及通过浏览器共享这些文件。Excel 2010 Web 版是免费的，用户只需要拥有 Windows Live 账号便可以通过互联网在线使用 Excel 电子表格，除了部分 Excel 函数外，Microsoft 声称 Web 版的 Excel 将会与桌面版的 Excel 一样出色。另外，Excel 2010 还提供了与 Sharepoint 的应用接口，用户甚至可以将本地的 Excel 文件直接保存到 Sharepoint 的文档中。

5. 其他改进

增加了屏幕截图功能、带实时预览的粘贴选项、公式输入、删除图像背景、增加了图片效果、裁剪图片选项以及支持高性能计算等。

4.2　Excel 2010 概述

4.2.1　Excel 2010 的工作界面

Excel 2010 工作界面与早期版本相比,默认的文件名称有所不同,现在以"工作簿 1""工作簿 2""工作簿 3"等命名,以前用的"book1""book2""book3"。

工作簿(book):是 Excel 用来运算和存储数据的文件,进入 Excel 打开的就是工作簿工作窗口,这个窗口中包含多个工作表、模块和图表。在 Excel 中,可同时打开多个工作簿,并且可以在它们之间相互转换以及进行数据的拷贝或粘贴操作。

工作表(Sheet):是单元格的集合,是 Excel 进行一次完整作业的基本单位。由若干工作表构成一个工作簿。

单元格:是工作表的基本组成成分,是 Excel 独立操作的最小单位。单元格用列和行的符号来命名。

启动 Excel 后,Excel 工作界面如图 4.1 所示。

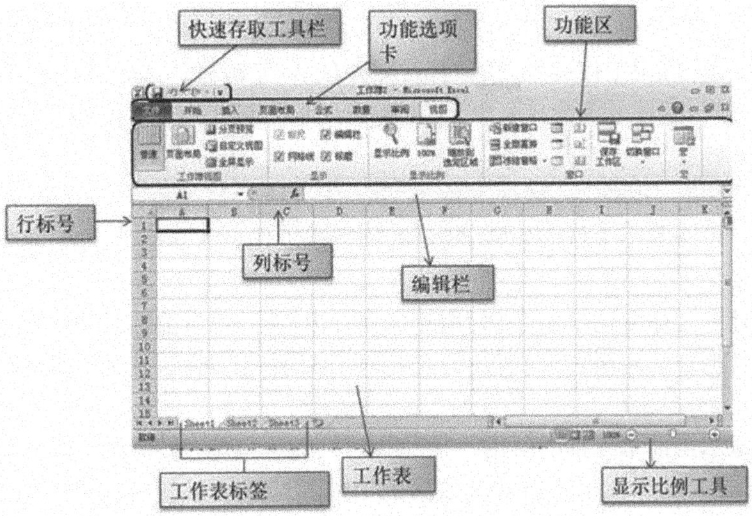

图 4.1　Excel 2010 工作界面

1. 快速访问工具栏

"快速访问工具栏"用于放置命令按钮,以使快速地启动经常使用的命令。默认情况下,"快速访问工具栏"中只有数量较少的命令,用户可以根据需要添加多个常用的按钮命令,以方便快速地使用常用功能,提高工作效率。

2. 功能选项卡

Excel 中所有的功能操作分门别类为 8 大选项卡,包括文件、开始、插入、页面布局、公式、数据、审阅和视图。各选项卡中收录相关的功能群组,方便使用者切换、选用。

3. 功能区

Excel 2010 上半部的面板称为功能区,放置了编辑工作表时需要使用的工具按钮。开启 Excel 时默认会显示“开始”选项卡下的工具按钮,当按下其他的功能选项卡,便会改变显示该选项卡所包含的按钮。

当我们要进行某一项工作时,就先点选功能区上方的功能选项卡,再从中选择所需的工具按钮。例如我们想在工作表中插入 1 张图片,便可按下“插入”选项卡,再按下“插图”组中的“图片”按钮,即可选取要插入的图片,如图 4.2 所示。

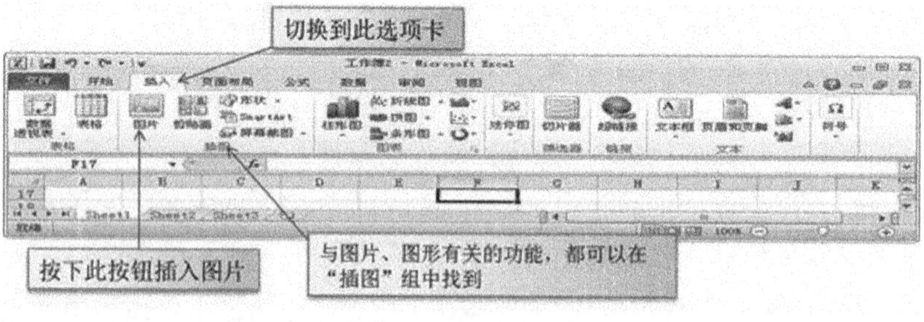

图 4.2　功能选项卡和功能区

4. 行标号和列标号

行标号在工作区的左侧,用数字 1,2,3,…标识工作表各行的行号。列标号在工作区的上方,它用字母标识工作表各列的列号,编号从 A 到 Z,再从 AA 到 AZ,以此类推。Excel 用列标号和行标号来表示某个单元格,例如,A1 代表第 1 行第 A 列处的单元格。

5. 工作表标签

每个工作表有一个名字,默认名称为“sheet1”“sheet2”“sheet3”,工作表名显示在工作表标签上。单击某个工作表标签,就可以选择该工作表为活动工作表。

6. 编辑栏

编辑栏处于工作簿窗口的上部,用于指示工作区中的当前活动单元格,输入或编辑工作区中的数据。从左至右依次包括:名称框、取消按钮、确认按钮、编辑公式按钮和编辑框。

名称框显示当前单元格的引用,一般使用“列标 + 行标”来标识。例如,单元格 C6 代表第 C 列、第 6 行的单元格。通常对数据的输入和修改可以直接在单元格内进行,也可以通过编辑栏进行。两种方式输入和编辑的数据会同步显示在编辑框和单元格中。

7. 显示比例工具

在使用 Excel 时,有时候滚动下鼠标滚轮后 Excel 显示的东西变小了,主要是显示比例的问题,可以通过调整来还原默认。

4.2.2　工作簿的基本操作

1. 新建工作簿

建立工作簿的动作,通常可借由启动 Excel 一并完成,因为启动 Excel 时,就会顺带开启一份空白的工作簿,如图 4.3 所示。一个工作簿以一个文件的形式存放在磁盘上,扩展名为. xlsx。

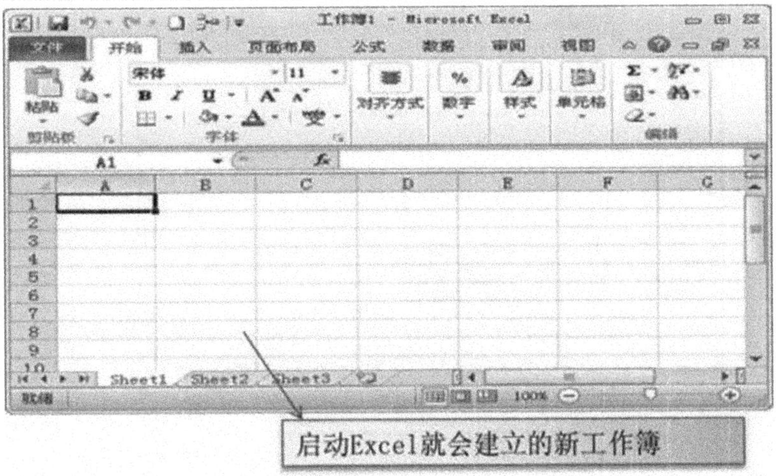

图 4.3　新工作簿

也可以按下“文件”选项卡，切换到“文件”选项卡后按下“新建”命令来建立新的工作簿。开启的新工作簿，Excel 会依次以工作簿 1、工作簿 2，…来命名，如果要重新给工作簿命名，可在存储文件时变更。

2. 切换工作簿

利用上述方法，可再建立一个新工作簿，那么当前就有 2 个工作簿了。切换至“视图”选项卡，再按下“窗口”“组的”“切换窗口”按钮，即可从中选取所需工作簿，如图 4.4 所示。

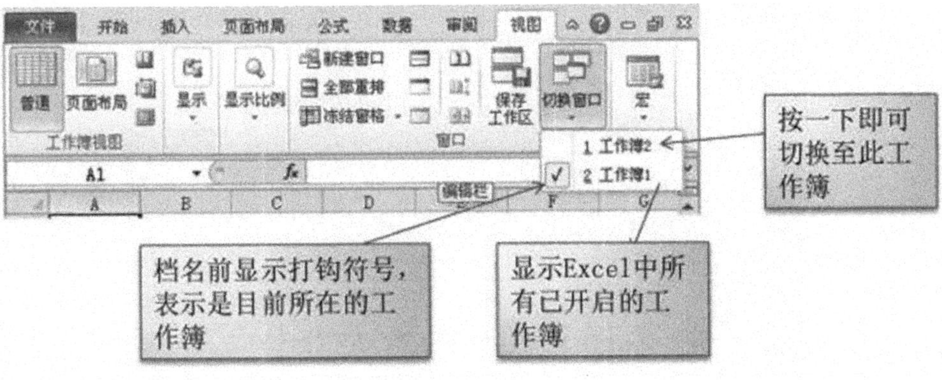

图 4.4　切换工作簿

3. 保存工作簿

要储存文件，可按下快速存取工具栏的保存文件钮，如果是第一次存盘，会弹出“另存为”对话框，让用户设置文件储存的相关信息，如图 4.5 所示。

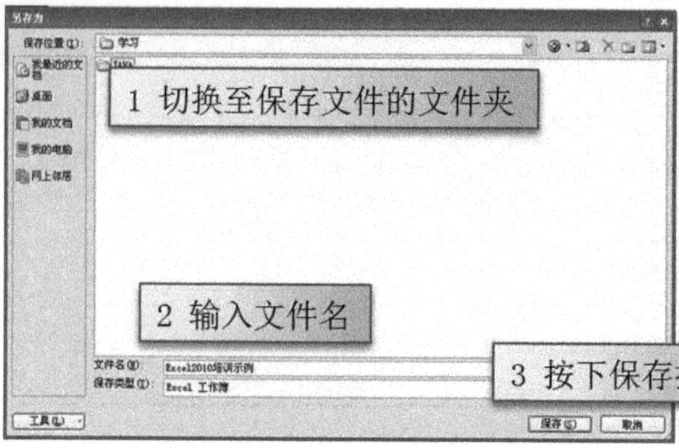

图 4.5　保存工作簿

当用户修改了工作簿的内容,而再次按下保存文件钮时,就会将修改后的工作簿直接储存。

若想要保留原来的文件,又要储存新的修改内容,请切换至文件选项卡,按下“另存为”命令,以另一个名字来保存。

另外,在储存时默认会将保存类型设定为 Excel 工作簿,扩展名是“ * . xlsx”的格式,若是需要在早期 Excel 版本打开工作簿,就应该将保存类型设定为 Excel 97 - 2003 工作簿,如图 4.6 所示。

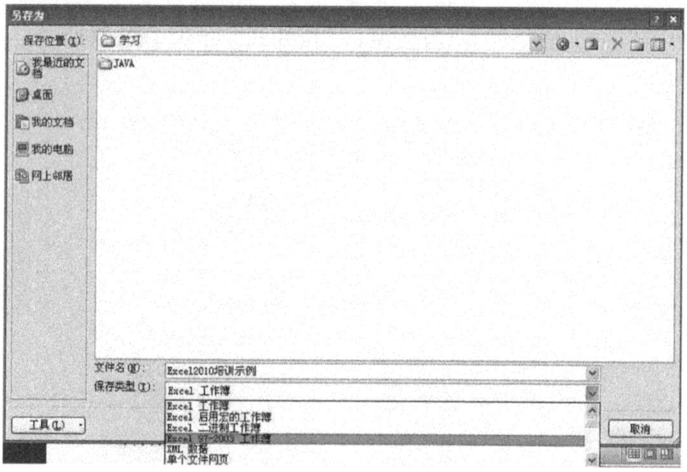

图 4.6　选择保存格式

4. 打开工作簿

要重新打开之前存储的 excel 文件,可以切换至文件选项卡再点击“打开”命令,就会弹出“打开”对话框让用户选择要打开的文件了。

若要想开启最近编辑过的工作簿文件,则可按下文件选项卡,选择“最近所用文件”命令,其中会列出最近编辑过的文件,若有想要打开的文件,按下文件名就会开启了,如图 4.7 所示:

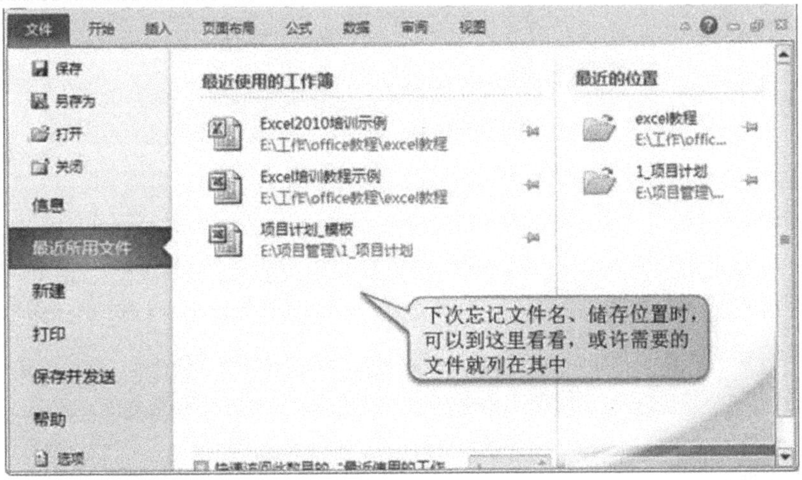

图 4.7　打开最近所用文件

4.2.3　工作表的基本操作

1. 插入新的工作表和切换工作表

一本工作簿默认有 3 张工作表，若不够用时可以自行插入新的工作表。插入工作表的方法如下图 4.8 所示。

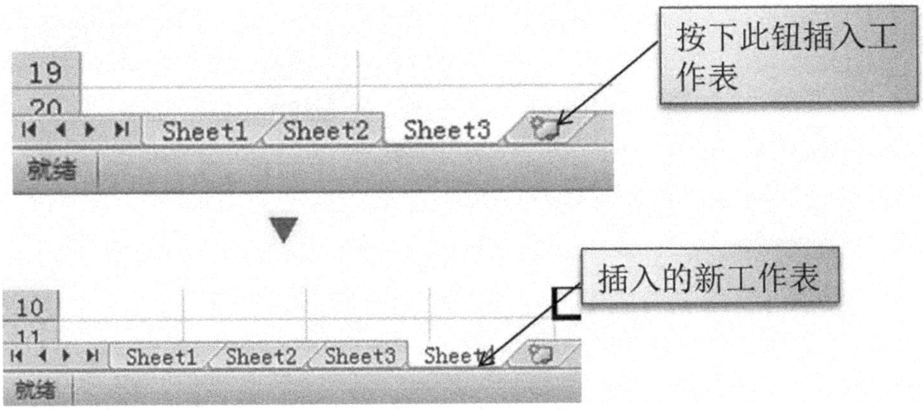

图 4.8　插入新的工作表

目前使用中的工作表，选项卡会呈白色，如果想要编辑其他工作表，只要按下该工作表的表标签即可。

2. 为工作表重新命名

Excel 会以 sheet1、sheet2、sheet3、…为工作表命名，但这类名称没有意义，当工作表数量多时，应更改为有意义的名称，以便辨识。

双击 sheet1 工作表标签，使其呈选取状态，输入“销售数量”再按下 enter 键，工作表就重新命名了，如图 4.9 所示。

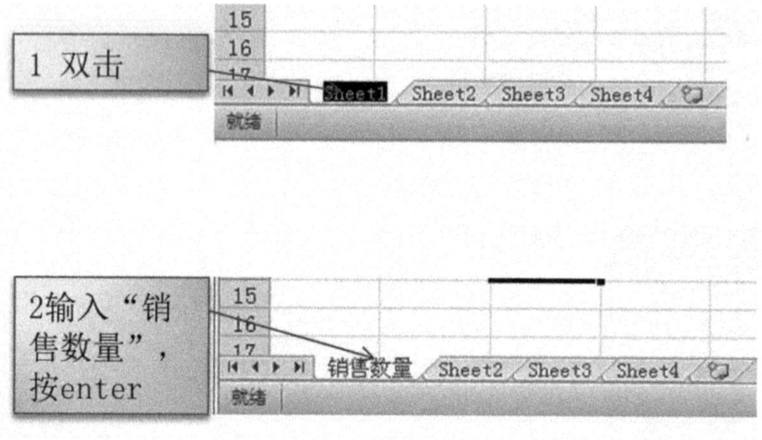

图 4.9　工作表的重命名

3. 设定工作表标签的颜色

除了可以更改工作表的名称,工作表标签的颜色也可以个别设定,这样看起来就更容易辨识了。例如我们要将“销售数量”这个工作表标签改为红色,方法如图 4.10 所示。

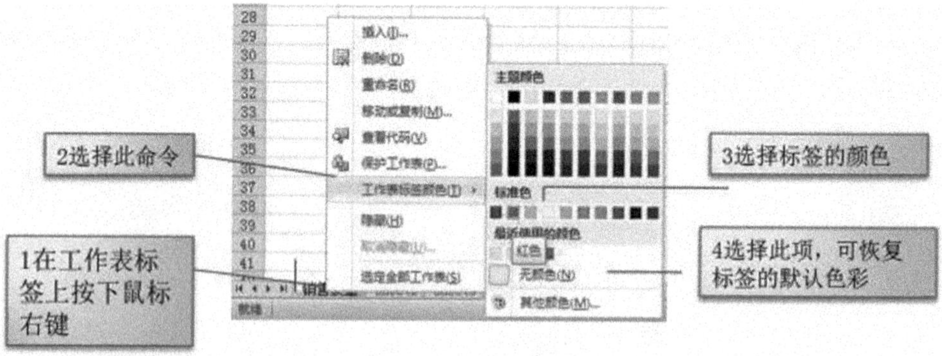

图 4.10　设定工作表标签的颜色

4. 删除工作表

对于不再需要的工作表,可在工作表标签上按鼠标右键执行“删除”命令将它删除。若工作表中含有内容,还出现提示对话框请用户确认是否要删除,以免误删了重要的工作表,如图 4.11 所示。

5. 移动工作表和复制工作表

工作表的移动是指调整工作表的排列顺序或将工作表整体迁移到一个新的工作簿中。复制工作表指的是建立指定工作表的副本,以便在此基础上快速建立一个新的工作表。在 Excel 中移动或复制工作表可以通过以下方法之一实现。

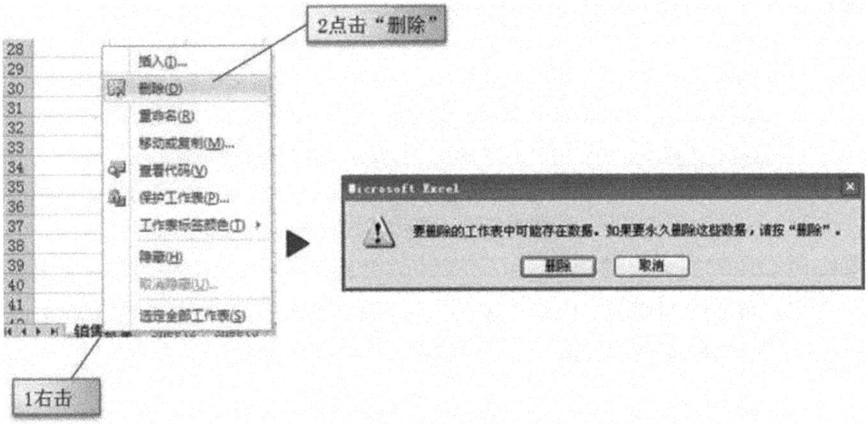

图 4.11　删除工作表

(1)先右键单击要移动或复制的工作表表标签,在弹出的快捷菜单中选择“移动或复制…”命令项,屏幕上将出现如图 4.12 所示的“移动或复制工作表”对话框。

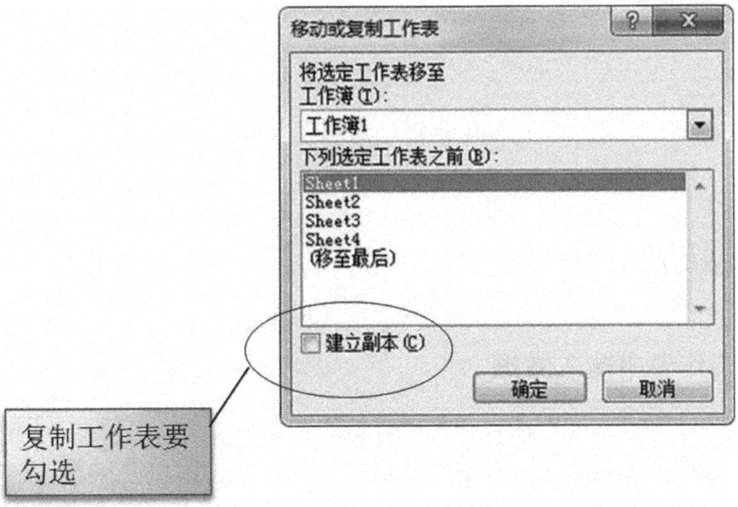

图 4.12　“移动或复制工作表”对话框

通过该对话框可以指定将选定的工作表移动或复制到当前工作簿的某个工作表之前(如果是复制工作表应选中“建立副本”复选框),也可以在“工作簿下拉列表框中选择将选定的工作表移动或复制到”“新工作簿”中。

(2)选中工作表标签并拖动工作表标签到新的位置,可以实现工作表的移动。若按住 Ctrl 键(此时鼠标旁会出现一个“ + ”号),可实现工作表的复制。

例如,用户想把工作表 Sheet4 移到工作簿中所有的工作表之前,可先选中 sheet4 工作表标签并按住鼠标左键不放,把代表工作表 Sheet4 的标签拖动到工作表标签 Sheet1 之前,释放鼠标左键,则按要求把 Sheet4 排在所有工作表之前。如图 4.13 所示,在 Sheet1

前有一黑色向下的三角形,它标识了工作表的移动。

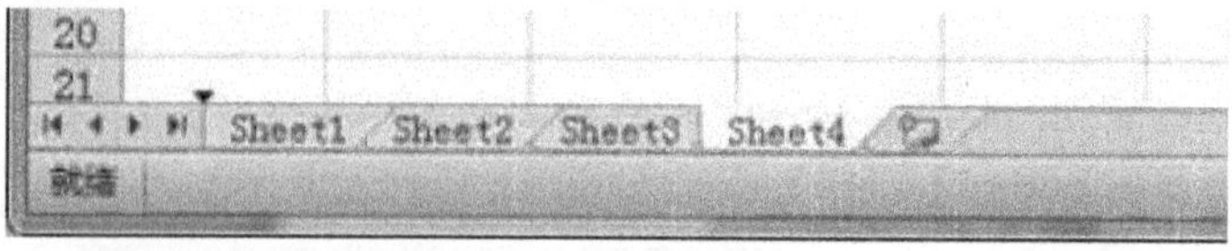

图 4.13　移动工作表

如果按住 Ctrl 键配合上述操作,鼠标指针旁会出现一个“+”字,可实现复制工作表 sheet4,产生 sheet4 的副本放在了工作表标签 sheet1 之前。用户也可对工作表进行复制操作,生成一个副本表,名字为 sheet4(2),如图 4.14 所示。

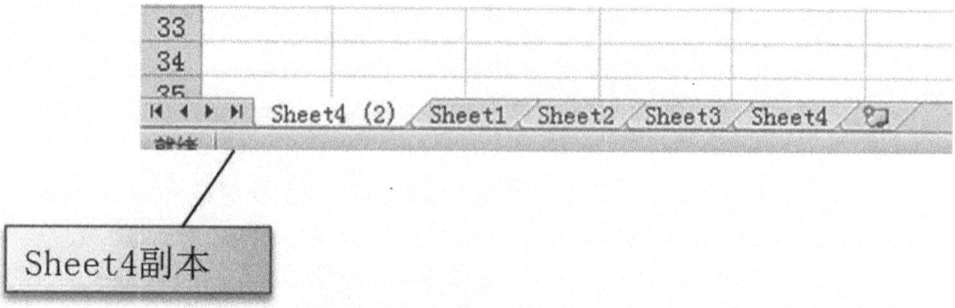

图 4.14　复制工作表

4.3　数据的输入

4.3.1　向工作表中输入数据

工作表是用户在 Excel 中输入和处理数据的工作平台。要使用 Excel 处理数据,必须先将数据输入到工作表中,再根据需要使用有关的计算公式以及函数,来达到数据自动处理的目的。在 excel 中可以输入常量、公式、函数等,输入常量是最常用的输入。

用户可以使用的常量数据包括三类:字符型、数值型、日期和时间型。常量在输入过程时必须遵守相应的数据类型规范输入,Excel 自动识别并按相应格式显示。

向单元格中输入数据的有三种方法:

方法一:单击要输入数据的单元格,直接输入相应的数据。

方法二:选定单元格,单击编辑框,在编辑框中输入编辑相应的数据。

方法三:双击单元格,单元格内显示插入点光标,输入数据。

通常在输入数据过程中都是连续输入同一行或同一列的数据,按 Tab 键可移动到右边的单元格;按 Enter 键可移动到下边的单元格。

1. 字符型数据的输入

字符型数据是由字母、汉字或数字和字符的组合组成的数据,一般可以直接输入。

但是,如果输入数据是由阿拉伯数字组成的字符串,如学号,电话号码,邮政编码等(不参加数学运算的数字串),需在数据前加单引号“‘”,Excel 就会把它当成字符型数据识别。并且在该单元格的左上角加上了绿色三角标记,说明该单元格的数据为字符。默认情况下,字符型数据沿单元格左边对齐,如图 4.15 所示。

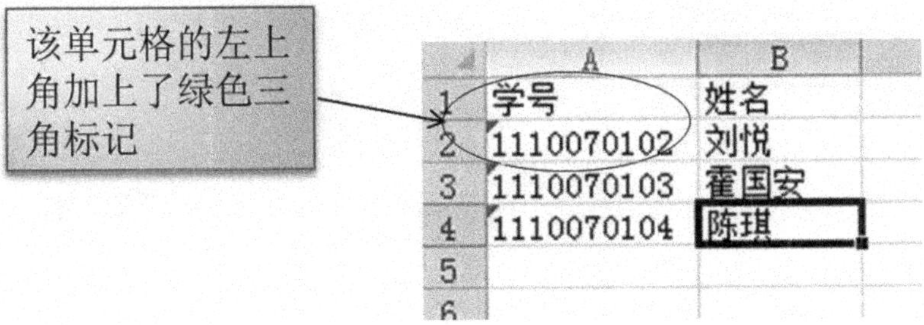

图 4.15　输入不参加运算的数字串

2. 在单元格中实现换行

(1)自动换行

在 Excel2010 默认情况下,单元格只能显示在同一行中,如果要在一个单元格中显示多行文本,应单击“开始”选项卡,单击“对齐方式”组中的“自动换行”按钮。再次单击可以取消自动换行,如图 4.16。

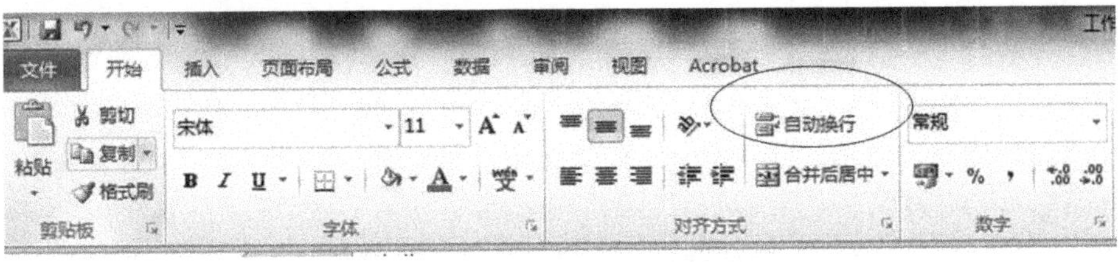

图 4.16　自动换行

(2)强制换行

若想在一个单元格内输入多行数据,可在换行时按下“Alt + Ente”r 键,将插入点移到下一行,便能在同一单元格中继续输入下一行资料。

如下图 4.17 所示在 A2 单元格中输入“订单”,然后按下“Alt + Enter”键,将插入点移到下一行。继续输入“明细”两个字, A2 单元格便会显示成 2 行文字。

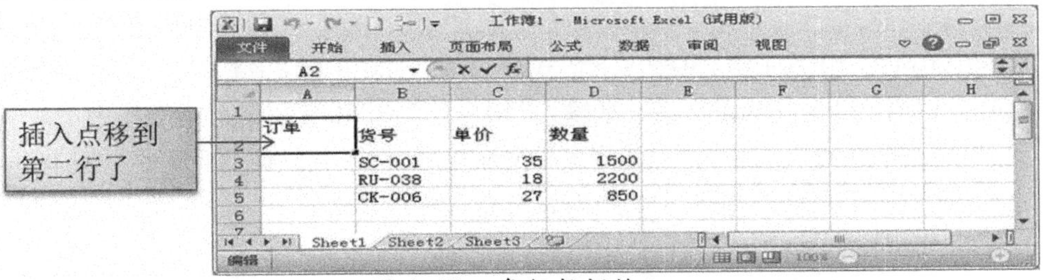

图 4.17　多行数据输入

3. 相同内容的录入

当有多个单元格内容相同时,可先按住 Ctrl 键,同时选择不连续的多个单元格后输入一个内容,然后按下"Ctrl + Enter"键确认输入,每个单元格都会出现相同的内容,如图4.18所示。

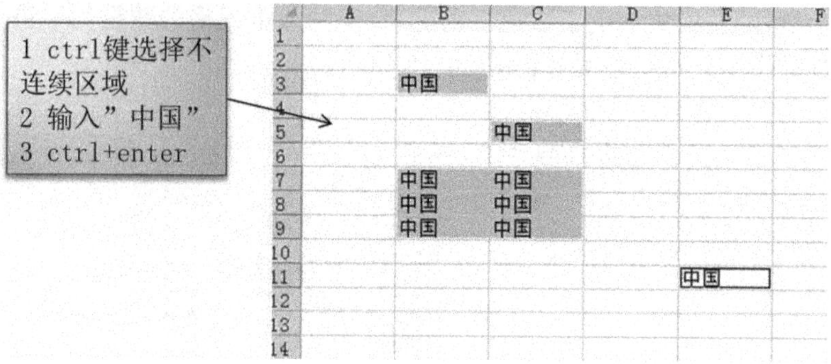

图 4.18　相同数据输入

4. 数值型数据的输入

数值型数据由数字 0 - 9 及一些符号(如小数点、+、-、$、%...)所组成,例如15.36、-99、$350、75%等都是数值型数据。

输入正数时,前面的"+"号可以省略。

输入负数时可以用"-"表示,也可以用数字加括号的形式,例如,"-15"可以输入为"-15",也可以输入为"(-15)"。

输入分数时,必须以零或整数开头,然后按一下空格键,再输入分数。如"1/2",应先输入"0"和一个空格,然后输入分数,即在单元格中输入"0 1/2"。否则,Excel 就会把输入数据当成日期格式处理。输入21/3,应先输入2,然后按一下空格键,再输入分数,即在单元格中输入"2 1/3"。

输入表示货币的数值时,数值前面可以添加 $、¥ 等符号具有货币含义的符号,在计算时不受影响。若在数值尾部加"%"符号,表示该数除以 100。如"50%",在单元格内显示 50%,但实际值是 0.5。

在输入纯小数时,可以省略前面的"0"。如"0.25",可输入".25"。此外,为增强数值的可读性,在输入数值时允许加分节符,如,"1234567",可输入为"1,234,567"。

默认情况下,输入的数值型数据总是靠单元格右侧对齐。

5. 日期和时间的输入

输入日期时,按年月日顺序输入两位数字其间用"/"或"-"进行分隔,输入完成回车确认。如 2014 年 10 月 1 日,可按以下形式之一输入:2014-10-1,2014/10/1。如果省略年份,则以当前年份作为默认值。如输入"10-10"或"10/1",单元格对应的编辑栏均显示内容"2014/10/1"。虽然可以使用多种显示格式,但系统默认的日期格式只有一种,当选择不同的格式显示,编辑栏中始终以系统默认格式显示的。

输入时间时,小时与分钟或秒之间用冒号分隔。如"9:15:15"。

Excel 默认对时间数据采用 24 小时制。若要输入 12 小时制的时间数据,可在时间数据后按一个空格,然后输入 AM(上午)或 PM(下午)。

如果在同一个单元格中同时输入日期和时间,则应在日期和时间之间用空格分隔。

4.3.2　使用自动填充提高输入效率

为了提高效率输入一些有规律的数据，如相同数据、数据序列、相同的计算机公式或函数，Excel 提供了“自动填充”功能以方便用户通过简单拖动动作来实现数据快速录入。

1. 重复数据的自动完成

在输入同一列的资料时，若内容有重复，就可以透过“自动完成”功能快速输入。例如在 B2 到 B4 单元格输入内容，然后再 B5 单元格中输入“成”字，此时“成”之后自动填入与 B3 单元格相同的文字，并以反白方式显示，如图 4.19 所示。

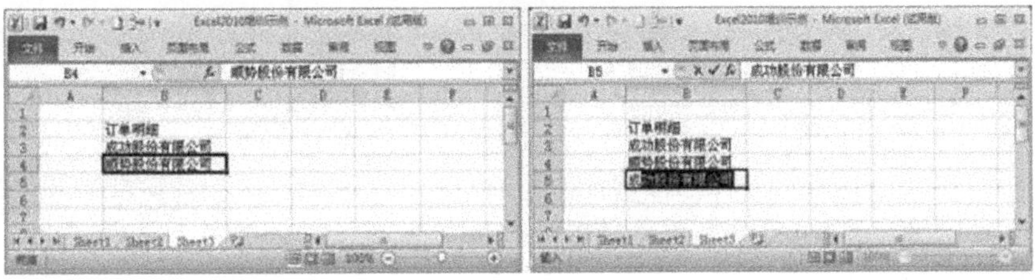

图 4.19　重复数据的自动完成

若自动文字的内容正好是想输入的文字，按下 Enter 键就可以将文字存入单元格中；若不是想要的内容，可以不予理会，继续完成输入文字的工作。“自动完成”功能，只适用于文字资料。

在“文件”选项卡中单击“选项”按钮，在弹出的如图 4.20 所示的对话框中单击“高级”选项，在“编辑选项”组中选中或取消“为单元格值启用记忆式键入”复选框，即可启用或关闭“自动完成”功能。

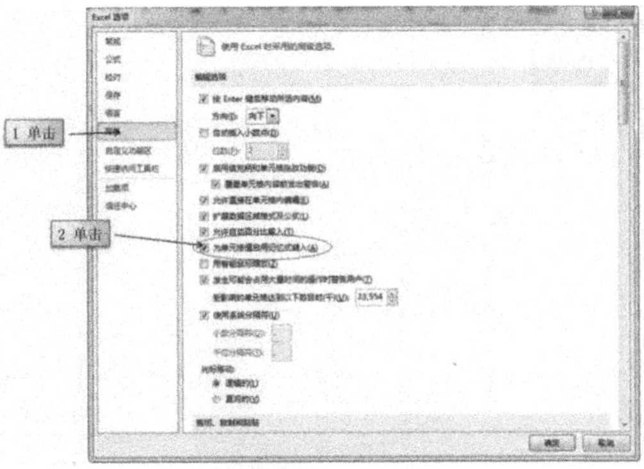

图 4.20　启用或关闭“自动完成”功能

2. 相同数据的自动填充

如果需要在相邻的若干个单元格中输入完全相同的字符或数值，可以使用 Excel 提供的自动填充功能。

某单元格中输入了数据后，将指针移至单元格右下角的“填充柄”上，如图 4.21 所示。当指针形状由空心十字形变成了黑色的十字形，按住鼠标左键，拖动到填充区域的终止位置即可，如图 4.22 所示。

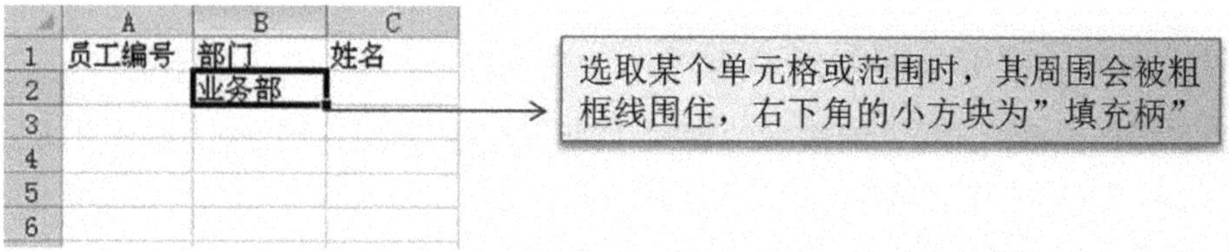

图 4.21 “填充柄”

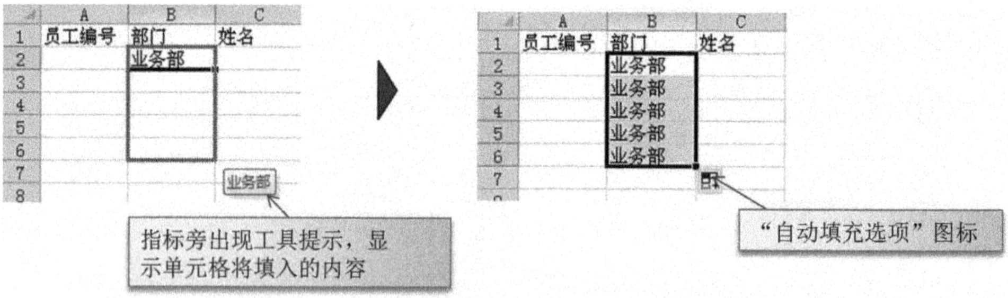

图 4.22 自动填充

在刚才的操作中，数据自动填充 B2:B6 单元格后，B6 单元格旁出现了一个“自动填充选项”图标，按下此图标可显示下拉菜单，让你变更自动填充的方式，如图 4.23 所示。从菜单中可以看出自动填充不仅可以实现数据的填充，也可以实现数据格式的填充，还可在填充数据时忽略数据的格式设置。

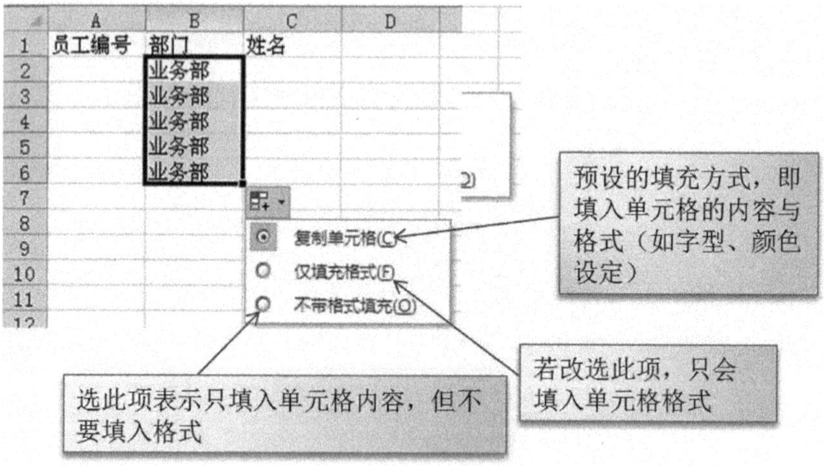

图 4.23 “自动填充选项”图标作用

3. 数据序列自动填充

在创建表格时，常会遇到需要输入一些按某规律变化的数字序列。如，一月、二月、三月，……；星期一、星期二、……；1、2、3、……；等等。使用自动填充功能录入数据序列是十分方便的。

Excel 已经预定义了一些常用的数据序列，也允许用户按照自己的需要添加新的序列。单击“文件”选项卡→“选项”→“高级”，在“常规”选项中选择“编辑自定义列表”命令显示如图 4.24 所示的“自定义序列”对话框。

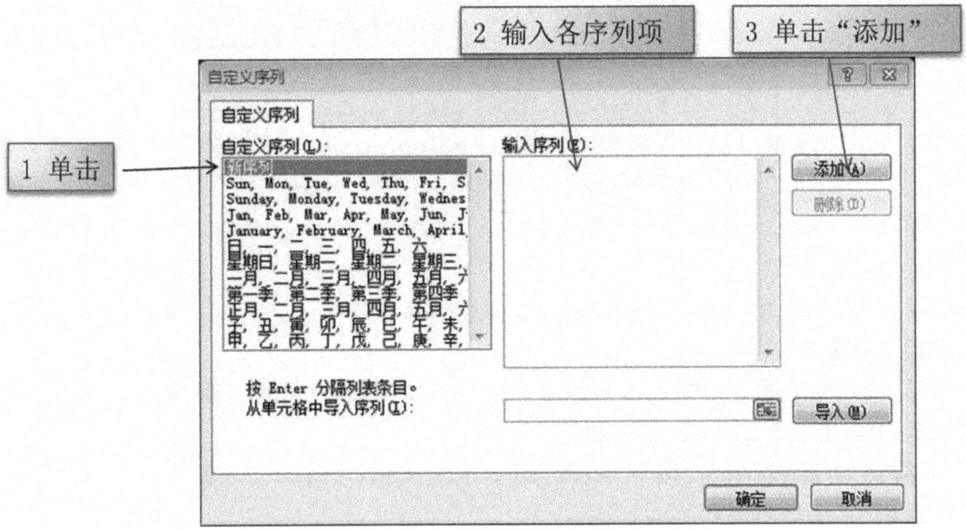

图 4.24　“自定义序列”对话框

若需要创建新的数据序列,可在自定义序列列表中单击“新序列”选项,并在右侧“输入序列”栏中按每行一项的格式逐个输入各序列项。最后单击“添加”按钮。

使用已定义的数据序列进行自动填充操作时,可首先输入序列的一个项(不要求一定是第一个项)。而后将指针移动到“填充柄”上,当指针变成黑色十字形状时,按住左键向希望的方向拖动进行填充即可,如图 4.25 所示。

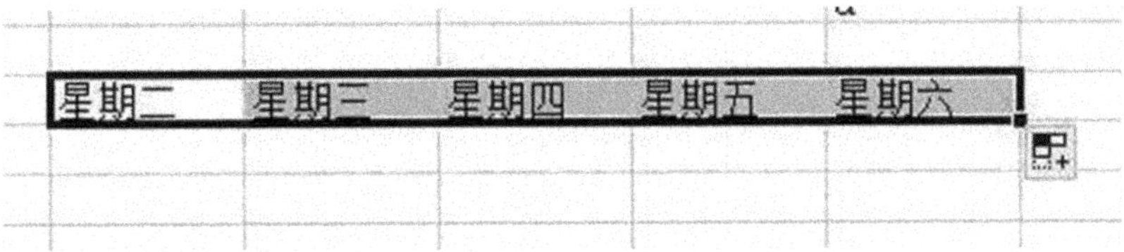

图 4.25　填充数据序列

4. 规律变化的数字序列填充

(1)等差数列

制作表格时经常会遇到需要输入众多有规律变化的数字序列的情况,Excel 默认能按等差数列的方式自动填充数字序列。

例如,在工作表中填充如下图 4.26 员工编号。可在第一行输入“1”,第二行输入“2”。按住左键选中这两个单元格,将指针移动到所选区域右下角的“填充柄”上。按住左键向下拖动,Excel 能自动推算出用户希望的数字序列。若第一个和第二个数字分别为“1”和“3”,执行自动填充时得到的结果是“1、3、5、7、……”。

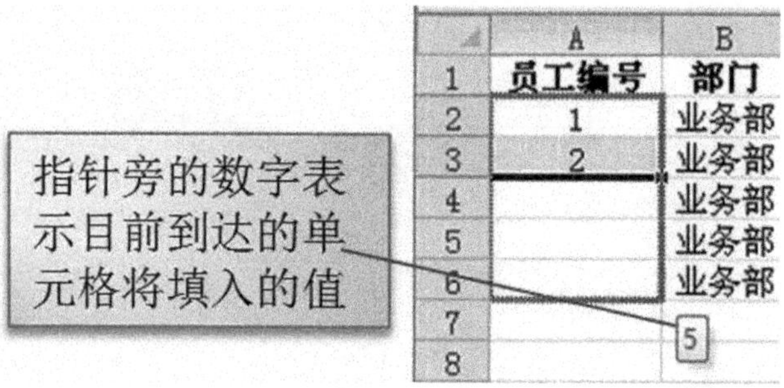

图 4.26　等差数列自动填充

(2)等比数列

等比数列无法像等差数列以拉拽填充柄的方式来建立,我们实际来操作看看。例如要在 B3:B10 建立 5、25 、125……的等比数列。

切换到“开始”选项卡,按下“编辑”组的填充按钮(如图 4.27 所示),由下拉选单中选择“系列…”命令打开序列对话框。

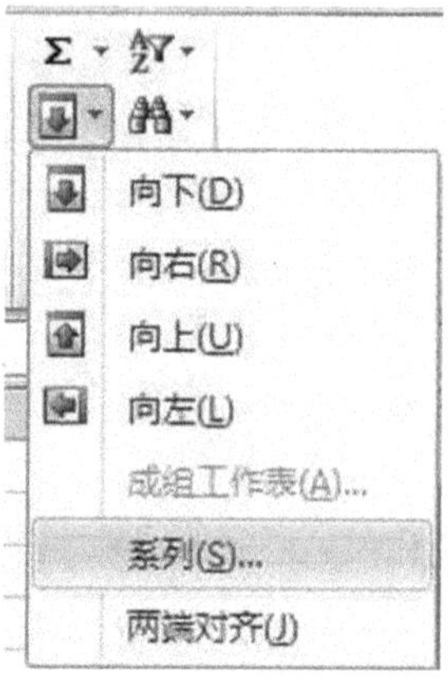

图 4.27　填充按钮

具体操作步骤如图 4.28 所示:

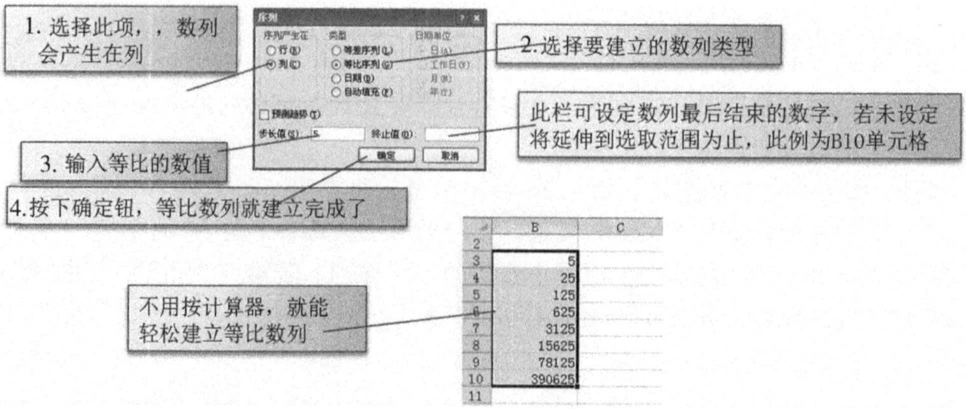

图 4.28　等比数列自动填充

5. 公式、函数自动填充

假设已在工作表中输入了如图 4.29 所示的一些数据，在 E2 单元格中输入求和计算公式“ = c2 + d2”后按 Enter 键，则单元格中将显示 C2 单元格和 D2 单元格中数据的和。关于公式和函数的使用将在后续章节中详细介绍，这里简单理解一下即可。

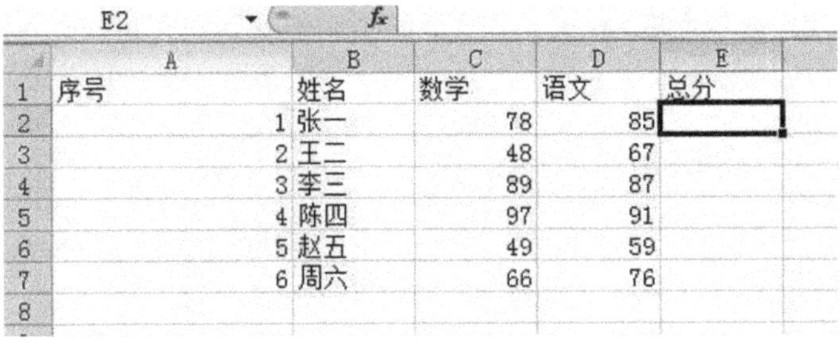

	A	B	C	D	E
1	序号	姓名	数学	语文	总分
2	1	张一	78	85	
3	2	王二	48	67	
4	3	李三	89	87	
5	4	陈四	97	91	
6	5	赵五	49	59	
7	6	周六	66	76	
8					

图 4.29　原始数据

单击选择单元格 E2，在编辑栏中可以看到计算结果“163”对应的公式“ = C2 + D2”。将指针指向“填充柄”标记，当指针变成黑色十字标记时，按住左键向下拖动到 E7 单元格，执行计算公式的填充，放开鼠标后得到图 4.30 的填充结果。

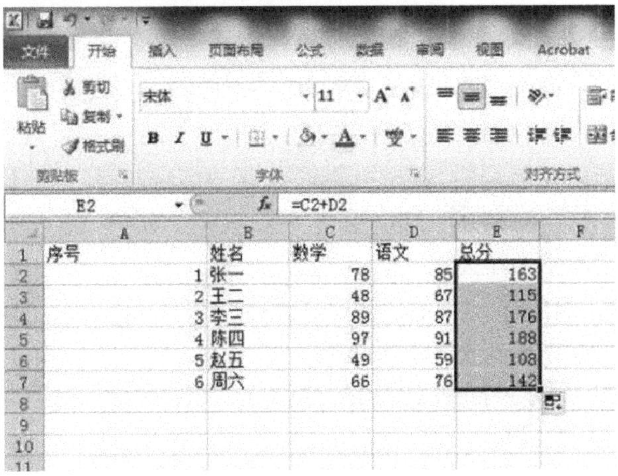

	A	B	C	D	E	F
1	序号	姓名	数学	语文	总分	
2	1	张一	78	85	163	
3	2	王二	48	67	115	
4	3	李三	89	87	176	
5	4	陈四	97	91	188	
6	5	赵五	49	59	108	
7	6	周六	66	76	142	
8						
9						
10						
11						

图 4.30　填充结果

填充完成后，选择不同的单元格会在编辑栏中看到填充进来的不同的公式。这就是公式、函数填充的特点，它是一种快速执行相同计算方法的功能。

4.4　调整工作表的行、列布局

调整工作表的行、列布局指的是工作表中行、列和单元格的添加、删除，工作表行高和列宽的调整以及单元格合并等操作。

4.4.1　添加、删除工作表中的行、列和单元格

1. 在工作表中插入行

单击要插入位置后面的行标，选择一行单元格，单击右键弹出快捷菜单，选择插入命令，或者选择“开始”选项卡的“单元格”组里的插入按钮，选择“插入工作表行”命令，如图 4.31 所示。

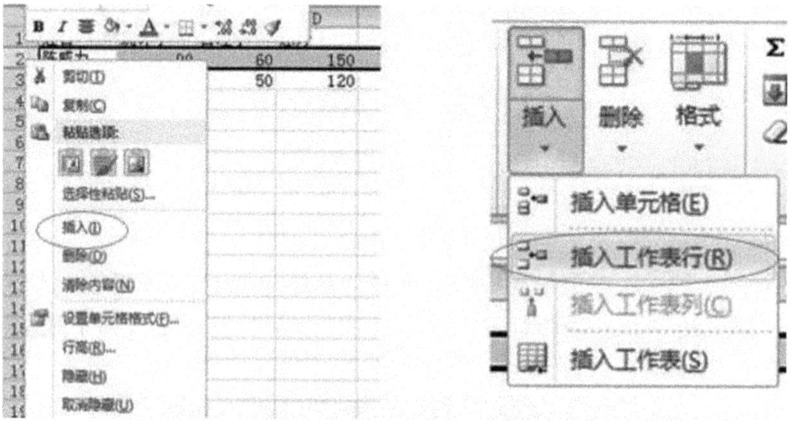

图 4.31　在工作表中插入行的两种方法

2. 在工作表中插入列

单击要插入位置后面的列标，选择一列单元格，单击右键弹出快捷菜单，选择插入命令，或者选择“开始”选项卡的“单元格”组里的插入按钮，选择“插入工作表列”命令。

3. 在工作表中插入空白单元格

Excel 允许用户在当前单元格的上方或左侧插入空白单元格，同时将同一列中的其他单元格下移或同一行中的其他单元格右移。

假设要在 B2:D2 插入 3 个空白单元格，则先选取要插入空白单元格的 B2:D2，如图 4.32 所示。

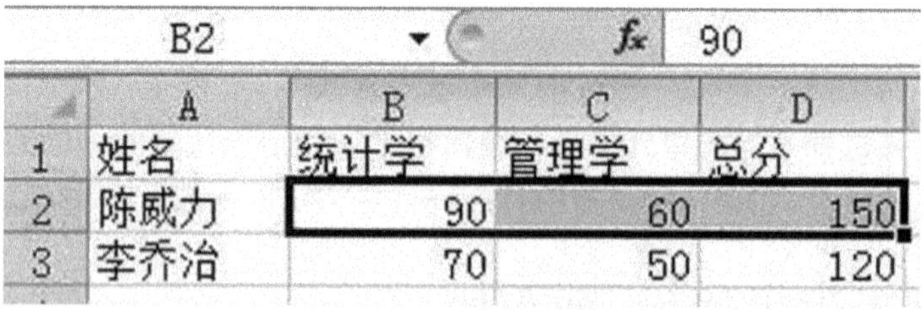

图 4.32　原始数据

切换至“开始”选项卡的“单元格”组下的“插入”按钮，执行“插入单元格”命令。弹出如图 4.33 所示对话框，选“活动单元格下移”，即完成。

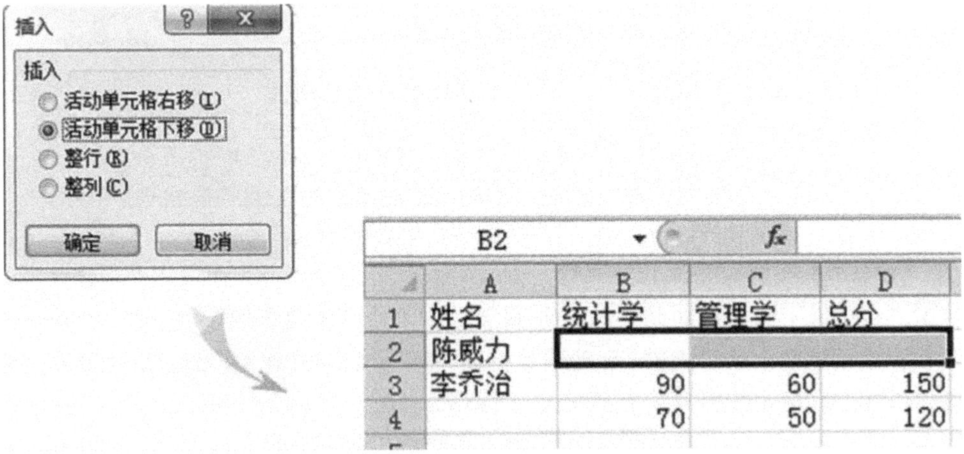

图 4.33　在工作表中插入空白单元格

4. 删除单元格、行、列

选择要删除的行或列或单元格上单击右键，在弹出的快捷菜单中选择“删除”命令即可。或者选择“开始”选项卡里“单元格”组的“删除”按钮。

5. 复制或移动单元格、行、列

在 Excel 中复制或移动单元格、行或列最简单的操作方法就是直接按住左键并拖动。在选择了单元格、行、列或区域之后，将指针靠近所选范围的边框处，当指针变成双十字箭头样式时，按住左键将其拖动到目标位置即可实现对象的移动。如果在拖动的同时按住 Ctrl 键(此时鼠标指针旁会出现一个“ + ”标记)，可实现对象的复制。

需要说明的是，如果希望将某行(列)移动到某个含有数据的行(列)前，应首先在目标位置插入一个新的空白行(列)。否则，目标位置的原有数据将会被覆盖。

4.4.2　调整列宽和行高

1. 快速列改列宽和行高

Excel 工作表中更改列宽最快捷的方法是使用鼠标直接拖动列或行的边界线。把鼠标指针放在列或行的边界线上，鼠标指针由白色空心十字形变为带上下方向的十字箭头(调整行高)或带左右方向的十字箭头(调整列宽)。上下拖动即可改变行高，左右拖动即可改变列宽。当拖动到所需位置后，释放鼠标按钮，Excel 就调整了此行高或列宽。另外，如果用户需要改变多个行的行高或列宽，选中多行或多列，其方法与改变单行的行高或列宽相似，用此方法可同时调整选中的所有行高或列宽到相同的指定值。

2. 精确高置列宽和行高

如果希望将列宽或行高精确设置成某一数值，可按如下方法进行操作。

右击希望调整的行高或列宽的行标号或列标号，在弹出的快捷菜单中选择“行高”或“列宽”命令，显示如图 4.34 所示的“行高”对话框或“列宽”对话框，在文本框中输入希望的值，单击“确定”按钮即可。

图 4.34　精确调整“行高”对话框和“列宽”对话框

3. 自动调整列宽和行高

用户在选择了需要自动调整的行或列后，在“开始”选项卡的“单元格”组，单击“格式”，在弹出的快捷菜单中选择“自动调整行高”或“自动调整列宽”命令即可使列宽或行高自动匹配单元格中数据宽度或高度，如图 4.35。

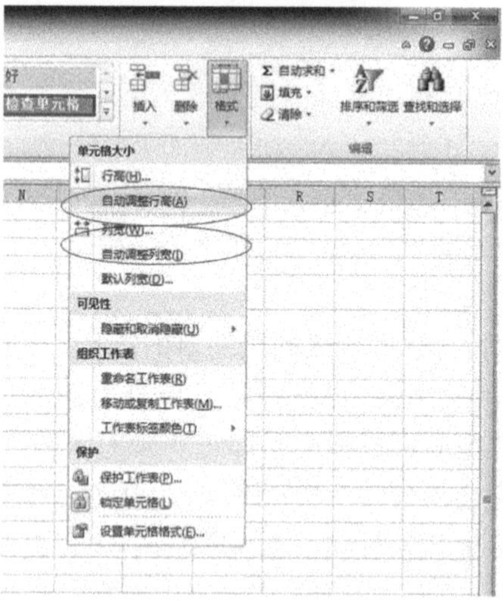

图 4.35　自动调整列宽和行高

4.4.3　合并单元格

当合并两个或多个相邻的水平或垂直单元格时，这些单元格就成为一个跨多行或多行显示的大单元格。其中一个单元格的内容出现在合并的单元格的中心。合并后的单元格的名称将使用原始选定区域的左上角单元格的名称。在 Excel 中可以将合并后的单元格重新拆分成原状，但是不能拆分未合并过的单元格。

1. 合并相邻单元格

选择两个或更多要合并的相邻单元格，在“文件”选项卡的“对齐方式”组中单击“合并后居中”按钮右侧的下拉箭头，如图 4.36 所示，Excel2010 提供了“合并后居中”“跨越合并”和“合并单元格”三种合并操作方式。

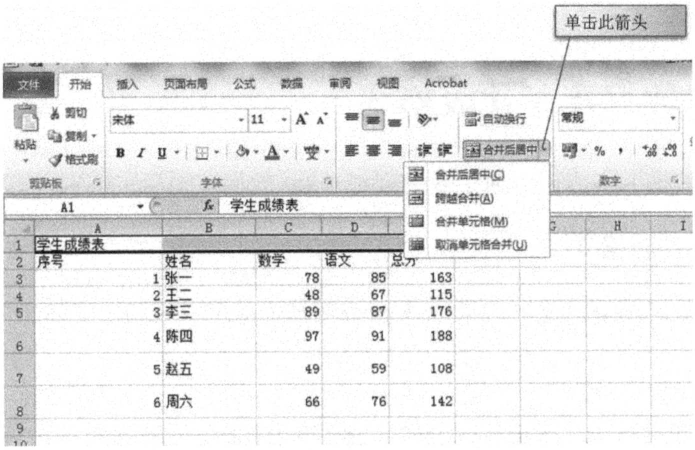

图 4.36　合并和取消合并单元格菜单

在快捷菜单中选择“合并单元格”或“合并后居中”命令，可将选中的 A1 至 E1 单元格区域合并。这种方法常用来进行表格标题行的处理。“合并单元格”的作用是将选择区域中所有单元格合并成一个单元格，与“合并后居中”的区别在于合并后不会强制文本居中。

“跨越合并”的作用是将选择区域中的单元格按每行合并成一个单元格。例如，如图 4.37 所示，在工作表中选择了 3 行 2 列共 6 个单元格，执行“跨越合并”后每行 2 个单元格被合工，共得到 3 个合并的单元格，如图 4.38 所示。

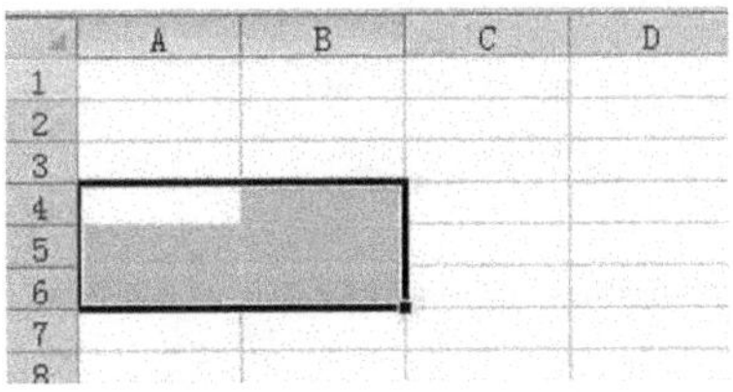

图 4.37　选择合并区域

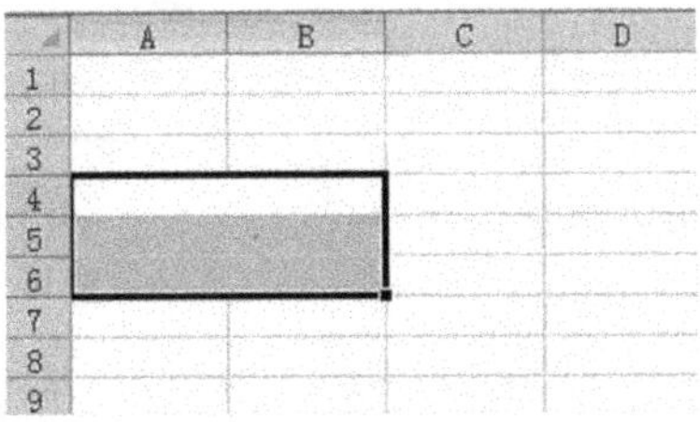

图 4.38　执行“跨越合并”的结果

2. 取消合并的单元格

如果希望取消已经合并的单元格，可在选择了单元格后，在“文件”选项卡“对齐方式”组中单击“合并后居中”按钮右侧的箭头，在弹出的快捷菜单（如图 4.36）中选择“取消单元格合并”命令。

4.5 设置数据及工作表格式

通过设置数据的格式可以使工作表列加美观,数据更加易于识别,信息更容易提取。

4.5.1 设置数据格式

设置数据格式是指设置单元格或某区域内所有数据的字形、字体、字号、颜色、填充色、边框等。

1. 设置字体

在如图 4.39 所示的“开始”选项卡“字体”组中,提供了常用的文本数据格式设置工具,如字体、字号、字形等。设置方法与 Word 2010 相同。

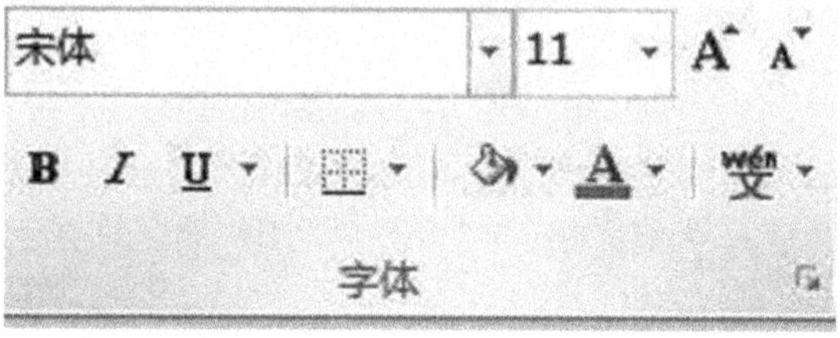

图 4.39 “开始”选项卡“字体”组

单击字体组右下角的对话框启动器,将弹出如图 4.40 所示的“设置单元格格式”对话框,通过它可以更加详细的设置字体格式。

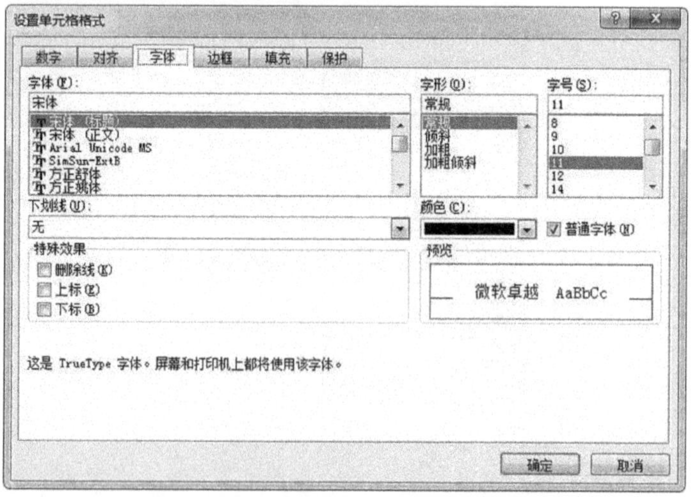

图 4.40 “设置单元格格式”对话框

2. 更改数据的对齐方式

在“打开”选项卡的“对齐方式”组中提供了设置数据垂直对齐、水平对齐、文字方向、增大或减少缩进量等功能,如图 4.41。

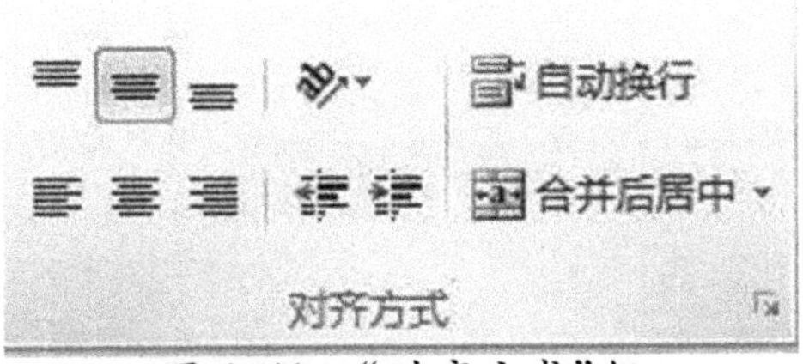

图 4.41　“对齐方式”组

单击“对齐方式”组右下角的对话框启动器，将弹出如图 4.42 所示的“设置单元格格式”对话框的“对齐”选项卡，通过它可以更加详细的设置单元格或选择区域中数据的对齐方式。

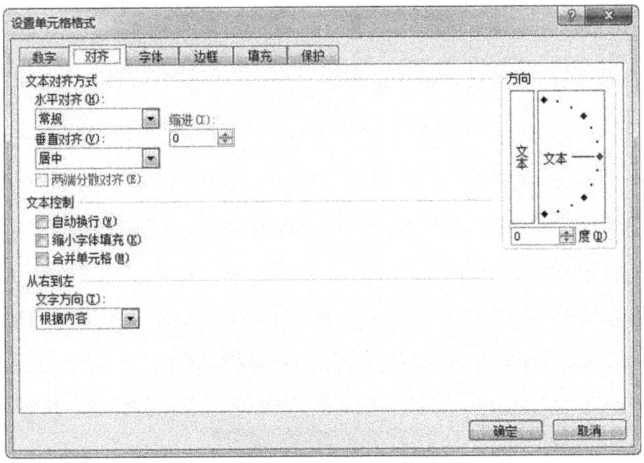

图 4.42　“设置单元格格式”对话框的“对齐”选项卡

3. 设置数值格式

通过应用不同的数字格式，可以更改数字的外观而不会更改数字本身。所以使用数字格式只会使数值更易于表示，并不影响 Excel 用于执行计算的实际值。

“开始”选项卡的“数字”组提供了一些常用的、用于设置数值格式的工具按钮。如图 4.43 所示。

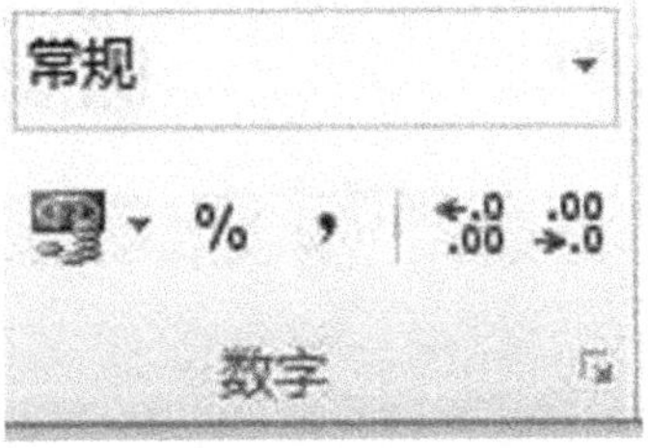

图 4.43　“开始”选项卡的“数字”组

例如，想 4567 改成“￥4567.00”，选择“开始”选项卡里“数字”组，点击数据格式，选择适合的数值格式，如图 4.44 所示。

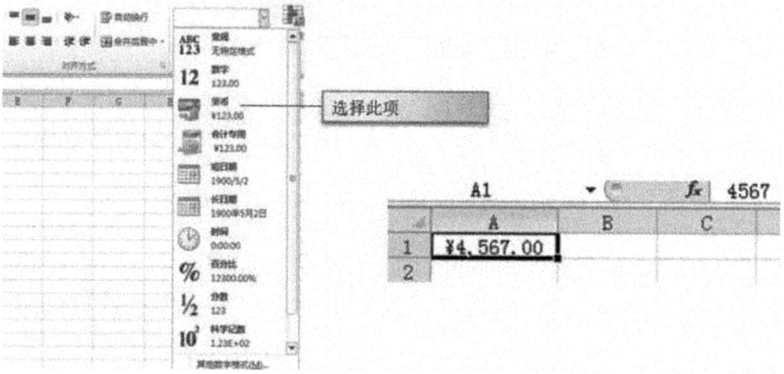

图 4.44　设置数值格式举例

4.5.2　设置边框

用户可以在单元格或单元格区域周围添加边框。通过使用预定义的边框样式，使用 Excel 2010 的各种边框工具可在单元格或单元格区域的周围快速添加希望的边框样式。

1. 为单元格区域添加边框线

在工作表中选择要添加边框的单元格或区域，在“开始”选项卡“字体”组中，单击按钮其右侧的下箭头标记，弹出下拉菜单。通过该菜单用户可以任意选择边框样式，也可以自主选择线型和颜色手工绘制边框，或擦去不再需要的边框，如图 4.45 所示。

图 4.45　设置边框样式下拉菜单

如果要做的边框样式如图 4.46 所示。表格标题不设置边框，表格内部设置为细实线边框，表格外框为粗实线边框。

学生成绩表

序号	姓名	数学	语文	总分
1	张一	78	85	163
2	王二	48	67	115
3	李三	89	87	176
4	陈四	97	91	188
5	赵五	49	59	108
6	周六	66	76	142

图4.46　设置边框举例(目标效果)

步骤如下：

(1)选择表格的数据区(即不包含“学生成绩表”标题的所有有数据单元格区域,如图4.47所示)。

学生成绩表

序号	姓名	数学	语文	总分
1	张一	78	85	163
2	王二	48	67	115
3	李三	89	87	176
4	陈四	97	91	188
5	赵五	49	59	108
6	周六	66	76	142

图4.47　选择要设置边框的单元格区域

(2)为所选区域应用图4.45中“所有框线”样式

(3)在不撤销原选区的情况下再次应用图4.45中“粗匣框线”样式,即可得到想要的边框效果。

如果在选择了某单元格区域后,选择图4.45中“无框线”命令,则区域内所有已设置的边框线将全部删除。

2. 绘制斜线表头

Excel 2010 允许用户通过设置单元格对角线的方法为表格添加斜线表头,以便说明数据区首行和首列中数据的性质。

绘制斜线表头步骤：

(1)选择要绘制斜线表头的单元格。

(2)右击后在弹出的快捷菜单中选择“设置单元格格式”。

(3)在弹出的如图4.48所示“设置单元格格式”对话框中单击 “边框”选项卡,再单击“外边框”选项,然后单击从左上角到右下角的“对角线”按钮。

通过该对话框可以设置线条的样式(实线、虚线等)和线条的颜色。

在斜线表头中输入文字时,应注意使用“Alt + Enter”组合键将文字分别写在两行上,并使用添加空格的方法调整文字的显示位置,使之能显示到由斜线分隔开的两个区域的适当位置。

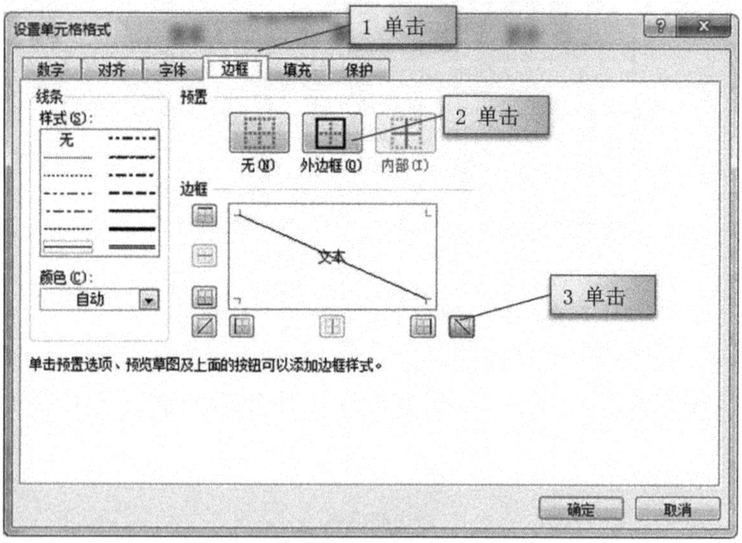

图 4.48 “设置单元格格式”“对话框的”、“边框”选项卡

4.5.3 设置底纹

1. 设置单元格或单元格区域底纹为纯色

方法如下(如图 4.49)所示:

(1)选择要设置底纹的单元格或单元格区域。

(2)在开始“选项卡的”“字体”组中,单击“填充颜色”按钮右侧箭头,可将调色板上显示的颜色设置为所选单元格或单元格区域的底纹颜色。

(3)如果图“主题颜色”和“标准色”中没有合适的颜色,可以选择下方“其他颜色”命令,在弹出的“颜色”对话框(如图 4.50 所示)中进行选择。

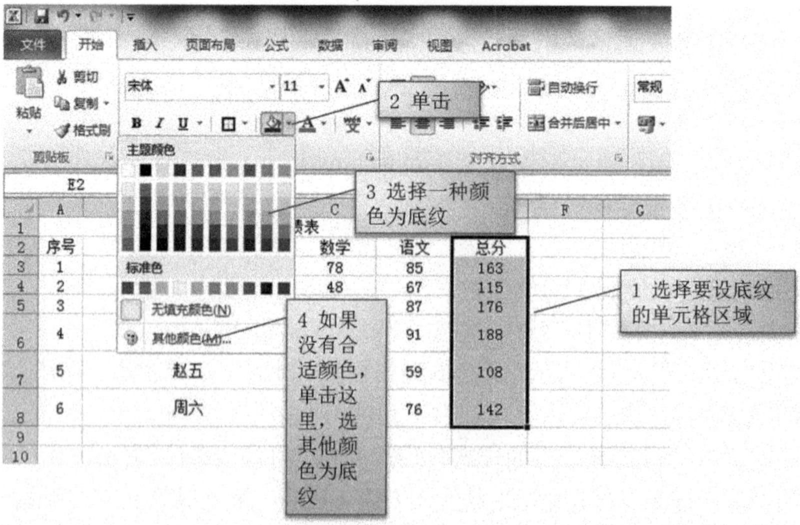

图 4.49 设置单元格或单元格区域底纹为纯色步骤

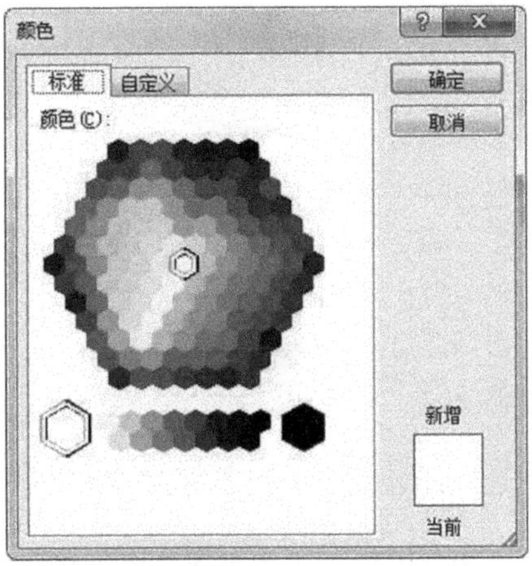

图 4.50　“颜色”对话框

2. 设置单元格或单元格区域底纹为渐变色

Excel 2010 中除了可以为单元格或单元格区域设置纯色的背景色,还可以将渐变色、图案设置为背景。

方法如下:

(1)在开始“选项卡的”字体组右下角的对话框启动器,在弹出的“设置单元格格式”对话框中单击“填充”选项卡,单击“填充效果”按钮,如图 4.51 所示。

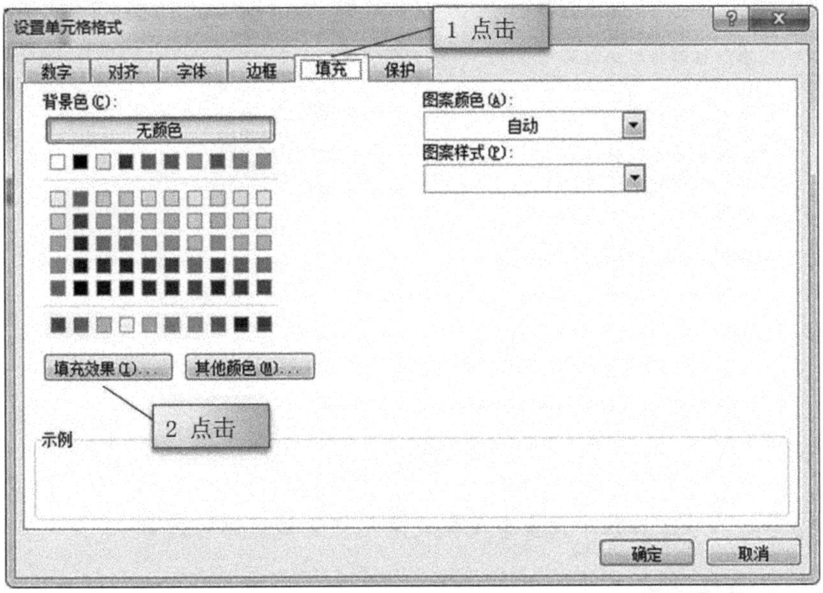

图 4.51　“设置单元格格式”对话框的“填充”选项卡

(2)弹出“填充效果”对话框(如图 4.52 所示)。通过该对话框可以选择形成渐变色效果的颜色及底纹样式。

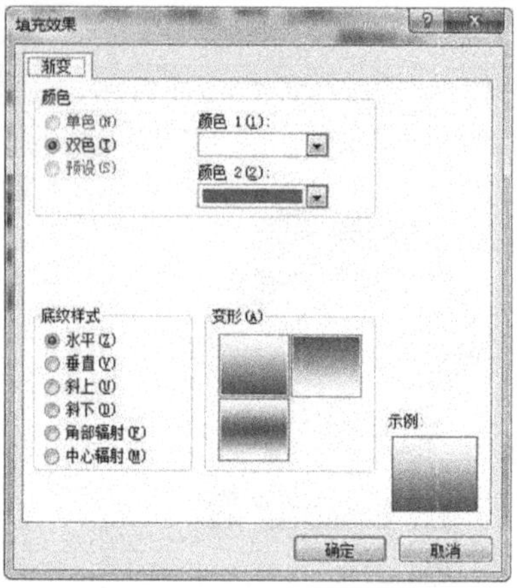

图 4.52 “填充效果”对话框

3. 设置单元格或单元格区域底纹为图案

“图案”指的是在某种颜色中掺杂入一些特定的花纹而构成的特殊背景色。如图4.53所示，在“设置单元格格式”对话框的“填充”选项卡中，用户在“图案颜色”下拉列表框中选择某种颜色后，再在“图案样式”选项下拉列表框中选择“掺杂”方式即可。

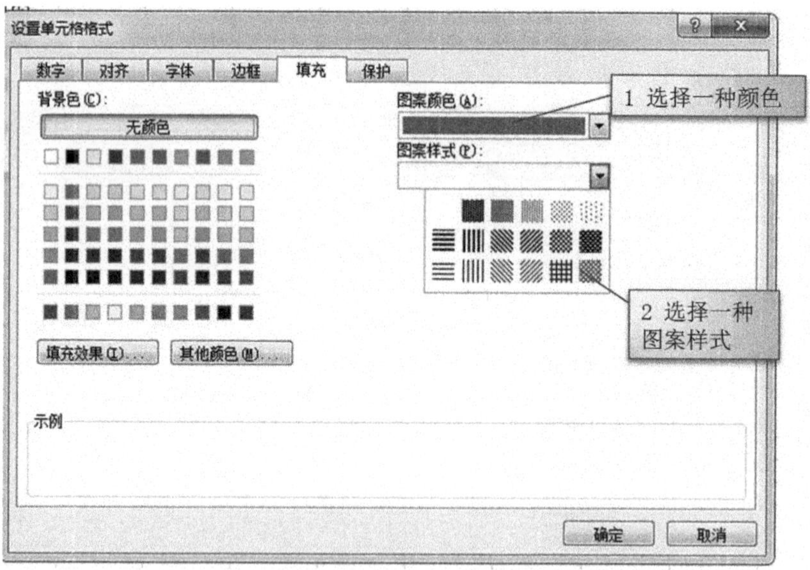

图 4.53 设置单元格或单元格区域底纹为图案

4.5.4 设置条件格式

条件格式是使数据在满足不同的条件时，Excel 2010 可以显示不同的底纹、字体或颜色等。条件格式基于不同条件来确定单元格的外观。例如，可以将所选区域中所有学生成绩小于 60 的采用红色字体显示，以便直观的显示出不及格学生的情况。方法如下：

(1)在工作表中选择希望设置条件格式的单元格区域。

(2)在“开始”选项卡“样式”组中,单击“条件格式”按钮,在弹出的下拉菜单中选择“突出显示单元格规则‘|’小于”命令,如图 4.54 所示。

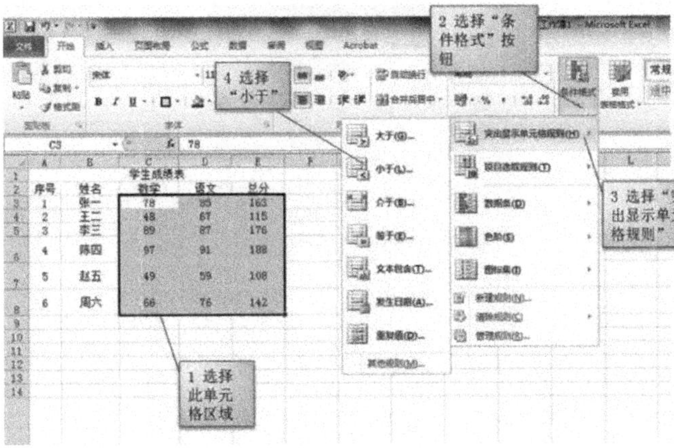

图 4.54　选择“小于”命令

(3)在弹出的“小于”对话框中的“为小于以下值的单元格设置格式”文本框中输入 60,将格式设置为“红色”,如图 4.55 所示。

图 4.55　设置“条件格式”

如果希望取消单元格或单元格区域中的条件格式设置,可在选择了单元格或单元格区域后,在“开始”选项卡“样式”组中,单击“条件格式”按钮,在弹出的菜单中点击“清除规则”,按照实际需要选择子菜单中的“清除所选单元格的规则”或“清除整个工作表的规则”命令即可。

4.5.5　清除单元格中的数据和格式

选择某单元格后可以向其中输入数值或文本。双击包含有数据的单元格可使插入点光标出现在双击处,方便用户编辑数据。选择了包含数据的单元格后按 Delete 键可删除单元格中的数据。但是,上述方法只是删除了单元格的“内容”,其中包含的格式如数据格式、条件格式、边框底纹等不会被删除。

如图 4.56 所示,“开始”选项卡的“编辑”组中单击“清除”按钮,弹出下拉菜单,通过该菜单用户可以选择执行“全部清除”“清除内容”“清除格式”“清除批注”或“清除超链接”命令。

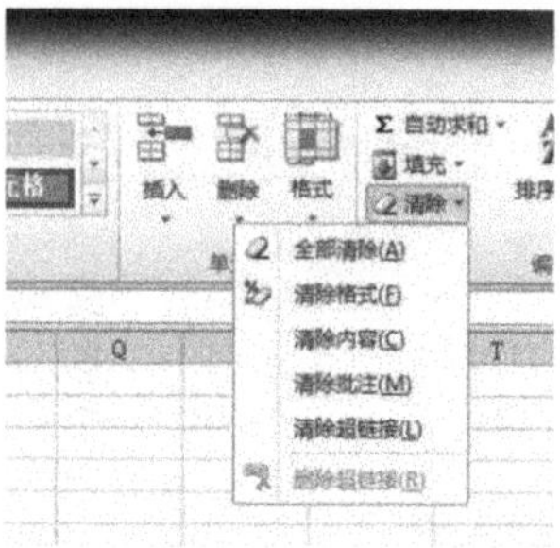

图 4.56 “清除”按钮下拉菜单

4.6 使用公式与函数

Excel 表格区别于 Word 表格最显著的一点是,提供了大量用于数据计算的函数,同时还支持用户使用自定义的计算公式。

分析和处理 Excel 工作表中的数据,离不开公式和函数。公式是函数的基础,它是单元格中的一系列值、单元格引用、名称或运算符的组合,可以生成新的值;函数是 Excel 预定义的内置公式,可以进行数学、文本、逻辑的运算。

4.6.1 使用公式

1. 公式的输入方法

输入公式必须以等号“ = ”开头,例如“ = Al + A2”,这样 Excel 才知道我们输入的是公式,而不是一般的文字数据。

如图 4.57 我们已在其中输入了六个学生的成绩。

	A	B	C	D	E
1	学生成绩表				
2	序号	姓名	数学	语文	总分
3	1	张一	78	85	
4	2	王二	48	67	
5	3	李三	89	87	
6	4	陈四	97	91	
7	5	赵五	49	59	
8	6	周六	66	76	
9					
10					

图 4.57 原始表

现要算出六个学生的总分。我们打算在 E3 单元格存放“张一的各科总分”，也就是要将“张一”的数学、语文分数加总起来，放到 E3 单元格中，因此将 E3 单元格的公式设计为“ = C3 + D3”。

操作方法如下：

(1)选定 E3 单元格，输入“ = ”如图 4.58 所示。

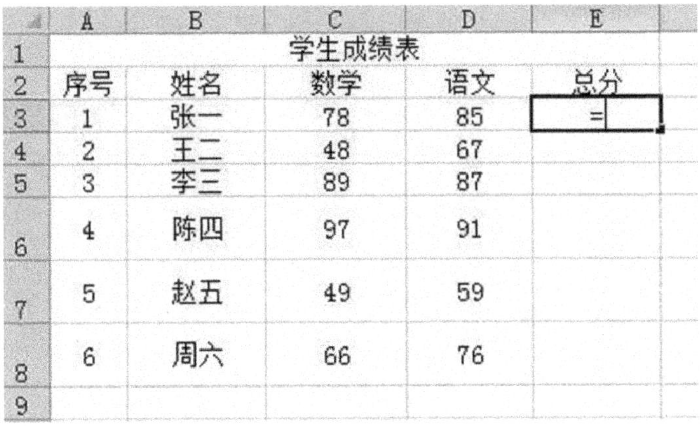

	A	B	C	D	E
1	学生成绩表				
2	序号	姓名	数学	语文	总分
3	1	张一	78	85	=
4	2	王二	48	67	
5	3	李三	89	87	
6	4	陈四	97	91	
7	5	赵五	49	59	
8	6	周六	66	76	
9					

图 4.58　公式输入 1

(2)接着输入“ = ”之后的公式，请在单元格 C3 上单击，Excel 便会将 C3 输入到 E2 单元格中，如图 4.59 所示。

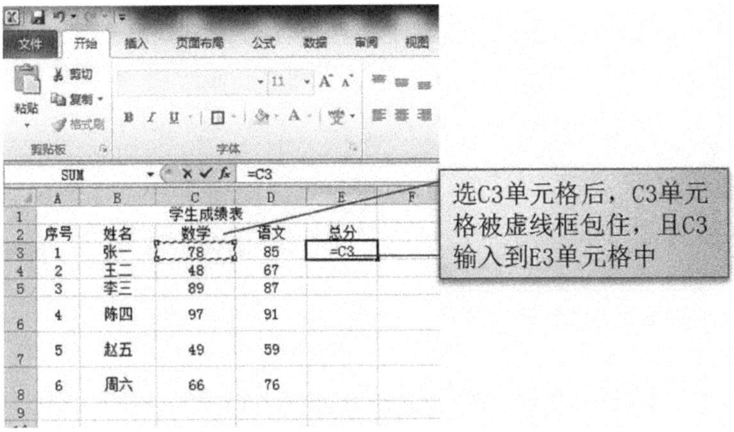

图 4.59　公式输入 2

(3)再输入“ + ”,然后选取 D3 单元格,如此公式的内容便输入完成了,如图 4.60 所示。

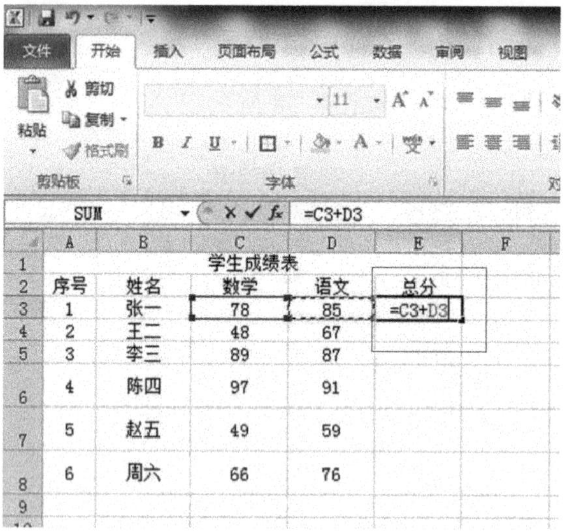

图 4.60　公式输入 3

(4)按下 Enter 键,公式计算的结果马上显示在 E3 单元格中。

其他学生的总分计算可使用前面章节介绍过的填充公式来处理,填充后结果如图 4.61所示。

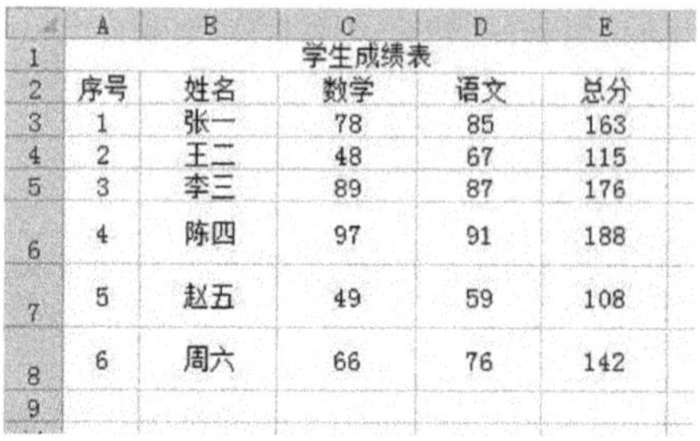

	A	B	C	D	E
1			学生成绩表		
2	序号	姓名	数学	语文	总分
3	1	张一	78	85	163
4	2	王二	48	67	115
5	3	李三	89	87	176
6	4	陈四	97	91	188
7	5	赵五	49	59	108
8	6	周六	66	76	142
9					

图 4.61　结果

也可以直接在 E3 单元格中,以键盘直接输入“ = C3 + D3”、再按下 Enter 键来输入公式。

若想直接在单元格中查看公式,按“Ctrl + ` ”(数字 1 左侧键),可使工作表在公式、函数和计算结果两种显示状态间切换。

2. 公式和数据的修改

如果要修改单元格中的公式,可直接双击该单元格使之进入编辑状态,修改完成后按 Enter 键即可。

公式的计算结果会随着单元格内容的变动而自动更新。以上例来说,假设当公式建好以后,才发现“张一”的语文成绩打错了,应该是“90”分才对,当我们将单元格 D3 的值改成“90”,E3 单元格中的计算结果立即从 163 更新为 168,无须重新计算。

3. 公式中的运算符

运算符是作用是对公式中的各元素进行运算操作。

运算符分类：算术运算符、比较运算符、文本运算符、引用运算符。

(1)　算术运算符：算术运算符用来完成基本的数学运算，如加法、减法和乘法。算术运算符有：十(加)、一(减)、*(乘)、/(除)、%(百分比)、^(乘方)。

(2)　比较运算符：比较运算符用来对两个数值进行比较，产生的结果为逻辑值 True(真)或 False(假)。比较运算符有：=(等于)、>(大于)、> =(大于等于)、< =(小于等于)、< >(不等于)。

(3)　文本运算符：文本运算符"&"用来将一个或多个文本连接成为一个组合文本。例如"Micro"&"soft"的结果为"Microsoft"。

(4)　引用运算符：引用运算符用来将单元格区域合并运算。引用运算符为：

●区域(冒号)：表示对两个引用之间，包括两个引用在内的所有区域的单元格进行引用，例如，SUM(BI:D5)。

●联合(逗号)：表示将多个引用合并为一个引用，例如，SUM(B5,B15,D5,D15)，SUM(B2:C7,B3:C8)。

●交叉(空格)：表示产生同时隶属于两个引用的单元格区域的引用。例如，SUM(B1:D4 C2:C4)这两个单元格区域的共有单元格为 C2,C3 和 C4。

如果公式中同时使用了多个运算符，进行计算时必须按照它们的优先级决定计算顺序。不同类型的运算符混用时，运算顺序是：引用运算符、算术运算符、文本运算符、关系运算符。同类型运算符中相同优先级的运算符按从左到右的顺序进行运算。如果需要改变运算顺序可使用圆括号。

4.6.2　单元格的引用方式

单元格地址的作用在于它唯一地表示工作簿上的单元格或单元格区域。Excel 单元格的引用包括相对引用、绝对引用和混合引用三种。

假设你要前往某地，但不知道该怎么走，于是就向路人打听。结果得知你现在的位置往前走，碰到第一个红绿灯后右转，再直走约 100 米就到了，这就是相对地址的概念。另外有人干脆将实际地址告诉你，假设为"鲁磨路 388 号"，这就是绝对地址的概念，由于地址具有唯一性，所以不论你在什么地方，根据这个绝对地址，所找到的永远是同一个地点。将这两者的特性套用在公式上，代表相对引用地址会随着公式的位置而改变，而绝对地址则不管公式在什么地方，它永远指向同一个单元格。

1. 单元格的相对引用

单元格的相对引用是指在引用单元格时直接使用其名称的引有(如 E3,A2 等)，这也是 Excel 默认的单元格引用方式。若公式中使用了相对引用方式，则在移动或复制包含这些公式的单元格时，相对引用的地址和相对目的单元格会自动进行调整。

应用相对引用将相应的公式复制或填充到其他单元格时，其中的单元格引用会自动随着移动的位置相对变化。目标位置单元格的引用，相当于在原位置单元格引用上加上在行和列方向上的偏移量。例如，将 A6 中的公式" = A1 + A2"复制到 C9 中去，相对 A6

单元格,C9 在行的方向上向下偏移了 3 行,在列的方向上向右偏移了 2 列,因此在 C9 的公式中参与运算的操作数也按同样规律偏移,则 C9 单元格中公式变化为“ = C4 + C5”。如图 4.62 所示。

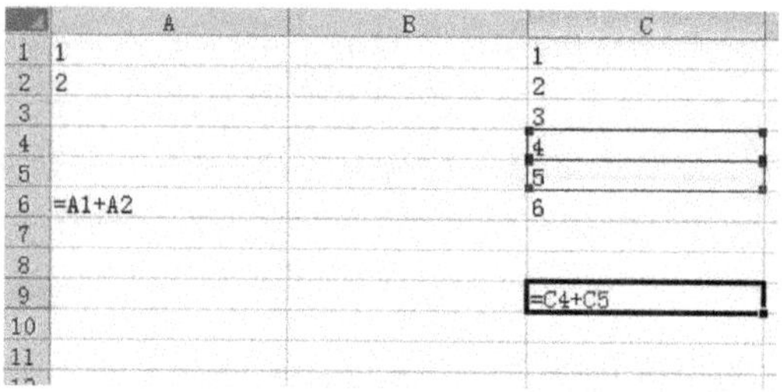

图 4.62　相对地址引用

2. 绝对地址引用

绝对引用表示单元格地址不随移动或复制的目的单元格的变化而变化,即表示某一单元格在工作表中的绝对位置。绝对引用地址的表示方法是在行标和列标前加一个“ $ ”符号。

若使用绝对引用,则单元格的引用不发生变化。同上例,把相对引用改成绝对引用后,单元格 A6 中的公式为“ = $ A $ 1 + $ A $ 2”,若将其复制到 C9 单元格中,因为是绝对引用,单元格引用不发生变化,如图 4.63 所示。

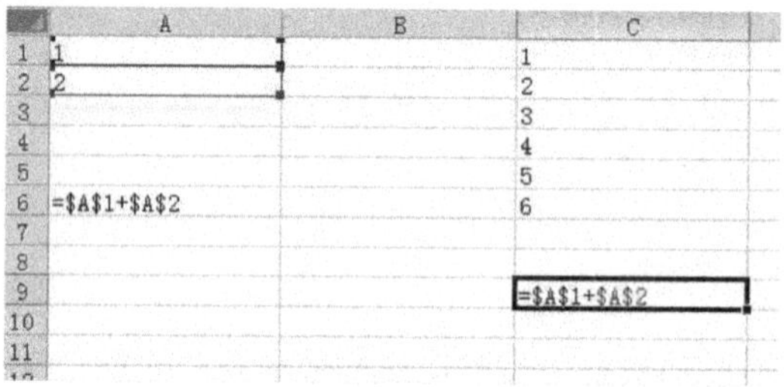

图 4.63　绝对地址引用

3. 混合引用

如果单元格引用地址一部分为绝对引用,另一部分为相对引用,例如 $ A1 或 A $ 1,则这类地址称为混合引用地址。如果“ $ ”符号在行号前,则表明该行位置是绝对不变的,而列位置仍随目的位置的变化而做相应变化。反之,如果“ $ ”符号在列标之前,则表明该列位置是绝对不变的,行位置随目的位置的变化做相应的变化。

4. 引用其他工作表中的单元格

在公式或函数中如果要引用同一工作簿中其他工作表中的单元格,此时,单元格地址的书写方法为:工作表名! 单元格地址。例如,当前工作表为 sheet2,如果要引用 sheet1 中的单元格 E2,则应写为“sheet1! E2”。

4.6.3　自动求和

求和计算是一种常用的公式计算,为了减少用户在执行求和计算时的公式输入量,

Exce 提供了一个专门用于“求和”的按钮 Σ ▾，使用该按钮可以对选定的单元格中的数据进行自动求和。

如图 4.64 所示；我们已在其中输入了六个学生的成绩。

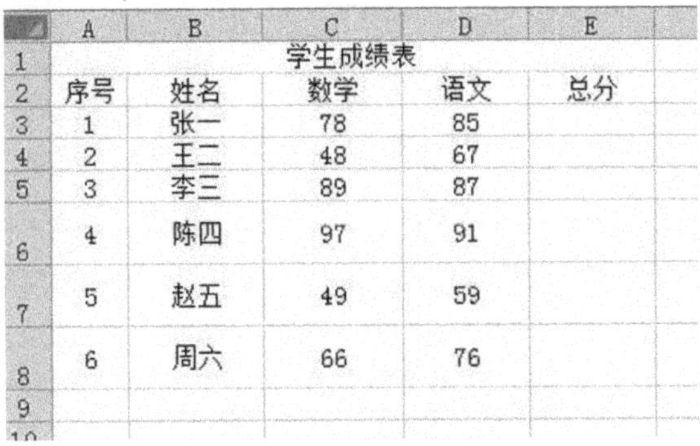

	A	B	C	D	E
1			学生成绩表		
2	序号	姓名	数学	语文	总分
3	1	张一	78	85	
4	2	王二	48	67	
5	3	李三	89	87	
6	4	陈四	97	91	
7	5	赵五	49	59	
8	6	周六	66	76	
9					

图 4.64　原始表

现要用“求和”的按钮 Σ ▾ 算出六个学生的总分。我们打算在 E3 单元格存放“张一的各科总分”，也就是要将“张一”的数学、语文分数的和求出来，放到 E3 单元格中。

操作方法如下：

(1)选定 E3 单元格，单击“开始”选项卡“编辑“组中“自动求和”按钮。系统会根据当前工作表中数据的分布情况，自动给出一个推荐的求和区域(虚线框内的区域)，并向存放计算结果的单元格中粘贴一个 SUM 函数，如图 4.65 所示。

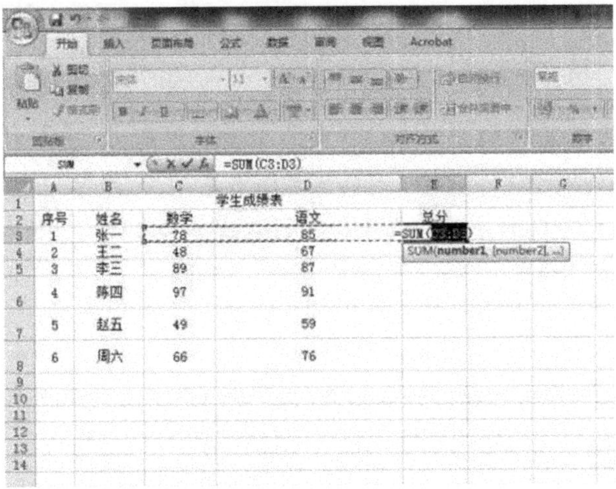

图 4.65　自动求和

(2)如果系统默认的数据区域不正确，可在工作表中按住左键拖动重新选择以修改公式。确认求和区域选择正确后，按 Enter 键完成自动求和操作，张一的总分就被算出来，放入 E3 单元格中。

(3)其他学生的总分计算，只需将鼠标指针移到右下角填充柄，向下填充，将函数复制到后五个学生总分填入的单元格即可。

除了求和外,单击"自动求和"按钮右侧的下拉箭头标记,打开如图 4.66 所示。

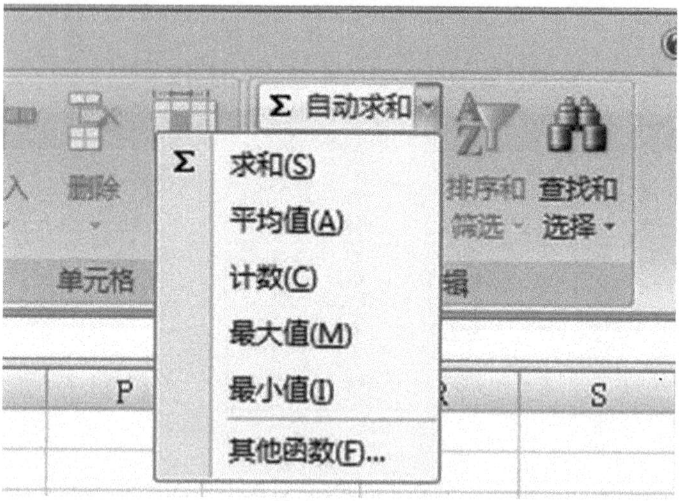

图 4.66　自动求和菜单

菜单中的命令可以实现平均值、计数、最大值、最小值等常用计算。这些计算每一个都对应一个 Excel 2010 函数。

4.6.4　使用函数

函数是 Excel 根据各种需要,预先设计好的运算公式,可节省自行设计公式的时间, Excel 2010 共提供了 13 类函数,每个类别中又包含了若干个函数。使用函数可以提高效率。

每个函数都包含三个部分:函数名称、参数和小括号。结构为:= 函数名(参数 1,参数 2,……)。例如求和函数 SUM(1,3,5),SUM 是函数名称,从函数名称可大略得知函数的功能、用途。小括号用来括住参数,有些函数没有参数,但小括号也不可以省略。1、3、5 是参数。SUM(1,3,5)即表示要计算 1、3、5 三个数字的总和。

1. 向单元格中插入函数

可以使用直接输入的方法向单元格中插入函数。用户只需要在单元格中输入"="的函数名称及所需参数,最后按 Enter 键即可。

由于 Excel 中包含众多功能各异的函数,为了便于用户记忆和使用,系统提供了一个专用的插入函数按钮。该按钮位于编辑框的左侧,如图 4.67 所示。

图 4.67　插入函数按钮

单击"插入函数按钮"将弹出如图 4.68 所示的"插入函数"对话框。

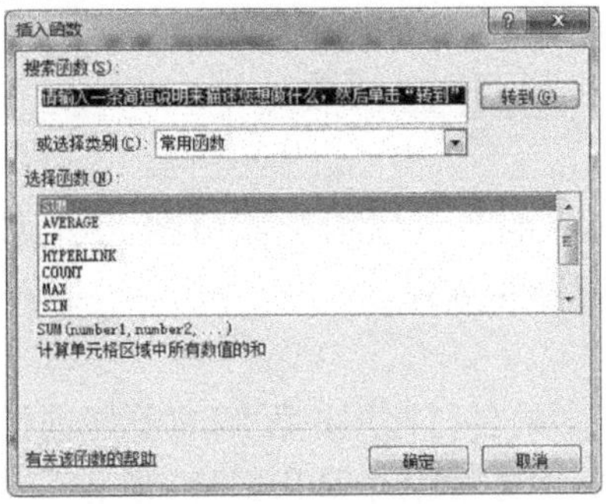

图 4.68　"插入函数"对话框

通过该对话框用户可以搜索或按分类查找到需要的函数。当用户在"选择函数"栏的下拉列表中选择了某函数时,"选择函数"栏的下方将显示该函数的功能及使用方法说明。

2. 常用函数

Excel 提供的常用函数有以下这些:

- SUM(求和函数)。SUM(数 1,数 2, ……), 返回单元格区域中所有数值的和。
- AVERAGE(求平均值函数)。AVERAGE(数 1,数 2, ……), 返回参数的平均值。
- MAX(最大值函数)。MAX(数 1,数 2,……), 返回参数列表中的最大数值。
- MIN(最小值函数)。MIN(数 1,数 2,……), 返回参数列表中的最小数值。
- IF。IF(条件表达式,真值结果, 假值结果), 执行真假值判断,根据逻辑测试的真假值,返回不同的结果。例如," = IF(A1 =“主任”,600,0)",表示判断 A1 单元格中的数据是否为"主任",若是,则在当前单元格中输 600,否则,输入 0。

IF 函数支持嵌套使用。例如," = IF(A1 =“主任”,600,IF(A1 =“副主任”,300,0))",表示首先判断 A1 单元格中的数据是否为"主任",若是,则在当前单元格中输入 600;否则,再判断 A1 单元格中的数据是否为"副主任",若是,则在当前单元格中输入 300,否则,输入 0。

4.7　数据管理与分析

Excel 具有强大的数据管理、分析与处理功能,可以将其看作是一个简易的数据库管理系统。Excel 2010 是将数据清单用作数据库的。所谓"数据清单"是工作表中包含相关数据的一系列数据行。

- 数据清单中的列是数据库中的字段。
- 数据清单中的列标志是数据库中的字段名称。
- 数据清单中的每一行对应数据库中的一个记录。

4.7.1　数据排序

数据排序是数据管理与分析中一个重要的手段,通过数据排序可以了解数据的变化规律及某一数据在数据序列中所处的位置。Excel 具有条件排序和多条件排序的两种排序方法。

1. 单条件排序

单条件排序是将工作表中的各行依据某列值的大小,按升序或降序重新排列。例如,对学生成绩表按总分进行降序排列。

2. 多条件排序

多条件排序是将工作表中的各行按用户设定的条件进行排序。例如,学校分房排队职称排序,职称相同时按照职工参加工作年份排序,职称和参加工作年份相同时按照出生年份排序。

3. 排序方法

(1)单击数据清单区域内的任何一个单元格。

(2)选择“开始”选项卡下“编辑”组中的“排序和筛选”按钮。

(3)在弹出的菜单中选择“自定义排序”选项。如图 4.69 所示。

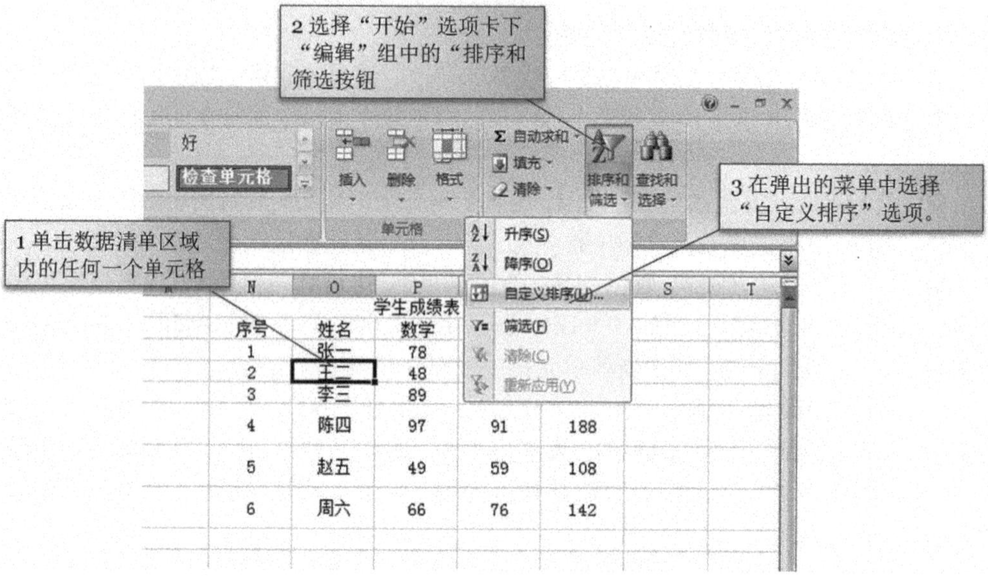

图 4.69　排序步骤

(4)在弹出的“排序”对话框(如图 4.70)中设置排序条件即可。单击“数据”选项卡的“排序与筛选”组中的“排序”按钮也可弹击“排序”对话框。

默认情况下,对话框中仅显示一行“主要关键字”。可以进行单条件排序。“添加条件”按钮可向对话框中添加一行“次要关键字”进行多条件排序。单击“删除条件”按钮可从对话框中移除当前条件行。

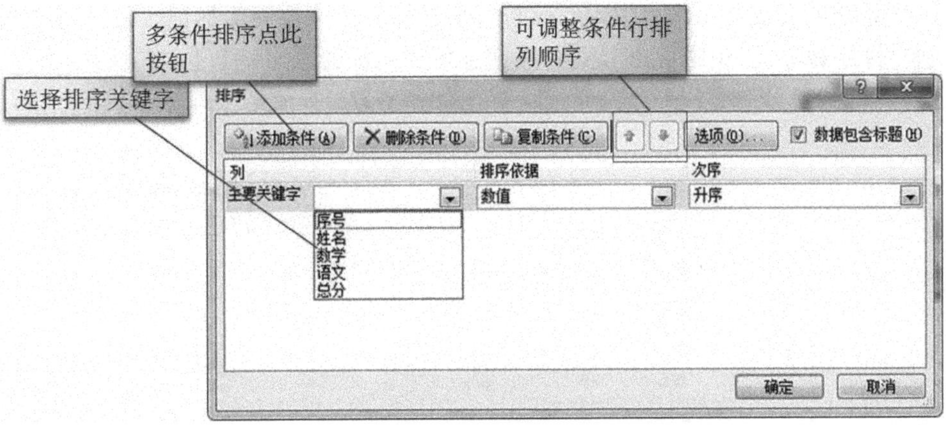

图 4.70　“排序”对话框

4.7.2　数据筛选

数据筛选是指从工作表包含的众多行中挑选出符合某种条件的一些行的操作方法。Excel 中提供了两种数据的筛选操作,即“自动筛选”和“高级筛选”。

1. 自动筛选

“自动筛选”一般用于简单的条件筛选,筛选时将不满足条件的数据暂时隐藏起来,只显示符合条件的数据。

例如,如果要筛选出学生成绩表中总分小于 120 或大于 170 的所有行,自动筛选步骤如下:

(1)单击数据区中任一单元格。

(2)选择“开始“选项卡下”编辑组中的“排序和筛选”按钮。

(3)在弹出的菜单中选择“筛选”选项。如图 4.71 所示。

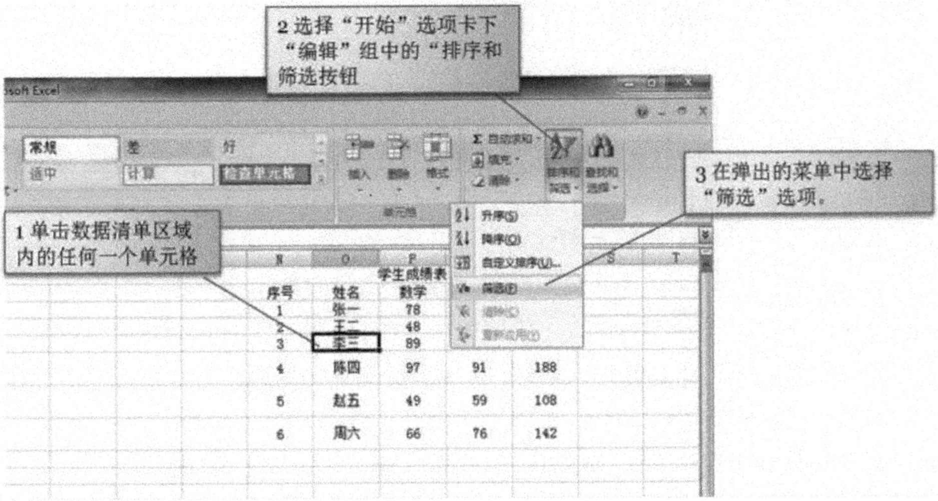

图 4.71　筛选步骤 1

(4)系统将自动在工作表中各列标题右侧添加一个下拉箭头标记。另外,在“数据”选项卡“排序和筛选”组中单击“筛选”按钮也可让列标题添加一个下拉箭头标记。

(5)单击“总分”列下拉箭头标记将弹出如图 4.72 所示的操作菜单,指向“数字筛选”项。

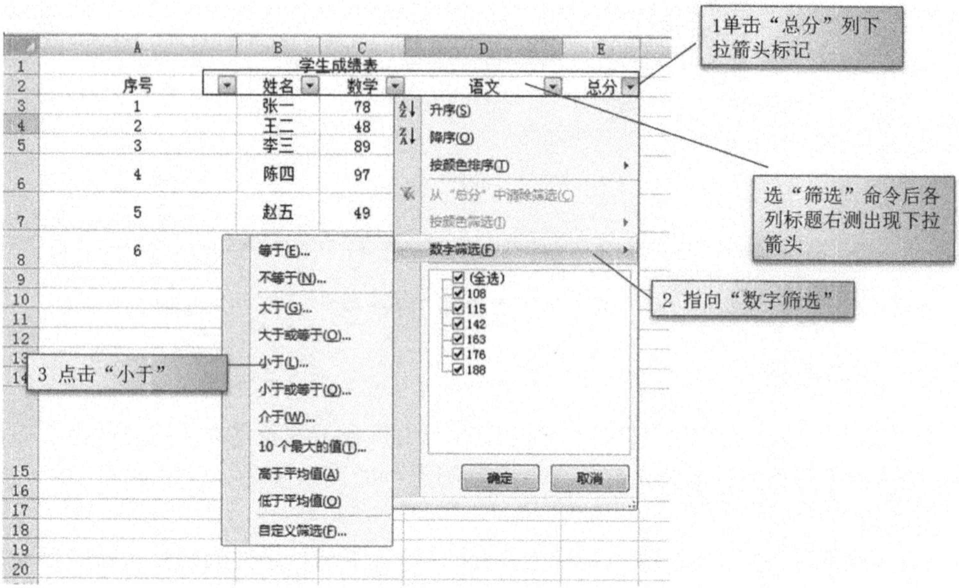

图 4.72　筛选步骤 2

(6)执行“小于”命令后弹出“自定义自动筛选方式”对话框。如图 4.73 所示,图中设置的筛选方式表示筛选出学生成绩表中总分小于 120 或总分大于 170 的所有行。单击确定后,工作表中所有不符合条件的行将被隐藏。

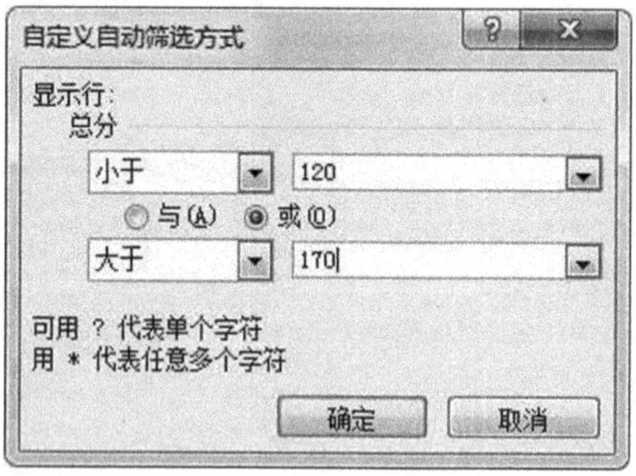

图 4.73　“自定义自动筛选方式”对话框

自动筛选可以重复使用。例如,希望筛选出学生成绩表中数学和语文成绩都大于 80 分的行,可首先筛选出数学大于 80 的行,然后再筛选出语文大于 80 的行。

再次单击“开始”选项卡下“编辑”组中的“排序和筛选”命令下的“筛选”选项,可取消系统在当前工作表中设置的筛选状态(列标题右侧的下拉箭头标记没有了),将工作表恢复到原始状态。也可再次点击“数据”选项卡“排序和筛选”组中单击“筛选”按钮取消筛选。

2. 高级筛选

“高级筛选”一般用于条件较复杂的筛选操作,其筛选的结果可显示在原数据表格中,不符合条件的记录被隐藏起来。也可以在新的位置显示筛选结果,不符合条件的记录同时保留在数据表中而不会被隐藏起来,这样就更加便于进行数据的对比了。

执行高级筛选操作时需要在工作表中建立一个单独的条件区域,并在其中输入高级筛选条件。条件区域有 3 个注意要点:

- 条件的标题要与数据表的原有标题完全一致;
- 多字段间的条件若为“与”关系,则写在一行;
- 多字段间的条件若为“或”关系,则写在下一行。

具体来说,要在条件区域的第一行写上条件中用到的字段名,比如要筛选“年龄”在 30 岁以上,“学历”为本科的职员,其中“年龄”和“学历”是数据清单中对应列的列名,称作字段名,那么在条件区域的第一行一定是写这两个列的名称(字段名),即“年龄”和“学历”,而且字段名的一定要写在同一行。另外,在字段名行的下方书写筛选条件,条件的数据要和相应的字段在同一列,比如上例中年龄为 30 岁,则“30”这个数据要写在条件区域中“年龄”所在列,同时“本科”要写在条件区域中“学历”所在的列。最后,在具体写条件时,我们要分析好条件之间是“与”关系还是“或”关系,如果是“与”关系,这些条件要写到同一行中,如果是“或”关系,这些条件要写到不同的行中,也就是说不同行的条件表示“或”关系,同行的条件表示“与”关系。

如图 4.74 中条件区域表示筛选出年龄大于 30 岁且学历是本科的记录(行)。

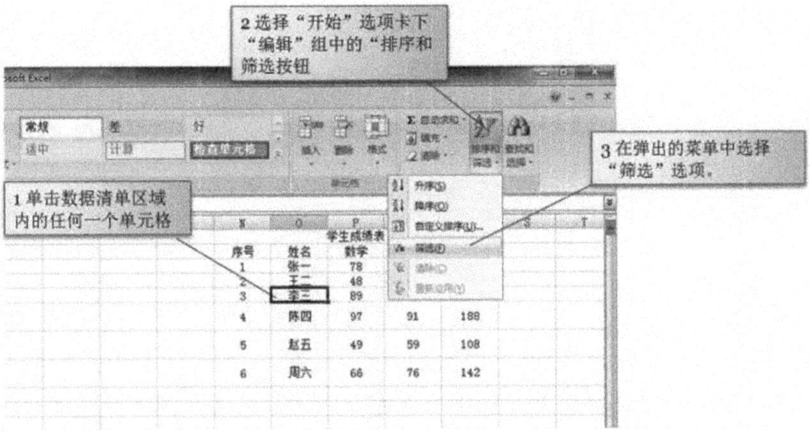

图 4.74　高级筛选 1

如图4.75中条件区域表示筛选出年龄大于30岁或学历是本科的记录(行)。

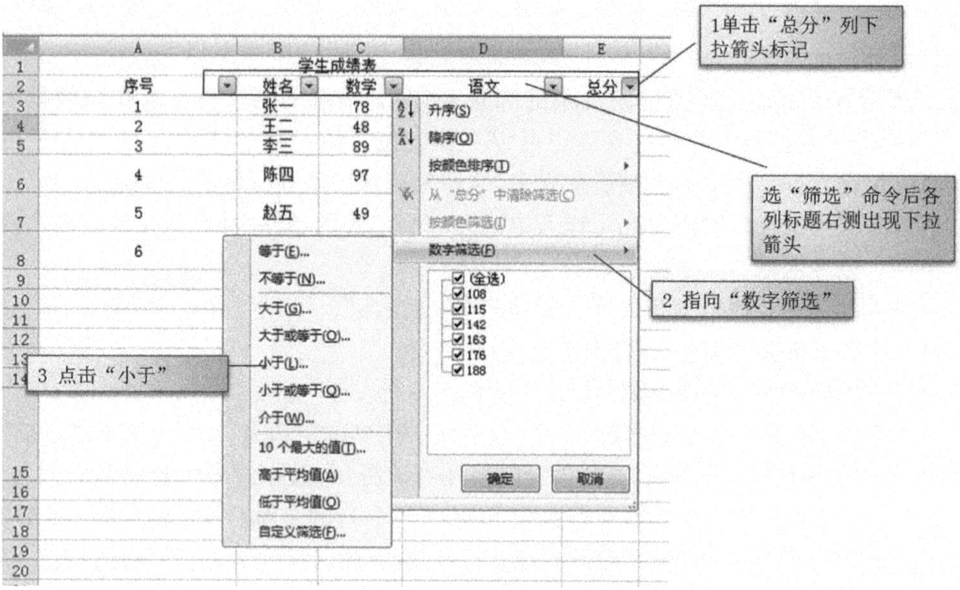

图4.75　高级筛选2

以上图4.70为例,筛选出年龄大于30岁且学历是本科的记录(行),高级筛选的步骤如下:

(1)单击"数据"选项卡"排序和筛选组中""筛选"按钮右侧的"高级",如图4.76所示。

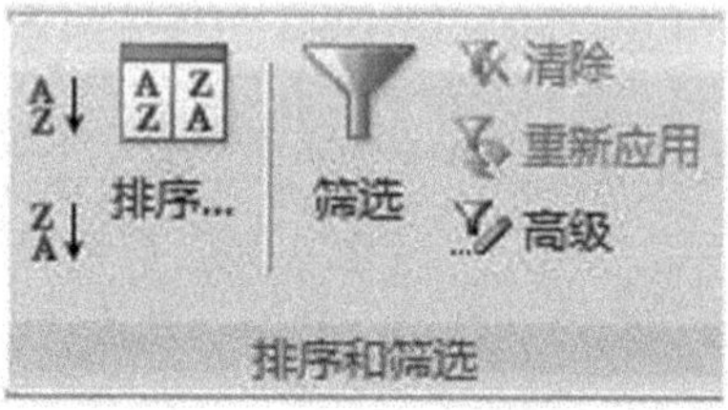

图4.76　选择"高级"

(2)选择筛选的列表区域。Excel已经把筛选的区域显示在"列表区域",如果需要改变筛选区域,可以用鼠标在工作表中拖动进行选择区域,否则进行下一步操作。

(3)选择筛选的条件区域。用鼠标在工作表中的F2到G3单元格区域拖动,选择条件区域。

(4)确认。单击"确定"按钮,完成筛选操作。

4.7.3　分类汇总

分类汇总是对数据清单中的数据进行分类,在分类的基础上对数据进行汇总。分类汇总是对数据进行分析和统计时常用的工具。使用分类汇总时,用户不需要创建公式,系统会自动创建公式,对数据清单中的字段进行求和、求平均和求最大值等函数计算,分类汇总的结果将分级显示出来。这种显示方式便于快速查看各类型数据的汇总。

1. 创建分类汇总

分类汇总就是将数据进行分类统计。例如,在学生成绩表(如图 4.77)中分别统计出所有男生和女生语文成绩的平均值。其中男生或女生就是“类”,而语文成绩的平均值就是需要进行汇总的字段。进行分类汇总时,首先需要对工作表中数据按“类”进行排序,且只能对包含数值的字段进行汇总。

	A	B	C	D	E	F
1			学生成绩表			
2	序号	姓名	性别	数学	语文	总分
3	1	张一	男	78	85	163
4	2	王二	女	48	67	115
5	3	李三	男	89	87	176
6	4	陈四	男	97	91	188
7	5	赵五	女	49	59	108
8	6	周六	女	66	76	142

图 4.77　学生成绩表

操作方法:

(1)按照前面讲过的排序的方法,将学生记录按性别进行排序,排序结果如图 4.78 所示。

	A	B	C	D	E	F
1			学生成绩表			
2	序号	姓名	性别	数学	语文	总分
3	1	张一	男	78	85	163
4	3	李三	男	89	87	176
5	4	陈四	男	97	91	188
6	2	王二	女	48	67	115
7	5	赵五	女	49	59	108
8	6	周六	女	66	76	142

图 4.78　排序后结果

(2)选择“数据”选项卡下的“分级显示”组中的“分类汇总”按钮,弹出“分类汇总”对话框。如图 4.79 中设置。在“分类字段”下拉列表框中选择“性别”,在“汇总方式”下拉列表框中选择“平均值”,在“选定汇总项”中选定“语文”复选框。此处可根据需要选择多项。

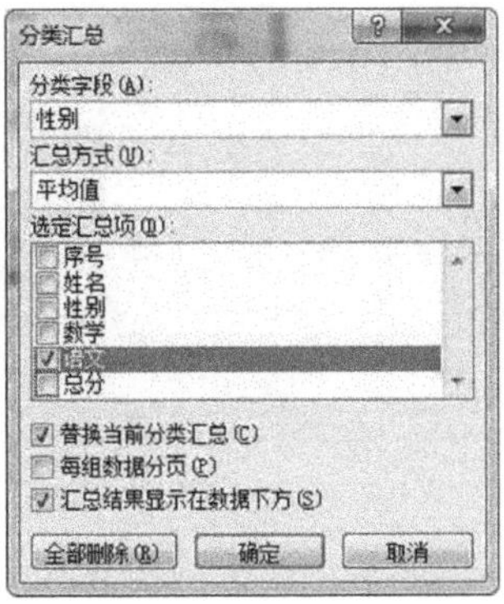

图 4.79　“分类汇总”对话框

(3)分类汇总后结果如下图4.80所示。

学生成绩表

序号	姓名	性别	数学	语文	总分
1	张一	男	78	85	163
2	王二	女	48	67	115
3	李三	男	89	87	176
4	陈四	男	97	91	188
5	赵五	女	49	59	108
6	周六	女	66	76	142

图4.80　分类汇总结果

执行完分类汇总后系统自动在每类数据下面插入了一个包含指定汇总项数据的行，并在工作表最后插入了一个“总计”行。单击汇总行最左边的“ - ”标记，可折叠工作表中详细数据并仅显示汇总行。单击汇总行最左这的“ + ”标记可使折叠的工作表恢复成展开状态。

2. 清除分类汇总

如果要撤销分类汇总，可以选择“数据”选项卡下“分级显示”组中“分类汇总”按钮，进入“分类汇总”对话框后，如图4.79所示，单击“全部删除”按钮即可恢复原来的数据清单。

4.8　使用图表

图表是Excel重要的组成部分，图表主要是将数据以图形的方式表现出来，通过为数据创建图表可以更直观地表示出数据之间的关系。图表与数据是相互联系的，当工作表中的数据发生变化时，图表也会相应地发生变化。

4.8.1　图表的组成

图表是是由图表区、绘图区、图表标题、图例、垂直轴、水平轴、数据系列以及网格线等组成。如图4.81所示。

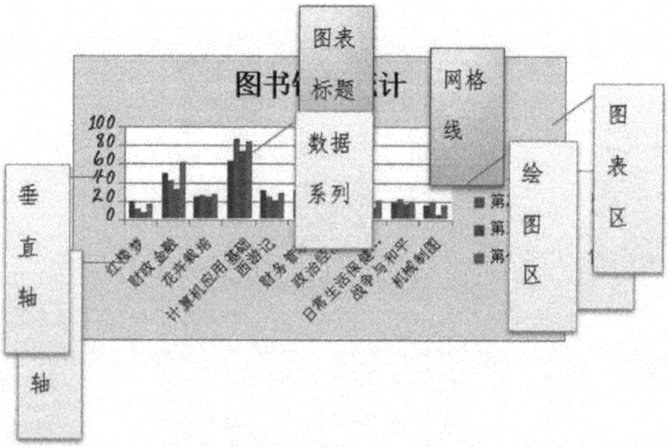

图4.81　图表的组成

图表区:是图表最基本的组成部分,是整个图表的背景区域,图表的其他组成部分都汇集在图表区中,例如图表标题、绘图区、图例、垂直轴、水平轴、数据系列以及网格线等。

绘图区:绘图区是图表的重要组成部分,它是以坐标轴为界并包含所有数据系列的区域。

图表标题:图表标题主要用于显示图表的名称。

图例:图例用于表示图表中的数据系列的名称或者分类而指定的图案或颜色。

垂直轴:可以确定图表中垂直坐标州的最小和最大刻度值。

水平轴:水平轴主要用于显示文本标签。

数据系列:根据用户指定的图表类型以系列的方式显示在图表中的可视化数据。

网络线:图表中的网格线是可以添加到图表中以便于查看和计算数据的线条。网格线是坐标轴上刻度线的延伸。

4.8.2　图表的类型

Excel 提供了 11 种图表类型(如图 4.82 所示),每种图表类型又包含若干个子表类型,不同的图表通常可以适用不同特性的数据。

图 4.82　图表种类

以下我们就简单说明几种常见的图表类型,当要建立图表前,可以依需求来选择适当的图表。

(1)柱形图:柱形图是最普遍使用的图表类型,它很适合用来表现一段期间内数量上的变化,或是比较不同项目之间的差异,各种项目放置于水平坐标轴上,而其值则以垂直的长条显示。例如各项产品在第一季每个月的销售量,如图 4.83 所示。

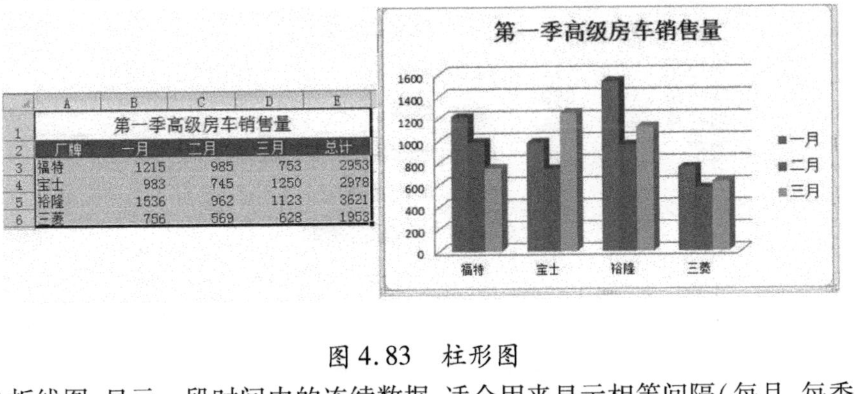

第一季高级房车销售量

厂牌	一月	二月	三月	总计
福特	1215	985	753	2953
宝士	983	745	1250	2978
裕隆	1536	962	1123	3621
三菱	756	569	628	1953

图 4.83　柱形图

(2)折线图:显示一段时间内的连续数据,适合用来显示相等间隔(每月、每季、每年,…)的资料趋势。例如某公司想查看各分公司每一季的销售状况,就可以利用折线图来显示,如图 4.84 所示。

	A	B	C	D
1		惠东	博罗	惠阳
2	第一季	384	541	651
3	第二季	543	687	457
4	第三季	654	542	480
5	第四季	785	745	641

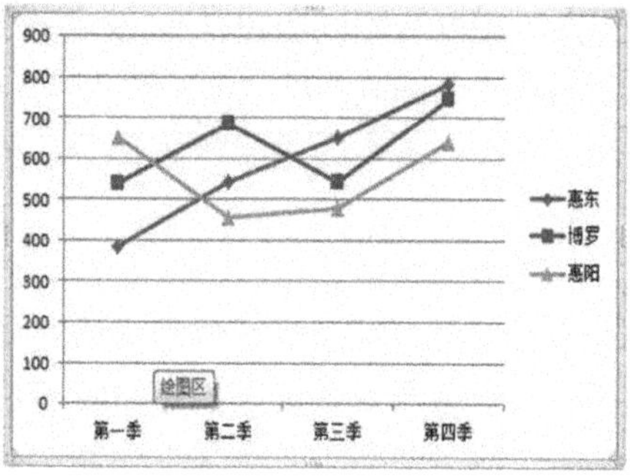

图 4.84　折线图

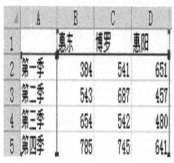

(3)饼图:只能有一组数列数据,每个数据项都有唯一的色彩或是图样,饼图适合用来表现各个项目在全体数据中所占的比率。例如我们要查看流行时尚杂志中卖得最好的是哪一本,就可以使用饼图来表示,如图 4.85 所示。

	A	B
1	六月份杂志销量	
2	读者	44512
3	青年文摘	33265
4	电脑报	14145
5	家庭	22145
6	科技博览	14478
7	时尚观	12214

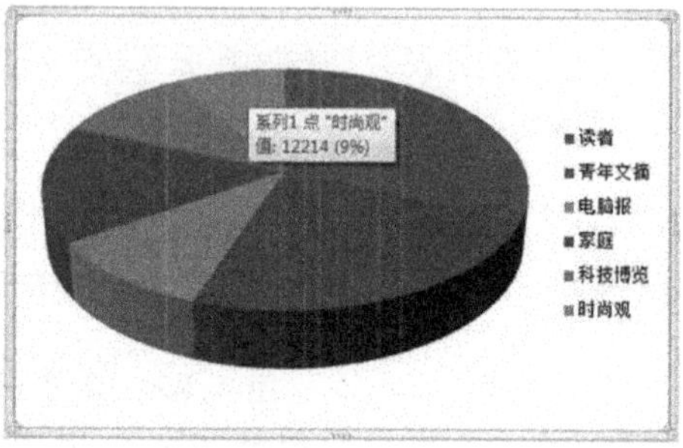

图 4.85　饼图

(4)条形图:可以显示每个项目之间的比较情形,Y 轴表示类别项目,X 轴表示值,条形图主要是强调各项目之间的比较,不强调时间,如图 4.86 所示。

	A	B
1	饮品销量排行	
2	水果粒茶	441
3	珍珠奶茶	369
4	金桔柠檬	856
5	百香茶	125
6	木瓜牛奶	45
7	芒果冰沙	536

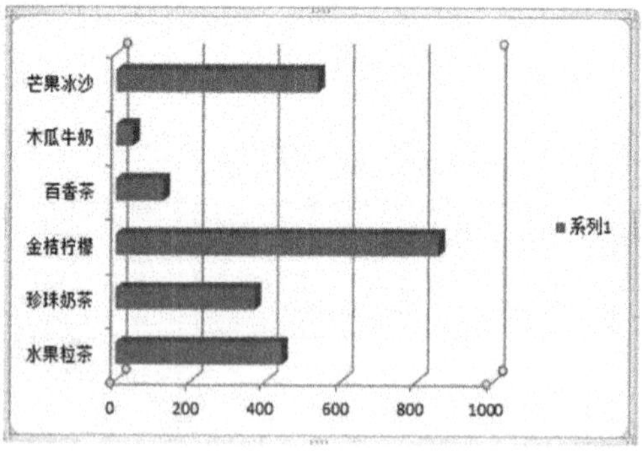

图 4.86　条形图

4.8.3　创建图表

下面以房产销售量为例子说明如何创建图表。步骤如下:

选取 A2:E6 范围,切换到“插入”选项卡,在“图表”组中如图 4.87 操作。

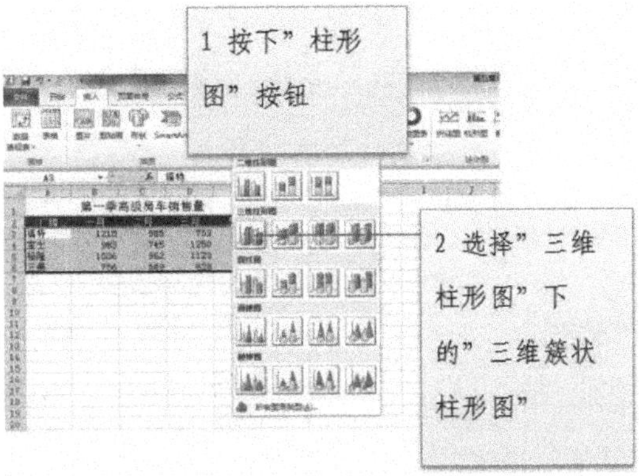

图 4.87　创建图表步骤

插入后效果如图 4.88 所示。

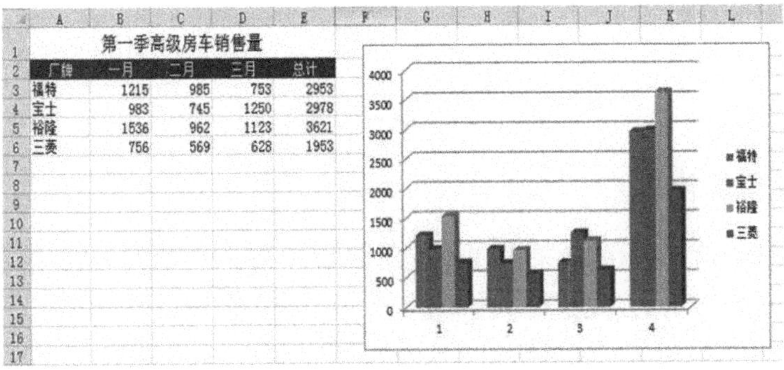

图 4.88　图表效果

4.8.4　调整图表对象的位置

1. 移动图表的位置

建立在工作表中的图表对象，如果位置不是很理想，只要稍加调整即可，如图 4.89 所示。

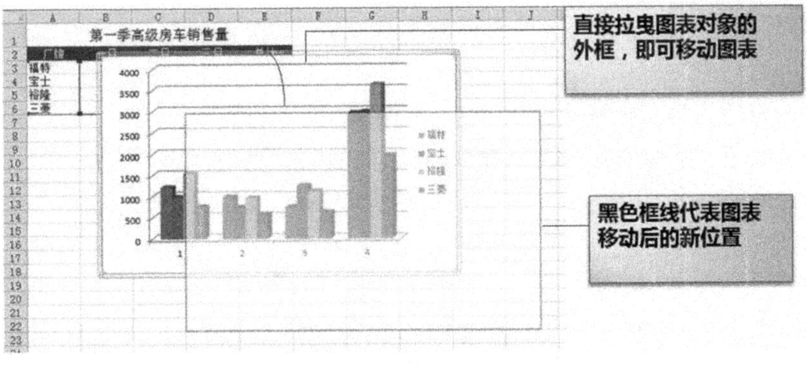

图 4.89　移动图表

2. 调整图表大小

如果图表的内容没办法完整显示,或是觉得图表太小看不清楚,可以拉曳图表对象周围的控点来调整,如图4.90所示。

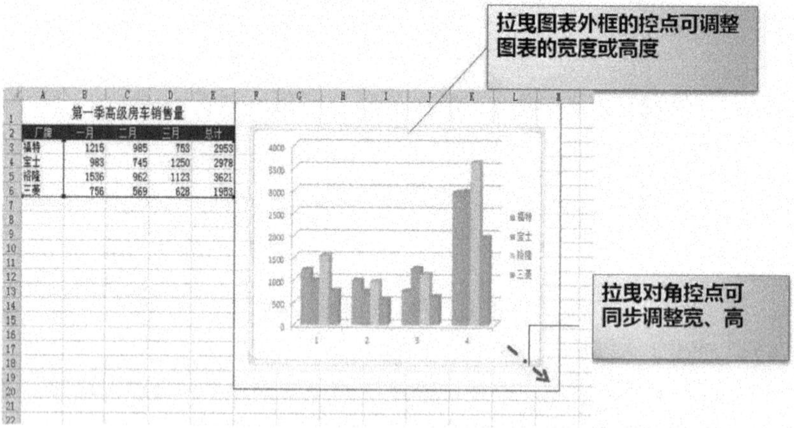

图4.90　调整图表大小

4.8.4　修改图表格式

图表建立好以后,显示的效果也许并不理想,此时就需要为图表区、绘图区及图表中的各个元素设置格式效果,修改命令集中在“图表工具”的“设计”“布局”“格式”等选项卡中。注意:只有选择了某个图表后,才会出现“图表工具”工具栏上下文选项卡。

4.9　Excel表格的打印输出

制作完Excel表格后,若有需要就可以通过打印机将其打印出来。在打印之前可以对工作表的页面、打印区域等进行设置,完成后可以通过“打印预览”来查看设置的效果。

4.9.1　打印前的页面设置

在打印工作表之前需对工作表的页面进行设置,包括页边距、纸张方向和纸张大小等。

页边距:打印表格与纸张边介上下左右的距离称为页边距。

纸张方向:表示表格在纸张中的排列方向,如横向或纵向。

纸张大小:表示打印纸张的大小,常用的有A4、A3、16K等,纸张的大小也可用其长度和宽度表示。

1. 使用“页面布局”视图

如图4.91所示,Excel提供的“页面布局”视图类似于Word的“页面视图”,在该视图中系统以“所见即所得”的方式显示工作表及打印页面之间的关系(页边距、页眉/页脚、数据区在页面中的位置等)。在打印工作表之前,可以在“页面布局”视图中快速对其微调,方便地更改数据的布局和格式。

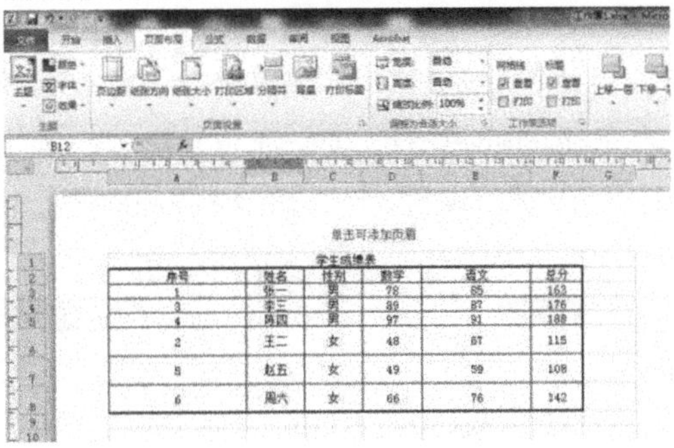

图 4.91　页面布局视图

单击工作表右下角状态栏的“页面布局”按钮,可切换到“页面布局”视图。若要切换回“普通”视图,单击状态栏上的“普通”视图按钮,如图 4.92 所示。

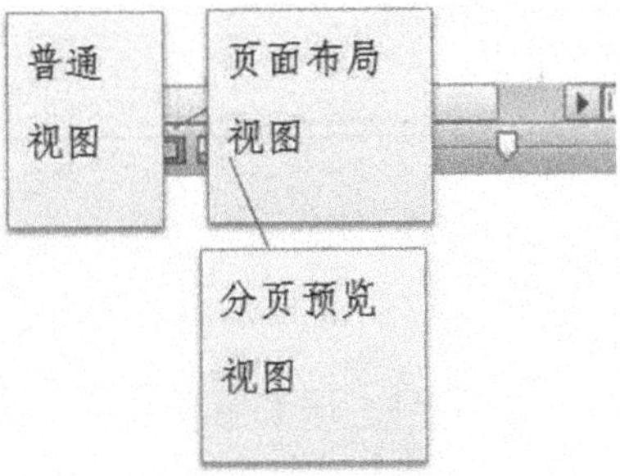

图 4.92　视图的切换

2. 使用“页面布局”选项卡

“页面布局”选项卡下“页面设置”组中的各个按钮与“打印”功能关系最为密切。

(1)设置纸张方向

打开工作簿,在“页面设置”选项卡的“页面设置”组中单击“纸张方向”按钮,在弹出的下拉菜单中选择“横向”或“纵向”。如将学生成绩表设置打印方向为纵向,方法如图 4.93 所示。

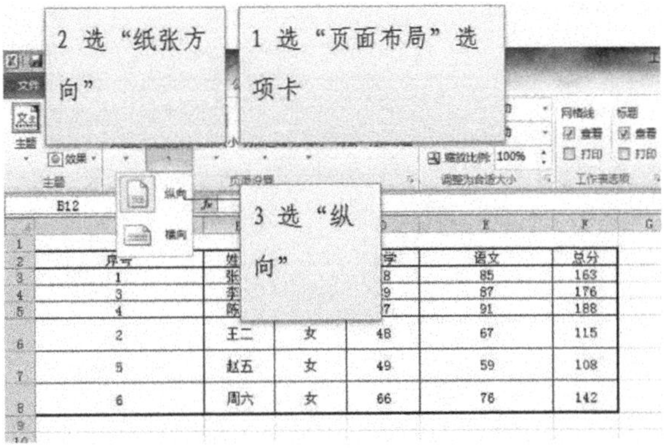

图 4.93　设置纸张方向

(2)设置纸张大小

打开工作簿,在“页面设置”选项卡的“页面设置”组中单击“纸张大小”按钮,在弹出的下拉菜单中列出了一些常用的纸张类型(如A3、A4、B4、B5等)供用户选择。如果要把学生成绩表打印在A4纸上,需提前设置,方法如图4.94所示。

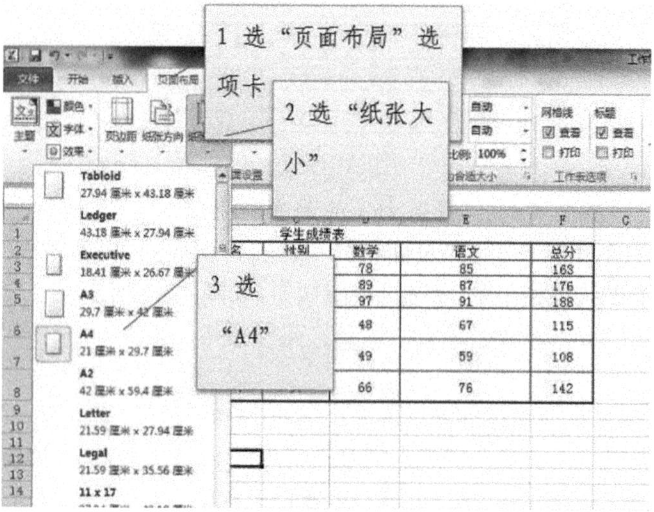

图4.94 设置纸张大小

(3)设置页边距

在“页面布局”选项卡中单击“页面设置”组中的“页边距”按钮,在弹出的快捷菜单中列出了系统推荐的“上次的自定义设置”“普通”“宽”“窄”四种模式,而且给出了每种模式下的上、下、左、右、页眉、页脚的具体设置值(如图4.95等所示)。若上述四种模式均不符合用户的需求,可单击菜单中的“自定义页边距”选项卡,弹出“页面设置”对话框的“页边距”选项卡(如图4.96所示),以便根据实际需要设置页边距。

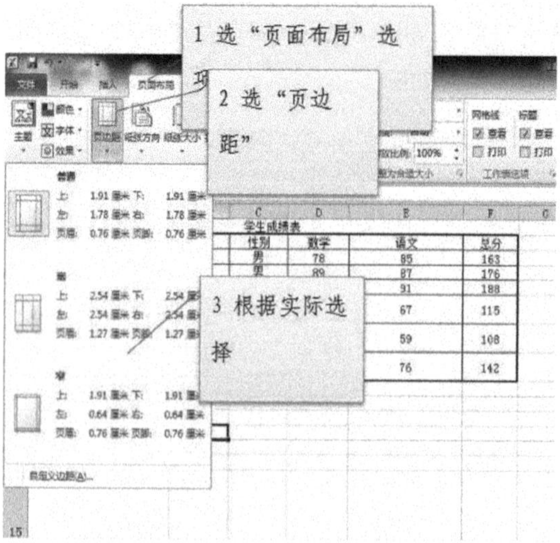

图4.95 设置页边距

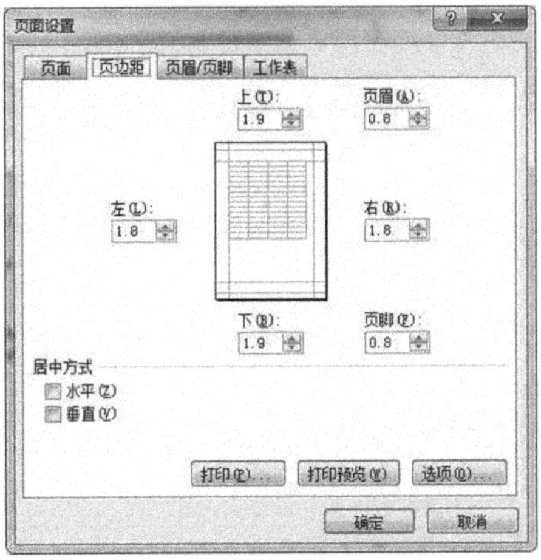

图 4.96　“页面设置”对话框的“页边距”选项卡

4.9.2　设置表格的打印区域

Excel 允许用户将工作表的一部分或某个图表设置为单独的打印区域。选择了希望打印的区域或图表后，在“页面布局”选项卡中单击“页面设置”组中的“打印区域”按钮，在弹出的菜单中选择“设置打印区域”命令即可。若要取消打印区域的设置，单击菜单中“取消打印区域”即可，如图 4.97 所示。

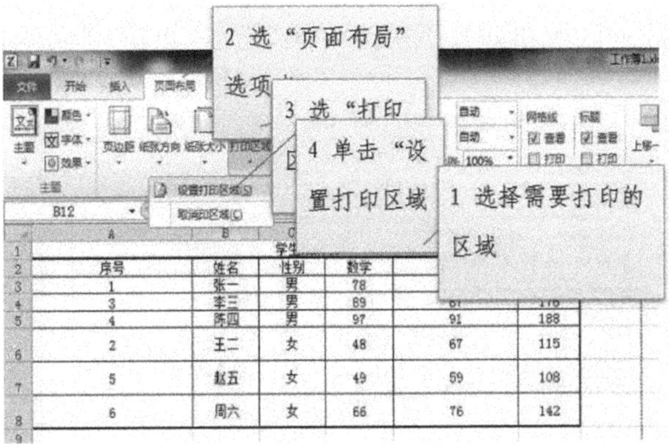

图 4.97　设置打印区域

4.9.3　预览表格打印效果

打印预览可以模仿打印机打印输出的效果。在完成工作表的设置后，就可以进行打印工作表的操作了，但为了确保打印表格效果的准确性，打印之前可以对工作表的设置效果进行打印预览。

在 Excel 2010 中打印预览的方法为：选择“文件”→“打印”命令，在界面的右侧即可显示出工作表打印的预览效果，如图 4.98 所示。

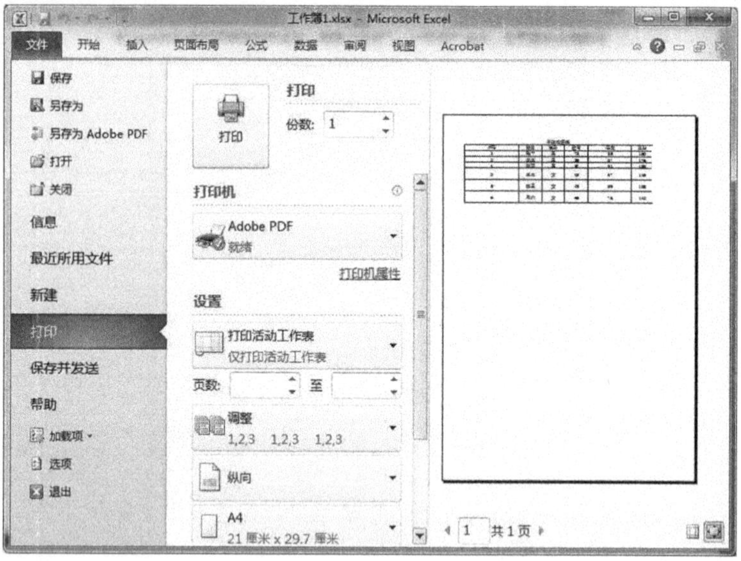

图 4.98 打印预览

4.9.4 表格的打印输出

对工作表设置完成并打印预览满意后,就可以通过打印机打印表格,其方法为选择“文件”→“打印”命令,在打开的中间界面的“份数”数值框中设置打印表格的份数,在“设置”栏中设置打印的区域和页数,完成后单击“打印”按钮,即可这接打印机打印表格。如图 4.99 所示。

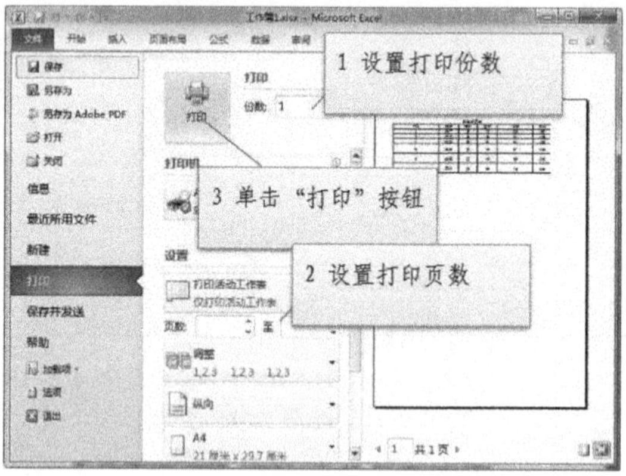

图 4.99 打印输出

4.10 综合实例

下面介绍如何制作员工年假表及职工工资表,具体操作步骤如下:

(1)新建一个空白文档。

(2)右击第一行的行标号或列标号,在弹出的快捷菜单中选择“行高”命令,弹出“行高”对话框，在文本框中输入 40，单击“确定”按钮即可。如图 4.100 所示。

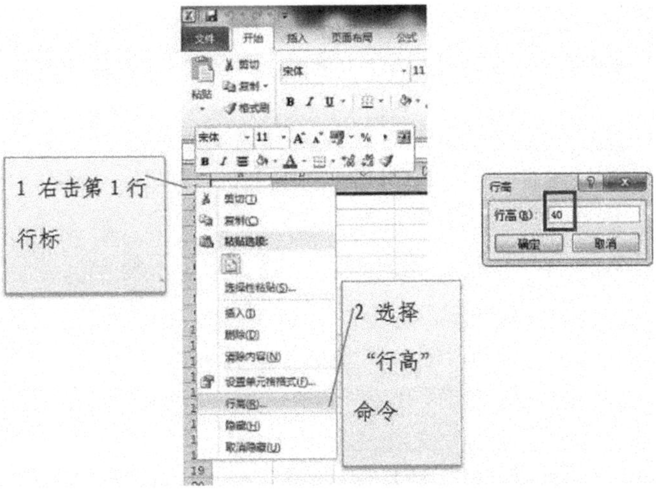

图 4.100　设置行高

(3)单击“插入”选项卡“文本”组中的“艺术字”按钮，在弹出的下拉面板中选择如图 4.101 所示的艺术字。

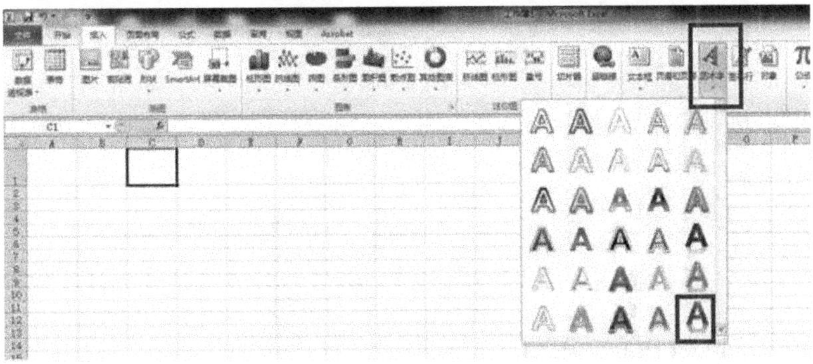

图 4.101　选择艺术字类型

(4)在弹出的文本框中输入“年假表”，如图 4.102 所示。

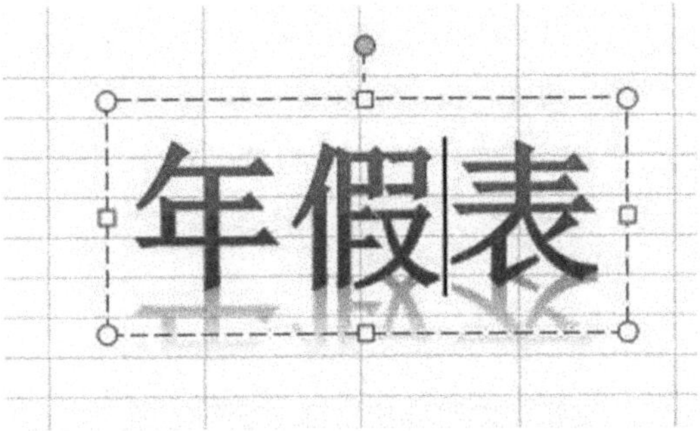

图 4.102　输入文字

(5)单击"开始"选项卡下"字体"组中"字号"下拉按钮,在弹出的下拉列表中将字号设置为24,并调整字的位置。如图4.103所示。

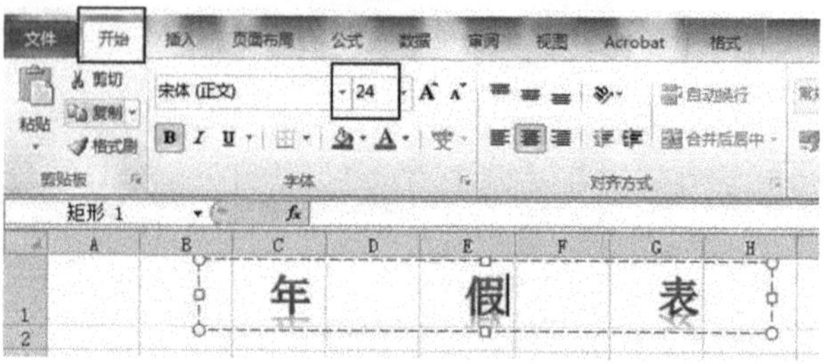

图4.103　调整字号并调整位置

(6)选择A2:A24单元格,单击"开始"选项卡下"单元格"组中的"格式"按钮,在弹出的下拉菜单中选择"行高"命令。如图4.104所示。

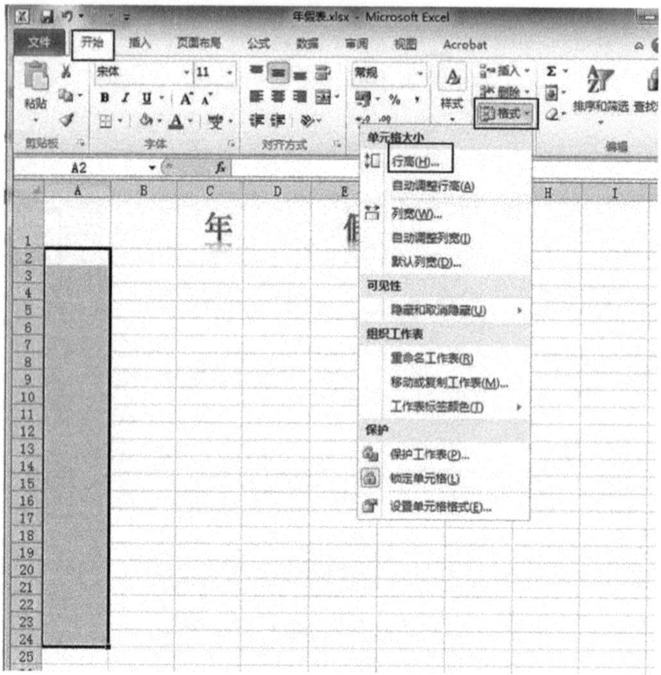

图4.104　选择"行高"命令

(7)在弹出的对话框的"行高"文本框中输入15。如图4.105所示。

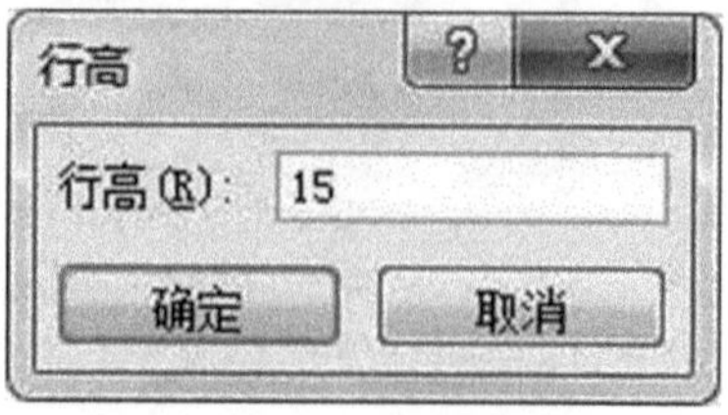

图4.105　设置行高

(8)在工作簿中输入如图 4.106 所示的数据。

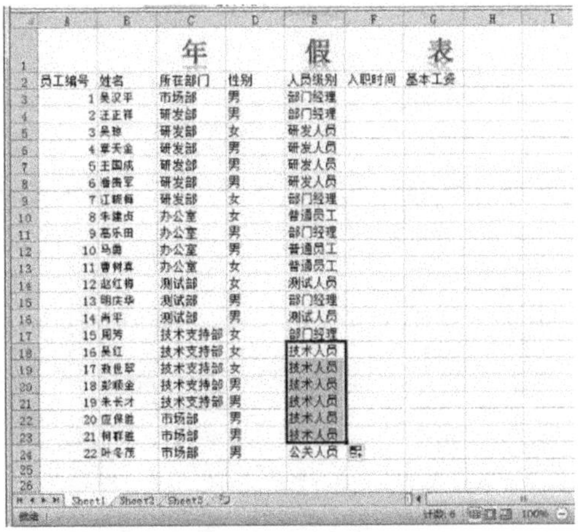

图 4.106　输入数据

(9)选择 A2:I24 单元格,单击"开始"选项卡下"对齐方式"组中的"居中按钮",如图 4.107 所示。

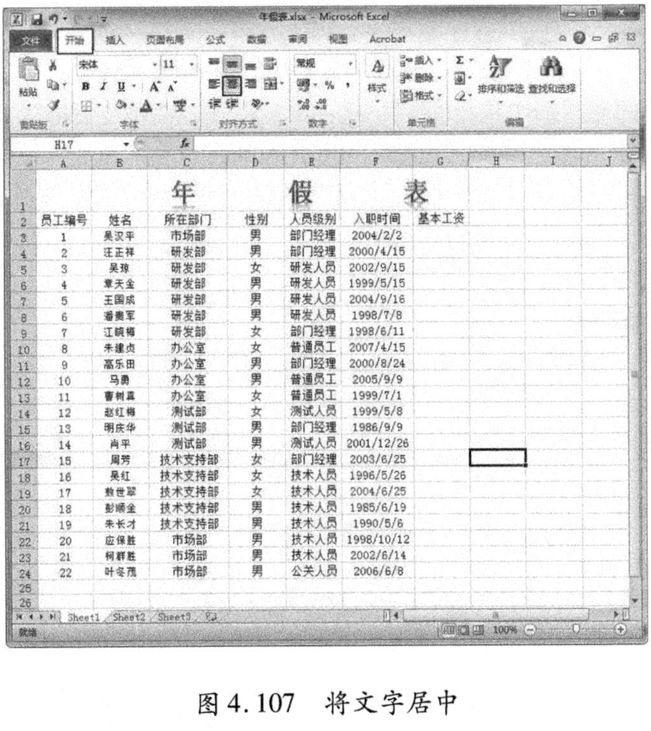

图 4.107　将文字居中

(10)选择 G3:G24 单元格并右击,在弹出的快捷菜单中选择“设置单元格格式”命令,如图 4.108 所示。

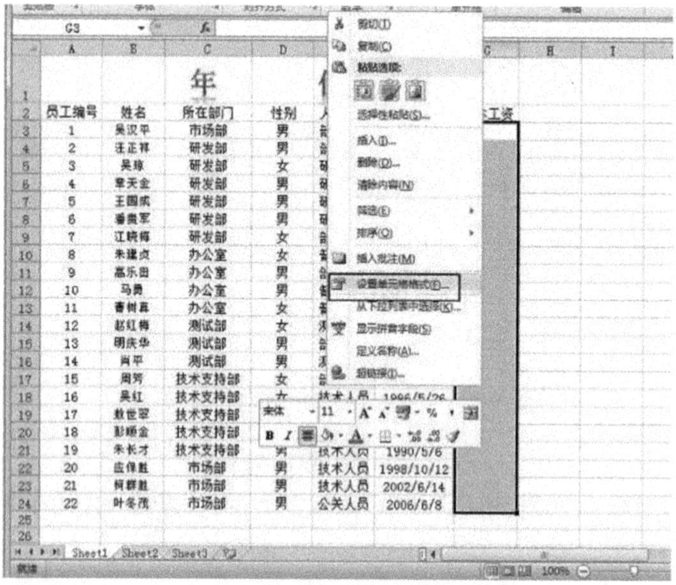

图 4.108　选择“设置单元格格式”命令

(11)在弹出的对话框中选择“数字”选项卡,在“分类”列表中选择“货币”选项,按如图 4.109 设置。

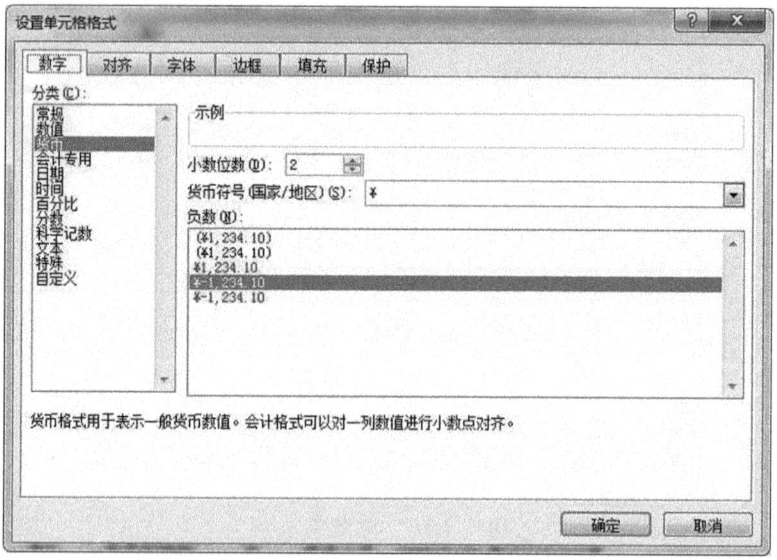

图 4.109　设为“货币”型

(12)在单元格中录入未完成数据,如图 4.110 所示。

图 4.110　输入数据

(13)选择 A2:I24 单元格,单击"开始"选项卡下"字体"组中的"填充颜色"下拉按钮,在弹出的下拉面板中选择"其他颜色"命令,如图 4.111 所示。

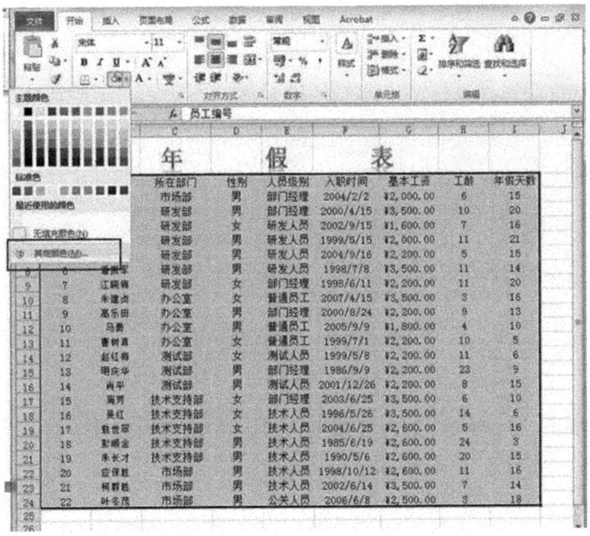

4.111　选择"其他颜色"命令

(14)在弹出的对话框中选择“自定义”选项卡,将红色、绿色、蓝色分别设置为“255、255、159”,如图4.112所示。

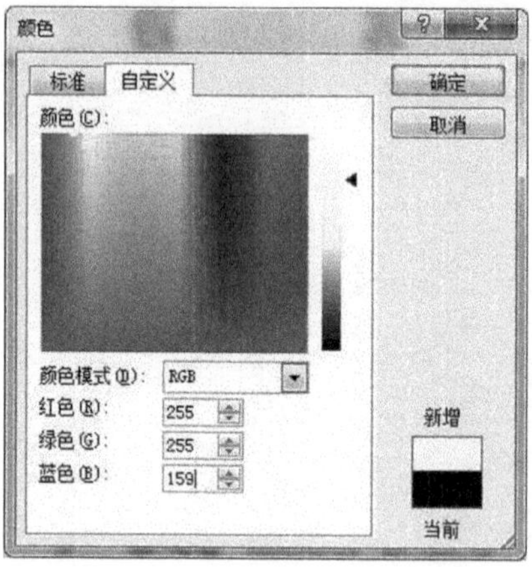

图4.112 设置颜色

(15)右击,在弹出的快捷菜单中选择“设置单元格格式”命令,在弹出对话框中选择“边框”选项卡,在“预置”选项区域下单击“外边框”按钮和“内部”按钮。如图4.113所示。

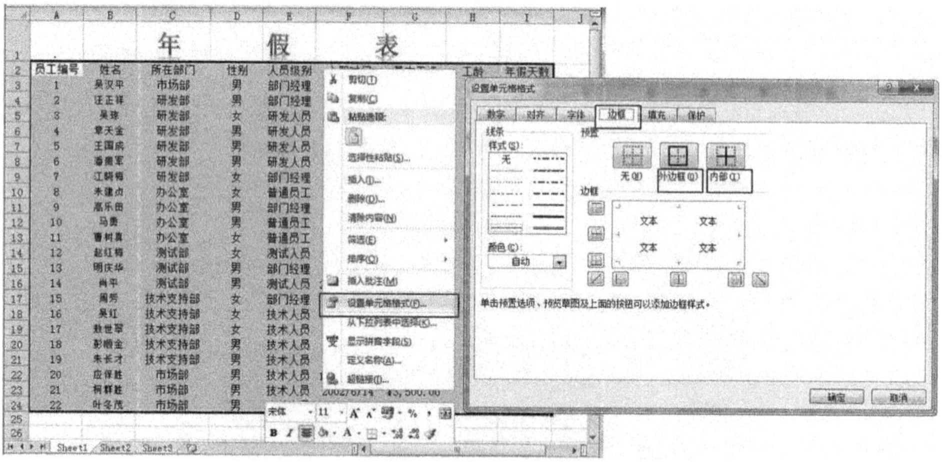

图4.113 设置边框

(16)双击工作表标签sheet1,此时该标签以高亮显示,将该工作表重命名为“年假表”,然后按Enter键,如图4.114所示。

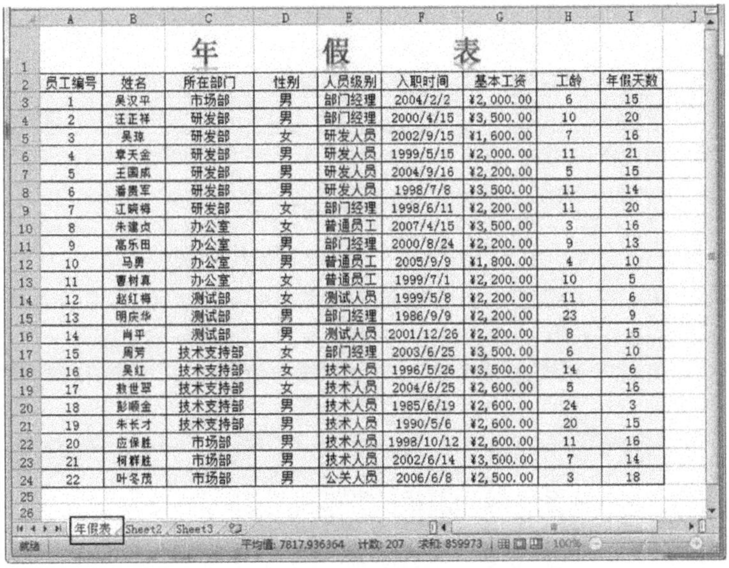

年		假		表				
员工编号	姓名	所在部门	性别	人员级别	入职时间	基本工资	工龄	年假天数
1	吴汉平	市场部	男	部门经理	2004/2/2	¥2,000.00	6	15
2	汪正祥	研发部	男	部门经理	2000/4/15	¥3,500.00	10	20
3	吴琼	研发部	女	研发人员	2002/9/15	¥1,600.00	7	16
4	章天金	研发部	男	研发人员	1999/5/15	¥2,000.00	11	21
5	王国成	研发部	男	研发人员	2004/9/16	¥2,200.00	5	15
6	潘贵军	研发部	男	研发人员	1998/7/8	¥3,500.00	11	14
7	江晓梅	研发部	女	部门经理	1998/6/11	¥2,200.00	11	20
8	朱建贞	办公室	女	普通员工	2007/4/15	¥3,500.00	3	16
9	高乐田	办公室	男	部门经理	2000/8/24	¥2,200.00	9	13
10	马勇	办公室	男	普通员工	2005/9/9	¥1,800.00	4	10
11	曹树真	办公室	女	普通员工	1999/7/1	¥2,200.00	10	5
12	赵红梅	测试部	女	测试人员	1999/5/8	¥2,200.00	11	6
13	明庆华	测试部	男	部门经理	1986/9/9	¥2,200.00	23	9
14	肖平	测试部	男	测试人员	2001/12/26	¥2,200.00	8	15
15	周芳	技术支持部	女	部门经理	2003/6/25	¥3,500.00	6	10
16	吴红	技术支持部	女	技术人员	1996/5/26	¥3,500.00	14	6
17	敖世翠	技术支持部	女	技术人员	2004/6/25	¥2,600.00	5	16
18	彭顺金	技术支持部	男	技术人员	1985/6/19	¥2,600.00	24	3
19	朱长才	技术支持部	男	技术人员	1990/5/6	¥2,600.00	20	15
20	应保胜	市场部	男	技术人员	1998/10/12	¥2,600.00	11	16
21	柯群胜	市场部	男	技术人员	2002/6/14	¥3,500.00	7	14
22	叶冬茂	市场部	男	公关人员	2006/6/8	¥2,500.00	3	18

图 4.114　重命名工作表标签

(17)右键单击"年假表"工作表表标签,在弹出的快捷菜单中选择"移动或复制…"命令项,屏幕上将出现如图 4.115 所示的"移动或复制工作表"对话框。把工作表放在 sheet2 工作表之前,并勾选上"建立副本"前复选框。

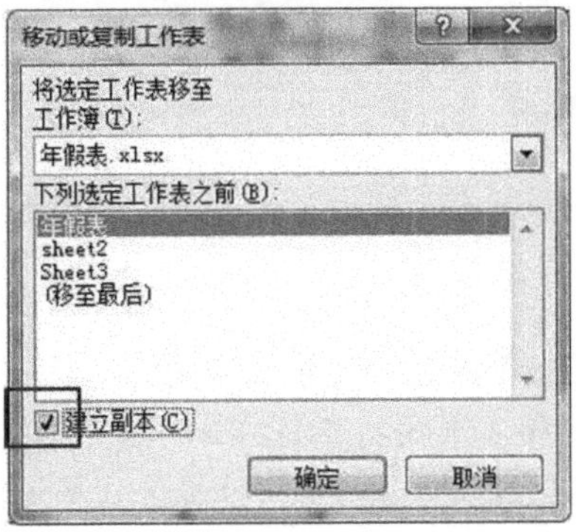

图 4.115　"移动或复制工作表"对话框

(18)在 sheet2 工作表前面,"年假表"工作表后面就生成了年假表的副本工作表"年假表(2)"(如图 4.116),双击其工作表标签,将它重命名为"工资表"(如图 4.117)。

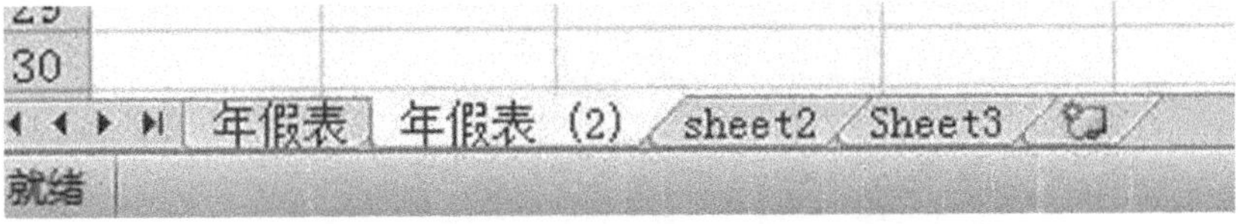

图 4.116　年假表副本

图 4.117　重命名为"工资表"

(19)将艺术字"年假表"改为"工资表",增加工龄补贴列。

(20)用函数方法实现工龄大于 10 年的每月发工龄补贴 400 元,其他的工龄补贴为 0。

①在 J3 单元格输入函数" = if(H3 > 10,400,0) ",如图 4.118 所示。

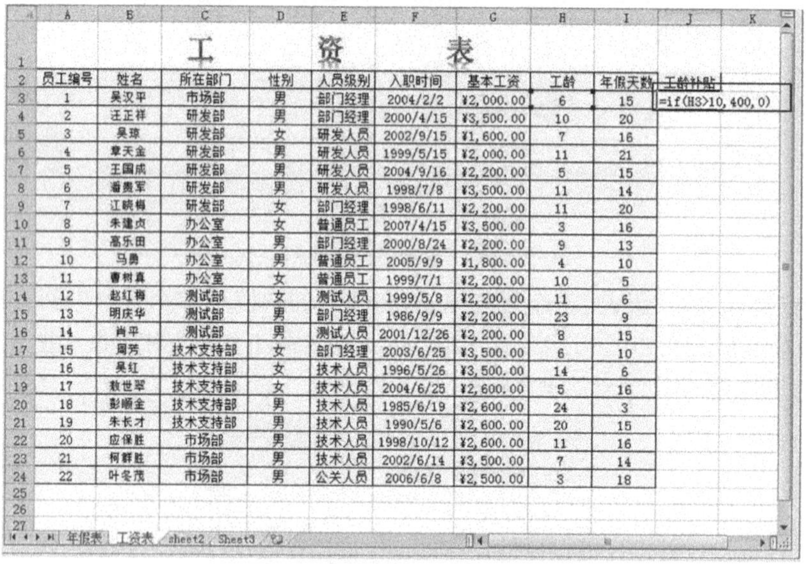

工　资　表

员工编号	姓名	所在部门	性别	人员级别	入职时间	基本工资	工龄	年假天数	工龄补贴
1	吴汉平	市场部	男	部门经理	2004/2/2	¥2,000.00	6	15	=if(H3>10,400,0)
2	迁正祥	研发部	男	部门经理	2000/4/15	¥3,500.00	10	20	
3	吴琼	研发部	女	研发人员	2002/9/15	¥1,600.00	7	16	
4	章天金	研发部	男	研发人员	1999/5/15	¥2,000.00	11	21	
5	王国成	研发部	男	研发人员	2004/9/16	¥2,200.00	5	15	
6	潘贵军	研发部	男	研发人员	1998/7/8	¥3,500.00	11	14	
7	江晓梅	研发部	女	部门经理	1998/6/11	¥2,200.00	11	20	
8	朱建贞	办公室	女	普通员工	2007/4/15	¥3,500.00	3	16	
9	高乐田	办公室	男	部门经理	2000/8/24	¥2,200.00	9	13	
10	马勇	办公室	男	普通员工	2005/9/9	¥1,800.00	4	10	
11	曹树真	办公室	女	普通员工	1999/7/1	¥2,200.00	10	5	
12	赵红梅	测试部	女	测试人员	1999/5/8	¥2,200.00	11	6	
13	明庆华	测试部	男	部门经理	1986/9/9	¥2,200.00	23	9	
14	肖平	测试部	男	测试人员	2001/12/26	¥2,200.00	8	15	
15	周芳	技术支持部	女	部门经理	2003/6/25	¥3,500.00	6	10	
16	吴红	技术支持部	女	技术人员	1996/5/26	¥3,500.00	14	6	
17	敖世翠	技术支持部	女	技术人员	2004/6/25	¥2,600.00	5	16	
18	彭顺金	技术支持部	男	技术人员	1985/6/19	¥2,600.00	24	3	
19	朱长才	技术支持部	男	技术人员	1990/5/6	¥2,600.00	20	15	
20	应保胜	市场部	男	技术人员	1998/10/12	¥2,600.00	11	16	
21	柯群胜	市场部	男	技术人员	2002/6/14	¥3,500.00	7	14	
22	叶冬茂	市场部	男	公关人员	2006/6/8	¥2,500.00	3	18	

图 4.118　输入函数

②按 Enter 键,吴汉平工龄补贴自动计算出来为 0。

③将鼠标移动到 J3 单元格右下角将指针指向"填充柄"标记,当指针变成黑色十字标记时,按住左键向下拖动到 J24 单元格,执行计算公式的填充,放开鼠标后得到图4.119 的填充结果。

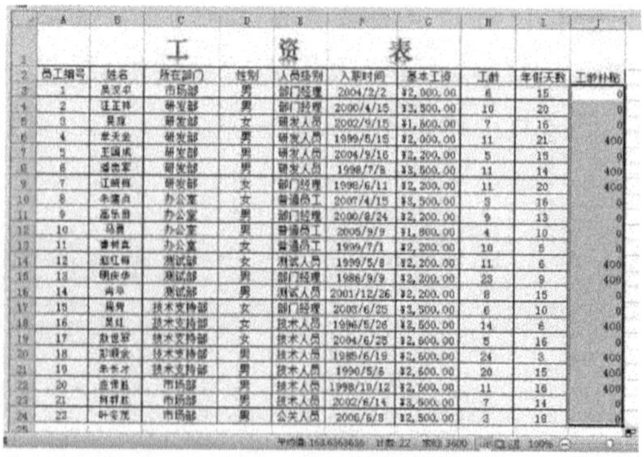

工　资　表

员工编号	姓名	所在部门	性别	人员级别	入职时间	基本工资	工龄	年假天数	工龄补贴
1	吴汉平	市场部	男	部门经理	2004/2/2	¥2,000.00	6	15	0
2	迁正祥	研发部	男	部门经理	2000/4/15	¥3,500.00	10	20	0
3	吴琼	研发部	女	研发人员	2002/9/15	¥1,600.00	7	16	0
4	章天金	研发部	男	研发人员	1999/5/15	¥2,000.00	11	21	400
5	王国成	研发部	男	研发人员	2004/9/16	¥2,200.00	5	15	0
6	潘贵军	研发部	男	研发人员	1998/7/8	¥3,500.00	11	14	400
7	江晓梅	研发部	女	部门经理	1998/6/11	¥2,200.00	11	20	400
8	朱建贞	办公室	女	普通员工	2007/4/15	¥3,500.00	3	16	0
9	高乐田	办公室	男	部门经理	2000/8/24	¥2,200.00	9	13	0
10	马勇	办公室	男	普通员工	2005/9/9	¥1,800.00	4	10	0
11	曹树真	办公室	女	普通员工	1999/7/1	¥2,200.00	10	5	0
12	赵红梅	测试部	女	测试人员	1999/5/8	¥2,200.00	11	6	400
13	明庆华	测试部	男	部门经理	1986/9/9	¥2,200.00	23	9	400
14	肖平	测试部	男	测试人员	2001/12/26	¥2,200.00	8	15	0
15	周芳	技术支持部	女	部门经理	2003/6/25	¥3,500.00	6	10	0
16	吴红	技术支持部	女	技术人员	1996/5/26	¥2,500.00	14	6	400
17	敖世翠	技术支持部	女	技术人员	2004/6/25	¥2,600.00	5	16	0
18	彭顺金	技术支持部	男	技术人员	1985/6/19	¥2,600.00	24	3	400
19	朱长才	技术支持部	男	技术人员	1990/5/6	¥2,600.00	20	15	400
20	应保胜	市场部	男	技术人员	1998/10/12	¥2,600.00	11	16	400
21	柯群胜	市场部	男	技术人员	2002/6/14	¥3,500.00	7	14	0
22	叶冬茂	市场部	男	公关人员	2006/6/8	¥2,500.00	3	18	0

图 4.119　填充结果

(21)增加实发工资列。计算实发工资(假定实发工资 = 基本工资 + 工龄补贴)。

①在 K3 单元格输入公式“ = G3 + J3”,如图 4.120 所示。

	B	C	D	E	F	G	H	I	J	K
2	姓名	所在部门	性别	人员级别	入职时间	基本工资	工龄	年假天数	工龄补贴	实发工资
3	吴汉平	市场部	男	部门经理	2004/2/2	¥2,000.00	6	15	0	=G3+J3
4	汪正祥	研发部	男	部门经理	2000/4/15	¥3,500.00	10	20	0	
5	吴琼	研发部	女	研发人员	2002/9/15	¥1,600.00	7	16	0	
6	章天金	研发部	男	研发人员	1999/5/15	¥2,000.00	11	21	400	
7	王国成	研发部	男	研发人员	2004/9/16	¥2,200.00	5	15	0	
8	潘贵军	研发部	男	研发人员	1998/7/8	¥3,500.00	11	14	400	
9	江晓梅	研发部	女	部门经理	1998/6/11	¥2,200.00	11	20	400	
10	朱建贞	办公室	女	普通员工	2007/4/15	¥3,500.00	3	16	0	
11	高乐田	办公室	男	部门经理	2000/8/24	¥2,200.00	9	13	0	
12	马勇	办公室	男	普通员工	2005/9/9	¥1,800.00	4	10	0	
13	曹树真	办公室	女	普通员工	1999/7/1	¥2,200.00	10	5	0	
14	赵红梅	测试部	女	测试人员	1999/5/8	¥2,200.00	11	6	400	
15	明庆华	测试部	男	部门经理	1986/9/9	¥2,200.00	23	9	400	
16	肖平	测试部	男	测试人员	2001/12/26	¥2,200.00	8	15	0	
17	周芳	技术支持部	女	部门经理	2003/6/25	¥3,500.00	6	10	0	
18	吴红	技术支持部	女	技术人员	1996/5/26	¥3,500.00	14	6	400	
19	敖世翠	技术支持部	女	技术人员	2004/6/25	¥2,600.00	5	16	0	
20	彭顺金	技术支持部	男	技术人员	1985/6/19	¥2,600.00	24	3	400	
21	朱长才	技术支持部	男	技术人员	1990/5/6	¥2,600.00	20	15	400	
22	应保胜	市场部	男	技术人员	1998/10/12	¥2,600.00	11	16	400	
23	柯群胜	市场部	男	技术人员	2002/6/14	¥3,500.00	7	14	0	
24	叶冬薇	市场部	男	公关人员	2006/6/8	¥2,500.00	3	18	0	

图 4.120　输入公式

②按 Enter 键,吴汉平实发工资自动计算出来了。

③将鼠标移动到 K3 单元格右下角将指针指向“填充柄”标记,当指针变成黑色十字标记时,按住左键向下拖动到 J24 单元格,执行计算公式的填充,放开鼠标后得到图4.121 的填充结果。

	B	C	D	E	F	G	H	I	J	K
2	姓名	所在部门	性别	人员级别	入职时间	基本工资	工龄	年假天数	工龄补贴	实发工资
3	吴汉平	市场部	男	部门经理	2004/2/2	¥2,000.00	6	15	0	2000
4	汪正祥	研发部	男	部门经理	2000/4/15	¥3,500.00	10	20	0	3500
5	吴琼	研发部	女	研发人员	2002/9/15	¥1,600.00	7	16	0	1600
6	章天金	研发部	男	研发人员	1999/5/15	¥2,000.00	11	21	400	2400
7	王国成	研发部	男	研发人员	2004/9/16	¥2,200.00	5	15	0	2200
8	潘贵军	研发部	男	研发人员	1998/7/8	¥3,500.00	11	14	400	3900
9	江晓梅	研发部	女	部门经理	1998/6/11	¥2,200.00	11	20	400	2600
10	朱建贞	办公室	女	普通员工	2007/4/15	¥3,500.00	3	16	0	3500
11	高乐田	办公室	男	部门经理	2000/8/24	¥2,200.00	9	13	0	2200
12	马勇	办公室	男	普通员工	2005/9/9	¥1,800.00	4	10	0	1800
13	曹树真	办公室	女	普通员工	1999/7/1	¥2,200.00	10	5	0	2200
14	赵红梅	测试部	女	测试人员	1999/5/8	¥2,200.00	11	6	400	2600
15	明庆华	测试部	男	部门经理	1986/9/9	¥2,200.00	23	9	400	2600
16	肖平	测试部	男	测试人员	2001/12/26	¥2,200.00	8	15	0	2200
17	周芳	技术支持部	女	部门经理	2003/6/25	¥3,500.00	6	10	0	3500
18	吴红	技术支持部	女	技术人员	1996/5/26	¥3,500.00	14	6	400	3900
19	敖世翠	技术支持部	女	技术人员	2004/6/25	¥2,600.00	5	16	0	2600
20	彭顺金	技术支持部	男	技术人员	1985/6/19	¥2,600.00	24	3	400	3000
21	朱长才	技术支持部	男	技术人员	1990/5/6	¥2,600.00	20	15	400	3000
22	应保胜	市场部	男	技术人员	1998/10/12	¥2,600.00	11	16	400	3000
23	柯群胜	市场部	男	技术人员	2002/6/14	¥3,500.00	7	14	0	3500
24	叶冬薇	市场部	男	公关人员	2006/6/8	¥2,500.00	3	18	0	2500

图 4.121　填充结果

(22)选择 G3 单元格,点击“开始”选项卡,“剪贴板”组“格式刷”按钮,再选择 J2:K24 单元格区域,即可将 J2:K24 中单元格的单元格格式(包括字体、填充、数字等)都设置成与 G3 单元格一样,如图 4.122 所示。

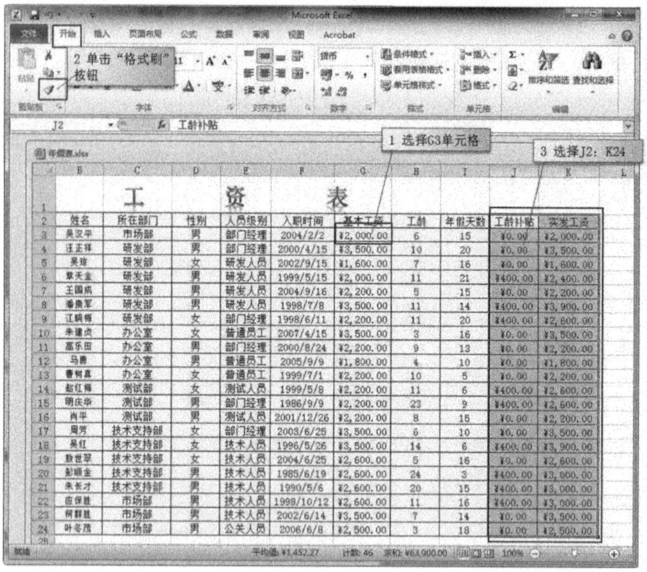

图 4.122　设置工龄补贴、实发工资列格式

习　题

一、单选题

1. 工作簿由若干个(　　)组成。

A. 工作簿　　B. 工作表　　C. 文档　　D. 单元格

2. 在 Excel 2010 中,工作表行列交叉的位置称之为(　　)。

A. 滚动条　　B. 状态栏　　C. 单元格　　D. 标题栏

3. Excel 2010 中输入分数应在输入前加上(　　)和空格。

A. 0　　B. 1　　C. 2　　D. 3

4. 在 Excel 2010 中选择多个单元格输入一个内容后,按下(　　) + Enter 键可使每个单元格出现相同的内容。

A. Ctrl　　B. Alt　　C. Shift　　D. F1

5. Excel 2010 中选择不连续区域,按住(　　)键点选单元格即可。

A. Ctrl　　B. Alt　　C. Shift　　D. F1

6. 在 Excel 2010 进行文字处理时,强迫换行的方法是在需要换行的位置按下什么键?(　　)

A. Enter　　B. Tab　　C. Alt + Enter　　D. Alt + Tab

7. Excel 2010 中单元格的地址不包括以下哪一种?(　　)

A. 相对地址　　B. 绝对地址　　C. 混合地址　　D. 动态地址

8. $B$2、$A$3 属于单元格地址的哪种引用方式?(　　)

A. 相对地址　　B. 绝对地址　　C. 混合地址　　D. 动态地址

9. 单元格 A3 中的公式" = A1 + A2",复制到 B3 中会自动调整为什么。(　　)

A.“=A1+A2”　B.“=B1+B2”　C.“=B2+A1”　D.“=A2+A1”

10. 单元格 A3 中的公式“=$A$1+$A$2”,复制到 B3 中会自动调整为是什么？(　　)

A.“=A1+A2”　B.“=$A$1+$A$2”

C.“=B1+B2”　D.“=$B$1+$B$2”

11. 当鼠标移到自动填充句柄上,鼠标指针会变为什么形状？(　　)

A. 双键头　B. 白十字　C. 黑十字　D. 黑矩形

12. 在 Excel 2010 中,以下选项哪一个是正确的区域表示法？(　　)

A. A1#D4　B. A1..D4　C. A1:D4　D. A1-D4

13. 求某一学生 4 门课程的总分应选用(　　)函数进行计算。

A. SUM　B. MAX　C. MIN　D. AVERAGE

14. 求一个班级 30 位学生计算机文化基础课程的最高分应选用(　　)函数进行计算。

A. SUM　B. MAX　C. MIN　D. AVERAGE

15. 求一个班级 30 位学生计算机文化基础课程的最低分应选用(　　)函数进行计算。

A. SUM　B. MAX　C. MIN　D. AVERAGE

16. 求一个班级 30 位学生计算机文化基础课程的平均分应选用(　　)函数进行计算。

A. SUM　B. MAX　C. MIN　D. AVERAGE

17. 如要按性别分类统计男女学生的外语平均成绩,在弹出的“分类汇总”对话框中的“分类字段”应选择(　　)。

A. 姓名　B. 性别　C. 外语　D. 总分

18. (　　)是根据某一(或几)列的数据的大小按一定规律排列记录。

A. 筛选　B. 公式　C. 排序　D. 函数

二、填空题

1. Excel 中可以单击__________快速选择整行,单击__________快速选择整列。

2. 为工作表重命名可以直接__________某工作表标签即可。

3. 单元格的绝对地址引用需要在列号和行号前加上__________符号。

4. 一个完整的单元格地址中工作表名与列号、行号之间用__________符号隔开。

5. 进行分类汇总时,首先需要对工作表中数据按“类”进行__________。

6. 默认情况下,单元格中的字符型数据的对齐方式为__________,单元格中的数值型数据的对齐方式为__________。

三、判断题

1. Excel 2010 中可以直接输入分数,如输入“2/3”。(　　)

2. 在 Excel 2010 中可以同时选择多个单元格后输入同一个内容。(　　)

3. 一个工作薄默认由 3 个工作表组成,用户不能自己增加或减少工作表的数量。(　　)

4. 运用条件格式可以使得工作表中相同的数据以不同的格式显示出来。(　　)

5. A1:C5 表示从左上角 A1 的单元格到右下角是 C5 单元格的一个连续区域。(　　)

6. Excel 2010 中的公式必须由等号(=)开始。(　　)

7. 在 Excel 2010 中无法为表单设置页眉和页脚。(　　)

8. 在公式中引用单元格区域,公式的值会随着所引用单元格的值的变化而变化。(　　)

四、操作题

综合应用:图书销售统计

任务1　建一个图书销售统计表

用 Excel 统计某书店部分图书的季度销售量,完成结果如图 4.123 所示,保存文件名字为“图书销售统计表.xlsx”。

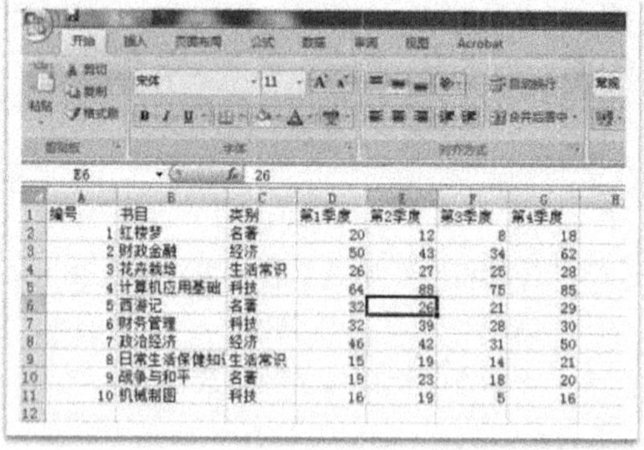

编号	书目	类别	第1季度	第2季度	第3季度	第4季度
1	红楼梦	名著	20	12	8	18
2	财政金融	经济	50	43	34	62
3	花卉栽培	生活常识	26	27	25	28
4	计算机应用基础	科技	64	88	75	85
5	西游记	名著	32	26	21	29
6	财务管理	科技	32	39	28	30
7	政治经济	经济	46	42	31	50
8	日常生活保健知	生活常识	15	19	14	21
9	战争与和平	名著	19	23	18	20
10	机械制图	科技	16	19	5	16

图 4.123　图书销售统计表

任务2　计算统计数据

以任务 1 的销售统计表图 4.124 为基础,添加“单价”一项,并分别计算各种书的季销售量、季平均销售量、各书目年销售金额和所有图书年销售总金额。

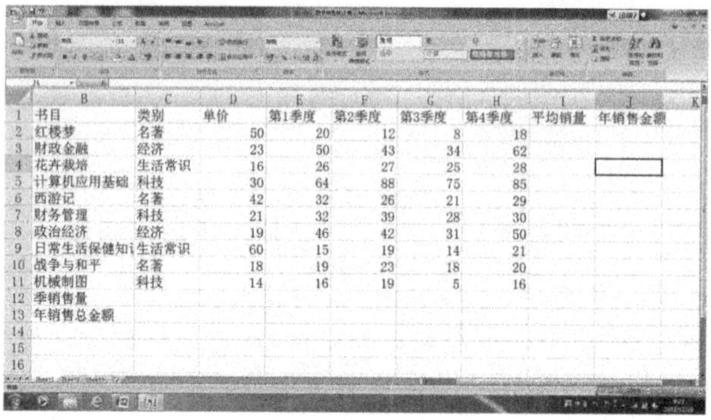

书目	类别	单价	第1季度	第2季度	第3季度	第4季度	平均销量	年销售金额
红楼梦	名著	50	20	12	8	18		
财政金融	经济	23	50	43	34	62		
花卉栽培	生活常识	16	26	27	25	28		
计算机应用基础	科技	30	64	88	75	85		
西游记	名著	42	32	26	21	29		
财务管理	科技	21	32	39	28	30		
政治经济	经济	19	46	42	31	50		
日常生活保健知	生活常识	60	15	19	14	21		
战争与和平	名著	18	19	23	18	20		
机械制图	科技	14	16	19	5	16		
季销售量								
年销售总金额								

图 4.124　销售统计表

任务3　制作形式美观的表格

对任务 2 中的工作表中的“单价”项“年销售金额”及“年销售总金额”项设置数据格式(货币型)。

设置表格的字符格式及对齐方式,指定销售量小于10 和大于100 时分别以绿色和橙色自动突出显示。

为工作表添加边框(单线框即可)、并在工作表上加一行,写标题:2012 年图书销售统计,合并居中。

任务4　用图表显示销售统计数据

用数据图表形象地把任务 3 中所示的销售统计结果表现出来,图表的类型为柱型图,图表的分类轴为书目,竖直轴为销量;图表要包涵标题、图例等项目。如图 4.125 所示,注意不要把单价、类别等不需要显示在图表中的内容包含进来了。

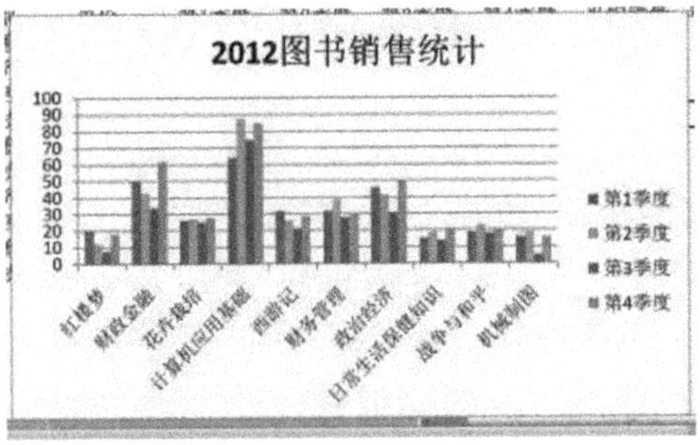

图 4.125　销售统计数据柱状图

任务 5　销售数据的分析与管理

(1)使用筛选。筛选出第 4 季度销量小于等于 50 且第 3 季度大于 14 的书目。

(2)根据书的类别建立分类汇总表,分级显示汇总数据。

拓展训练

请在【答题】菜单下选择【进入考生文件夹】命令,并按照题目要求完成下面的操作。

注意:以下的文件必须保存在考生文件夹下

小李今年毕业后,在一家计算机图书销售公司担任市场部助理,主要的工作

职责是为部门经理提供销售信息的分析和汇总。

请你根据销售数据报表(“Excel. xlsx” 文件),按照如下要求完成统计和分析工作:

(1)请对“订单明细”工作表进行格式调整,通过套用表格格式方法将所有的销售记录调整为一致的外观格式,并将“单价”列和“小计”列所包含的单元格调整为“会计专用”(人民币)数字格式。

(2)根据图书编号,请在“订单明细”工作表的"图书名称"列中,使用 VLOOKUP 函数完成图书名称的自动填充。“图书名称”和“图书编号”的对应关系在“编号对照”工作表中。

(3)根据图书编号,请在“订单明细”工作表的“单价”列中,使用 VLOOKUP 函数完成图书单价的自动填充。“单价”和“图书编号”的对应关系在“编号对照”工作表中。

(4)在“订单明细”工作表的“小计”列中,计算每笔订单的销售额。

(5)根据“订单明细”工作表中的销售数据,统计所有订单的总销售金额,并将其填写在“统计报告”工作表的 B3 单元格中。

(6)根据“订单明细”工作表中的销售数据,统计《MS Office 高级应用》图书在 2012 年的总销售额,并将其填写在“统计报告”工作表的 B4 单元格中。

(7)根据“订单明细”工作表中的销售数据,统计隆华书店在 2011 年第 3 季度的总销售额,并将其填写在“统计报告”工作表的 B5 单元格中。

(8)根据“订单明细”工作表中的销售数据,统计隆华书店在 2011 年的每月平均销售额(保留 2 位小数),并将其填写在“统计报告”工作表的 B6 单元格中。

(9)保存“Excel. xlsx”文件。

第 5 章　PowerPoint 2010　演示文稿

PowerPoint 2010 是微软公司 Office 2010 办公软件中的一个重要组件。它是 Office 中一个功能很强大的演示文稿制作工具，简称 PPT。利用 PowerPoint 可以制作出包含文字、图形、声音及各种视频图像的多媒体演示文稿。用户不仅可以在投影仪和计算机上进行演示，也可以将演示文稿打印出来，制作成胶片，以便应用到更广泛的领域中。利用 Powerpoint 不仅可以创建演示文稿，还可以在互联网上召开面对面会议、远程会议或在网上给观众展示演示文稿。

演示文稿是使用 PowerPoint 所创建的文档，而幻灯片则是演示文稿中的页面。演示文稿是由若干张幻灯片组成的，每张幻灯片都是演示文稿中既相互独立又相互联系的内容。

5.1　PowerPoint 2010 基本操作

5.1.1　PowerPoint 2010 的工作界面

首先，我们来熟悉一下 PowerPoint 2010 的工作界面，图 5.1 是 PowerPoint 2010 的工作窗口，下面对工作窗口作一些简单介绍。

PowerPoint 2010 的工作界面主要由标题栏、快速访问工具栏、功能区、功能选项卡、幻灯片/大纲窗格、幻灯片编辑区、备注窗格和状态栏等部分组成。

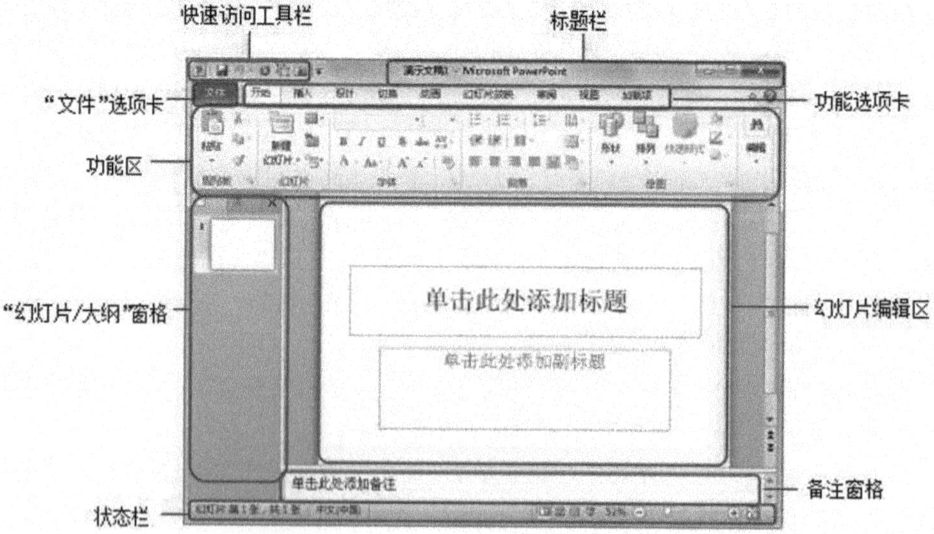

图 5.1　PowerPoint　2010 工作界面

PowerPoint 2010 工作界面各部分的组成及作用介绍如下：

(1)标题栏：位于 PowerPoint 工作界面的右上角，它用于显示演示文稿名称和程序名称，最右侧的 3 个按钮分别用于对窗口执行最小化、最大化和关闭等操作。

(2)快速访问工具栏：该工具栏位于窗口的左端，通常以图标形式提供的最常用的“保存”按钮、“撤销”按钮和“恢复”按钮组成，单击对应的按钮可执行相应的操作。如需在快速访问工具栏中添加其他按钮，可单击其后的按钮，在弹出的菜单中选择所需的命令即可。

(3)“文件”选项卡：用于执行 PowerPoint 演示文稿的新建、打开、保存和退出等基本操作，该菜单右侧列出了用户经常使用的演示文档名称。

(4)功能选项卡：相当于菜单命令，它将 PowerPoint 2010 的所有命令集成在几个功能选项卡中，选择某个功能选项卡可切换到相应的功能区。

(5)功能区：在功能区中有许多自动适应窗口大小的工具栏，不同的工具栏中又放置了与此相关的命令按钮或列表框。

(6)“幻灯片/大纲”窗格：用于显示演示文稿的幻灯片数量及位置，通过它可更加方便地掌握整个演示文稿的结构。在“幻灯片”窗格下，将显示整个演示文稿中幻灯片的编号及缩略图；在“大纲”窗格下列出了当前演示文稿中各张幻灯片中的文本内容。

(7)幻灯片编辑区：是整个工作界面的核心区域，用于显示和编辑幻灯片，在其中可输入文字内容、插入图片和设置动画效果等，是使用 PowerPoint 制作演示文稿的操作平台。

(8)备注窗格：位于幻灯片编辑区下方，可供幻灯片制作者或幻灯片演讲者查阅该幻灯片信息或在播放演示文稿时对需要的幻灯片添加说明和注释。

(9)状态栏：位于工作界面最下方，用于显示演示文稿中所选的当前幻灯片以及幻灯片总张数、幻灯片采用的模板类型、视图切换按钮以及页面显示比例等。

5.1.2　PowerPoint 2010 的启动与退出

1. PowerPoint 2010 的启动

点击“开始”菜单，指向“所有程序”，如图 5.2 所示。接下来指向“Microsoft Office”，然后单击“Microsoft Office PowerPoint 2010”。如图 5.3 所示。

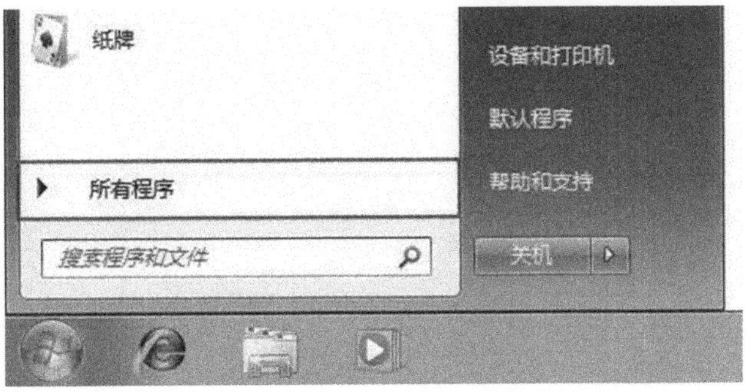

图 5.2　指向“所有程序”

图 5.3　PowerPoint 2010 的启动

2. PowerPoint 2010 的退出

方法一:单击 PowerPoint 窗口右上角的关闭按钮。

方法二:按快捷键“Alt + F4 ”退出。

方法三:单击 PowerPoint 快速访问工具栏的控制菜单图标,在弹出的下拉菜单中选择“关闭”命令。

方法四:在“文件”选项卡 文件 中选择“退出”命令 退出 。

5.1.3　创建与保存演示文稿

1. 创建演示文稿

PowerPoint 2010 中提供了以下几种新建演示文稿的方法:“空白演示文稿”、用“主题”创建演示文稿、用模板创建演示文稿、“根据现有内容新建”等方法创建演示文稿。

(1)创建空白演示文稿

创建空白演示文稿有两种方法:

方法一:通过快捷菜单自动创建一个空白演示文稿。

在桌面上单击鼠标右键弹出快捷菜单,指向“新建”,然后点击“Microsoft PowerPoint 2010 演示文稿”,即可创建一个空白演示文稿,如图 5.4 所示。

图 5.4　自动创建空白演示文稿

方法二：在 PowerPoint 已经启动的情况下，单击“文件”选项卡，在出现的菜单中选择“新建”命令，在右侧“可用的模板和主题”下选择“空白演示文稿”，单击右侧的“创建”按钮即可。如图 5.5 所示。

图 5.5　手动创建空白演示文稿

(2)用主题创建演示文稿

主题规定了演示文稿的母版、配色、文字格式和效果等设置。使用主题方式，可以简化演示文稿风格设计的大量工作，快速创建所选主题的演示文稿。

单击“文件”选项卡，在出现的菜单中选择“新建”命令，在右侧“可用的模板和主题”中选择“主题”，在随后出现的主题列表中选择一个主题(如选择“暗香扑面”)，并单击右侧的“创建”按钮即可，如图 5.6 所示。

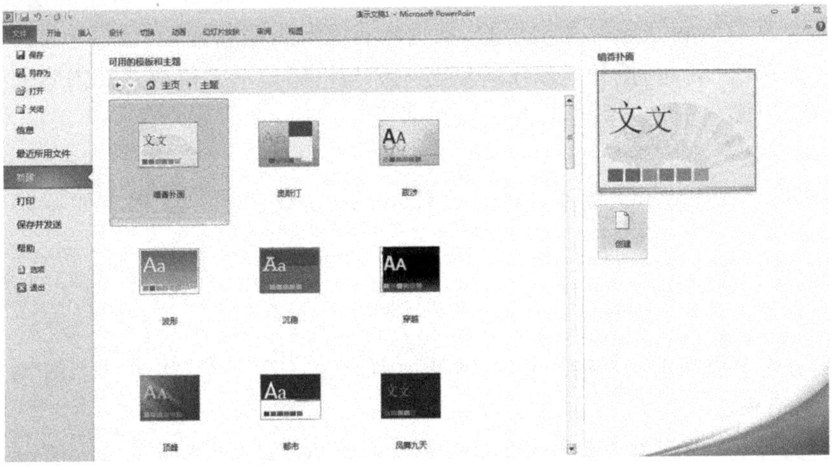

图 5.6　用主题创建演示文稿

(3)用模板创建演示文稿

模板是预先设计好的演示文稿样本。PowerPoint 2010 中提供的模板有：“样本模板”“我的模板”“最近打开的模板”。

使用模板方式，可以在系统提供的各式各样的模板中，根据自己需要选用其中一种内容最接近自己需求的模板。下面介绍使用“样本模板”创建演示文稿的方法。

单击“文件”选项卡，在出现的菜单中选择“新建”命令，在右侧“可用的模板和主题”中选择“样本模板”，在随后出现的模板列表中选择一个模板，并单击右侧的“创建”按钮（也可以直接双击模板列表中所选模板），如图5.7所示。

图5.7　用模板创建演示文稿

（4）用现有演示文稿创建演示文稿

如果希望新演示文稿与现有的演示文稿类似，则可以直接在现有演示文稿的基础上进行修改从而生成新演示文稿。用现有演示文稿创建演示文稿的方法如下：

单击“文件”选项卡，在出现的菜单中选择“新建”命令，在右侧“可用的模板和主题”中选择“根据现有内容新建”，在出现的“根据现有演示文稿新建”对话框中选择目标演示文稿文件，并单击“新建”按钮。系统将创建一个与目标演示文稿样式和内容完全一致的新演示文稿，只要根据需要适当修改并保存即可。

2. 保存演示文稿

PowerPoint 2010 演示文稿文件的扩展名为 . pptx，保存演示文稿主要有以下几种方法：

（1）保存在原位置

方法一：

① 单击快速访问工具栏的“保存”按钮。若是第一次保存，将出现如图5.8所示的“另存为”对话框。

②在“另存为”对话框左侧选择保存路径，在下方“文件名”栏中输入演示文稿文件名；否则直接按原路径及文件名存盘。

③单击“保存”按钮。

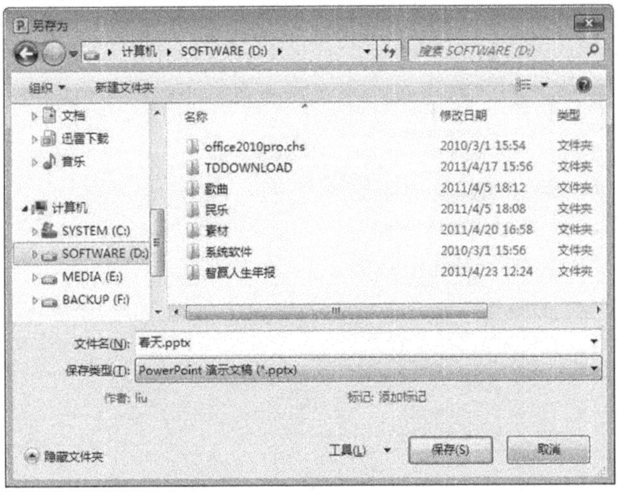

图 5.8 “另存为”对话框

方法二:按“保存”命令的快捷键“Ctrl + S”键。

(2)保存在其他位置或换名保存

对已存在的演示文稿,若用户希望存放到其他位置,可以单击“文件”选项卡,在出现的菜单中选择“另存为”命令,出现“另存为”对话框,然后按上述操作确定保存位置,再单击“保存”按钮。这样,演示文稿用原名保存在另一指定位置。

若需要换名保存,不改变文件的存放路径,仅在“文件名”栏输入新文件名后,单击“保存”按钮。这样,原演示文稿在原位置将有两个以不同文件名命名的文件。

(3)自动保存

自动保存是指在编辑演示文稿过程中,每隔一段时间就自动保存当前文件的信息,可极大程度上避免因意外断电或死机所带来的损失。

设置“自动保存”功能的方法是:单击“文件”选项卡,在出现的菜单中选择“选项”命令,弹出“PowerPoint 选项”对话框,如图 5.9 所示。单击左侧的“保存”选项,单击“保存演示文稿”选项组中的“保存自动恢复信息时间间隔”前的复选框,使其出现“√”,然后在其右侧输入时间(如:10 分钟),表示每隔指定时间就自动保存一次。

5.1.4 演示文稿的视图模式

视图是 PowerPoint 文档在电脑屏幕中的显示方式,在 PowerPoint 2010 中包括 5 种显示方式,分别是普通视图、幻灯片浏览视图、备注页视图、阅读视图和幻灯片放映视图。选择“视图”选项卡,在“演示文稿视图”选项组中可以选择视图显示方式,如图 5.10 所示。

1. 普通视图

普通视图是 PowerPoint 2010 文档的默认视图,是主要的编辑视图,可以用于撰写或设计演示文稿。该视图下,“幻灯片”窗格面积较大,最适合编辑幻灯片,如插入对象、修改文本等,如图 5.11 所示。

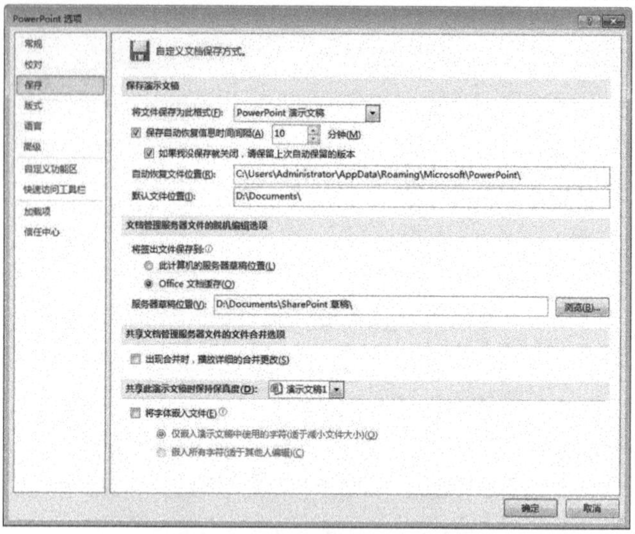

图 5.9　自动保存演示文稿

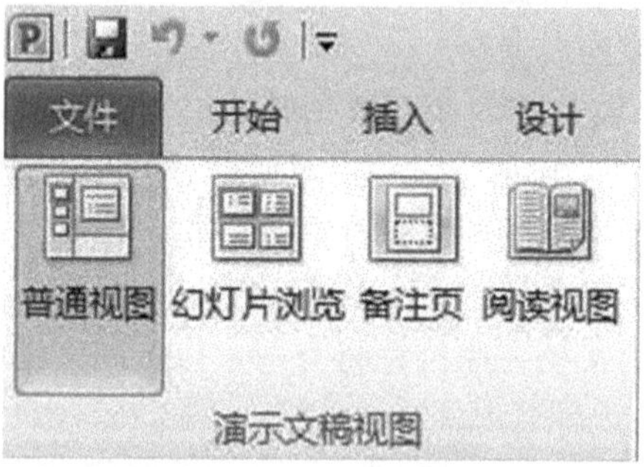

图 5.10　视图模式

在普通视图中,左窗格中包含“大纲”和“幻灯片”两个选项卡,并在下方显示备注窗格,状态栏显示了当前演示文稿的总张数和当前显示的张数。在“备注栏”中,可以对幻灯片作一些简单的注释,便于维护。备注栏中的文字信息在文稿显示时不会出现。

图 5.11　普通视图

2. 幻灯片浏览视图

幻灯片浏览视图可以显示演示文稿中的所有幻灯片的缩略图、完整的文本和图片，如图 5.12 所示。

在该视图中，可以调整演示文稿的整体显示效果，也可以对演示文稿中的多个幻灯片进行调整，主要包括幻灯片的背景和配色方案、添加或删除幻灯片、复制幻灯片以及排列幻灯片顺序等。但是在该视图中不能编辑幻灯片中的具体内容。

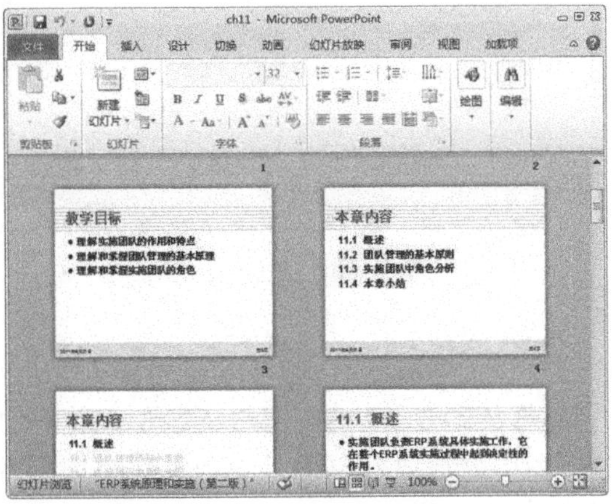

图 5.12 幻灯片浏览视图

3. 备注页视图

用户如果需要以整页格式查看和使用备注，可以使用备注页视图，在这种视图下，一张幻灯片将被分成两部分，其中上半部分用于展示幻灯片的内容，下半部分则是用于建立备注，如图 5.13 所示。

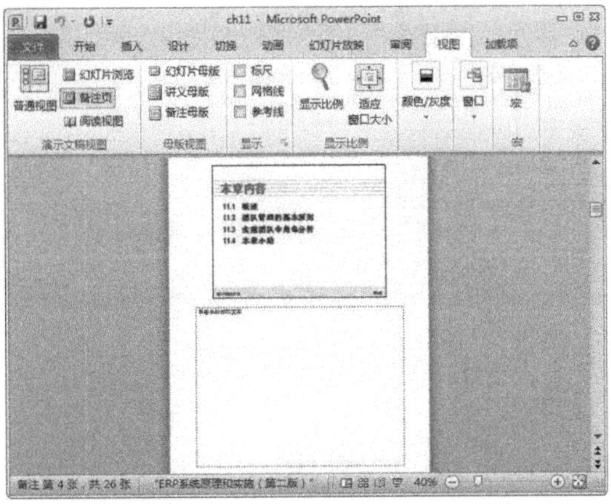

图 5.13 备注页视图

4. 阅读视图

在阅读视图下，只保留幻灯片窗格、标题栏和状态栏，其他编辑功能被屏蔽，目的是幻灯片制作完成后的简单放映浏览。通常是从当前幻灯片开始放映，单击可以切换到下一张幻灯片，直到放映最后一张幻灯片后退出"阅读"视图，如图 5.14 所示。

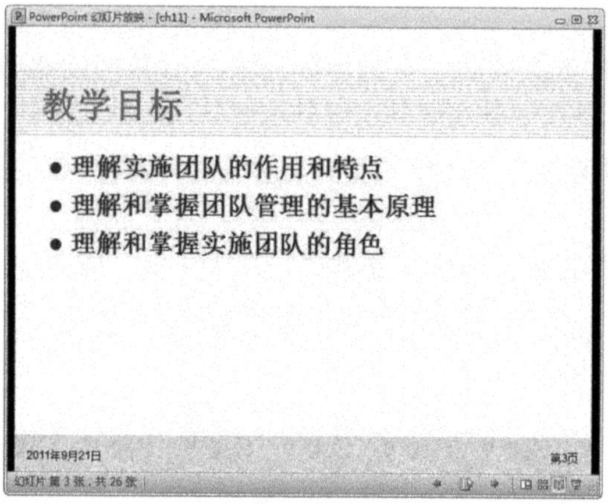

图 5.14　阅读视图

5. 幻灯片放映视图

幻灯片放映视图占据了整个电脑屏幕，它与真实的播放幻灯片效果一样。在该视图中，按照指定的方式动态地播放幻灯片内容，用户可以观看其中的文本、图片、动画和声音等效果。幻灯片放映视图中的播放效果就是观众看到的真实播放效果。但是在幻灯片放映视图下，不能对幻灯片进行编辑，若不满意幻灯片效果，必须切换到普通视图等其他视图下进行编辑修改，如图 5.15 所示。

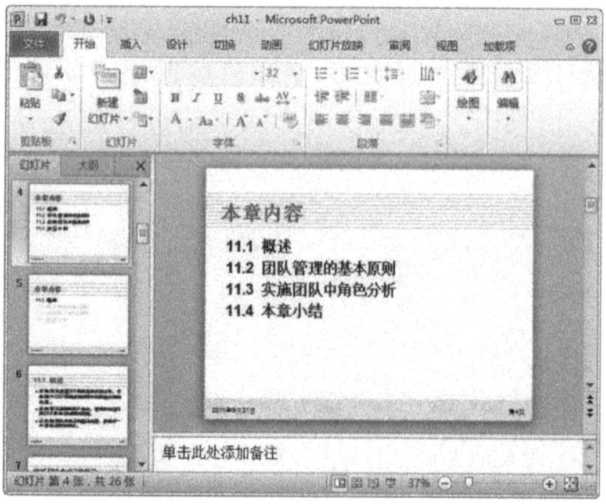

图 5.15　幻灯片放映视图

5.2　PowerPoint 2010 内容编排

5.2.1　编辑幻灯片中的文本

1. 输入文本

当用户新建一个空白演示文稿后，系统自动生成一张标题幻灯片，其中包括两个虚线框，框中有提示文字，这个虚线框称为占位符，如图 5.16 所示。文本占位符是预先安排的文本插入区域。

若用户希望在其他空白区域增添文本内容,就必须先添加文本框,才能输入文字。插入文本框的方法是:单击"插入"选项卡→"文本"组→"文本框"按钮,在出现的下拉列表中选择"横排文本框"或"垂直文本框",鼠标指针呈十字状。然后将指针移到目标位置,按住鼠标左键拖动出合适大小的文本框。

与占位符不同,文本框中没有出现提示文字,只有闪动的插入点,在文本框中输入所需文本信息即可。当文字超过文本框的宽度时会自动换行,而不用按回车键。另外文本框的高度是随文本的行数自动调整的。在输入文字以后,用户可以根据实际需要来改变文字的格式、字体、字号、字体颜色等。不同的文字格式会给用户的幻灯片带来不同的视觉效果。

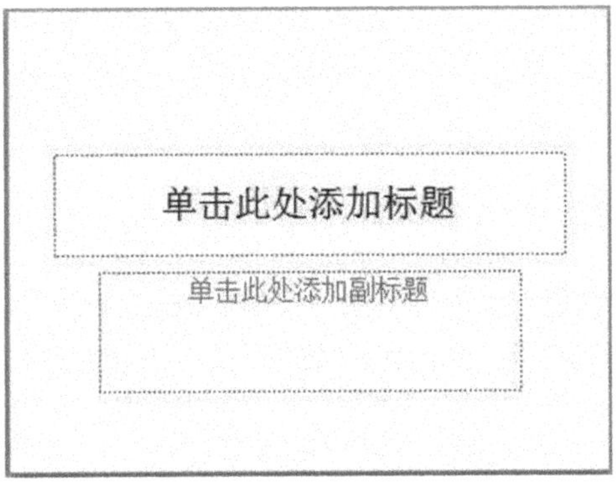

图 5.16 输入文1

2. 选择文本

(1) 选择整个文本框:单击文本框中任一位置,出现虚线框,再单击虚线框,则变成实线框,此时表示选中整个文本框。单击文本框外的位置,即可取消选中状态。

(2) 调整文本框。若要对建立的文本框的位置作调整或改变其位置和大小,首先选中文本框,用鼠标单击文本框的边框,文本框周围出现八个控点,按住鼠标左键拖动控点即可;若要移动文本框,可将鼠标移动到文本框的边框上,当鼠标指针变成十字箭头形状时按下鼠标左键,拖动文本框到合适的位置上,然后松开鼠标,即完成文本框的移动操作。若要改变文本框的大小,可将鼠标移动到控点上,此时鼠标指针变成双向箭头,然后按住鼠标左键并拖动改变其大小。

(3) 选择整段文本:单击该段文本中任一位置,然后三击鼠标左键,即可选中该段文本,选中的文本反向显示。

(4) 选择部分文本:按左键从文本的第一个字符拖动鼠标到文本的最后一个字符,放开鼠标左键,这部分文本反向显示,表示被选中。

3. 插入与删除文本

(1) 插入文本:单击插入位置,然后输入要插入的文本,新文本将插到当前插入点位置。

(2) 删除文本:

方法一:选中要删除的文本,按 Delete 键即可。

方法二:先选中要删除的文本,再右击文本,在弹出的快捷菜单中单击“剪切”命令。

4. 移动与复制文本

(1) 移动文本:选择要移动的文本,然后鼠标指针移到该文本上并把它拖到目标位置,就可以实现移动操作。

(2) 复制文本:选择要复制的文本,然后鼠标指针移到该文本上并按住 Ctrl 键把它拖到目标位置,就可以实现复制操作。

5. 调整文本格式

(1) 调整字体、字号、字体样式和字体颜色

字体、字号、字体样式和字体颜色可以通过“开始”选项卡“字体”组的相关命令设置。

(2) 文本对齐

若要改变文本的对齐方式,可以先选择文本,然后单击“开始“选项卡→“段落”组的相应命令,同样也可以单击“段落”组右下角对话框启动器,在出现的“段落”对话框中更精细地设置段落格式。

5.2.2 编辑演示文稿中的幻灯片

编辑演示文稿是对组成演示文稿的各个幻灯片进行编辑,即对幻灯片进行选择、复制、移动、删除等操作。演示文稿的编辑一般在普通视图和幻灯片浏览视图的模式下进行。

1. 插入新的幻灯片

方法一:单击幻灯片编辑区的提示信息“单击此处添加第一张幻灯片”。

方法二:在“幻灯片/大纲浏览”窗格选择目标幻灯片缩略图(新幻灯片将插在其之后),然后单击“开始”选项卡→“幻灯片”组→“新建幻灯片”下拉按钮,从出现的幻灯片版式列表中选择一种版式(例如“标题和内容”),则在当前幻灯片后插入指定版式的幻灯片。

方法三:在“幻灯片/大纲浏览”窗格右击某张幻灯片缩略图,在弹出菜单中选择“新建幻灯片”命令,在该幻灯片缩略图后面出现新幻灯片。

方法四:在“幻灯片/大纲浏览”窗格选中一张幻灯片,按键盘上的“Enter”键即可在其后新建一张幻灯片。

2. 选择幻灯片

选择幻灯片是改变幻灯片顺序和设置幻灯片放映特征(如切换效果和动画效果)的前提。

(1) 选择单个幻灯片

在普通视图模式下,在“幻灯片/大纲浏览”窗格单击所选幻灯片缩略图。

(2) 选择多张相邻的幻灯片

在“幻灯片/大纲浏览”窗格单击所选第一张幻灯片缩略图,然后按住 Shift 键并单击所选最后一张幻灯片缩略图。则这两张幻灯片之间(含这两张幻灯片)所有的幻灯片均被选中。

(3) 选择多张不相邻的幻灯片

在“幻灯片/大纲浏览”窗格按住 Ctrl 键并逐个单击要选择的各幻灯片缩略图。

(4)选择所有幻灯片

在“幻灯片/大纲浏览”窗格，按“Ctrl + A”键即可全选。

3. 移动幻灯片

幻灯片浏览视图最频繁的应用是重新排列幻灯片顺序。移动幻灯片即改变了幻灯片的顺序。可用鼠标拖动的方法移动幻灯片，也可使用剪切、粘贴的方法。移动操作可对单个幻灯片进行，也可对多个幻灯片进行。下面分别介绍这两种方法：

方法一：用鼠标拖动的方法移动幻灯片。

选择要移动的幻灯片，按住鼠标左键将选定的幻灯片拖动到要移动的位置。

方法二：用剪切、粘贴的方法

选择要移动的幻灯片，利用快捷菜单中的剪切、粘贴命令即可实现。

4. 复制幻灯片

复制幻灯片是将已经制作好的幻灯片复制到一个新的位置。这里介绍两种方法：

方法一：用鼠标拖动的方法复制幻灯片。

①选择要复制的幻灯片。

② 按住“Ctrl”键的同时用鼠标左键将选定的幻灯片拖动到要复制的位置。

方法二：用复制、粘贴的方法。

5. 删除幻灯片

要删除一张幻灯片，可先选择要删除的幻灯片，然后按 Del 键即可。如果要一次删除一组幻灯片，可先用前面介绍的方法先选择这组幻灯片，然后按 Del 键完成删除。

5.2.3 设置幻灯片版式

PowerPoint 2010 为用户提供了多个幻灯片的版式供用户根据内容需要选择，幻灯片版式确定了幻灯片的布局。幻灯片版式包含要在幻灯片上显示的全部内容的格式设置、位置和占位符。占位符是版式中的容器，可容纳如文本(包括正文文本、项目符号列表和标题)、表格、图表、SmartArt 图形、影片、声音、图片及剪贴画等内容。而版式也包含幻灯片的主题颜色、字体、效果和背景。

选择“开始”选项卡下的“幻灯片”组的“幻灯片版式”命令，如图 5.17 所示，可为当前幻灯片选择版式。PowerPoint 2010 提供的版式主要包括“标题幻灯片”“标题和内容”“节标题”“两栏内容”“比较”“仅标题”“空白”“内容与标题”“图片与标题”等 9 中内置版式。当用户新建一个空白演示文稿时，默认的版式为：“标题幻灯片”。

幻灯片版式确定后，用户就可以在相应的对象框内添加和插入文本、图片、图表、SmartArt 图形、媒体剪辑等内容。如图 5.18 所示为“内容与标题”版式。

如果用户找不到能够满足需求的标准版式，则可以创建自定义版式。

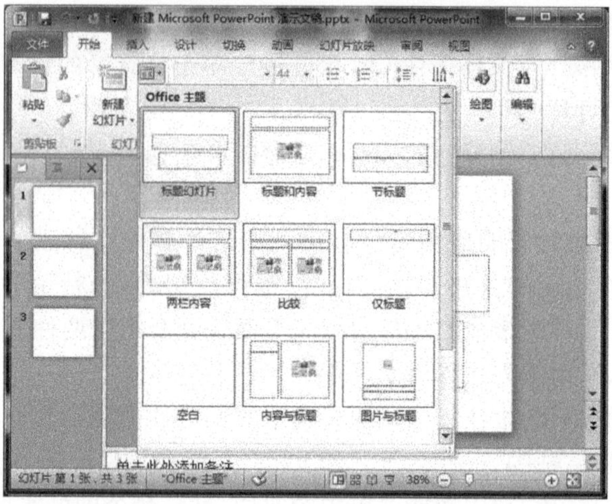

图 5.17　幻灯片版式

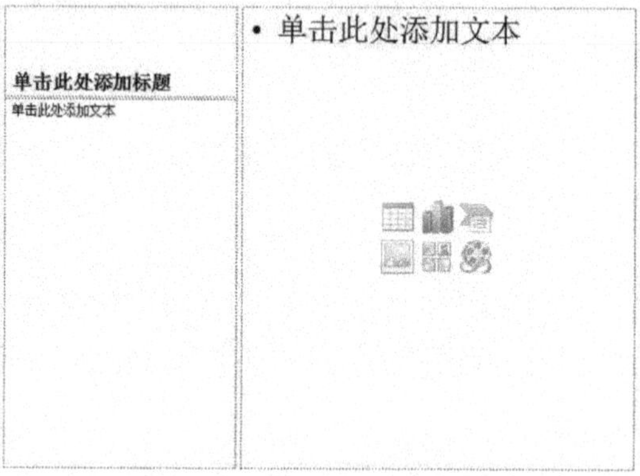

图 5.18　内容与标题版式

5.2.4　制作幻灯片母版

母版就是一种特殊的幻灯片，它包含了幻灯片文本和页脚（如日期、时间和幻灯片编号）等占位符，这些占位符，控制了幻灯片的字体、字号、颜色（包括背景色）、阴影和项目符号样式等版式要素。母版通常用来统一整个演示文稿的幻灯片格式，一旦修改了母版，则所有采用这一母版建立的幻灯片格式也随之发生改变。

PowerPoint 2010 母版视图包括幻灯片母版、讲义母版、备注母版。下面分别来介绍这三种母版。

1. 幻灯片母版

幻灯片母版用于设置幻灯片的样式，可供用户设定各种标题文字、背景、属性等，只需更改一项内容就可更改所有幻灯片的设计。下面来介绍幻灯片母版的设置方法：

（1）单击“视图”选项卡→“母版视图”组→“幻灯片母版”命令，进入“幻灯片母版视图”状态，如图 5.19 所示。

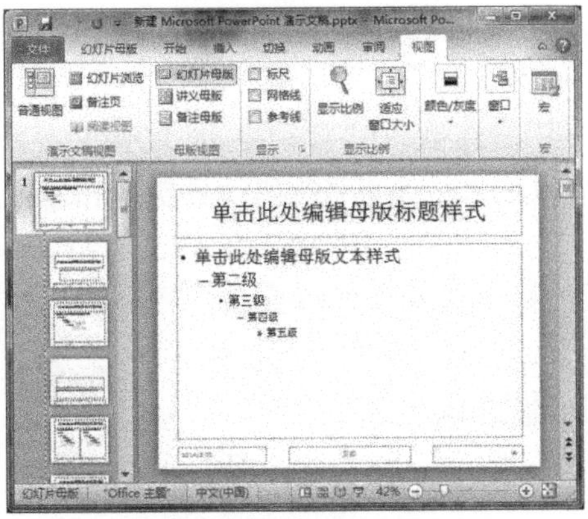

图 5.19　幻灯片母版

(2)右击“单击此处编辑母版标题样式”字符，在随后弹出的快捷菜单中，选“字体”命令，打开“字体”对话框。设置好相应的选项后单击“确定”按钮返回。如图 5.20 所示。

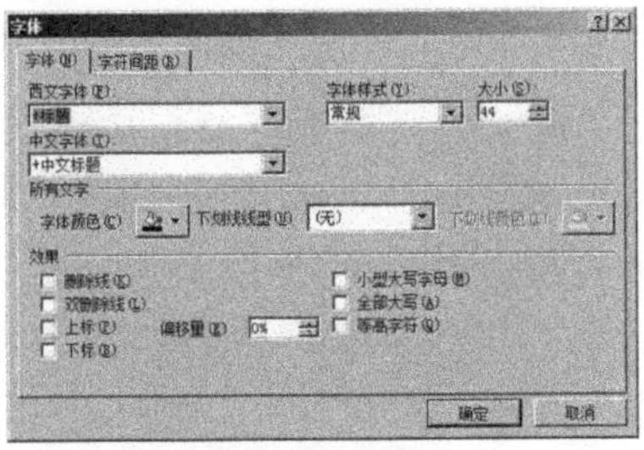

图 5.20　设置字体

(3)然后分别右击“单击此处编辑母版文本样式”及下面的“第二级、第三级、……”字符，仿照上面第(2)步的操作设置好相关格式。

(4)分别选中“单击此处编辑母版文本样式”、“第二级、第三级、……”等字符，右击出现快捷菜单选中“项目符号和编号”命令，设置一种项目符号样式后，确定退出，即可为相应的内容设置不同的项目符号样式，如图 5.21 所示。

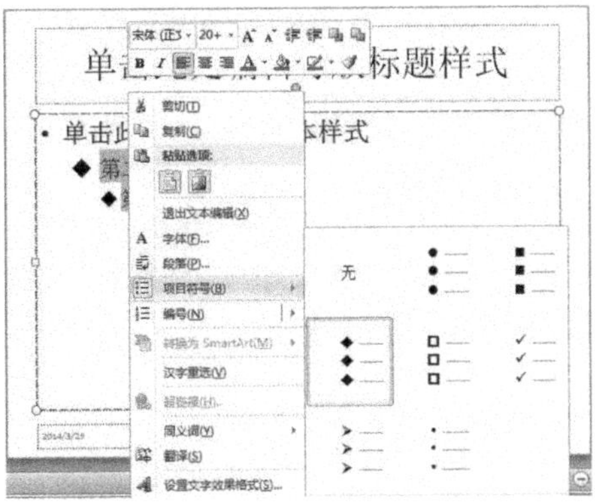

图 5.21　设置项目符号

(5)单击“插入”选项卡→“文本”组→“页眉和页脚”命令,打开“页眉和页脚”对话框,切换到“幻灯片”标签下,即可对日期区、页脚区、数字区进行格式化设置,如图 5.22 所示。

例如选择“日期和时间”复选框,在“自动更新”区则会显示系统当前日期,选择“页脚”后,在该文本框中就可以输入一个名称(如计算机文化基础),则会在“页脚区”显示此字样。

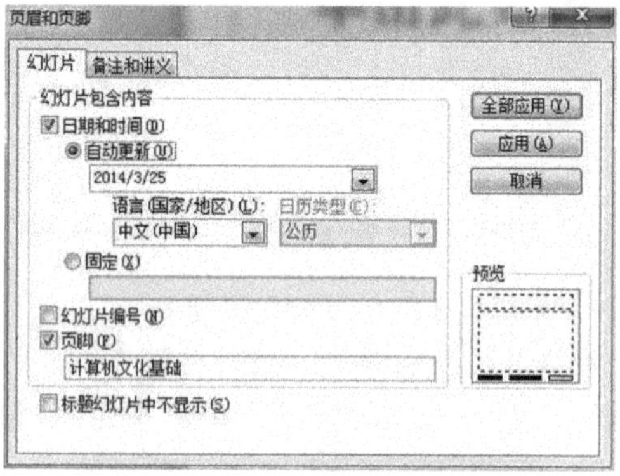

图 5.22 设置页眉和页脚

(6)点击“插入”选项卡→“图片”组→“图片”命令,打开“插入图片”对话框,选中该图片将其插入到母版中,并放到合适的位置,如图 5.23 所示。

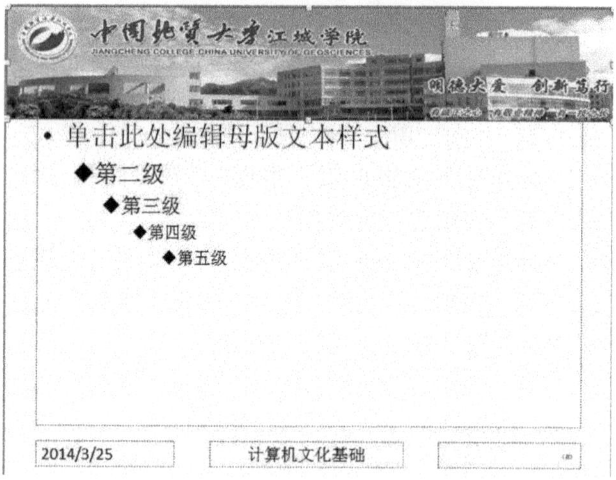

图 5.23 插入图片

(7)全部修改完成后,单击“幻灯片母版”工具栏上的“重命名模板”按钮,打开“重命名模板”对话框,输入一个名称(如“演示母版”)后,单击“重命名”按钮返回,如图 5.24 所示。

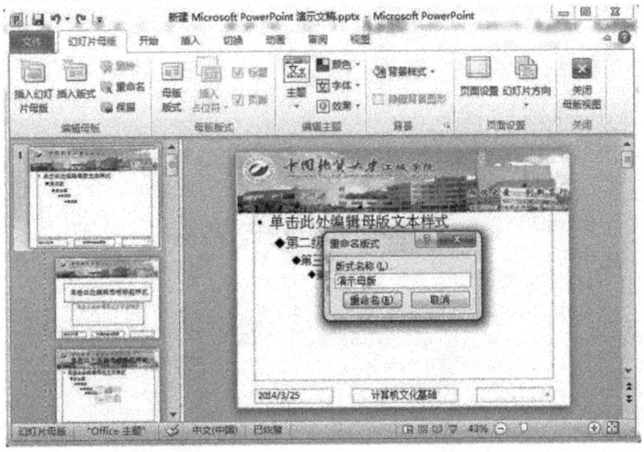

图 5.24　重命名母版

(8)单击“幻灯片母版”选项卡下的“关闭组”中的“关闭母版视图”按钮退出,“幻灯片母版”制作完成,如图 5.25 所示。使用母版制作的演示文稿中的所有的幻灯片外观统一。

图 5.25　使用母版制作的演示文稿

2. 讲义母版

讲义母版用来控制幻灯片以讲义形式打印的格式,用户可以在讲义母版中添加或者修改每一张讲义中出现的页眉、页脚等信息。下面来介绍讲义母版的设置方法:

(1)单击“视图”选项卡→“母版视图”组→“讲义母版”命令,打开讲义母版设置窗口,如图 5.26 所示。

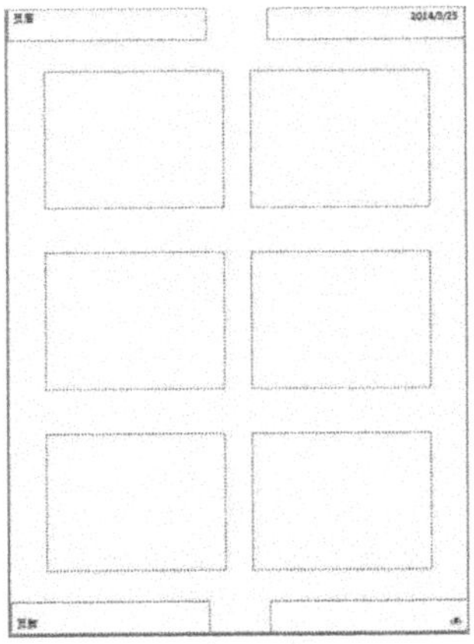

图 5.26　讲义母版

(2)单击“讲义母版”选项卡→“页面设置”组→“每页幻灯片数量”命令。同时弹出菜单可选择每页显示的幻灯片张数,如图 5.27 所示。还可单击“讲义方向”和“幻灯片方向”命令来设置幻灯片的排列样式。

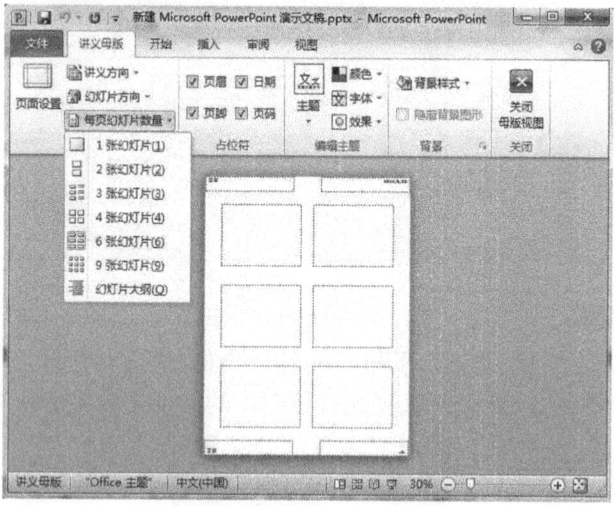

图 5.27　选择每页幻灯片数量

(3)单击“讲义母版”选项卡→“占位符”组中的命令,可对幻灯片的页眉、页脚、日期、页码进行设置。

3. 备注母版

备注母版是由两部分构成的,上部分是演示文稿幻灯片,下部分是备注文本区,此外还有页眉区、日期区、页脚区、数字区,如图 5.28 所示。在备注母版中也可设置和修改备注页的格式和版式。下面来介绍备注母版的设置方法:

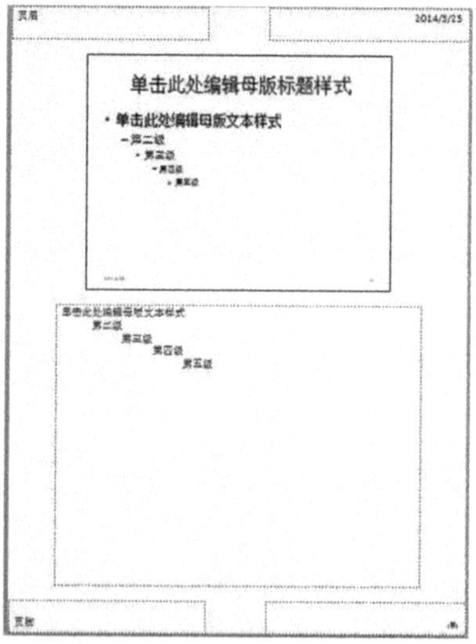

图 5.28　备注母版

(1)单击“视图”选项卡→“母版视图”组→“备注母版”命令,打开备注母版设置窗口。

(2)单击“备注文本区”,此时“备注文本区”的外框显示为粗框,这表明该区处于编辑状态,然后可以对该文本框进行设置。当用户将鼠标置于文本区外框上,鼠标指针变成“十”字时,用户可以通过拖动鼠标来改变备注框的位置;当用户将鼠标置于边框上的控制点,鼠标将指针变为双向箭头时,拖动鼠标可以改变备注页框的大小。

(3)分别选中“备注文本区”中的各级文本,然后对它们进行字形、字体、字号以及效果、颜色等设置。用户还可以根据需要,在备注页上添加其他图片及其他对象。

(4)完成以上步骤后,在“备注母版”→“关闭”组中单击“关闭母版视图”按钮,退出备注母版设置。

5.2.5 应用演示文稿主题

PowerPoint 2010 的一个特点就是它增加了许多了主题和模板,并且支持网络联机下载主题应用。主题是一种包含背景图形、颜色、字体选择和对象效果的组合。一个主题只能包含一种设置,使用主题创建演示文稿,可以简化演示文稿的创建过程,使演示文稿具有统一的风格。用户可以变换不同的主题来使幻灯片的版式和背景发生显著变化。通过一个单击操作选择满意的主题,即可完成对演示文稿外观风格的重新设置,如果可选的主题不满足用户的需求,用户可以选择外部主题。

1. 应用内置主题

选择“设计”选项卡,在“主题”组中显示了部分主题,单击右下角“ ”按钮,就可以显示如图 5.29 所示的所有内置主题。例如选择“波形”主题,如图 5.30 所示为波形主题的演示效果。

图 5.29 演示文稿内置主题

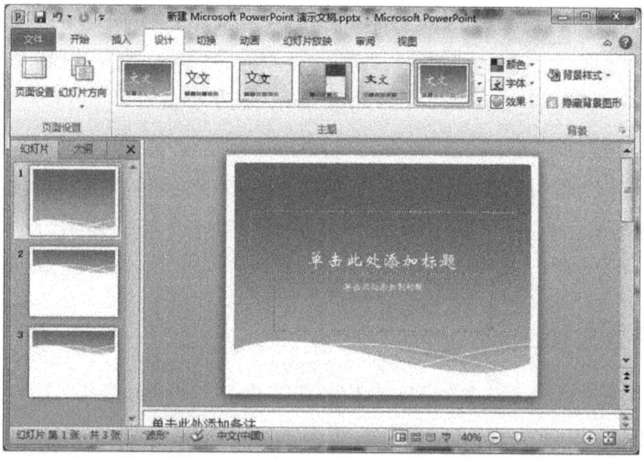

图 5.30 “波形”主题的演示效果

如果用户对主题效果的某一部分元素不够满意，可以通过颜色、字体或者效果进行修改。

(1)选择“文件”选项卡，在“主题”组中单击“颜色”命令，可在下拉列表当中选择一种自己喜欢的颜色(如选择“穿越”)，如图 5.31 所示。

图 5.31 修改“主题”颜色

(2)先单击幻灯片中的文本占位符，再选择“文件”选项卡下的“主题”组中“字体”按钮，可在下拉列表当中选择一种字体。例如选择“跋涉 隶书 华文楷体”即为修改后的幻灯片的字体，如图 5.32 所示。

图 5.32　修改“字体”颜色

2. 应用外部主题

如果可选的内置主题不能满足用户的需求，用户可以选择外置主题。外部主题的操作步骤如下。

(1)选择“文件”选项卡，在“主题”组中选择“浏览”主题命令。如图 5.33 所示。

图 5.33　浏览外部主题

(2)在图 5.34 中选择一种已下载在本地计算机上的主题。例如选择“论文主题模板”。

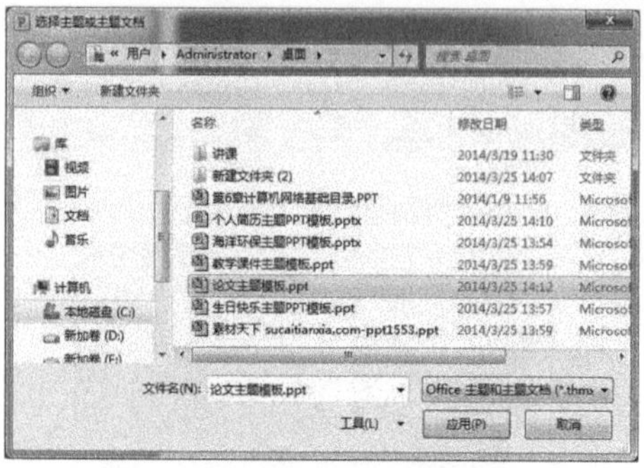

图 5.34　选择主题

(3)点击“应用”按钮即出现图 5.35 所示的主题。

图 5.35　应用外部主题

3. 保存主题

如果用户对自己设计的主题效果满意的话,还可以将其保存下来,以供以后使用。在“主题”组右侧的下拉列表中 点击“保存当前主题”按钮即可保存当前主题,如图 5.36 所示。

图 5.36　“保存当前主题”

5.2.6　设置演示文稿背景

PowerPoint 2010 支持一个演示文稿使用同一个背景,也可以每张幻灯片使用不同背景。PowerPoint 的每个主题提供了 12 种背景样式,用户可以选择一种样式快速改变演示文稿中幻灯片的背景。

背景样式设置功能可用于设置主题背景,也可以用于无主题的幻灯片背景。用户可以自行设计一种背景,满足自己的演示文稿的个性化要求。背景设置利用"设置背景格式"对话框完成,包括改变背景颜色、图案填充、纹理填充和图片填充等方式,以下背景设置同样应用于主题的背景设置。

1. 使用背景样式作幻灯片背景

选中要设置背景的幻灯片,单击"设计"选项卡"背景"组的"背景样式"命令,则显示当前主题的 12 种背景样式列表。例如从背景样式列表中选择"样式 9"作为该幻灯片的背景,则演示文稿中所有幻灯片均采用该背景样式,如图 5.37 所示。

图 5.37　使用"背景样式"作为幻灯片背景

2. 设置背景格式

(1)改变背景颜色

改变背景颜色有"纯色填充"和"渐变填充"两种方式。"纯色填充"是选择单一颜色填充背景,而"渐变填充"是将两种或更多种填充颜色逐渐混合在一起,以某种渐变方式从一种颜色逐渐过渡到另一种颜色。具体操作步骤如下:

1)选中要设置背景的幻灯片,单击"设计"选项卡→"背景"组→"背景样式"命令,在右边的下拉箭头中选择"设置背景格式"命令,弹出"设置背景格式"对话框,如图 5.38 所示。也可以选中某张要改变背景颜色的幻灯片,单击右键在弹出的快捷菜单中选择"设置背景格式"命令。

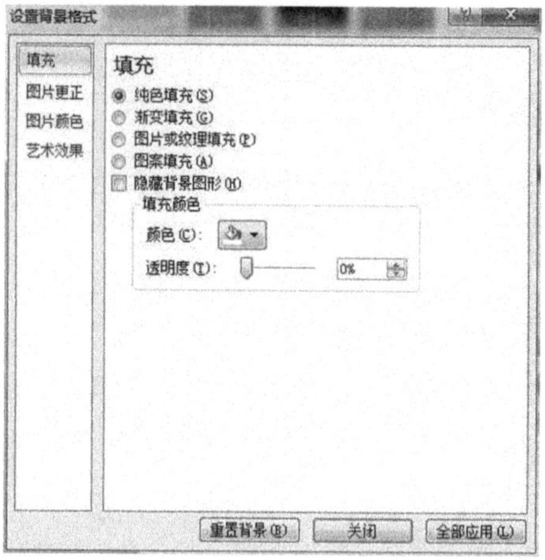

图 5.38 “设置背景格式”对话框

2)单击“设置背景格式”对话框的左侧“填充”项,右侧提供两种背景颜色填充方式:“纯色填充”和“渐变填充”。

选择“纯色填充”单选框,单击“颜色”栏下拉按钮,在下拉列表颜色中选择背景填充颜色。拖动“透明度”滑块,可以改变颜色的透明度,直到满意。若不满意列表中颜色,也可以单击“其他颜色”项,从出现的“颜色”对话框中选择或按 RGB 颜色模式自定义背景颜色,如图 5.39 所示。

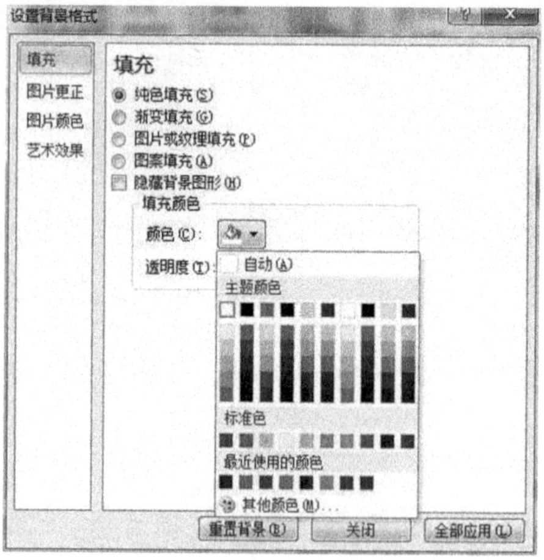

图 5.39 纯色填充

若选择“渐变填充”单选框,可以直接选择系统预设颜色填充背景,也可以自己定义渐变颜色。例如图 5.40 所示,预设颜色为“碧海蓝天”、类型为“标题的阴影”、渐变光圈颜色为黄色、亮度为 30%,透明度为 50%。

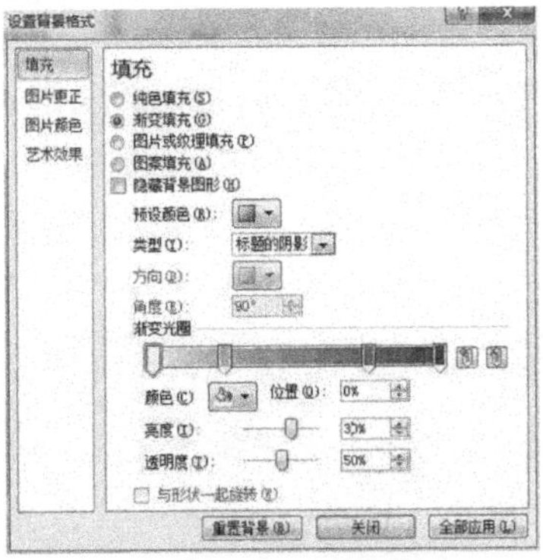

图 5.40 渐变填充

3)单击“关闭” 按钮,则所选背景颜色作用于当前幻灯片;若单击“全部应用” 按钮,则所选背景颜色应用于所有幻灯片。若选择“重置背景”按钮,则撤销本次设置,恢复设置前状态。图 5.41 为渐变填充后的演示文稿。

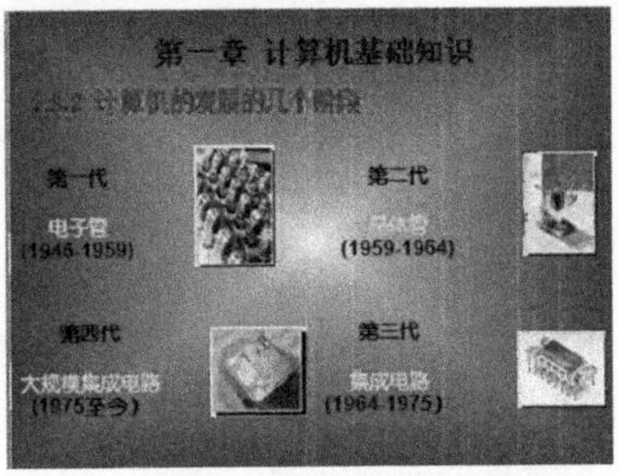

图 5.41 进行渐变填充后的演示文稿

(2)图案填充

使用图案填充背景的方法与颜色填充背景的方法类似,下面简单介绍操作步骤:

1)在“设置背景格式”的对话框右侧的“填充”项下选择“图案填充”单选框,在出现的图案列表中选择所需图案(如“深色下对角线”)。通过“前景”和“背景”栏可以自定义图案的前景色和背景色。

2)单击“关闭”或“全部应用”按钮。图 5.42 为深色下对角线图案填充的演示文稿。

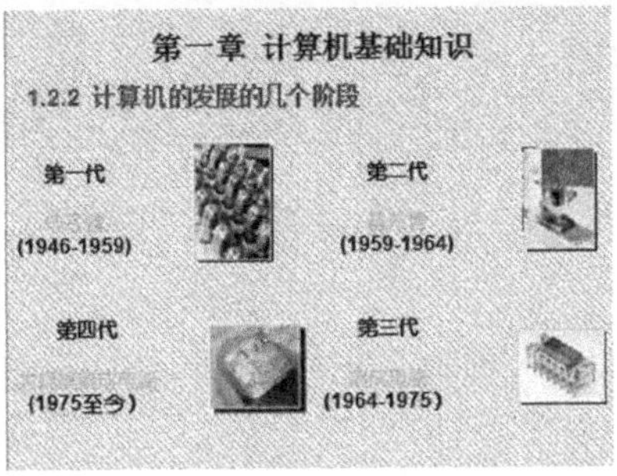

图 5.42 进行图案填充后的演示文稿

(3)纹理填充

1)在“设置背景格式”的对话框右侧的“填充”项下,选择“图片或纹理填充”单选框,单击“纹理”下拉按钮,在出现的各种纹理列表中选择所需纹理(如“鱼类化石”);

2)单击“关闭”(或“全部应用”)按钮。图5.43为填充了“鱼类化石”纹理后的演示文稿。

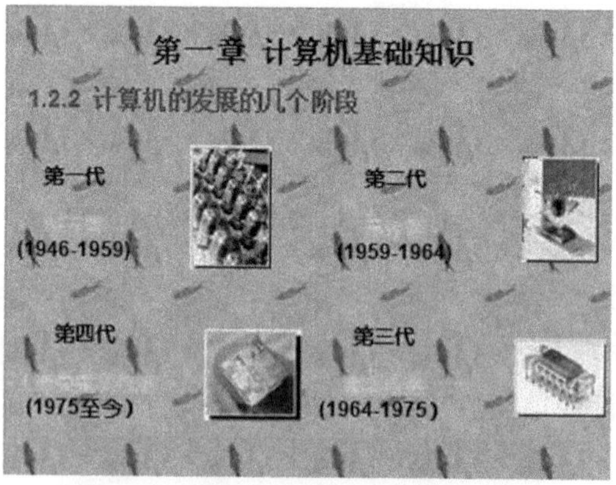

图5.43　进行纹理填充后的演示文稿

(4)图片填充

1)在“设置背景格式”的对话框右侧的“填充”项下,选择“图片或纹理填充”单选框,选择“文件”按钮,在弹出的“插入图片”对话框中选择要插入的图片文件,如“大海.TIF”。回到“设置背景格式”对话框,单击“关闭”(或“全部应用”)按钮。图5.44为填充了“大海.TIF”图片背景的演示文稿。

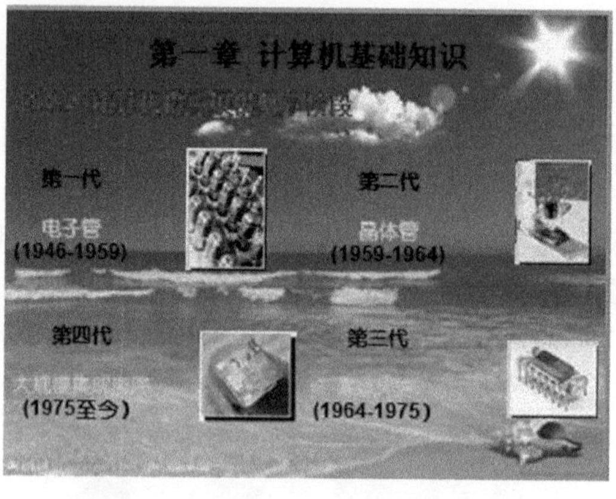

图5.44　进行图片填充后的演示文稿

3.隐藏幻灯片背景图片

若用户想去掉幻灯片的背景,则在“设置背景格式”对话框中选择“隐藏背景图形”,如图5.45所示。

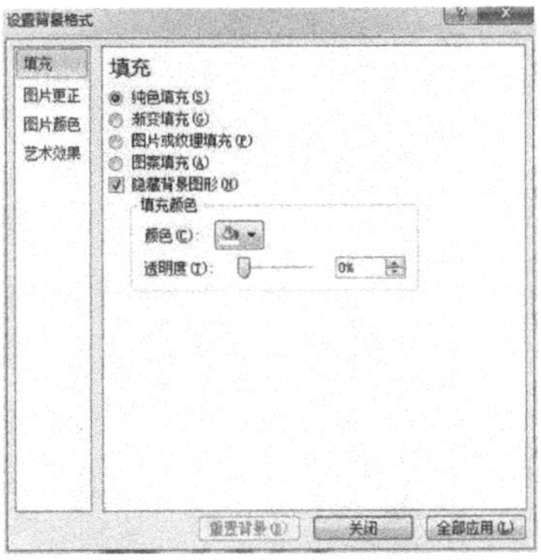

图 5.45　隐藏背景图形

5.2.7　插入图片等相关对象

PowerPoint 演示文稿中不仅可以包括文本,还可以包括形状、表格、图片、SmartArt 图形、视频、音乐等多媒体对象。使用这些对象用户可以制作出充满视觉效果的多媒体演示文稿。

1. 插入剪贴画

PowerPoint 2010 的剪贴画是利用“Microsoft 剪辑管理器”进行管理的,插入剪贴画的具体操作方法如下:

(1)选择要向其中添加剪贴画的幻灯片。

(2)在“插入”选项卡下的“图像”组中,单击“剪贴画”命令。

(3)在“剪贴画”任务窗格(任务窗格:Office 程序中提供常用命令的窗口,它的位置适宜,尺寸又小,用户可以一边使用这些命令,一边继续处理文件)中的“搜索文字”文本框中,键入用于描述所需剪贴画的字词或短语,或键入剪贴画的完整或部分文件名;若要缩小搜索范围,请在“结果类型”列表中选中“插图”“照片”“视频”和“音频”旁边的复选框以搜索这些媒体类型;最后单击“搜索”按钮。例如在搜索文字中输入“车”,结果类型中选择“所有媒体文件类型”,图 5.46 为搜索结果。

(4)在结果列表中,单击剪贴画右边的下拉箭头将其插入到指定的幻灯片中。

2. 插入图片

在 PowerPoint 2010 中,除了可以使用系统自带的剪贴画以外,用户还可以插入来自文件的图片。

(1)插入来自文件的图片

方法一:采用功能区的命令。

① 在“插入”选项卡下的“图像”组中,单击“图片”。弹出“插入图片”对话框。如图 5.47 所示。

② 在“插入图片”对话框中,找到图片的路径,然后选中这个图片,点击“插入”按钮即可将图片插入到指定的幻灯片中。若要添加多张图片,请按住 Ctrl 的同时单击要插入的图片,然后单击“插入”。

图 5.46 “剪贴画”任务窗格

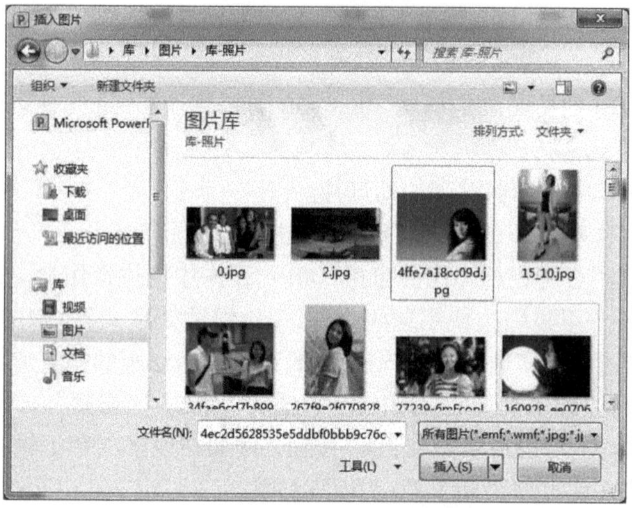

图 5.47 “插入图片”对话框

③ 若要调整图片的大小,请选中已插入到幻灯片中的图片。

若要在一个或多个方向上增加或减小图片大小,请将尺寸控点拖向或拖离中心,同时执行下列操作之一:

- 若要保持对象中心的位置不变,请在拖动尺寸控点的同时按住 Ctrl;
- 若要保持对象的比例,请在拖动尺寸控点的同时按住 Shift;
- 若要保持对象的比例并保持其中心位置不变,请在拖动尺寸控点时同时按住 Ctrl 和 Shift。

方法二:单击幻灯片内容区占位符中的图片,如图 5.48 所示。

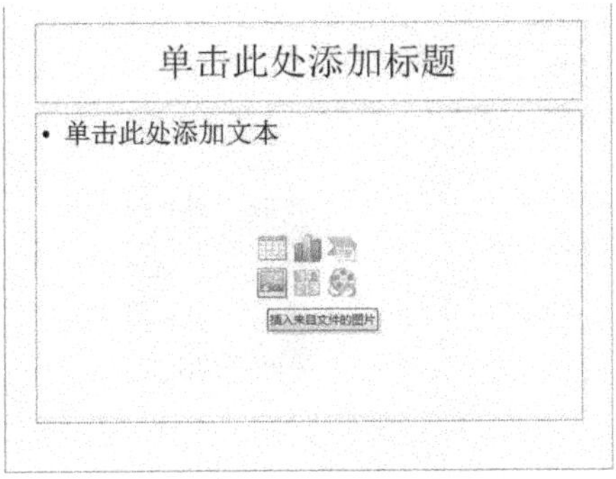

图 5.48　插入图片操作

(2)编辑插入图片

用户若想对图片进行修改和编辑,在 PowerPoint 2010 的早期版本中我们要借助一些图片编辑工具对图片进行裁剪、缩放、美化等编辑后再插入幻灯片中,制作起来非常麻烦。PowerPoint 2010 的新增功能,可以利用图片上下文工具删除图片背景,修改图片的亮度、对比度和清晰度、更改图片颜色,添加艺术效果到图片等。

1)图片背景删除。

图片背景删除功能是 Office 2010 中新增的功能之一。利用删除背景工具可以快速而精确地删除图片背景,使用起来非常方便。与一些抠图工具不同的是,它无须在对象上进行精确描绘就可以智能地识别出需要删除的背景。下面举例介绍“图片工具”的使用。

①选择要去掉背景的图片,单击上下文工具“图片工具→格式→删除背景”。如图 5.49 为上下文图片工具。

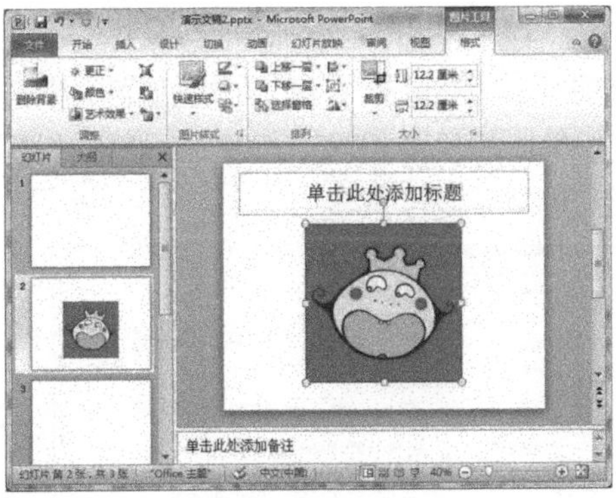

图 5.49　图片工具

②此时被选中的图片就会有一部分变成紫红色,紫红色部分就是需要删除的部分。在图片中还显示了一个框框,我们可以通过调整这个框来改变删除区域的大小。如图 5.50所示调整删除区域。如果删除的区域中有需要保留的,请单击“背景删除”选项卡→“优化”组→“标记要保留的区域”命令,此时该地方会出现一个加号。

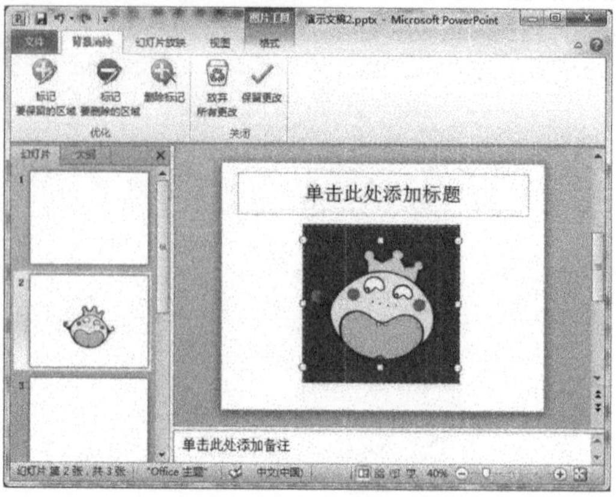

图 5.50　调整删除区域

③最后将需要保留的与需要删除的都标记好后,单击“背景删除”选项卡→“关闭”组→“保留更改”按钮,如图 5.51 所示。

图 5.51　删除背景后的图片

2)调整图片大小和位置。

用户若想调整插入图片的大小和位置,可选中该图片用鼠标拖动控点来调整图片的大致位置和大小。若想精确调整图片的大小和位置,具体方法如下:

① 选择图 5.51 所示图片,单击鼠标右键,在快捷菜单中选择“设置图片格式”。如图 5.52 所示。用户可调整图片的尺寸高度、宽度,还可旋转图片,也可以调整图片的缩放比例。例如图 5.53 所示为图形旋转 90°。

图 5.52　“设置图片格式”对话框

② 若用户想将图片顺时针旋转 90 度，则在“旋转”栏中输入 90 度，若想将图片逆时针旋转 90 度，则在“旋转”栏中输入 -90 度。图 5.53 即为设置好后的效果图。

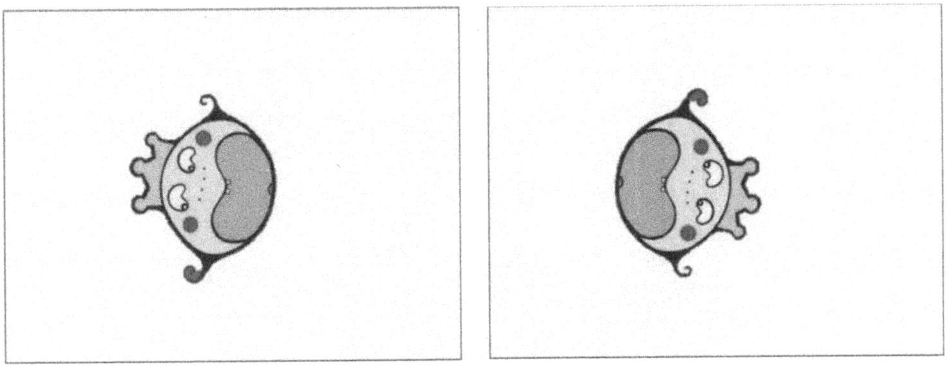

图 5.53 顺时针和逆时针旋转后的效果图

3）美化图片。

用户若想进一步美化图片，可以通过设置图片的阴影、映像、发光和柔化边缘、图片更正、艺术效果等视觉效果让图片更加美观，满足用户的要求。例如，下面是将图 5.51 所示的效果图进一步美化：

①设置阴影效果。在“设置图片格式”对话框中将阴影改为黄色。

②修改图片更正效果。参数设置如图 5.54 所示，锐化和柔化参数改为 -20%，亮度和对比度分别改为 40% 和 50%。

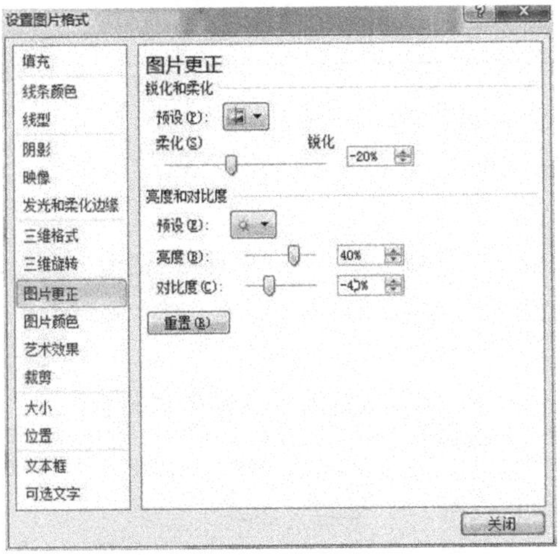

图 5.54 图片更正参数设置

③设置艺术效果。如图 5.55 艺术效果选择“标记”，铅笔大小为 30。

④将以上效果设置好后单击“关闭”按钮即可看到最终的效果，如图 5.56 所示。

(3）屏幕截图

在制作演示文稿时，我们经常需要抓取桌面上的一些图片，如电影画面等，以前我们需要安装一个图像截取工具才能完成。现在在 PowerPoint 2010 中新增了一个屏幕截图功能，这样就可轻松截取、导入桌面图片。

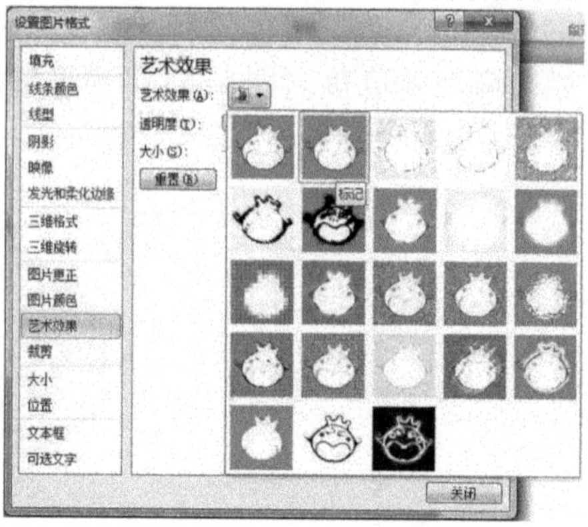

图 5.55　设置艺术效果

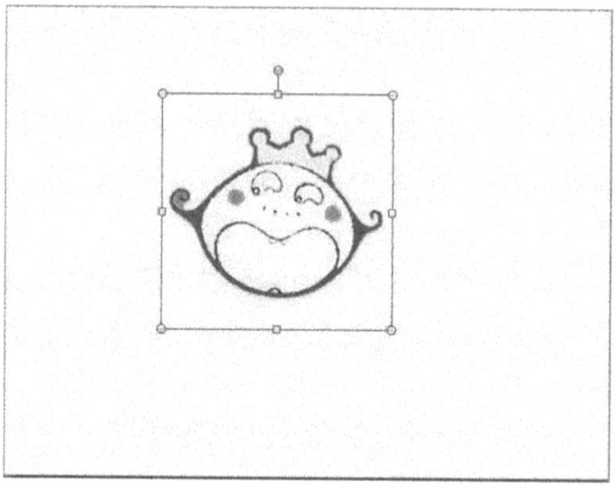

图 5.56　设置完成后的效果图

下面举例介绍屏幕截图的操作步骤，例如用户想截取桌面上的图标。具体操作步骤如下：

① 单击“插入”选项卡→“图像”组→“屏幕截图”命令，如图 5.57 所示。随后 PowerPoint 2010 文档窗口会自动最小化，此时鼠标变成一个“+”字，在屏幕上拖动鼠标即可进行手动截图。

图 5.57　“屏幕截图”命令

3. 插入形状

在 PowerPoint 2010 中,除了可以使用系统自带或来自文件的图片外,还可以根据系统提供的基本形状自行绘制图形。

(1)插入形状。选择【插入】选项卡中【插图】组内的【形状】命令。打开【形状】下拉菜单。在【矩形】栏中单击“圆角矩形”命令。如图 5.58 所示。然后在幻灯片中通过拖动鼠标完成矩形的绘制。

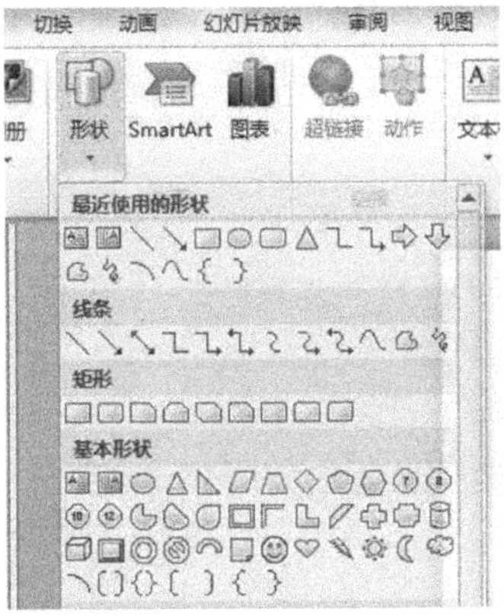

图 5.58　插入形状

(2)设置形状格式。选择【绘图工具格式】选项卡中【形状样式】命令,打开【形状样式】菜单,可对插入的形状设置形状格式,如图 5.59 所示。

图 5.59　设置形状格式

在使用系统内置的形状样式快速设置形状的整体外观后,可以通过【形状样式】组内的【形状填充】、【形状轮廓】和【形状效果】命令手动设置形状的内部细节,如图 5.60 所示。

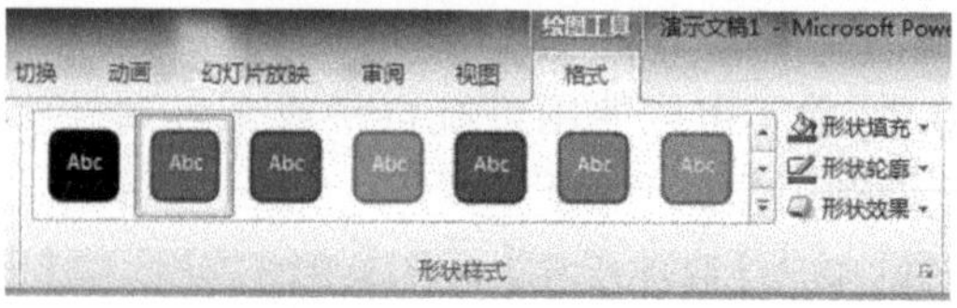

图 5.60 形状样式设置

(3)在形状中添加文字。在形状中添加文字的操作很简单,用户只需要右击形状,在弹出的快捷菜单中选择【编辑文字】命令即可。也可以在形状中插入文本框来灵活添加文本,如图 5.61 所示。

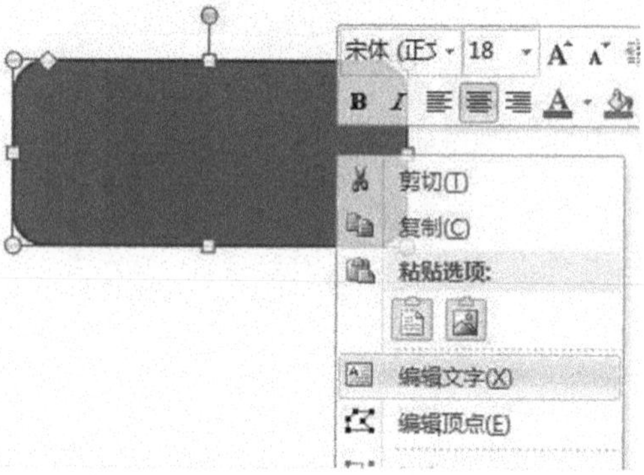

图 5.61 在形状中添加文字

4. 插入 SmartArt 图形

SmartArt 图形是 PowerPoint 2010 新增的功能。正如图表和图形可以使乏味的数字表生动起来,SmartArt 图形可以使文字信息更具视觉效果。SmartArt 是由一组形状、线条和文本占位符组成,常用于阐释少量文本之间的关系。

(1)插入 SmartArt 图形。选择【插入】选项卡中【插图】组内的【SmartArt】命令,打开【选择 SmartArt 图形】对话框,在【列表】栏中选择"垂直 V 型列表",单击【确定】即可,如图 5.62 所示。

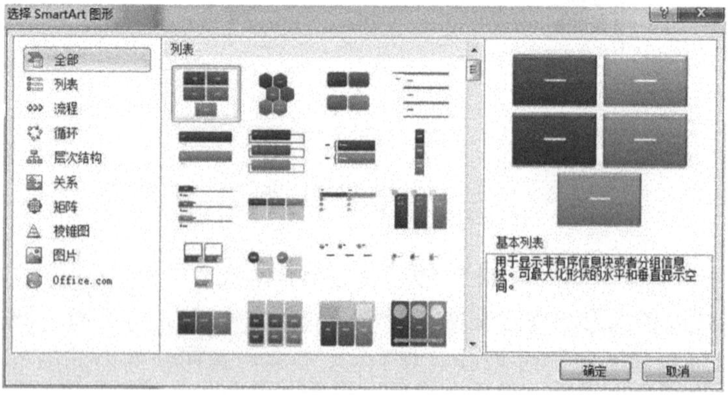

图 5.62 插入 SmartArt 图形

(2)添加 SmartArt 图形的形状。当创建好 SmartArt 图形后,可以根据需要添加或删除图形里面的形状。

选择需要添加形状的 SmartArt 图形,选择【SmartArt 工具设计】选项卡中【创建图形】组内的【添加形状】命令,打开【添加形状】菜单,单击【在后面添加形状】即可添加 SmartArt 图形的形状,如图 5.63 所示。

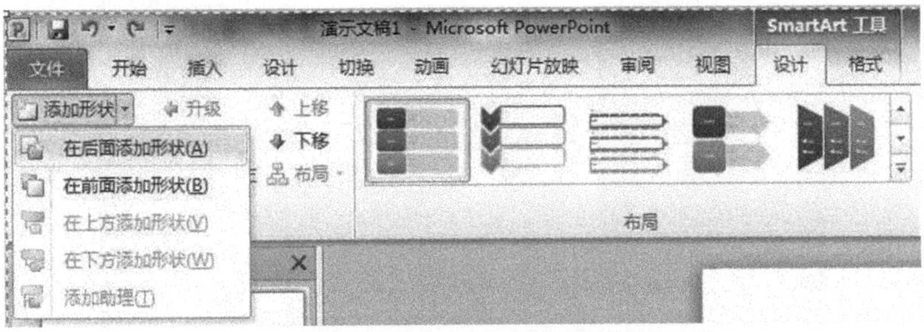

图 5.63　添加 SmartArt 图形的形状

(3)添加 SmartArt 图形的文本。SmartArt 图形采用【文本】窗格输入和标记在 SmartArt 图形中显示的文字。

选择需要添加文字的 SmartArt 图形,选择【SmartArt 工具设计】选项卡中【创建图形】组内的【文本窗格】命令,【文本窗格】显示在 SmartArt 图形的左侧,如图 5.64 所示。

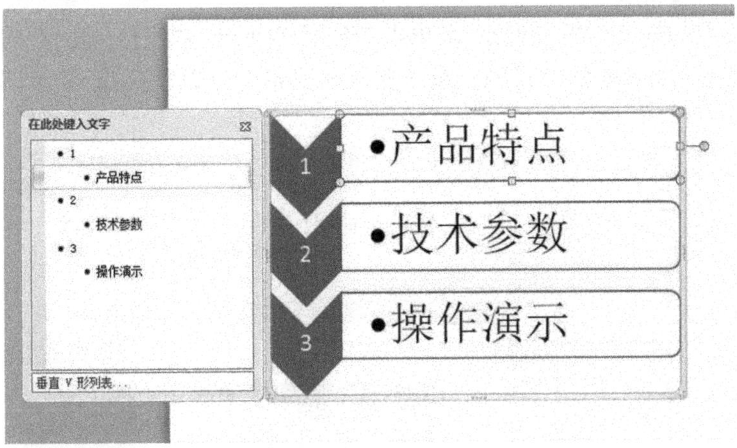

图 5.64　添加 SmartArt 图形的文字

(4)设置 SmartArt 图形的格式。可以采用自动或手动两种方式格式化 SmartArt 图形。自动方法常用于 SmartArt 图形外观的整体设置,而手动方法则用于 SmartArt 图形中某个形状的格式设置。

选择需要设置外观的 SmartArt 图形,通过选择【SmartArt 工具设计】选项卡中【SmartArt 样式】组内的样式,单击【更改颜色】下拉列表选择"主题颜色"样式可自动设置 SmartArt 图形外观的整体样式,如图 5.65 所示。

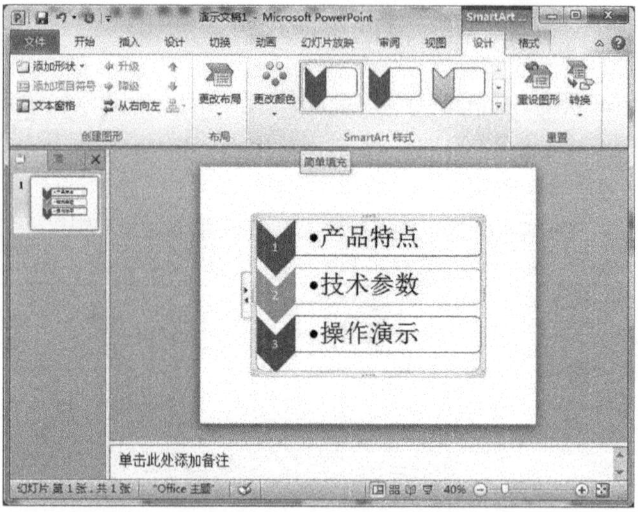

图 5.65　设置 SmartArt 图形的外观样式

选择需要设置格式的 SmartArt 图形中的形状，通过选择【SmartArt 工具格式】选项卡中【形状样式】组内【形状填充】、【形状轮廓】和【形状效果】等命令进行修改可手工设置 SmartArt 图形中某个形状的格式设置。

5. 插入表格与图表

用户若要在幻灯片中插入表格，可单击“插入”选项卡→“表格”组→“表格”→“插入表格”命令，出现“插入表格”对话框，输入要插入表格的行数和列数，单击“确定”按钮即可，如图 5.66 所示。

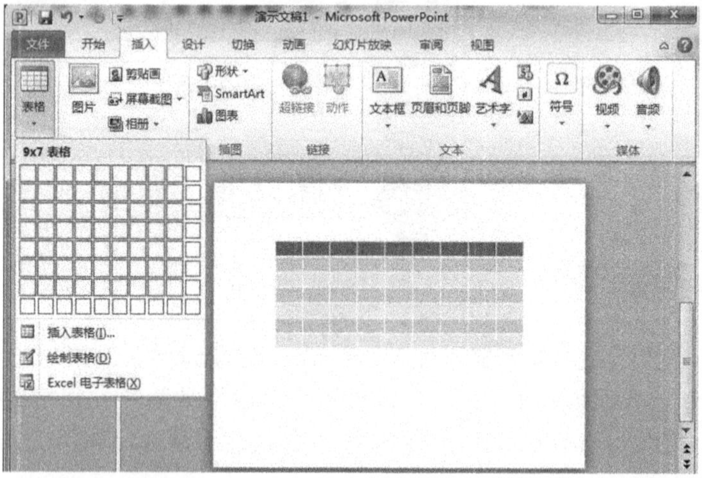

图 5.66　插入表格

接下来介绍插入数据图表的方法，在幻灯片中插入数据图表以及编辑数据图表的操作与 Excel 中的操作类似，具体操作步骤如下：

(1)选中要插入图表的幻灯片。

(2)单击“插入”→“插图”组→“图表”命令。例如，在柱形图中选择“簇状柱形图”，创建的图表将会出现在幻灯片上。同时,包含示例数据的一个 Excel 数据表被打开,根据需要修改示例数据即可,如图 5.67 所示。

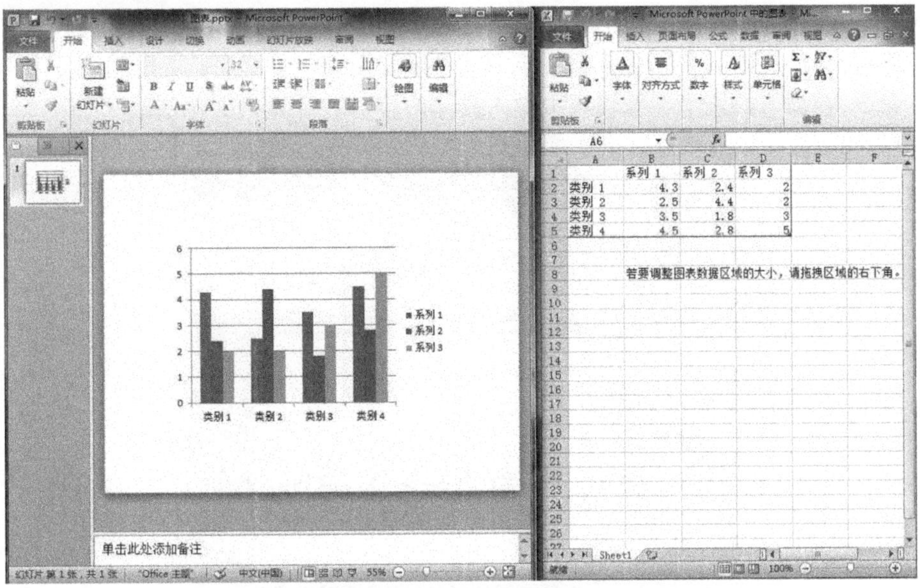

图 5.67 插入"数据图表"

(3)对数据图表中原有的数据(包括文字)进行修改。在单元格中输入数据,对数据的编辑修改等操作,与 Excel 中的相同。如图 5.68 是修改后的"数据图表",修改完数据表之后,单击幻灯片上空白处即可。

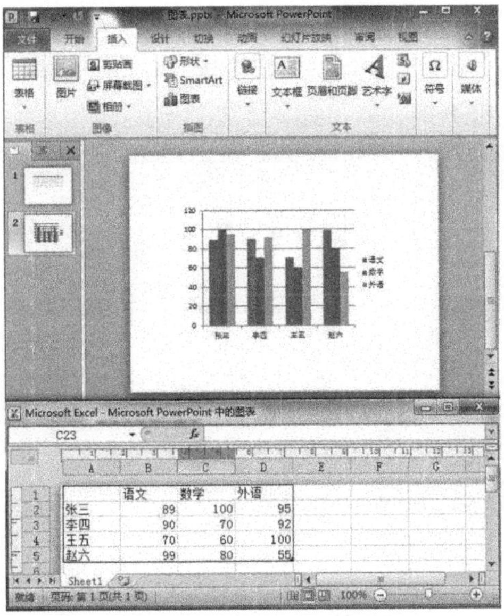

图 5.68 修改后的"数据图表"

6. 插入艺术字

在幻灯片中单纯使用默认字体样式,会显得枯燥不生动。为此,可以对普通文本进行格式设置,使其变得美观漂亮。PowerPoint 2010 提供了强大的文本装饰工具——艺术字。艺术字是一个文字字库,集中了很多文本样式。

(1) 插入艺术字。选择【插入】选项卡中【文本】组内的【艺术字】命令,打开【艺术字】菜单,选择需要的艺术字样式,例如,选择“渐变填充 - 蓝色,强调颜色 1,金属棱台,映像”命令,在插入的艺术字编辑区中键入具体内容,如“计算机文化基础”,如图 5.69 所示。

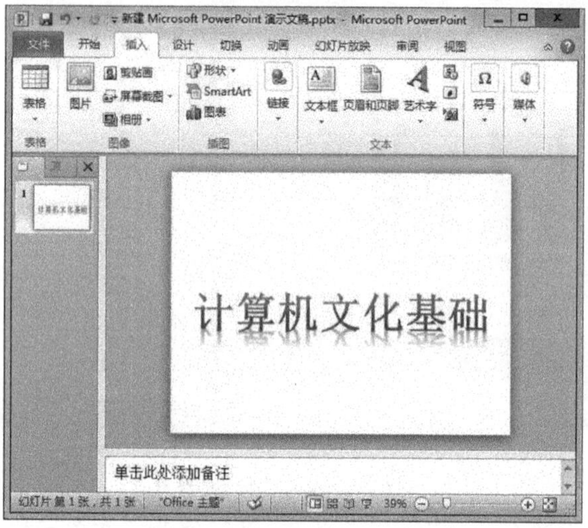

图 5.69 插入艺术字

(2) 修改艺术字效果。如果对系统自带的艺术字效果不满意,还可以对其重新设置和修改。用户选择要修改的艺术字,然后选择【格式】选项卡中【艺术字样式】组内的【文本填充】、【文本轮廓】、【文本效果】命令进行设置。例如,设置文本填充,“红色”;文本效果,三维旋转→透视→宽松透视。效果如图 5.70 所示。

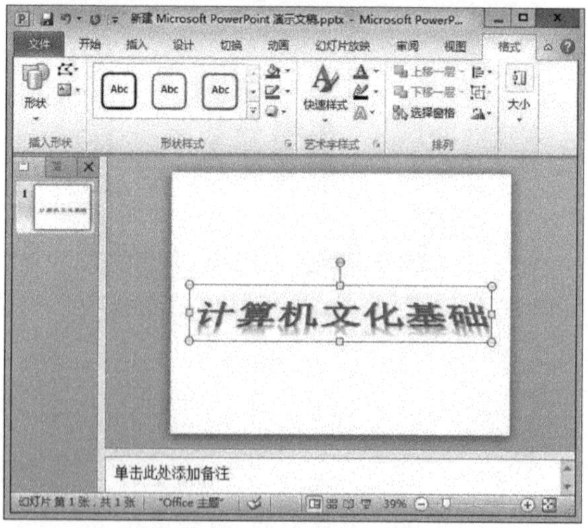

图 5.70 修改艺术字效果

(3) 旋转艺术字。若用户想旋转艺术字,拖动绿色控点即可实现,具体的操作方法与 Word 中艺术字的方法类似,在此不再赘述。

7. 插入音乐

PowerPoint 2010 允许用户在放映幻灯片的时候播放音乐、声音和影片等多媒体元件。PowerPoint 2010 支持的音频格式主要有 wav、mp3、aiff、mid、wma 等声音文件。其操作过程与插入图片的过程类似。

在 PowerPoint 2010 中用户可以通过计算机上的文件、网络或“剪贴画”任务窗格添加音频剪辑。也可以自己录制音频,将其添加到演示文稿,或者使用 CD 中的音乐。

当用户要给幻灯片插入声音的时候,可以按以下步骤进行:单击要添加音频剪辑的幻灯片,在【插入】选项卡的【媒体】组中,单击【音频】。在弹出的下拉菜单中有“文件中的音频”“剪贴画音频”“录制音频”等三个选项。

(1)插入剪贴画音频

用户若想在幻灯片中插入系统提供的声音,则选择“剪辑管理器中的声音”选项,具体操作步骤如下:

① 单击要添加音频剪辑的幻灯片。

② 在【插入】选项卡的【媒体】组中,单击【音频】按钮,如图 5.71 所示。

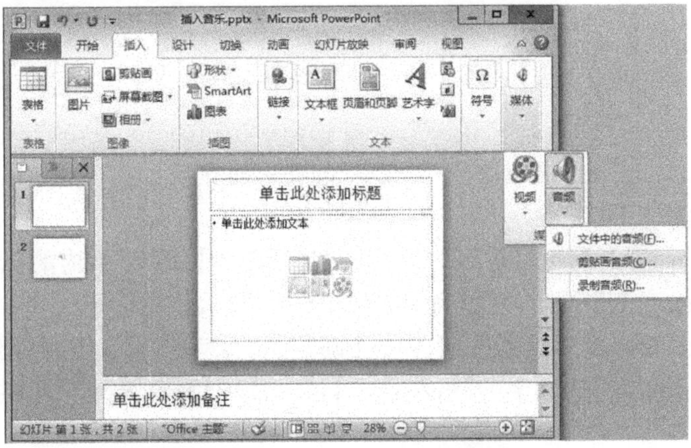

图 5.71　插入“剪贴画音频”

③ 单击【剪贴画音频】,在图 5.72 所示“剪贴画”任务窗格中选择所需的音频剪辑。

④ 单击【剪贴画音频】对话框右边下拉箭头的【插入】即可将剪辑画中的音频插入到指定的幻灯片中,如图 5.73 为插入剪贴画音频文件后的幻灯片。单击播放按钮可以试听。

(2)插入文件中的音频

选中需要添加声音的幻灯片,选择【插入】选项卡中【媒体】组内的【音频】命令,打开【音频】下拉列表,单击【文件中的音频】命令,如图 5.74 所示。在【插入音频】对话框中查找需要添加的外部音频文件,单击【确定】命令。

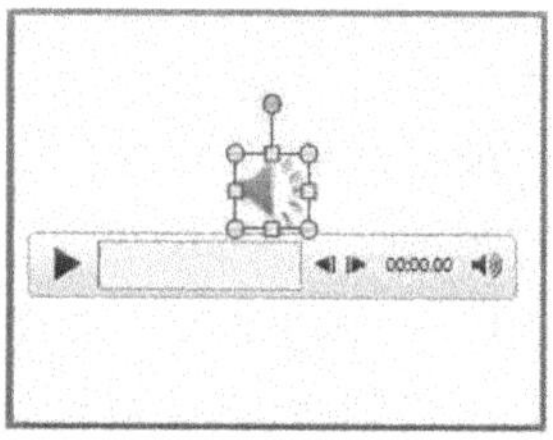

图 5.72 “剪贴画音频”对话框　　图 5.73 插入音频的幻灯片

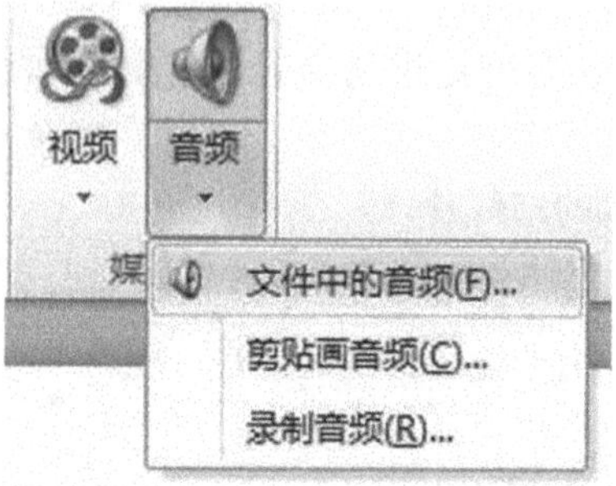

图 5.74 插入“文件中的音频”

(3)插入录制音频

选中需要添加声音的幻灯片,选择【插入】选项卡中【媒体】组内的【音频】命令,打开【音频】下拉列表,单击【录制音频】命令,如图 5.75 所示。在【录音】界面中点击“录制”按钮开始录音,录音完成后点击按钮,单击【确定】命令完成插入录制音频,如图 5.76 所示。在【音频工具播放】选项卡的【音频选项】组中,根据需要选择不同的播放方式。

图 5.75 插入“录制音频”

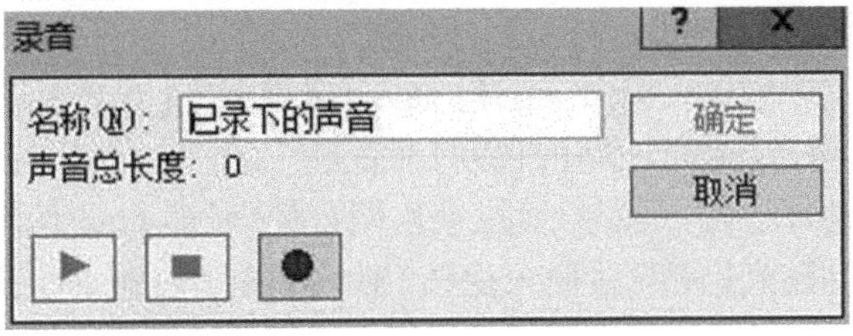

图 5.76　插入“文件中的音频”

(4) 设置音乐播放方式

在【音频工具播放】选项卡的【音频选项】组中,可以根据需要选择不同的播放方式,如图 5.77 所示显示有“单击时”“自动”“跨幻灯片播放”三种播放方式。

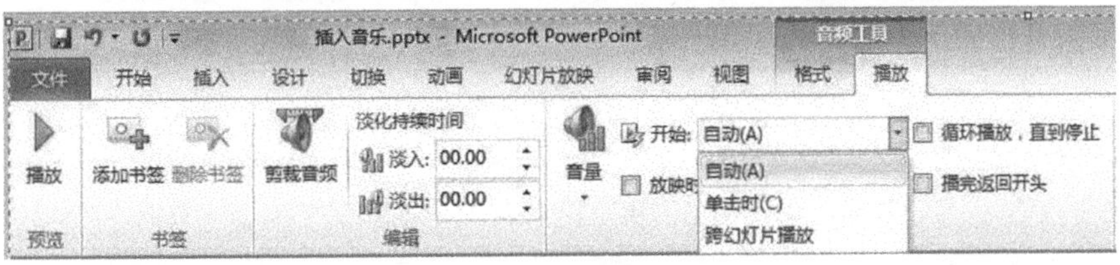

图 5.77　音频选项设置

①若选择【自动】播放,则在放映幻灯片时,用户不需要用鼠标单击音乐图标。

②若选择【单击时】播放,则在放映幻灯片时,用户需要用鼠标单击音乐图标,音乐才会开始播放。

③若想将该音乐设置为背景音乐,可以选择【跨幻灯片播放】,同时将【循环播放,直到停止】这项勾选,在放映幻灯片时,音乐可以在多张幻灯片中循环播放,直到结束放映。

④若想幻灯片播放时不显示音乐图标,用户可将【放映时隐藏】这项勾选。

8. 插入视频

制作演示文稿的时候,我们除了可以给幻灯片添加图片、音乐等对象,还可以根据实际需要添加视频。PowerPoint 2010 里面支持的视频格式有 WMV、MPEG、AVI、SWF 等。

(1)插入文件中的视频

选中需要添加视频的幻灯片,选择【插入】选项卡中【媒体】组内的【视频】命令,打开【视频】下拉列表,单击【文件中的视频】命令,如图 5.78 所示。在【插入视频】对话框中查找需要添加的外部视频文件,单击【确定】命令。

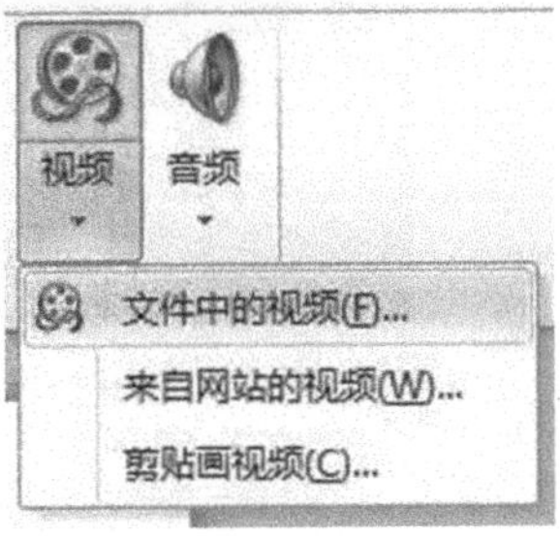

图 5.78　插入“文件中的视频”

(2)插入来自网站的视频

① 选中需要添加视频的幻灯片,选择【插入】选项卡中【媒体】组内的【视频】命令,打开【视频】下拉列表,单击【来自网站的视频】命令。

② 然后在网页地址栏输入视频地址,获取网页代码(即 html 代码),如图 5.79 所示。

③ 将网页代码粘贴到【从网站插入视频】对话框中,单击【插入】按钮,如图 5.80 所示。

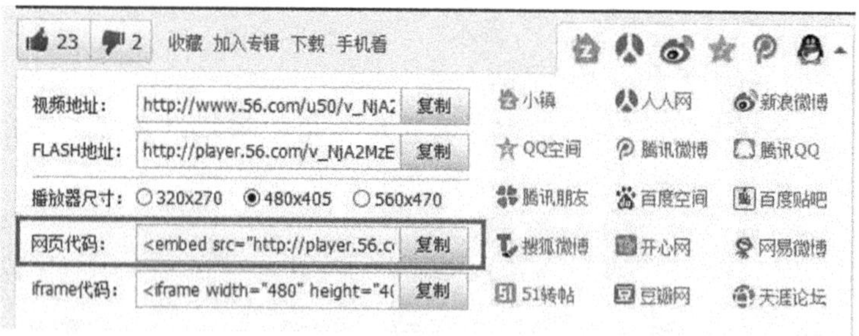

图 5.79　获取网页代码

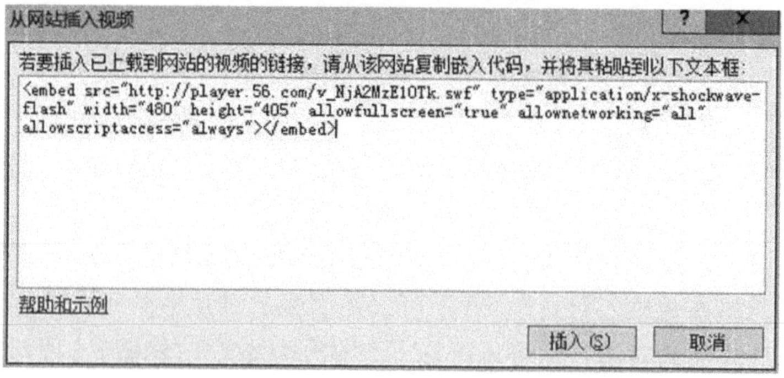

图 5.80　从网站插入视频

④ 调整好视频大小,然后单击播放按钮即可进行视频播放了,如图 5.81 所示。

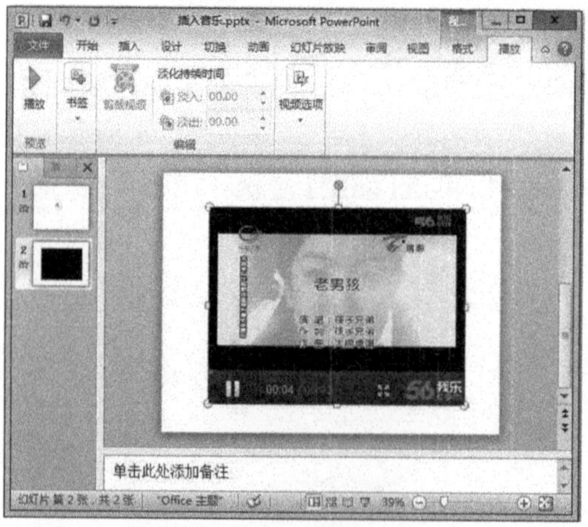

图 5.81　从网站插入视频

(3)插入剪贴画视频

① 选中需要添加视频的幻灯片,选择【插入】选项卡中【媒体】组内的【视频】命令,打开【视频】下拉列表,单击【剪贴画视频】命令。

② 在"剪贴画"任务窗格中选择所需的视频剪辑。单击【剪贴画视频】对话框右边下拉箭头的【插入】命令即可将剪辑画中的视频插入到指定的幻灯片中,如图 5.82 为插入剪贴画视频文件后的幻灯片。单击"播放"按钮可以观看。

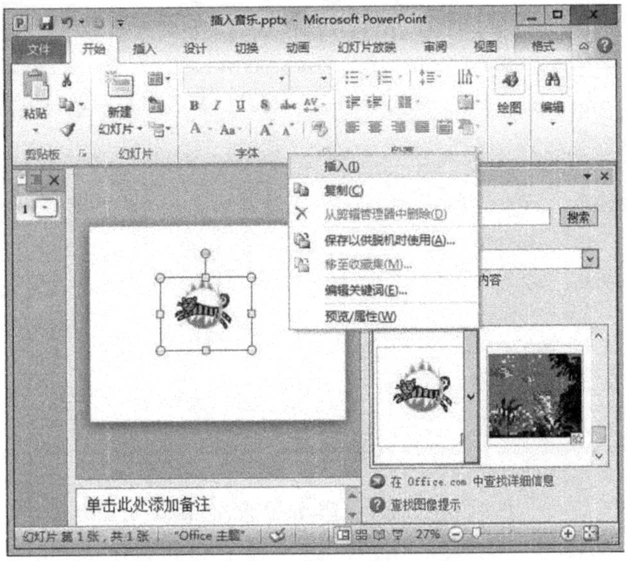

图 5.82　插入剪贴画视频

5.3　设置演示文稿效果

5.3.1　设置动画

动画,即给文本或对象添加特殊视觉或声音效果。PowerPoint 2010 演示文稿中的文本、图片、形状、表格、SmartArt 图形和其他对象均可以制作成动画,赋予它们进入、退出、大小或颜色变化甚至移动等视觉效果。例如,用户可以使文本逐字从左侧飞入,同时在显示图片时播放掌声。

1. 添加动画

PowerPoint 2010 提供了四类动画效果:"进行""强调""退出""动作路径"。

"进入"类动画是指对象从无到有,使对象从外部飞入幻灯片播放画面的动画效果(如:出现、旋转、飞入等);"强调"类动画是指对播放画面中的对象进行突出显示、起强调作用的动画效果(如放大/缩小、加粗闪烁等)。"退出"是指对象从有到无,使播放画面中的对象离开播放画面的动画效果(如:消失、飞出、淡出等);"动作路径"是指对象沿着已有的或者自己绘制的路径运动,使播放画面中的对象按指定路径移动的动画效果(如:直线、弧形、循环等);其具体设置方法如下:

①选中幻灯片中要添加动画效果的文本或对象，选择【动画】选项卡中【动画】组。

②单击【动画】组的下拉列表，出现四类动画效果，如图 5.83 所示。

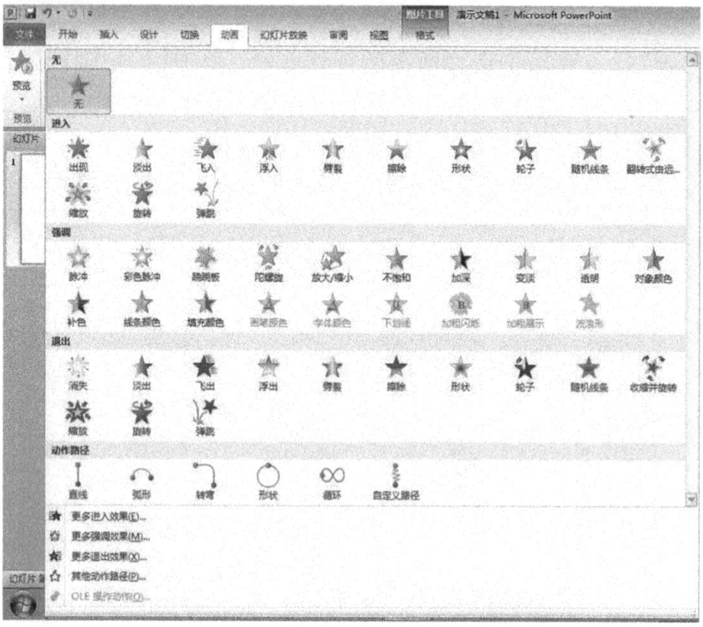

图 5.83　添加动画效果

若预设的动画效果没有满意的，用户可以选择下面列表中的“更多进入效果”“更多进入效果”“更多强调效果”“更多退出效果”“其他动作路径”等命令。如图 5.84 所示为“更多强调效果”对话框。

图 5.84　“更多强调效果”对话框

在 PowerPoint 2010 中用户可以给同一个对象添加多个不同的动画效果，如：进入动画、强调动画、退出动画和路径动画。比如，设置好一个对象的进入动画后，单击“添加动画”按钮，可以再选择强调动画、退出动画或路径动画。

例如,在幻灯片中给文本“圣诞快乐”添加 3 种不同的动画效果:“进入”效果为“出现”、“强调”效果为“放大/缩小”、“退出”效果为“旋转”。具体操作步骤如下:

①选择要添加多个动画效果的文本或对象。

②在【动画】选项卡上的【高级动画】组中,单击【添加动画】命令,如图 5.85 所示。

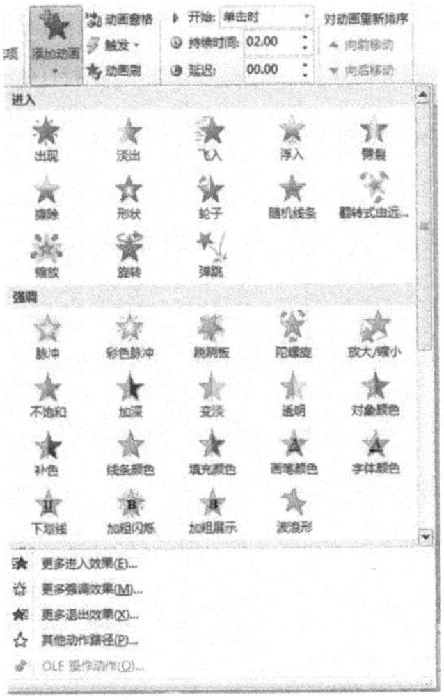

图 5.85　添加动画

③在【添加动画】的下拉列表的“进入”中选择“出现”效果。

④ 用同样的方法再次选中该对象,在【添加动画】的下拉列表的“强调”中选择“放大/缩小”“退出”中选择“旋转”。设置好后如图 5.86 所示,对象上显示的数字即为 3 种不同的动画效果。用户也可以单击【高级动画】组中的【动画窗格】命令打开“动画窗格”对话框来查看动画设置。

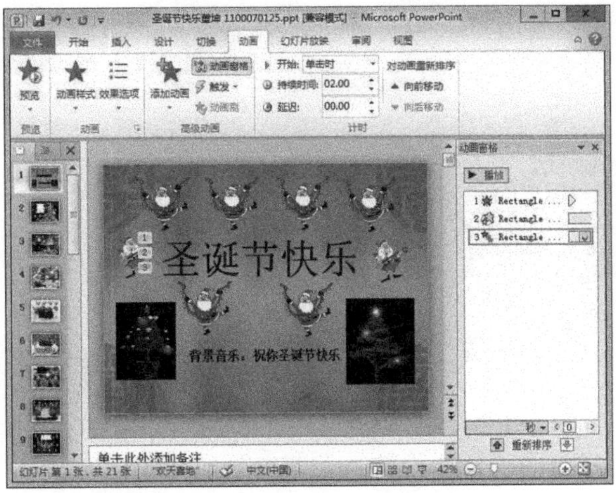

图 5.86　添加三种不同动画效果

2. 设置动画计时或效果选项

动画开始方式是指开始播放动画的方式,动画持续时间是指动画开始后整个播放时间,动画延迟时间是指播放操作开始后延迟播放的时间。在 PowerPoint 2010 中自定义动画效果的计时,包括计时和各动画效果开始的顺序,以及动画效果是否重复。

(1) 设置动画开始方式

选择设置动画的对象,在【动画】选项卡下的【计时】组的"开始"栏中选择动画开始方式。如图 5.87 所示有三种开始方式分别为:"单击时""与上一个动画同时""上一个动画之后"。

● 单击时:用户要单击幻灯片才开始显示动画效果。

● 与上一个动画同时:此动画和同一张 PPT 中的前一个动画同时出现。

● 上一个动画之后:上一个动画结束后立即出现。

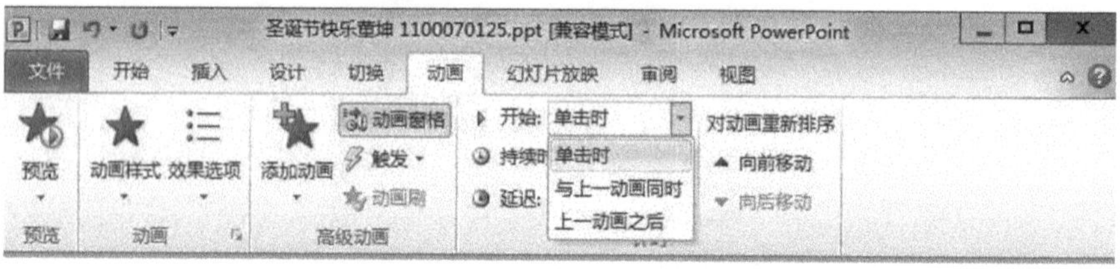

图 5.87 设置动画开始方式

例如,在图 5.86 所示的幻灯片中给文本"背景音乐:祝你圣诞快乐"添加动画效果为:"进入"类中的"飞入"效果。

如图 5.88 所示在动画窗格中出现的数字 4,代表的就是"背景音乐:祝你圣诞快乐"的动画效果,也就是该幻灯片中设置的第四个动画。

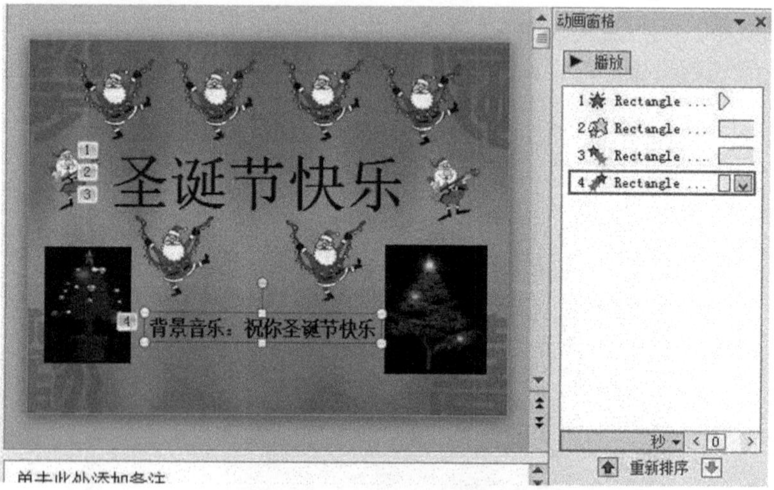

图 5.88 设置动画开始方式

用户若将该文本的动画效果的开始时间改为"与上一个动画同时",此时该文本上的数字"4"将变为"3"。那么在显示第 3 个动画的同时会显示第 4 个动画效果,如图 5.89 所示。设置好后用户可单击"动画窗格"对话框中的"播放"按钮预览效果。

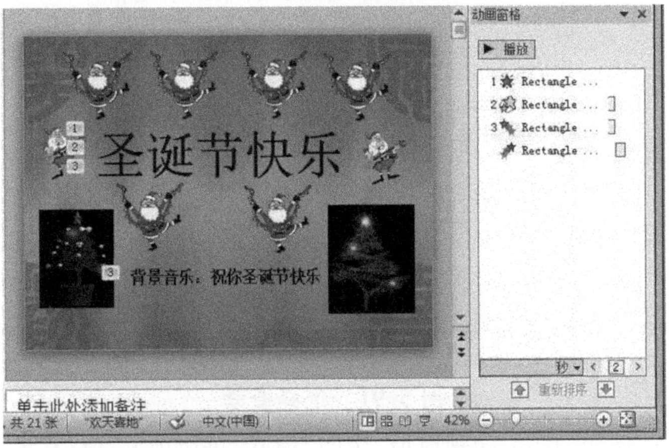

图 5.89　与上一个动画同时

(2)设置动画持续时间和延迟时间。在【动画】选项卡的【计时】组左侧“持续时间”栏调整动画持续时间,可以改变动画出现的快慢。在“延迟”栏调整动画延迟时间,可以让动画在延迟时间设置的时间到了之后才开始。

(3)设置动画音效。设置动画时,默认动画无音效,需要音效时可以自行设置。

例如将上面的幻灯片中将第一个动画音效设置为“掌声”,具体操作方法为:

① 选择设置动画音效的对象(这里的对象为文本“圣诞快乐”),在“动画窗格”对话框的第一个动画的下拉列表中选择“效果选项”,如图 5.90 所示。

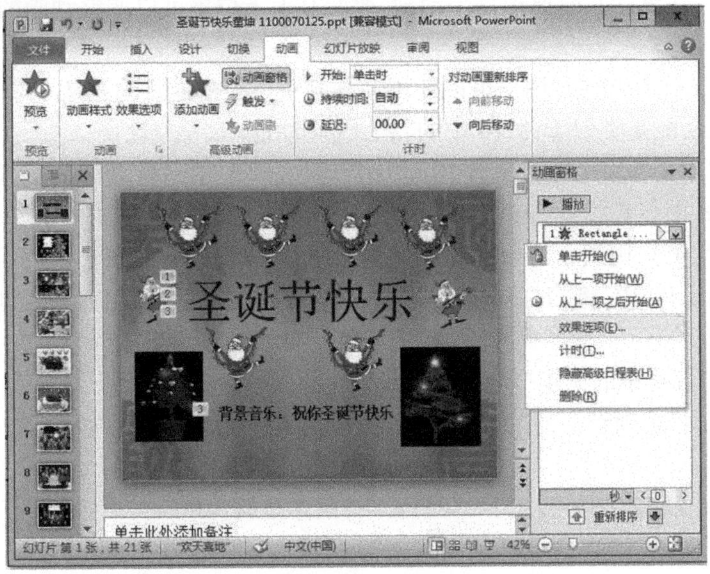

图 5.90　设置动画“效果选项”

② 单击“效果选项”弹出“出现”对话框,在“声音”栏中选择音效为“掌声”,再点确定,如图 5.91 所示。

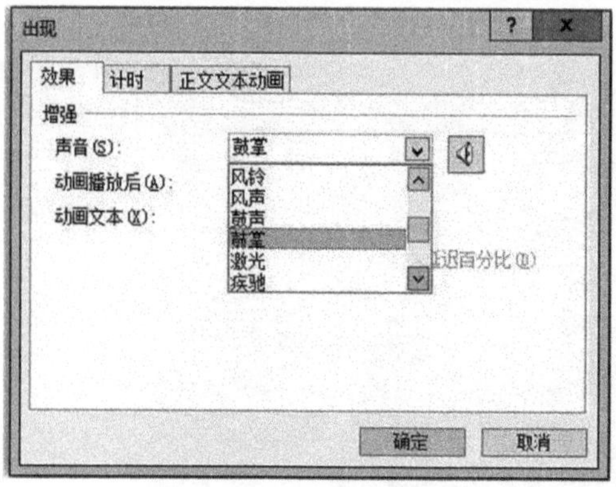

图 5.91　选择音效

③ 设置好后用户可单击“动画窗格”中的“播放”按钮预览音效效果。

3. 设置动画顺序

调整对象动画播放顺序方法如下：

方法一：单击【动画】选项卡下的【高级动画】组中的【动画窗格】按钮，调出动画窗格。动画窗格显示所有动画对象，它左侧的数字表示该对象动画播放的顺序号，与幻灯片中的动画对象旁边显示的序号一致。选择动画对象，并单击底部的重新排的按钮，即可改变该动画对象播放顺序。

方法二：单击“动画窗格”中的对象，然后在【动画】选项卡下的【计时】组中的“对动画重新排序”下，单击“向前移动”或“向后移动”。

方法三：按住鼠标左键拖动每个动画，改变其上下位置可以调整动画的出现顺序。

4. 应用“动画刷”

在 PowerPoint 2010 中，用户可以使用动画刷快速轻松地将动画从一个对象复制到另一个对象。该功能是类似于 Word 中的“格式刷”功能。

如果用户需要在多个对象上使用同一个动画，则先在已有动画的对象上单击，再选择“动画刷”，此时鼠标指针旁边会多一个小刷子图标。用这种格式的鼠标单击另一个对象（文字图片均可），则两个对象的动画完全相同，这样可以节约很多时间。

例如在图 5.90 中，将幻灯片中的文本“圣诞快乐”的三个动画效果复制给文本“背景音乐：祝你圣诞快乐”。具体操作方法如下：

① 选中幻灯片中的文本“圣诞快乐”。

② 在“动画”选项卡下的“高级动画”组中，单击“动画刷”，此时鼠标指针旁边会多一个小刷子图标。

③ 单击要复制该动画的文本“背景音乐：祝你圣诞快乐”。

④ 设置后如图 5.92 所示，“动画窗格”对话框中的 4、5、6 的动画效果和 1、2、3 的动画效果完全一样。用户可单击“播放”按钮预览动画效果。

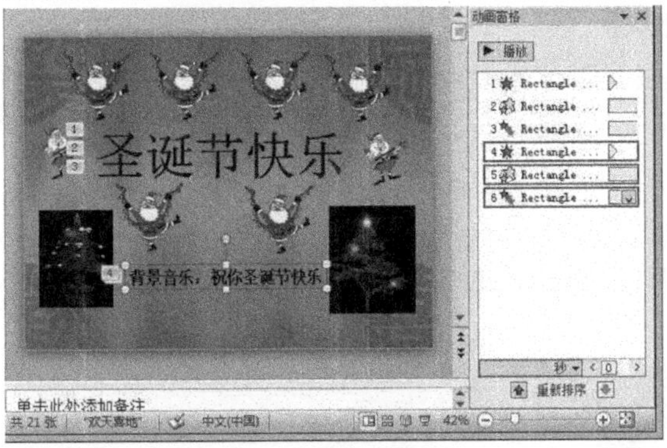

图 5.92 应用“动画刷”

5. 修改动画效果

用户设置好动画效果后，若想修改某个动画效果，具体操作方法为：先在“动画窗格”的对话框中选择要修改的动画，然后再单击“动画”组中的“动画样式”按钮，在弹出的下拉列表中重新选择一种动画效果即可。

6. 添加动作路径

PowerPoint 2010 中还提供了一种相当精彩的动画功能，它允许你在一幅幻灯片中为某个对象指定一条移动路线，这在 PowerPoint 2010 中被称为“动作路径”。“动作路径”可以让幻灯片上的元素沿着已经设置好的轨迹运动，并且可以伸长、缩短、旋转和重新布置元素的路径。使用“动作路径”能够为你的演示文稿增加非常有趣的效果。例如，你可以让一个幻灯片对象跳动着把观众的眼光引向所要突出的重点。

(1) 预设动作路径

为了方便用户进行设计，PowerPoint 2010 中包含了相当多的预定义动作路径。如果想要指定一条动作路径，选中某个对象，在“动画”选项卡下的“高级动画”组中，单击“添加动画”。在下拉列表中选择“其他动作路径”来打开“添加动作路径”对话框。确保“预览效果”复选框被选中，然后点击不同的路径效果进行预览。当找到比较满意的方案，就选择它并按“确定”按钮，如图 5.93 所示，比如“心跳”效果。

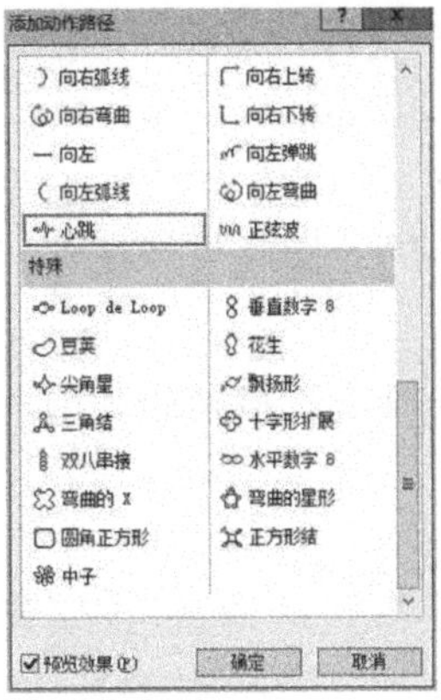

图 5.93 “添加动作路径”对话框

(2)自定义动作路径

PowerPoint 2010 也允许你自行设计动作路径。选中某个对象在"动画"选项卡上的"动画"组中,单击"其他"按钮。在下拉列表中选择"自定义路径",接着用鼠标准确地绘制出移动的路线。在添加一条动作路径之后,对象旁边也会出现一个数字标记,用来显示其动画顺序。还会出现一个箭头来指示动作路径的开端和结束(分别用绿色和红色表示),绿色三角代表路径运动开始的位置,红色三角代表路径运动结束的位置,如图 5.94 所示。

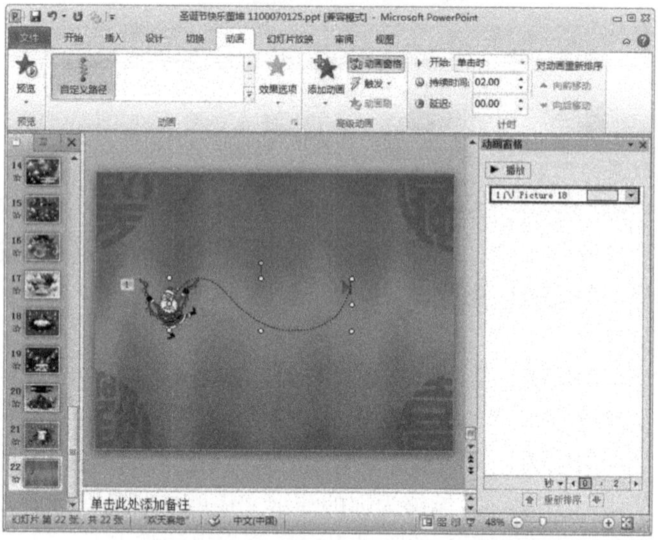

图 5.94　自定义动作路径

(3)调整动作路径

用户若想调整动作路径的位置和大小,具体操作方法是:将鼠标定位在路径上的一个控点上,再拖动鼠标至所需位置。若希望将路径的中心保持在原位置,在拖动时按住 Ctrl 键;若要保持原比例,请在拖动时按住 Shift 键。若要同时保持中心的位置和原比例,请在拖动时同时按住 Ctrl 键和 Shift 键。

用户若想旋转动作路径,则将鼠标定位在动作路径的绿色圆形控点上。当鼠标变成一个旋转的箭头方向即可旋转动作路径。

(4)移动动作路径

用户若想移动动作路径,则将鼠标指针放在动作路径上直到指针变为十字箭头时;将动作路径移动到新的位置。

注意:此路径相关联的文本或对象在移动路径时不会移动。在动画播放时,相关的项目将跳到起点并沿路径前行。

(5)更改动作路径

先选中该对象上的动作路径,然后在"动画"选项卡下的"动画"组中,单击"动画"组右边的下拉列表,在"动作路径"或者"其他动作路径"中选择所需动作路径。

(6)设置动作路径的效果

设置动作路径的效果方法同设置动画的效果方法类似。在图 5.94 所示的动画窗格对话框中选择该动作路径右边的下拉列表中的“效果选项”，弹出“自定义路径”对话框，如图 5.95 所示。用户可在“效果”选项卡下设置路径的各项属性，在“声音”栏中可选择声音效果（如“爆炸声”），在“计时”选项卡下可设置路径的开始方式、延迟时间、速度等。

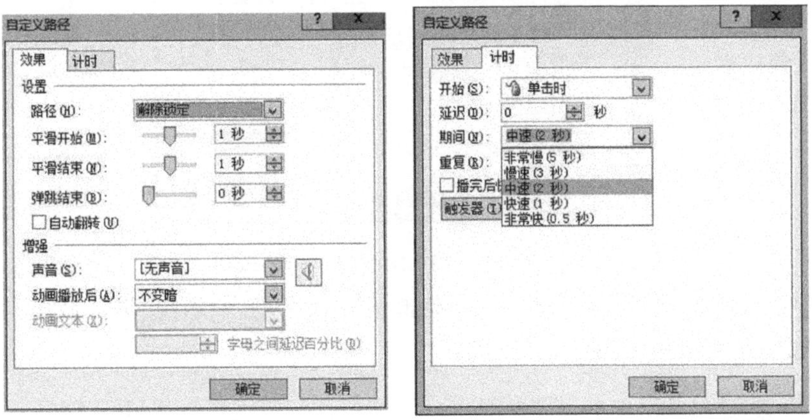

图 5.95　“自定义动作路径”对话框

5.3.2　添加动作按钮

动作按钮是一些能使幻灯片产生放映动作的图形，包含形状（如前进和后退）以及用于转到下一张、上一张、第一张和最后一张幻灯片和用于播放影片或声音的符号。在幻灯片上添加动作按钮的方法如下：

① 选择要添加动作按钮的幻灯片。

② 在“插入”选项卡下的“插图”组中，单击“形状”命令，然后在“动作按钮”下，单击要添加的按钮形状，如图 5.96 所示。

图 5.96　插入“动作按钮”

③ 当鼠标变成十字形状后，在幻灯片中移动鼠标到你想放置动作按钮的位置，然后按住鼠标左键单击，该处就出现动作按钮的占位符，同时屏幕上出现“动作设置”对话框，如图 5.97 所示。

④ 在“动作设置”对话框中的“单击鼠标”选项卡的“单击鼠标时的动作”框中选择动作按钮的功能。如果用户不想进行任何操作，则请单击“无动作”；如果要创建超链接这里可以选择“超链接到”列表下的“下一张幻灯片”，单击“确定”按钮，该动作按钮的设置完成；如果要运行程序，请单击“运行程序”，单击“浏览”，然后找到要运行的程序；如果要播放声音，请选中“播放声音”复选框，然后选择要播放的声音。设置完成后单击“确定”按钮。

⑤ 单击幻灯片上的动作按钮图标，可在选项卡中显示上下文工具“绘图工具”，在

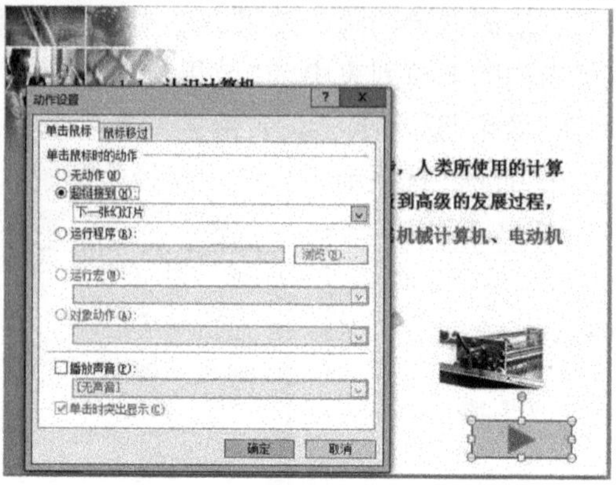

图 5.97 “动作设置”对话框

“格式”选项卡的“形状样式”组中可通过修改形状填充、形状轮廓、形状效果来设置动作按钮的属性(例如修改动作按钮的颜色)。

5.3.3 设置超链接

PowerPoint 2010 中提供了功能强大的超链接功能,使用它可以实现跳转到某张幻灯片、另一个演示文稿或某个网址等。创建超链接的对象可以是任何对象,如文本、图形等,激活超链接的方式可以是单击或鼠标移过。下面简单介绍一下在 PowerPoint 2010 中设置超链接。

1. 创建超链接

(1)利用“插入超链接”命令创建超链接

选中幻灯片上要创建超链接的文本或图形对象,单击“插入”选项卡下“链接”组中的“超链接”命令,弹出“插入超链接”对话框,如图 5.98 所示。在左侧的“链接到”框中提供了“现有文件或网页”“本文档中的位置”“新建文档”“电子邮件地址”等四个选项,单

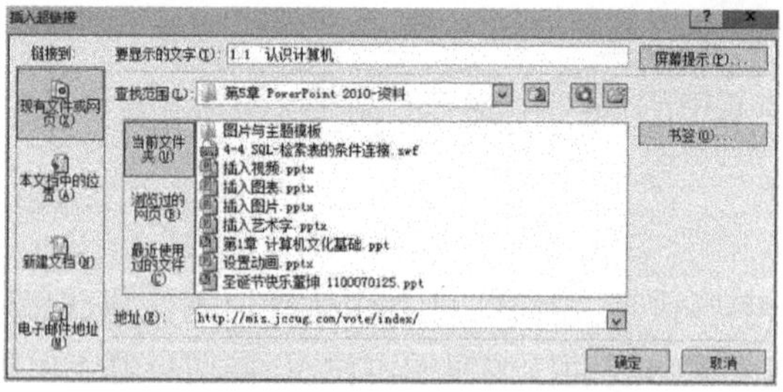

图 5.98 “插入超链接”对话框

击相应的按钮就可以在不同项目中输入链接的对象,最后单击“确定”按钮。

例如,将图 5.99 所示的第 1 张幻灯片中的文本“1.1 认识计算机”链接到演示文稿中的第 2 张幻灯片中。其具体操作方法为:

①在“插入超链接”对话框的左侧的“链接到”框中选择“本文档中的位置”,在“请选择文档中的位置”框中选中“2 幻灯片 2”,如图 5.99 所示。

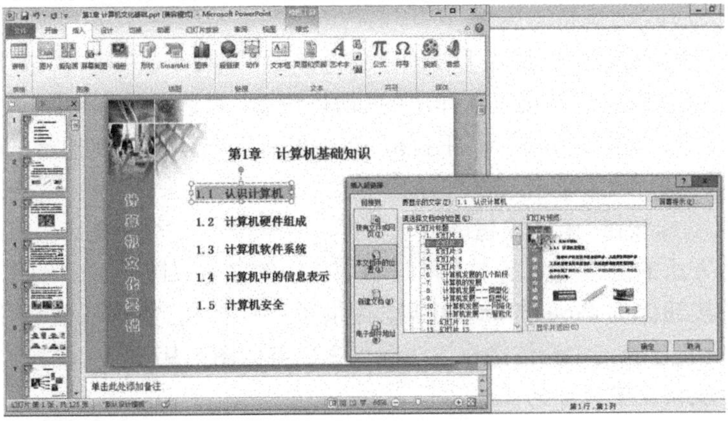

图 5.99 插入超链接

②单击“确定”按钮。如图 5.100 所示已建立超链接后的文本下方会显示一条下划线。

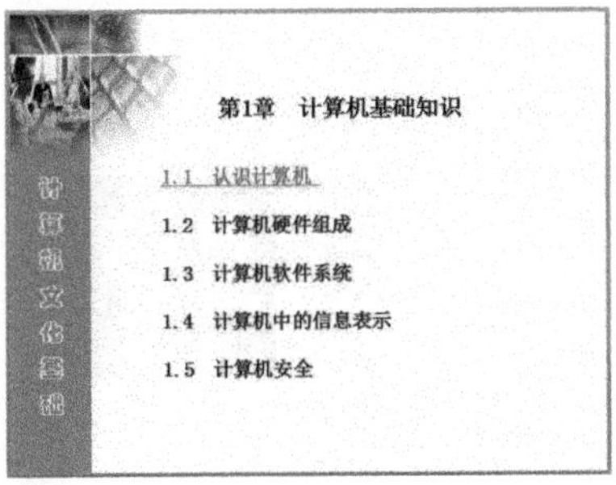

图 5.100 建立超链接

(2)使用快捷菜单建立超链接

选中幻灯片中要创建超链接的文本,然后单击鼠标右键,在弹出的快捷菜单中选择“超链接”。后面的操作方法同方法一,在此不再赘述,如图 5.101 所示。

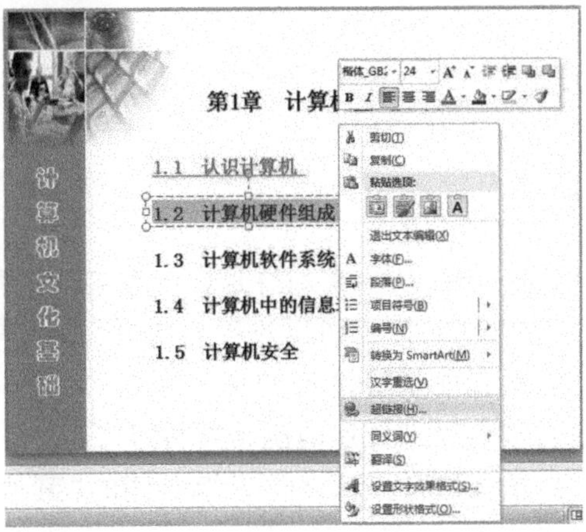

图 5.101 使用快捷菜单建立超链接

(3)使用“动作”创建超链接

在幻灯片视图中,选中幻灯片上要创建超链接的对象,单击“插入”选项卡下“链接”组中的“动作”命令创建超链接。在弹出的“动作设置”对话框中有“单击鼠标”和“鼠标移过”两个选项卡,单击“超链接到”下拉框,在这里可以选择链接到指定 Web 页、本幻灯片、其他文件等选项,最后单击“确定”按钮。

(4)利用“动作按钮”来创建超链接

前面两种方法的链接对象基本上都是幻灯片中的文字或图形,而“动作按钮”链接的对象是添加的按钮。在 PowerPoint 2010 中提供了一些按钮,将这些按钮添加到幻灯片中,可以快速设置超链接。具体操作方法同 5.3.2 节的图 5.97 所示。

2. 设置超链接后字的颜色

具体操作步骤如下:

①单击“设计”选项卡下“主题”组右侧的“颜色”按钮,在“颜色”按钮的下拉列表中的单击“新建主题颜色”。

②在“主题颜色”中框中可选择 “超链接”和“已访问的超链接”的颜色进行修改,如图 5.102 所示。

图 5.102　新建主题颜色

5.4　幻灯片的放映

5.4.1　设置切换方式

幻灯片切换效果是在演示期间从一张幻灯片移到下一张幻灯片时在“幻灯片放映”视图中出现的动画效果。用户可以控制切换效果的速度、添加声音,甚至还可以对切换效果的属性进行自定义。具体操作步骤如下:

① 打开演示文稿,选择要设置幻灯片切换效果的幻灯片。

② 单击“切换”选项卡下“切换到此幻灯片”组右侧的“其他”按钮,弹出包括“细微型”和“华丽型”的切换效果列表,如图 5.103 所示。在切换效果列表中选择一种切换样式(如“形状”)即可。

图 5.103　幻灯片切换列表

③设置切换效果选项:幻灯片切换属性包括效果选项(如“圆”、“菱形”、“增强”等)。

如果对已有的切换属性不满意,可以自行设置,具体操作步骤为:单击“切换”选项卡→“切换到此幻灯片”组→“效果选项”命令,在出现的下拉列表中选择一种切换效果(如“增强”),如图 5.104 所示。

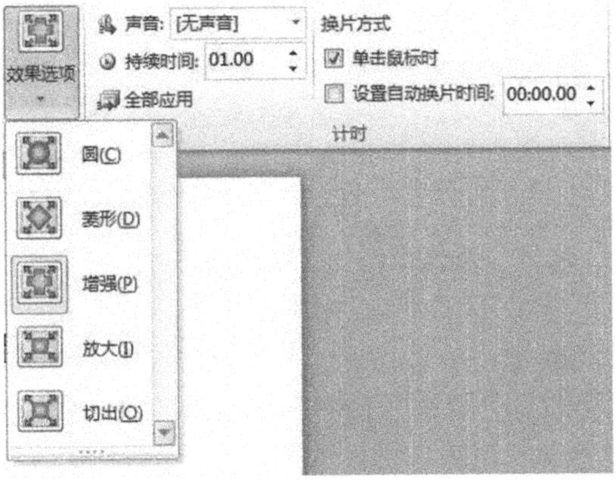

图 5.104　“幻灯片切换”效果选项

④设置幻灯片切换声音:在“切换”选项卡的“计时”组中,单击“声音”旁的箭头,然后执行下列操作之一:

●若要添加列表中的声音,请选择所需的声音(如“铃声”)。

●若要添加列表中没有的声音,请选择“其他声音”,找到要添加的声音文件,然后单击“确定”按钮。如图 5.105 所示,在幻灯片中添加声音“祝你圣诞快乐” 。

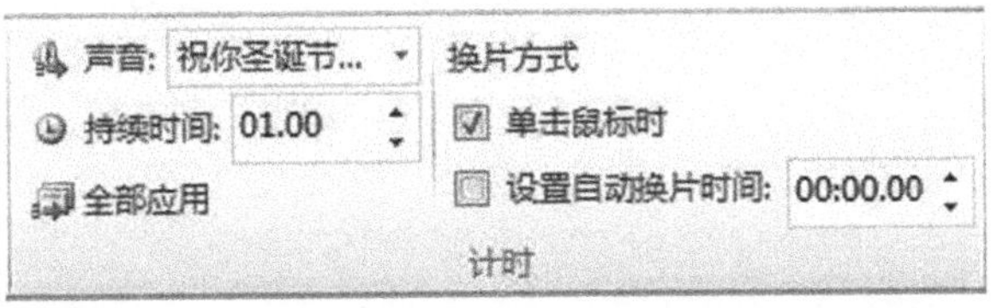

图 5.105　设置切换声音

⑤设置切换效果的计时:若要设置上一张幻灯片与当前幻灯片之间的切换效果的持续时间,则在“切换”选项卡上“计时”组中的“持续时间”框中,键入或选择所需的速度,如图 5.106 所示。

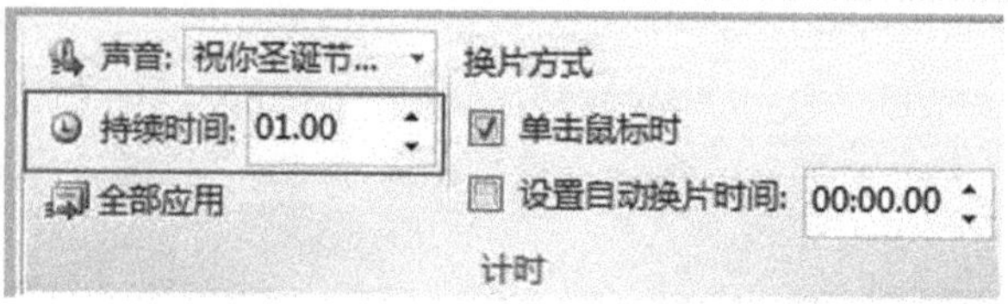

图 5.106　设置持续时间

⑥设置切换方式:在“换片方式”区中可以选择手工还是自动切换。选中“单击鼠标时”复选框,则只有单击鼠标时幻灯片才切换到下一张,选中“设置自动换片时间”复选框,则需要在右边的数值框中输入表示秒数的一个数字(如“00:18.00”),表示这一张幻灯片每隔 18 秒自动切换到下一张。如图 5.107 所示。

注意:设置的切换效果仅对所选幻灯片有效。

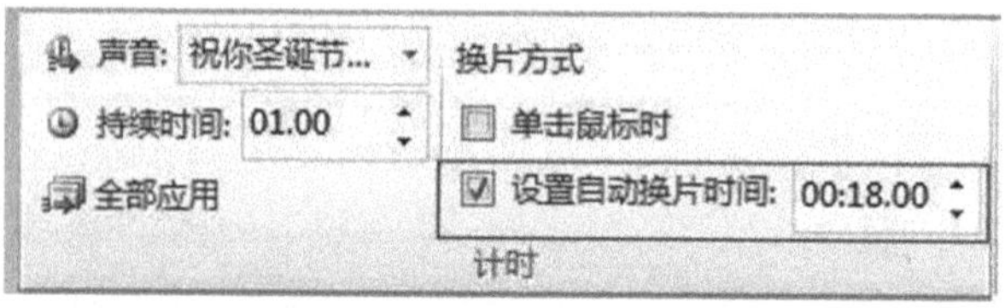

图 5.107　设置切换方式

⑦单击“计时”组的“全部应用”按钮,则将以上的设置应用于所有的幻灯片上,否则只对当前所选幻灯片进行设置。

⑧单击“切换”选项卡下的“预览”组的“预览”按钮可以查看预览效果。

5.4.2　设置放映方式

不同的场合对放映演示文稿的要求是不一样的,PowerPoint 2010 提供了各种不同的幻灯片放映方式。下面介绍设置幻灯片放映方式的步骤:

1. 启动演示文稿放映

放映当前演示文稿必须先进入幻灯片放映视图,用如下方法之一可以进入幻灯片放映视图:

方法一:单击“幻灯片放映”选项卡“开始放映幻灯片”组的“从头开始”或“从当前幻灯片开始”按钮。

方法二:单击窗口状态栏中的“幻灯片放映”按钮,则从当前幻灯片开始放映,如图 5.108 所示。

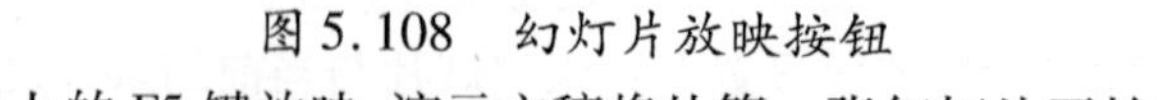

图 5.108　幻灯片放映按钮

方法三:按键盘上的 F5 键放映,演示文稿将从第一张幻灯片开始放映。

2. 设置放映方式

(1)单击“幻灯片放映”选项卡“设置”组的“设置幻灯片放映”,弹出图 5.109 所示的“设置放映方式”对话框。

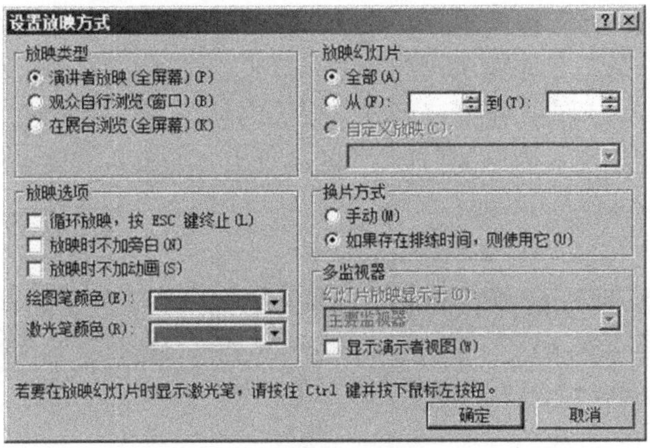

图 5.109 “设置放映方式“对话框

(2)在“设置放映方式”对话框,用户可根据自己的需要进行放映类型、放映选项、放映范围、换片方式等诸多选项的设置。

①放映类型:在幻灯片放映方式中有3种不同的放映类型,即演讲者放映(全屏幕)方式、观众自行浏览(窗口)方式、在展台浏览(全屏幕)方式。演讲者放映(全屏幕)方式是以全屏幕的形式来显示幻灯片,这是最常用的放映方式,演讲者具有对放映的完全控制。观众自行浏览(窗口)方式是以窗口的形式显示幻灯片,在此方式下可以使用滚动条“PgUp”和“PgDn”键从一张幻灯片切换到另一张幻灯片,也可以使用菜单栏的“浏览”菜单显示所需的幻灯片。

②放映幻灯片:在该选项卡下用户可以选择全部放映或者指定放映的幻灯片。若选择“全部”则从第一张幻灯片开始放映,直到最后一张结束放映;若选择“从”这一项,则用户需要输入要放映的页数。例如从10到15,表示从第10张幻灯片开始放映,到第15张幻灯片就结束放映。

③放映选项:选择“循环放映,按Esc键终止”,则幻灯片在屏幕上自动循环放映,按Esc键才会终止放映。

3. 创建自定义放映方式

自定义放映方式是指从当前全部演示文稿中抽出一部分来组成一份或几份演示文稿,并且每组的内容可以重复。自定义放映的设置方法如下:

(1)单击“幻灯片放映”选项卡下的“开始放映幻灯片”组的“自定义幻灯片放映”,在右侧的下拉箭头中单击“自定义放映”命令,弹出如图5.110所示的对话框。

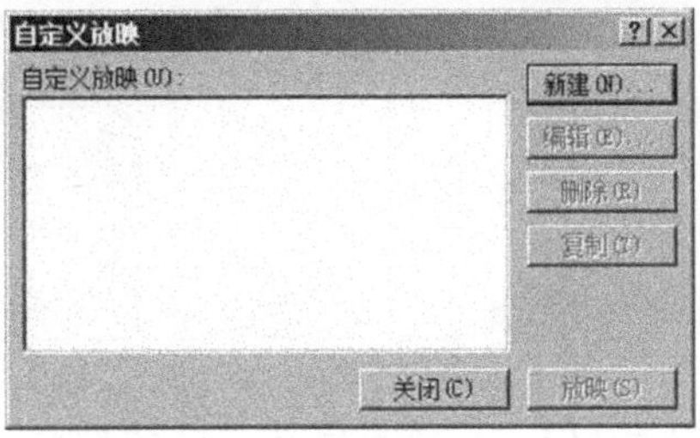

图 5.110 “自定义放映”对话框

(2)单击“新建”按钮,打开“定义自定义放映”对话框,在“幻灯片放映名称”一栏中输入名称(这里系统默认的名称为自定义放映1),如图5.111所示。然后在左边的“在演示文稿中的幻灯片”列表中选择要组成一组的幻灯片,单击“添加”按钮让选择的幻灯片放至右边的“在自定义放映中的幻灯片”的列表中。如图5.112所示,添加了第3、5、7、9、11共五张幻灯片。

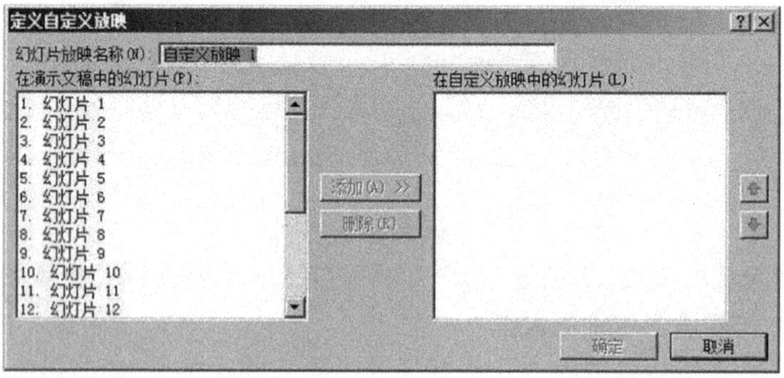

图5.111　“定义自定义放映”对话框

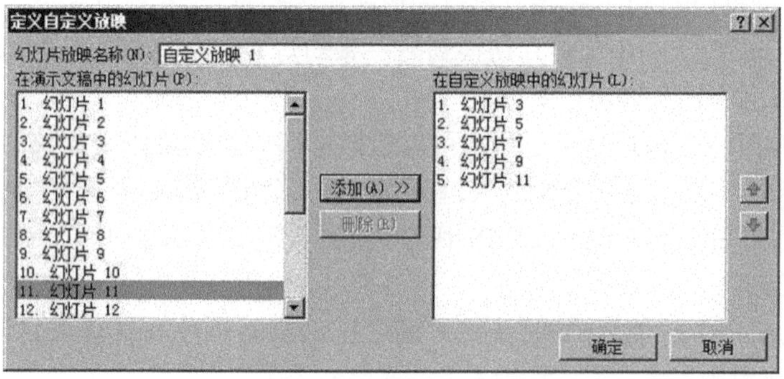

图5.112　添加自定义放映幻灯片

(3)单击“确定”按钮。再在返回的“自定义放映”对话框中单击“放映”按钮即可。完成以上操作后,单击“关闭”按钮返回,如图5.113所示。

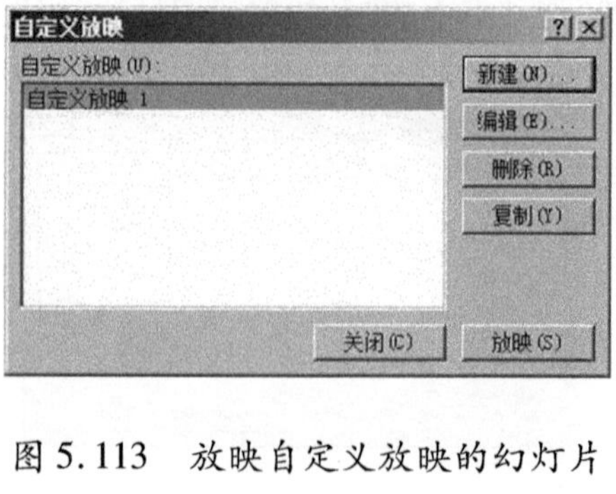

图5.113　放映自定义放映的幻灯片

4. 改变放映顺序

幻灯片放映是按顺序依次放映。若需要改变放映顺序，可以右击鼠标，弹出放映控制菜单。单击"上一张"或"下一张"命令，即可放映当前幻灯片的上一张或下一张幻灯片。

若要放映特定幻灯片，将鼠标指针指向放映控制菜单的"定位至幻灯片"，就会弹出所有幻灯片标题，单击目标幻灯片标题，即可从该幻灯片开始放映，如图 5.114 所示。

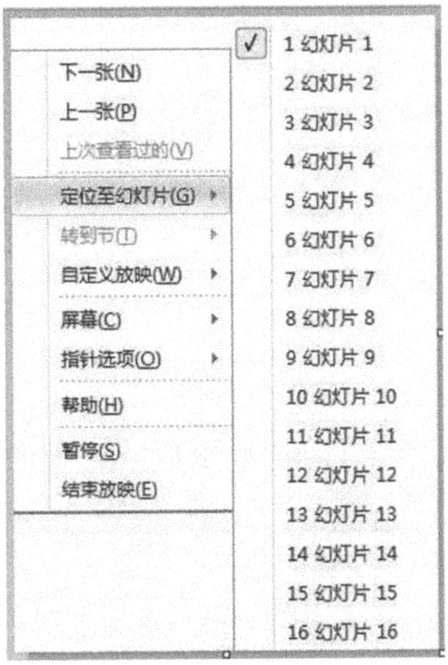

图 5.114　定位放映的幻灯片

5. 放映中即兴标注和擦除墨迹

放映过程中，可能要强调或勾画某些重点内容，也可能临时即兴勾画标注。

为了从放映状态转换到标注状态，可以将鼠标指针放在放映控制菜单的"指针选项"，在出现的子菜单中单击"笔"命令(或"荧光笔"命令)，鼠标指针呈圆点状，按住鼠标左键即可在幻灯片上勾画书写，如图 5.115 所示。

若希望删除已标注的墨迹，可以单击放映控制菜单"指针选项"子菜单的"橡皮擦"命令，鼠标指针呈橡皮擦状，在需要删除的墨迹上单击即可清除该墨迹。

若想修改标注颜色，用户可以在"墨迹颜色"下拉列表中选择一种颜色。

6. 使用激光笔

为指明重要内容，可以使用激光笔功能。按住 Ctrl 键的同时，按鼠标左键，屏幕出现十分醒目的红色圆圈的激光笔，移动激光笔，可以明确指示重要内容的位置。

改变激光笔颜色的方法：单击"幻灯片放映"选项卡下的"设置"组的"设置幻灯片放映"按钮，出现"设置放映方式"对话框，单击"激光笔颜色"下拉按钮，即可设置激光笔的颜色(红、绿和蓝之一)，如图 5.116 所示。

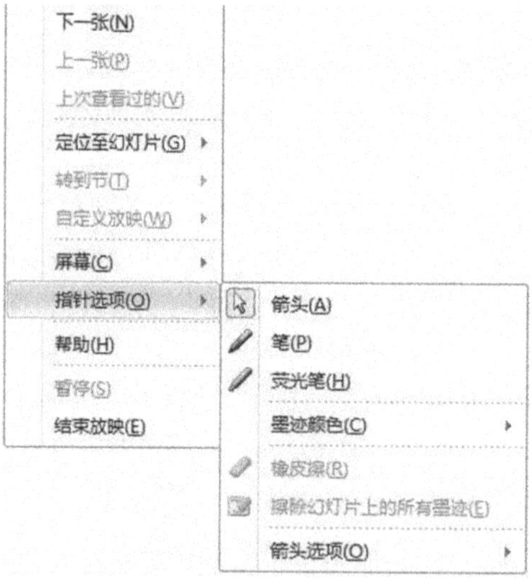

图 5.115　定位放映的幻灯片

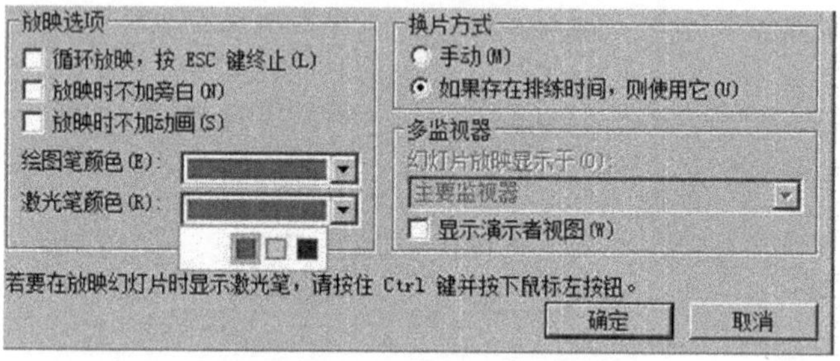

图 5.116　定位放映的幻灯片

5.5　幻灯片的打印与打包

5.5.1　打印幻灯片

若要打印演示文稿中的幻灯片，具体操作步骤如下：

(1)单击“文件”选项卡，然后单击“打印”。

(2)若要打印所有幻灯片，请在设置选项中选择“打印全部幻灯片”。若仅打印当前显示的幻灯片，请选择“打印当前幻灯片”。

(3)若要按编号打印特定幻灯片，单击“幻灯片的自定义范围”，然后输入各幻灯片的列表或范围。请使用逗号将各个编号隔开(无空格)。例如，1,3,5－12。

(4)可以通过“选择打印排版形式”在一页纸中打印多页幻灯片，例如选择“6 张水平放置的幻灯片”，如图 5.117 所示。

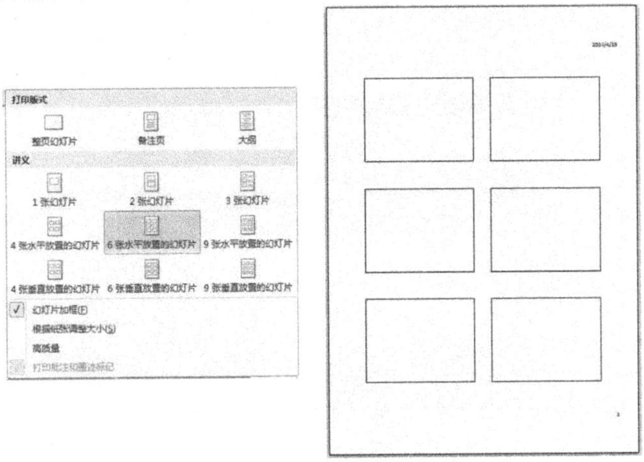

图 5.117　打印排版设置

(5)通过“纵向”或“横向”可设置幻灯片的打印方向,“颜色”选项可设置幻灯片打印的色彩(如:颜色、灰度、纯黑白)。

(6)设置完成后,单击“打印”命令。

5.5.2　幻灯片打包

如果创建的幻灯片要在另一台计算机上运行,可用打包的方法将其压缩成比较小的文件,复制到磁盘或者 CD 上,然后再将文件放到目标计算机并播放。打包幻灯片时,可以包含任何链接文件。打包幻灯片的方法如下:

(1)打开要打包的演示文稿。

(2)单击“文件”选项卡下“保存并发送”,然后单击右侧的“将演示文稿打包成 CD”,单击“打包成 CD”按钮,如图 5.118 所示。

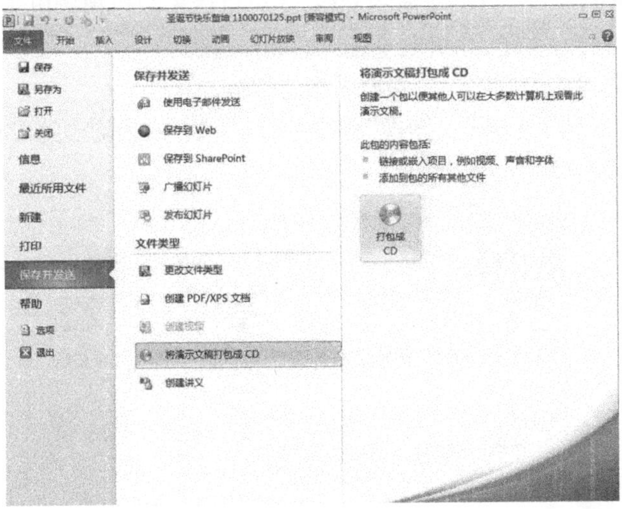

图 5.118　将演示文稿打包成 CD

(3)如图 5.119 所示,如果要将演示文稿保存到 CD,请在 CD 驱动器中插入 CD,再单击“复制到 CD”;如果您要将演示文稿复制到网络或计算机上的本地磁盘驱动器,请单击“复制到文件夹”,输入文件夹名称和位置,然后单击“确定”按钮。

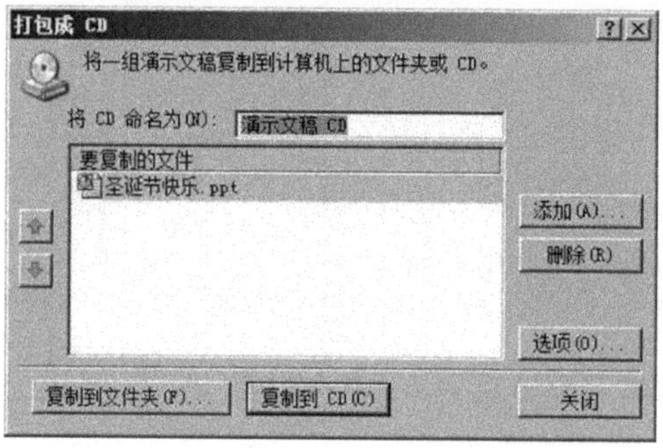

图 5.119　将演示文稿打包成 CD

(4)这里将演示文稿复制到文件夹,在“复制到文件夹”的对话框中输入“文件夹名称”和“位置”(即文件的存放路径),单击“确定”按钮,如图 5.120 所示。

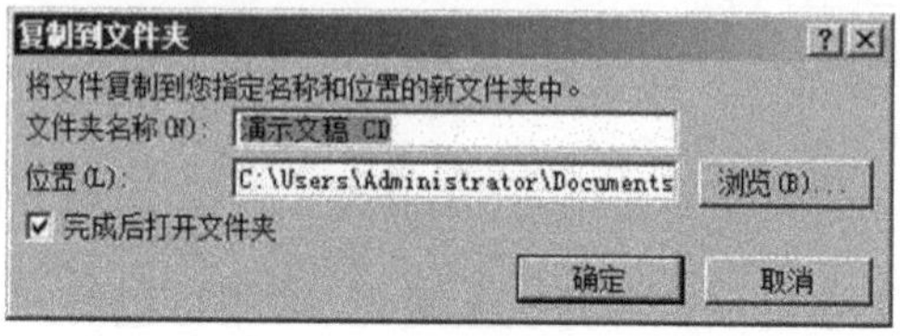

图 5.120　演示文稿复制到文件夹

5.6　应用案例——制作电子相册

PowerPoint 2010 除了可以制作演示文稿,还可以用来制作视频电子相册,下面以制作“桂林上水”电子相册为主题,介绍电子相册的制作过程。

(1)新建一个空白的演示文稿,并插入新的幻灯片。

(2)单击“插入”选项卡下的“图像”组中的“相册”,在“相册”的下拉列表中单击“新建相册”命令,如图 5.121 所示。

图 5.121　演示文稿复制到文件夹

(3)打开“相册”对话框后,单击“文件/磁盘”命令。如图 5.122 所示。

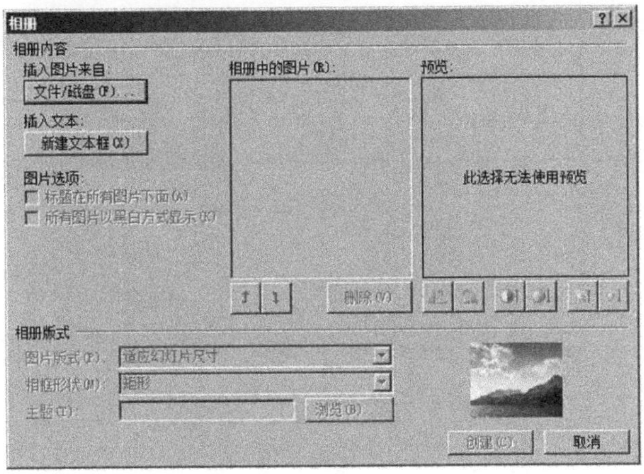

图 5.122　“相册”对话框

(4)打开“插入新图片”对话框后,找到你需要插入的图片,按住 Shift 键(连续的)或 Ctrl 键(不连续的)选择图片文件,选好后单击“插入”按钮返回相册对话框。如图 5.123 所示。

图 5.123　“插入新图片”对话框

(5)调整图片:在“相册”窗口单击图片文件列表下方的“↑”“↓”按钮可通过上下箭头调整下图片顺序,单击“删除”按钮可删除被加入的图片文件。通过图片“预览”框下方的提供的六个按钮,我们还可以旋转选中的图片,改变图片的亮度和对比度等,如图 5.124所示。

图 5.124 “相册”对话框

(6)单击“创建”按钮,这样你需要插入的图片就会自动插入到 PPT 里的每张幻灯片上了。

(7)单击“插入”选项卡下的“图像”组中的“相册”,在“相册”的下拉列表中单击“编辑相册”命令。在“编辑相册”对话框的“相册版式”区域,单击“图片版式”右侧的下三角按钮,在随即打开的下拉列表框中选择一种版式,如选择“1 张图片(带标题)”选项,如图 5.125 所示。

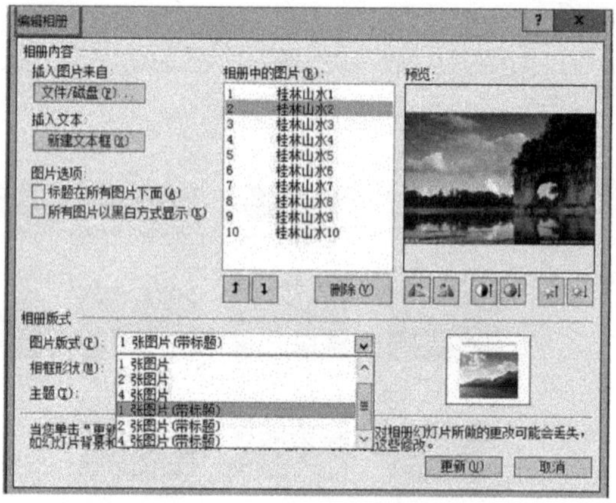

图 5.125 “编辑相册”对话框

(8)单击“相框形状”右侧的下三角按钮,在随即打开的下拉列表框中选择一种样式,如,选择“简单框架,白色”选项,如图 5.126 所示。

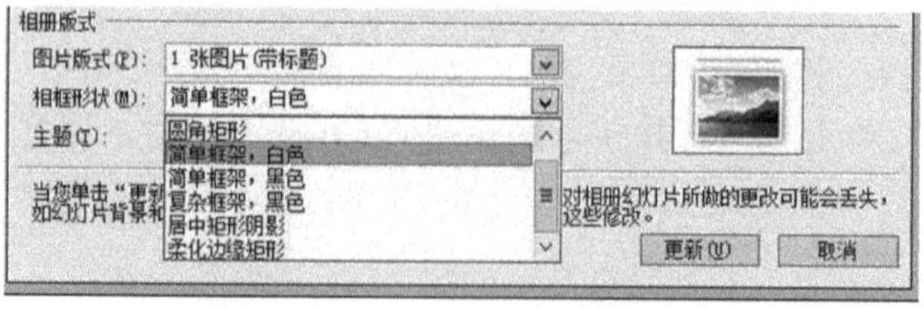

图 5.126 修改“相框形状”

(9) 单击“主题”文本框右侧的“浏览”按钮。如图 5.127 所示的“选择主题”对话框中选择一个主题（例如选择“Adjacency. thmx”）。按“选择”按钮后回到“编辑相册”对话框中，选择“更新”按钮。

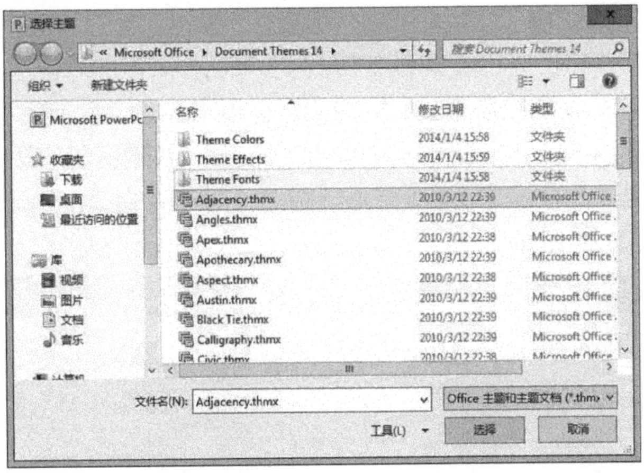

图 5.127 “选择主题”对话框

（10）主题自动创建成功后，用户可在演示文稿中添加标题（例如桂林象鼻山）。如图 5.128 所示。

图 5.128 添加标题

（11）设置相册效果。

●添加相册背景音乐：定位到“标题幻灯片”（即第 1 张幻灯片），然后切换到“插入”选项卡，在“音频”选项组中单击“音频”下三角按钮，在随即打开的下拉列表中执行“文件中的音频”命令，插入背景音乐。然后再切换到“音频工具”的“播放”上下文选项卡中，单击“音频选项”组中“开始”栏右侧的下三角按钮，并在随即打开的下拉列表中选择“跨幻灯片播放”选项，同时选择“循环播放，直到停止”。

●设置幻灯片的动画效果：单击“动画”选项卡可设置每张幻灯片的动画效果，具体操作方法见 5.3.1 节。

(12)设置相册的切换效果:在"切换"选项卡下的"计时"组中,在"换片方式"下"设置自动换片时间:00:05.00",然后单击"全部应用"按钮。经过上述简单的设置后,用户便可在放映电子相册同时,通过音响设备听到美妙的音乐。

(13)创建视频:在电子相册中,单击"文件"选项卡下的"保存并发送"选项,然后单击"文件类型"区域中的"创建视频"选项。通过右侧"创建视频"选项区域中提供的选项,可以调整视频文件的分辨率、是否使用录制的计时和旁白,以及调整放映每张换幻灯片的时长等,如图 5.129 所示。

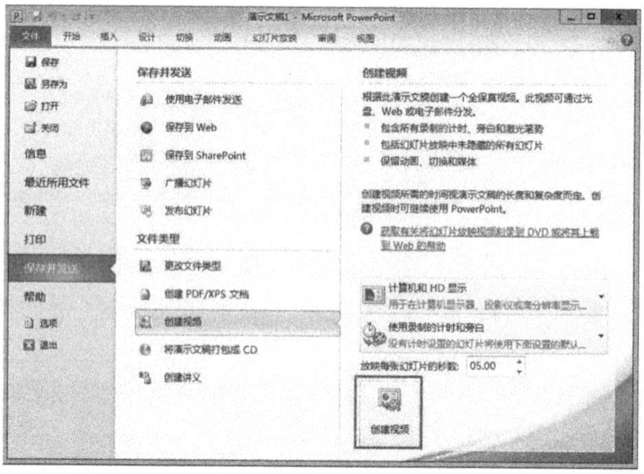

图 5.129 创建视频

(14)设置完成后,单击"创建视频"按钮,选择相册的存放路径,在指定的路径下即可生成一个扩展名为.wmv 的相册视频文件,用户双击该文件即可播放。

(15)将演示文稿打包成 CD 播放:在电子相册演示文稿中,再次单击"文件"选项卡下的"保存并发送"选项,在"文件类型"区域单击"将演示文稿打包成 CD"选项。在随即打开的"打包成 CD"对话框中,在"将 CD 命名为"的文本框中输入要保存的名称。最后,单击"复制到 CD"按钮,即可开始通过刻录机刻录 CD 光盘,如图 5.130 所示。

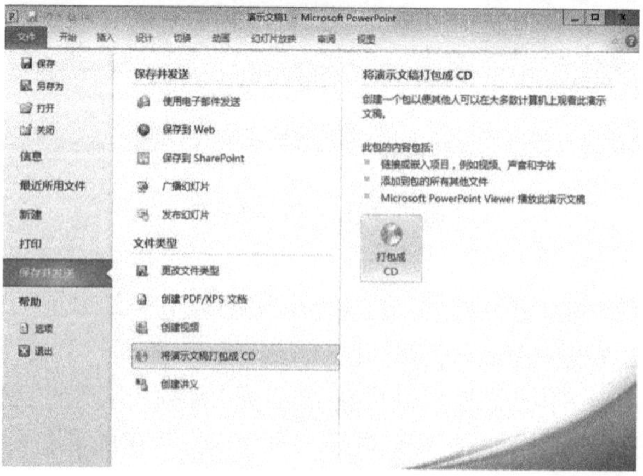

图 5.130 打包成 CD

习　题

一. 选择题

1. PowerPoint 2010 的功能是(　　)。

A. 适宜制作屏幕演示文稿　　B. 适宜制作各种文档资料

C. 适宜进行电子表格计算和框图处理　　D. 适宜进行数据库处理

2. PowerPoint 2010 演示文稿的文件扩展名是(　　)。

A. DOCX　　B. XLSX

C. PPTX　　D. TXT

3. 下面不属于幻灯片视图的是(　　)。

A. 幻灯片视图　　B. 备注页视图

C. 大纲视图　　D. 页面视图

4. (　　)视图方式下,显示的是幻灯片的缩略图,适用于对幻灯片进行组织和排序、添加切换功能和设置放映时间。

A. 幻灯片　　B. 大纲

C. 幻灯片浏览　　D. 备注页

5. 如果要选择一组连续的幻灯片,可以先单击第一张幻灯片的缩略图,然后(　　)。

A. 在按住 Shift 键的同时,单击最后一张幻灯片的缩略图

B. 在按住 Ctrl 键的同时,单击最后一张幻灯片的缩略图

C. 在按住 Alt 键的同时,单击最后一张幻灯片的缩略图

D. 在按住 Tab 键的同时,单击最后一张幻灯片的缩略图

6. 如果要为幻灯片设置统一的外观,可通过(　　)进行设置。

A. 模板　　B. 主题　　C. 设计　　D. 母版

7. 进入幻灯片母版的方法是(　　)。

A. 在“开始”选项卡下的“幻灯片”组中,在“新建幻灯片”的下拉列表中选择一种版式。

B. 在“设计”选项卡上选择一种主题

C. 在“视图”选项卡上单击“幻灯片母版”按钮

D. “视图”选项卡上单击“幻灯片浏览视图”按钮

8. 在 PowerPoint 2010 中,打开演示文稿后按(　　)键,可以启动幻灯片放映。

A. F3　　B. F4　　C. F5　　D. F6

9. 在启动幻灯片放映后,幻灯片占据了整个屏幕,无法进行窗口的操作,按(　　)键可结束幻灯片放映视图状态。

A. Shift　　B. Ctrl　　C. Alt　　D. Esc

10. 在 PowerPoint 2010 中,可以为(　　)添加动画效果。

A. 图片　　B. 文本　　C. 艺术字　　D. 以上都可以

11. 在 PowerPoint 2010 中,每个对象添加的动画效果都在(　　)中显示。

A. “大纲”窗格　　B. “幻灯片”窗格　　C. “自定义任务”窗格　　D. 动画窗格

12. 幻灯片的主题不包括(　　)。

A. 主题字体　　B. 主题颜色　　C. 主题动画　　D. 主题效果

13. 在空白幻灯片中不可以直接插入(　　)。

A. 文本框　　B. 文字　　C. 艺术字　　D. Word 表格

14. 在 PowerPoint 2010 中,下列关于图片来源的说法错误的是(　　)。

A. 来自 SmartArt 图形　　B. 剪贴画中的图片

C. 来自文件的图片　　D. 来自打印机的图片

15. 下面说法中错误的是(　　)。

A. 使用 PowerPoint 2010 可以创建动态的演示文稿

B. 使用 PowerPoint 2010 可以创建视频电子相册

C. 使用 PowerPoint 2010 可以将演示文稿打包成 CD

D. 使用 PowerPoint 2010 可以在演示文稿中添加影片

二、填空题。

1. 在 PowerPoint 2010 的(　　)集成了多个常用的按钮,在默认状态下包括“保存”“撤销”“恢复”按钮,用户可以自定义修改。

2. 在 PowerPoint 2010 中,插入新幻灯片可以使用的快捷键是(　　)。

3. (　　)是 PowerPoint 2010 的默认视图。

4. (　　)是一组格式选项,包括一组主题颜色、一组主题字体(包括标题字体和正文字体)和一组主题效果(包括线条和填充效果)。

5. 关于影片的放映方式,(　　)表示进入本幻灯片即开始播放,在单击时表示单击鼠标后再开始播放。

6. PowerPoint 2010 的(　　)可以帮助我们实现幻灯片的跳转。

7. 在“添加动画”中,有 4 种类型的特效可供选择:进入、强调、(　　)和动作路径。

8. 直接按(　　)键,即可放映演示文稿。

9. 如果放映的过程中添加了(　　),在结束放映时,系统会询问是否保存墨迹以在下次放映时显示。

10. 做完准备的演示文稿,可以通过“文件”选项卡下的(　　)来将其发送到本机或网络上的某个节点。

三、简答题

1. PowerPoint2010 有哪几种视图方式? 各有何特点?

2. 简述幻灯片有哪几种放映方式? 分别在什么时候使用?

3. 分别简述幻灯片模板和母版的作用。并说明模板和母版的区别。

4. 什么是幻灯片主题,如何修改主题颜色?

四、设计题

自选一个题材,建立演示文稿,要求如下:

(1)主题新颖、有创意、与时俱进,至少包含 10 张幻灯片。

(2)演示文稿中要求包含文本、图表、图片、声音、视频文件、超链接。

(3)每张幻灯片有不同的动画效果。

(4)需要设置幻灯片的切换效果。

(5)创建成视频文件,以“主题名. wmv”保存文件。

参考课题:

(1) 时间与梦想。

(2) 为了地球的快乐,我们一起出发。

(3) 舌尖上的中国。

拓展训练

请在【答题】菜单下选择【进入考生文件夹】命令,并按照题目要求完成下面的操作。

注意:以下的文件必须保存在考生文件夹下

为了更好地控制教材编写的内容、质量和流程,小李负责起草了图书策划方案(请参考“图书策划方案. docx”文件)。他需要将图书策划方案 Word 文档中的内容制作为可以向教材编委会进行展示的 PowerPoint 演示文稿。

现在,请你根据图书策划方案(请参考“图书策划方案. docx”文件)中的内容,按照如下要求完成演示文稿的制作:

1. 创建一个新演示文稿,内容需要包含“图书策划方案. docx”文件中所有讲解的要点,包括:

(1)演示文稿中的内容编排,需要严格遵循 Word 文档中的内容顺序,并仅需要包含 Word 文档中应用了“标题 1”“标题 2”“标题 3”样式的文字内容。

(2) Word 文档中应用了“标题 1”样式的文字,需要成为演示文稿中每页幻灯片的标题文字。

(3) Word 文档中应用了“标题 2”样式的文字,需要成为演示文稿中每页幻灯片的第一级文本内容。

(4) Word 文档中应用了“标题 3”样式的文字,需要成为演示文稿中每页幻灯片的第二级文本内容。

2. 将演示文稿中的第一页幻灯片,调整为“标题幻灯片”版式。

3. 为演示文稿应用一个美观的主题样式。

4. 在标题为“2012 年同类图书销量统计”的幻灯片页中,插入一个 6 行、5 列的表格,列标题分别为“图书名称”“出版社”“作者”“定价”“销量”。

5. 在标题为“新版图书创作流程示意”的幻灯片页中,将文本框中包含的流程文字利用 SmartArt 图形展现。

6. 在该演示文稿中创建一个演示方案,该演示方案包含第 1、2、4、7 页幻灯片,并将该演示方案命名为“放映方案 1”。

7. 在该演示文稿中创建一个演示方案,该演示方案包含第 1、2、3、5、6 页幻灯片,并将该演示方案命名为“放映方案 2”。

8. 保存制作完成的演示文稿,并将其命名为“PowerPoint. pptx”。

第 6 章 计算机网络基础

计算机网络(Computer Network)是20世纪60年代末期发展起来的一项高新技术,它是计算机技术和通信技术相结合的产物。随着计算机科学技术的迅猛发展,现今计算机网络无处不在,从手机中的浏览器到具有无线网服务的机场、咖啡厅;从具有宽带网的家庭网络到每张办公桌都有联网功能的传统办公场所。可以说计算机网络已成为了人类日常生活与工作中必不可少的一部分。

6.1 计算机网络概述

20 世纪 50 年代,美国利用计算机技术建立了半自动化的地面防空系统(SAGE),它将雷达信息和其他信号经远程通信线路送至计算机进行处理,第一次利用计算机网络实现远程集中控制,这是计算机网络的雏形。

1969 年美国国防部的高级研究计划局 DARPA (Defense Advanced Research Project Agency)建立了世界上第一个分组交换网——ARPANET,即 Internet 的前身,这是一个只有 4 个结点的存储转发方式的分组交换广域网,1972 年在首届国际计算机通信会议(ICCC)上首次公开展示了 ARPANET 的远程分组交换技术。它是第一个较完善地实现了分布式资源共享的网络系统。

1976 年美国 Xerox 公司开发了基于载波监听多路访问/冲突检测(CSMA/CD)原理的、用同轴电缆连接多台计算机的局域网,取名以太网。

计算机网络是半导体技术、计算机技术、数据通信技术和网络技术相互渗透、相互促进的产物。数据通信的任务是利用通信介质传输信息。通信网为计算机网络提供了便利而广泛的信息传输通道,而计算机和计算机网络技术的发展也促进了通信技术的发展。

6.1.1 计算机网络的定义和功能

计算机网络,是指将地理位置不同的具有独立功能的多台计算机及其外部设备,通过通信线路和通信设备连接起来,在网络操作系统,网络管理软件及网络通信协议的管理和协调下,实现资源共享和信息传递的计算机系统。简单地说,是指一些相互连接的、以共享资源为目的的、自治的计算机的集合。

所谓“自治”,是指每台计算机的工作是独立的,任何一个计算机都不能干预其他计算机的工作,任何两台计算机之间没有主从关系。因此,通常将这些计算机称为“主机”(Host),在网络中又称为节点或站点。

“网络通信协议”即网络通信语言。网络上的计算机之间如何交换信息呢?就像我们说话用某种语言一样,在网络上的各台计算机之间通信也有一种语言,这就是网络通信协议。不同的计算机之间必须使用相同的网络协议才能进行通信。例如一个法国人和一个中国人通话,规定使用英语来进行交流,这里说的英语这门语言就是通信协议。当然,网络协议也有很多种,具体选择哪一种协议则要看情况而定。TCP/IP 协议(Transmission Control Protocol/Internet Protocol),中译名为传输控制协议/因特网互联协议,又名网络通信协议,是 Internet 最基本的协议,Internet 国际互联网络的基础,由网络层的 IP 协议和传输层的 TCP 协议组成。

在计算机网络中,能够提供信息和服务能力的计算机是网络的资源,而索取信息和请求服务的计算机则是网络的用户。由于网络资源与网络用户之间的连接方式、服务类型及连接范围的不同,从而形成了不同的网络结构及网络系统。

建立计算机网络的基本目的是实现数据通信和资源共享。计算机网络主要具有如下 4 个功能:

(1)数据通信。这是计算机网络的最基本功能,主要完成计算机网络中各个节点之间的系统通信。它主要提供传真、电子邮件、电子数据交换(EDI)、电子公告牌(BBS)、远程登录和浏览等数据通信服务。

(2)资源共享。入网用户均能享受网络中各个计算机系统的全部或部分软件、硬件和数据资源。

(3)提高计算机的可靠性和可用性。网络中的每台计算机都可通过网络相互成为后备机。一旦某台计算机出现故障,它的任务就可由其他的计算机代为完成,这样可以避免在单机情况下,一台计算机发生故障引起整个系统瘫痪的现象,从而提高系统的可靠性。而当网络中的某台计算机负担过重时,网络又可以将新的任务交给较空闲的计算机完成,均衡负载,从而提高了每台计算机的可用性。

(4)分布式处理。通过算法将大型的综合性问题交给不同的计算机同时进行处理。用户可以根据需要合理选择网络资源,就近快速地进行处理。

6.1.2　计算机网络的发展

计算机网络是二十世纪 60 年代起源于美国,原本用于军事通讯,后逐渐进入民用领域,经过短短 40 年不断的发展和完善,现已广泛应用于各个领域,并正以高速向前迈进。20 年前,在我国很少有人接触过网络。现在,计算机通信网络以及 Internet 已成为我们社会结构的一个基本组成部分。网络被应用于工商业的各个方面,包括电子银行、电子商务、现代化的企业管理、信息服务业等都以计算机网络系统为基础。从学校远程教育到政府日常办公乃至现在的电子社区,很多方面都离不开网络技术。可以不夸张地说,网络在当今世界无处不在。

随着计算机网络技术的蓬勃发展,计算机网络的发展大致可划分为 4 个阶段:

1. 诞生阶段

1946 年世界上第一台电子计算机 ENIAC 在美国诞生时,计算机技术与通信技术并没有直接的联系。20 世纪 50 年代初,美国为了自身的安全,在美国本土北部和加拿大境内,建立了一个半自动地面防空系统 SAGE(译成中文为赛其系统),进行了计算机技术与通信技术相结合的尝试。

人们把这种以单个计算机为中心的联机系统称作面向终端的远程联机系统。该系统是计算机技术与通信技术相结合而形成的计算机网络的雏形，因此也称为面向终端的计算机通信网。60 年代初美国航空订票系统 SABRE－1 就是这种计算机通信网络的典型应用，该系统由一台中心计算机和分布在全美范围内的 2000 多个终端组成，各终端通过电话线连接到中心计算机。上述单机系统有以下两个主要缺点：

（1）主机既要负责数据处理，又要管理与终端的通信，因此主机的负担很重。

（2）由于一个终端单独使用一根通信线路，造成通信线路利用率低。此外，每增加一个终端，线路控制器的软硬件都需要做出很大的改动。

为减轻主机的负担，可在通信线路和计算机之间设置了一个前端处理设置一个前端处理机（FEP），FEP 专门负责与终端之间的通信控制，而让主机进行数据处理；为提高通信效率，减少通信费用，在远程终端比较密集的地方增加一个集中器，集中器的作用是把若干个终端经低速通信线路集中起来，连接到高速线路上。然后，经高速线路与前端处理机连接。前端处理机和集中器当时一般由小型计算机担当，因此，这种结构也称为具有通信功能的多机系统。

2. 形成阶段

20 世纪 60 年代中期至 70 年代的第二代计算机网络是以多个主机通过通信线路互联起来，为用户提供服务，兴起于 60 年代后期，典型代表是美国国防部高级研究计划局协助开发的 ARPANET。主机之间不是直接用线路相连，而是由接口报文处理机（IMP）转接后互联的。IMP 和它们之间互联的通信线路一起负责主机间的通信任务，构成了通信子网。通信子网互联的主机负责运行程序，提供资源共享，组成了资源子网。这个时期，网络概念为“以能够相互共享资源为目的互联起来的具有独立功能的计算机之集合体”，形成了计算机网络的基本概念。

3. 互联互通阶段

计算机网络发展的第三阶段是体系结构与协议国际标准化的加速研究与应用时期。20 世纪 70 年代末至 90 年代的第三代计算机网络是具有统一的网络体系结构并遵循国际标准的开放式和标准化的网络。ARPANET 兴起后，计算机网络发展迅猛，各大计算机公司相继推出自己的网络体系结构及实现这些结构的软硬件产品。由于没有统一的标准，不同厂商的产品之间互联很困难，人们迫切需要一种开放性的标准化实用网络环境，这样应运而生了两种国际通用的最重要的体系结构，即 TCP/IP 体系结构和国际标准化组织的 OSI 体系结构。

20 世纪 70 年代末，国际标准化组织 ISO（International Organization for Standardization）的计算机与信息处理标准化技术委员会成立了一个专门机构，研究和制定网络通信标准，以实现网络体系结构的国际标准化。1984 年 ISO 正式颁布了一个称为“开放系统互连基本参考模型”的国际标准 ISO 7498，简称 OSI RM（Open System Interconnection Basic Reference Model），即著名的 OSI 七层模型。OSI RM 及标准协议的制定和完善大大加速了计算机网络的发展。很多大的计算机厂商相继宣布支持 OSI 标准，并积极研究和开发符合 OSI 标准的产品。

遵循国际标准化协议的计算机网络具有统一的网络体系结构，厂商需按照共同认可的国际标准开发自己的网络产品，从而可保证不同厂商的产品可以在同一个网络中进行通信。这就是“开放”的含义。

目前存在着两种占主导地位的网络体系结构:一种是国际标准化组织ISO提出的OSI RM(开放式系统互连参考模型);另一种是Internet所使用的事实上的工业标准TCP/IP RM(TCP/IP参考模型)。

4.高速网络技术阶段

从20世纪80年代末开始,计算机网络技术进入新的发展阶段,其特点是:互联、高速和智能化。表现在:

(1)发展了以Internet为代表的互联网。

(2)发展高速网络。1993年美国政府公布了“国家信息基础设施”行动计划(NII - National Information Infrastructure),即信息高速公路计划。这里的“信息高速公路”是指数字化大容量光纤通信网络,用以把政府机构、企业、大学、科研机构和家庭的计算机联网。美国政府又分别于1996年和1997年开始研究发展更加快速可靠的互联网2(Internet 2)和下一代互联网(Next Generation Internet)。可以说,网络互联和高速计算机网络正成为最新一代计算机网络的发展方向。

(3)研究智能网络。随着网络规模的增大与网络服务功能的增多,各国正在开展智能网络IN(Intelligent Network)的研究,以提高通信网络开发业务的能力,并更加合理地进行网络各种业务的管理,真正以分布和开放的形式向用户提供服务。

智能网的概念是美国于1984年提出的,智能网的定义中并没有人们通常理解的“智能”含义,它仅仅是一种“业务网”,目的是提高通信网络开发业务的能力。它的出现引起了世界各国电信部门的关注,国际电联(ITU)在1988年开始将其列为研究课题。1992年ITU - T正式定义了智能网,制订了一个能快速、方便、灵活、经济、有效地生成和实现各种新业务的体系。该体系的目标是应用于所有的通信网络;即不仅可应用于现有的电话网、N - ISDN网和分组网,同样适用于移动通信网和B - ISDN网。随着时间的推移,智能网络的应用将向更高层次发展。

6.1.3　计算机网络的分类

1.按网络的地理位置分类

计算机网络按其地理位置和分布范围分类可以分成局域网、城域网和广域网三类。

(1)局域网(LAN ,Local Area Network)

局域网又称内网,是指一个局部区域内的、近距离的计算机互联组成的网,通常采用有线方式连接,分布范围一般在几千米以内(小于10km),它的特点是分布距离短、数据传输速度快。例如学校校园网。

(2)城域网(MAN ,Metropolitan Area Network)

城域网是介于局域网和广域网之间的一种网络,它的规模主要局限在一个城市范围内,分布范围一般在10～100km之间,例如有线电视网。

(3)广域网(WAN,Wide Area Network)

广域网又称外网、公网,是指远距离的计算机互联组成的网,分布范围可达几千千米乃至上万千米,甚至跨越国界、洲界,遍及全球范围。因特网就是一种典型的广域网。

2. 按传输介质分类

计算机网络按其传输介质分类可以分为有线网和无线网两大类。

(1)有线网

有线网的传输介质主要有双绞线、同轴电缆和光纤。采用同轴电缆和双绞线连接的网络比较经济,安装方便,但传输距离相对较近,传输率和抗干扰能力一般;光纤网则传输距离长,传输率高,且抗干扰能力强,安全性好,但价格较高。

(2)无线网

采用电磁波作传输载体的网络。联网方式灵活方便,但联网费用较高,目前正在发展,前景看好。

3. 按网络工作模式分类

(1)客户机/服务器网(Client/Server,简称 C/S)

客户机和服务器都是独立的计算机。当一台连入网络的计算机向其他计算机提供各种网络服务(如数据、文件的共享等)时,它就被叫作服务器。而那些用于访问服务器资料的计算则被叫作客户机。严格说来,客户机/服务器模型并不是从物理分布的角度来定义,它所体现的是 一种网络数据访问的实现方式。

在客户机/服务器网中,至少有一个专用的服务器来管理、控制网络的运行。它处理来自客户机的请求,为用户提供网络服务,并负责整个网络的管理维护工作,实现网络资源和用户的集中式管理。目前客户机/服务器网络已经成为组网的标准模型,这种网络结构适用于计算机数量较多,位置相对分散且传输信息量较大的情况,采用这种结构的系统目前应用非常广泛,例如学校机房。

(2)对等网(Peer - to - Peer,简称 P2P)

对等网络是指网络上的每台计算机都是平等的,没有专门的服务器,每台计算机同时担任客户机和服务器两种角色。对等网通常被称为工作组网络,每台机器可以共享资源给他人,自己也可以访问他人设置的共享资源。对等网适用于电脑数量较少且比较集中的情况,例如学生宿舍的几台电脑可通过网卡和双绞线组成一个对等网络。

4. 按网络的拓扑结构分类

网络拓扑(network topology)结构是指用传输媒体互连各种设备的物理布局,即用什么方式把网络中的计算机等设备连接起来。设计一个网络的时候,应根据实际情况选择正确的拓扑方式。每种拓扑都有它自己的优点和缺点。

目前常用的拓扑结构有总线、星状、环状、树状和网状等结构。

(1)总线结构

总线结构采用一条单根线缆作为传输介质,它所采用的介质一般是同轴电缆(包括粗缆和细缆),现在也有采用光缆作为总线型传输介质的,所有的站点都通过相应的硬件接口直接连接到传输介质上,或称总线上。任何一个节点信息都可以沿着总线向两个方向传播扩散,并且能被总线中任何一个节点所接收,所有的节点共享一条数据通道,一个节点发出的信息可以被网络上的多个节点接收。各节点在接受信息时都进行地址检查,看是否与自己的工作站地址相符,相符则接收网上的信息。

总线结构特点是铺设电缆最短,组网费用低,安装简单方便;但维护难,分支节点故障查找难,若介质发生故障会导致整个网络瘫痪。

如果只是将家中或办公室中的两三台计算机连接在一起,而且对网络的速度没有什么要求的话,使用总线型结构是最经济的。总线结构如图 6.1 所示。

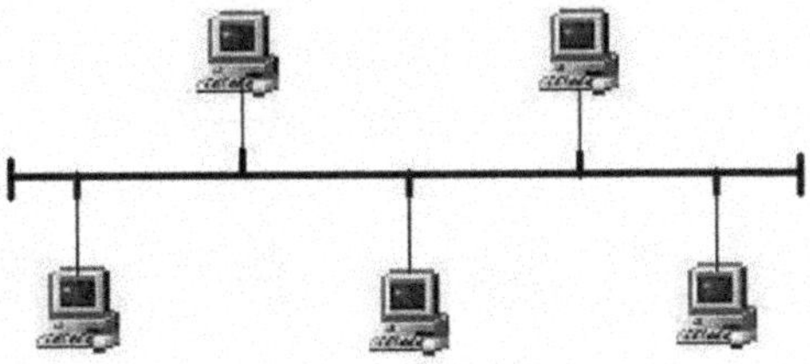

图 6.1　总线结构

(2)星状结构

星状结构是指各工作站以星型方式连接成网。网络有中央站点,网络中的各节点通过点到点的方式连接到这个中央节点(一般是集线器(HUB)或交换机(Switch))上,由该中央节点向目的节点传送信息。任意两个站之间的通信均要通过公共中心,不允许两个站直接通信。

星状结构的特点是增加新站点容易,故障诊断容易。但这种结构中心节点负担重,若中心站点出故障会引起整个网络瘫痪。

星状结构是最古老的一种连接方式,对于小型办公室网络来说,星状结构网络是个不错的选择。星状结构如图 6.2 所示。

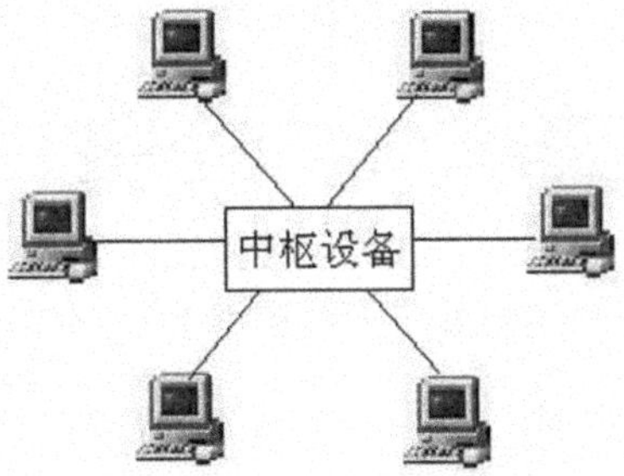

图 6.2　星状结构

(3)树状结构

树状结构是总线型结构的扩展,它是在总线网上加上分支形成的,其传输介质可有多条分支,但不形成闭合回路;也可以把它看成是星型结构的叠加。又称为分级的集中式结构,如图 6.3 所示。树型拓扑以其独特的特点而与众不同,具有层次结构,是一种分层网,网络的最高层是中央处理机,最低层是终端,其他各层可以是多路转换器、集线器或部门用计算机。

树状结构的特点是其结构可以对称,联系固定,具有一定容错能力,一般一个分支和节点的故障不影响另一分支节点的工作,任何一个节点送出的信息都由根接收后重新发送到所有的节点,可以传遍整个传输介质,也是广播式网络。著名的因特网(Internet)也是大多采用树型结构。

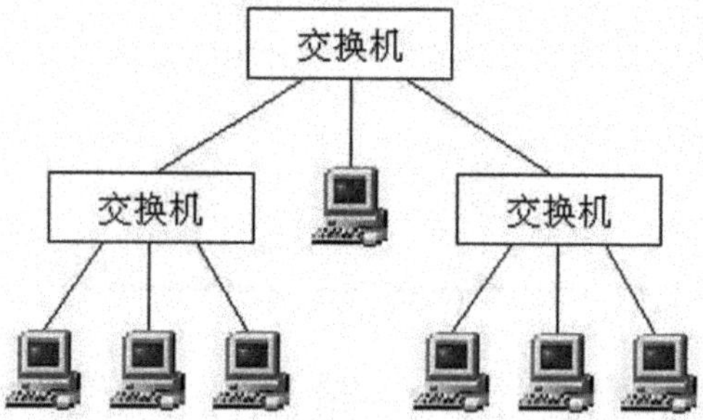

图 6.3　树状结构

(4)环状拓扑结构

网上的站点通过通信介质连成一个封闭的环形,这种结构使公共传输电缆组成环型连接,数据在环路中沿着一个方向在各个节点间传输,信息从一个节点传到另一个节点。

环状结构特点是易于安装和监控,但容量有限,由于环路是封闭的,增加新站点困难,可靠性低,一个节点故障将会造成全网瘫痪;维护难,对分支节点故障定位较难。环状结构如图 6.4 所示。

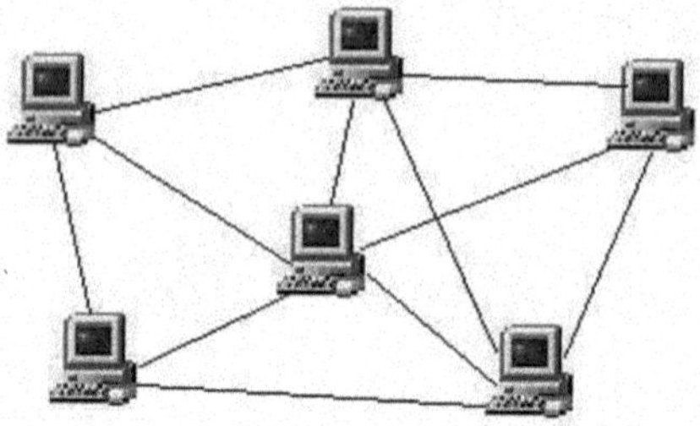

图 6.4　环状结构

6.1.4　计算机网络通信介质

网络传输介质是指在网络中传输信息的载体。常用的传输介质分为有线传输介质和无线传输介质两大类。

1. 有线传输介质

有线传输介质是指在两个通信设备之间实现的物理连接部分,它能将信号从一方传输到另一方,有线传输介质主要有双绞线、同轴电缆和光纤。双绞线和同轴电缆传输电信号,光纤传输光信号。不同的传输介质,其特性也各不相同。他们不同的特性对网络中数据通信质量和通信速度有较大影响。

(1) 双绞线(Twisted Pair)

双绞线是目前最常用的一种传输介质。它是由两条相互绝缘的导线按照一定的规格互相缠绕(一般以逆时针缠绕)在一起而制成的一种通用配线。把两根绝缘的铜导线按一定密度互相绞合在一起,可以降低信号干扰的程度,每一根导线在传输中辐射的电波会被另一根导线上发出的电波抵消。“双绞线”的名字也是由此而来,如图6.5所示。

双绞线可分为非屏蔽双绞线(Unshielded Twisted Pair ,UTP)和屏蔽双绞线(Shielded Twisted Pair ,STP)两大类。这两者的区别在于双绞线内是否有一层金属隔离膜。STP的双绞线内有一层金属隔离膜,在数据传输时可减少电磁干扰,所以它的稳定性较高,价格比UTP的双绞线略贵。UTP的双绞线没有这层金属膜,所以它的稳定性较差。

每条双绞线两头都必须通过安装RJ－45连接器(俗称水晶头)才能与网卡和集线器(或交换机)相连接。RJ－45连接器的一端是连接在网卡上的RJ－45接口,另一端是连接在集线器(或交换机)上的RJ－45接口。水晶头如图6.6所示。

双绞线即能用于传输模拟信号,也能用于传输数字信号,其带宽决定于铜线的直径和传输距离。但是许多情况下,几公里范围内的传输速率可以达到几Mbit/s。由于其性能较好且价格便宜,双绞线得到广泛应用。

图6.5　非屏蔽双绞线(UTP)结构图

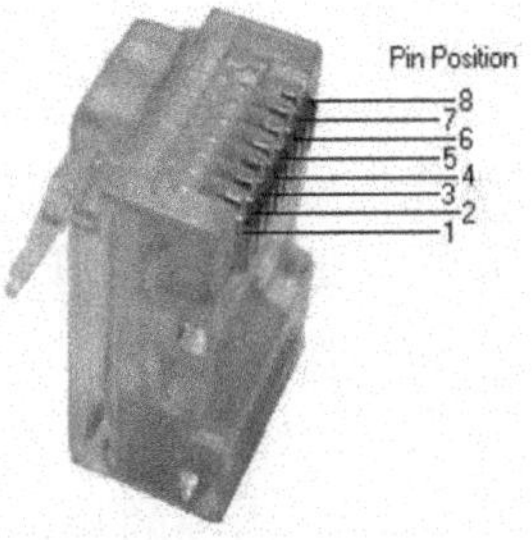

图6.6　水晶头结构图

(2) 同轴电缆

同轴电缆(Coaxial cable)也是局域网中最常用的传输介质之一。它是由一根空心的外圆柱导体和一根位于中心轴的内导体组成,两导体间用绝缘材料隔开。内导体为铜线,外导体为铜管或网。电磁场封闭在内外导体之间,故辐射损耗小,受外界干扰影响小。

同轴电缆由四层按“同轴”形式构成,因为中心铜线和网状导电层为同轴关系而得名,如图6.7所示。从里向外分别是:

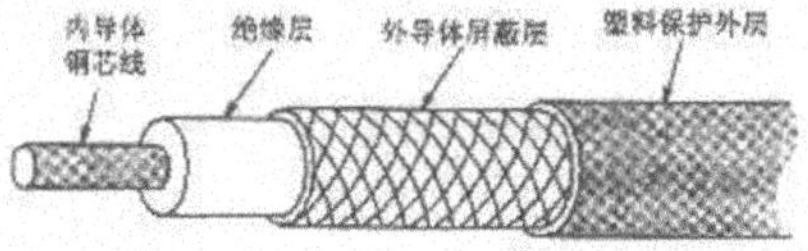

图6.7　同轴电缆结构

①内导体:金属导体(一般为铜芯),用于传输数据;

②绝缘层:用于内芯与屏蔽层间的绝缘;

③屏蔽层:金属导体,用于屏蔽外部的干扰;

④塑料外套:用于保护电缆。

它与双绞线相比,同轴电缆的抗干扰能力强、屏蔽性能好、传输数据稳定而且它不用连接在集线器或交换机上即可使用。缺点是网络维护和扩展比较困难。

(3)光纤

有些网络应用要求很高,它要求可靠、高速地长距离传送数据,这种情况下,光纤就是一个理想的选择。光纤具有圆柱形的形状,由三部分组成:纤芯、包层和护套。纤芯是最内层部分,它由一根或多根非常细的由玻璃或塑料制成的绞合线或纤维组成。每一根纤维都由各自的包层包着,包层是玻璃或塑料涂层,它具有与纤芯不同的光学特性。最外层是护套,它包着一根或一束已加包层的纤维。护套是由塑料或其他材料制成的,用它来防止潮气、擦伤、压伤或其他外界带来的危害。光纤结构如图 6.8 所示:

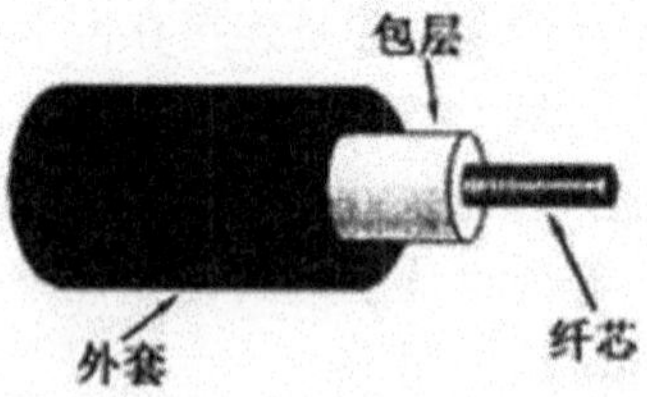

图 6.8　光纤结构

①纤芯:传输光信号,光信号中携带用户数据。

②包层:折射率比玻璃芯低,可使光信号在玻璃芯内反射传输。

③塑料外套:用于保护光纤。

2. 无线传输介质

无线传输介质指我们周围的自由空间。我们利用无线电波在自由空间的传播可以实现多种无线通信。在自由空间传输的电磁波根据频谱可将其分为微波、红外线、无线电波、激光等,信息被加载在电磁波上进行传输。

(1)微波

微波是指频率为 300MHz ~ 300GHz 的电磁波,是无线电波中一个有限频带的简称,即波长在 1 米(不含 1 米)到 1 毫米之间的电磁波,是分米波、厘米波、毫米波的统称。微波频率比一般的无线电波频率高,通常也称为“超高频电磁波”。微波通信被广泛用于长途电话通信、电视传播等方面的应用。

(2)红外线

红外线(Infrared)是太阳光线中众多不可见光线中的一种,由德国科学家霍胥尔于 1800 年发现,又称为红外热辐射。它的波长是介乎微波与可见光之间的电磁波,波长在 760 纳米至 1 毫米之间,是波长比红光长的非可见光。覆盖室温下物体所发出的热辐射的波段。透过云雾能力比可见光强。

红外线通信有两个最突出的优点:

①不易被人发现和截获,保密性强;

②不会受到电气、天电、人为干扰,抗干扰性强。此外,红外线通信机体积小,重量轻,结构简单,价格低廉。但是它必须在直视距离内通信,且传播受天气的影响。在不能架设有线线路,而使用无线电又怕暴露自己的情况下,使用红外线通信是比较好的。

红外线在生活中的应用比较广泛,例如生活中高温杀菌、监控设备、手机的红外口、宾馆的房门卡、电视机的遥控器等。

(3)无线电波

无线电波是指在自由空间(包括空气和真空)传播的射频频段的电磁波。无线电技术是通过无线电波传播声音或其他信号的技术。

无线电技术的原理在于,导体中电流强弱的改变会产生无线电波。利用这一现象,通过调制可将信息加载于无线电波之上。当电波通过空间传播到达收信端,电波引起的电磁场变化又会在导体中产生电流。通过解调将信息从电流变化中提取出来,就达到了信息传递的目的。

(4)激光

激光(Laser)的工作频率为 1014 ~1015 Hz,其方向性很强,不易受电磁波干扰。但外界气候条件对激光通信的影响较大,如在空气污染、雨雾天气以及能见度较差情况下可能导致通信的中断。激光通信系统由视野范围内的两个互相对准的激光调制解调器组成,激光调制解调器通过对相干激光的调制和解调,从而实现激光通信。

6.2　Internet 基础

6.2.1　Internet 概述

Internet 即互联网,又称因特网,始于 1969 年的美国。互联网是由一些使用公用语言互相通信的计算机连接而成的网络,即广域网、局域网及单机按照一定的通信协议组成的国际计算机网络。互联网在现实生活中应用很广泛,人们可以与远在千里之外的朋友相互发送邮件、共同完成一项工作、共同娱乐、查阅资料、广告宣传、网上购物等。

互联网是全球性的。必须要有某种方式来确定联入其中的每一台主机。在互联网上绝对不能出现类似两个人同名的现象。这就要有一个固定的机构来为每一台主机确定名字,由此确定这台主机在互联网上的“地址”,因此每一个连入 Internet 的机器必须分配一个地址。

同样,这个全球性的网络也需要有一个机构来制定所有主机都必须遵守的通信规则—协议,否则就不可能建立起全球所有不同的电脑、不同的操作系统都能够通用的互联网。Internet 使用 TCP/IP 协议让不同的设备可以彼此通信。但使用 TCP/IP 协议的网络并不一定是因特网,一个局域网也可以使用 TCP/IP 协议。

因特网是基于 TCP/IP 协议实现的,TCP/IP 协议由很多协议组成,不同类型的协议又被放在不同的层,其中,位于应用层的协议就有很多,比如 FTP、SMTP、HTTP。只要应用层使用的是 HTTP 协议,就称为万维网(World Wide Web)。之所以在浏览器里输入百度网址时,能看见百度网提供的网页,就是因为用户的个人浏览器和百度网的服务器之间使用的是 HTTP 协议在交流。关于 HTTP 协议和 WWW 的内容在 6.4.1 节作详细介绍。

互联网也是物联网的重要组成部分。物联网的英文名称是:“The Internet of things”,顾名思义,物联网就是物物相连的互联网。这有两层意思:第一,物联网的核心和基础仍然是互联网,是在互联网基础上的延伸和扩展的网络;第二,其用户端延伸和扩展到了任何物品与物品之间,进行信息交换和通信。它是通过射频识别(RFID)、红外感应器、全球定位系统、激光扫描器等信息传感设备,按约定的协议,把任何物体与互联网相连接,进行信息交换和通信,以实现对物体的智能化识别、定位、跟踪、监控和管理的一种网络。物联网的应用在生活中也比较广泛,例如:我们可以在手机上安装一个软件,通过这个软件来关闭家里的电视。

6.2.2 IP 地址与域名

1. IP 地址

IP(Internet Protocol)即网络之间互联的协议,也就是为计算机网络相互连接进行通信而设计的协议。在因特网中,它是能使连接到网上的所有计算机网络实现相互通信的一套规则,规定了计算机在因特网上进行通信时应当遵守的规则。任何厂家生产的计算机系统,只要遵守 IP 协议就可以与因特网互连互通。正是因为有了 IP 协议,因特网才得以迅速发展成为世界上最大的、开放的计算机通信网络。因此,IP 协议也可以叫做"因特网协议"。

IP 地址(Internet Protocol Address)是一种在 Internet 上的给主机编址的方式,也称为网际协议地址。大家日常见到的情况是每台联网的计算机上都需要有 IP 地址,才能正常通信。例如我们可以把"个人电脑"比作"一部电话",那么"IP 地址"就相当于"电话号码"。

IP 地址就是给每个连接在 Internet 上的主机分配的一个 32bit 地址,分为 4 段,每段 8 位,为方便记忆每 8 个二进制位可以用一个十进制整数数字来表示,因此 IP 地址由四个用小数点隔开的十进制整数(0~255)组成。IP 地址包括两部分:网络地址和主机地址。例如:IP 地址为"10.1.24.100"对应的二进制表示"00001010.00000001.00011000.01100100"。

常见的 IP 地址,分为 IPv4 与 IPv6 两大类。现有的互联网是在 IPv4(Internet Protocol version 4)即网际协议版本 4 协议的基础上运行的。由于互联网的蓬勃发展,IP 地址的需求量愈来愈大,使得 IP 地址的发放愈趋严格,以往资料显示全球 IPv4 地址可能在 2005 至 2010 年间全部发完(实际情况是在 2011 年 2 月 3 日 IPv4 位地址分配完毕)。而地址空间的不足必将妨碍互联网的进一步发展。为了扩大地址空间,拟通过 IPv6 以重新定义地址空间。IPv4 采用 32 位地址长度,只有大约 43 亿个地址,而 IPv6 采用 128 位地址长度,几乎可以不受限制地提供地址。下面介绍 IP 地址的查询和设置方法。

(1)查询 IP 地址的方法

方法一:①在 Win7 下,单击【开始】→【运行】,输入 cmd 命令,点确定按钮。在弹出的命令提示符中输入"ipconfig/all"命令,再按回车,如图 6.9 所示。

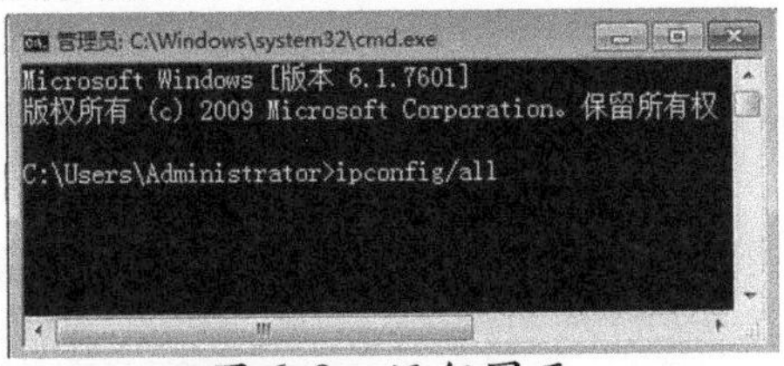

图6.9 运行图示

②在下图的对话框中,找到IPv4,即所查的本机IP地址。本机的IPv4地址为:192.168.252.88,如图6.10所示。

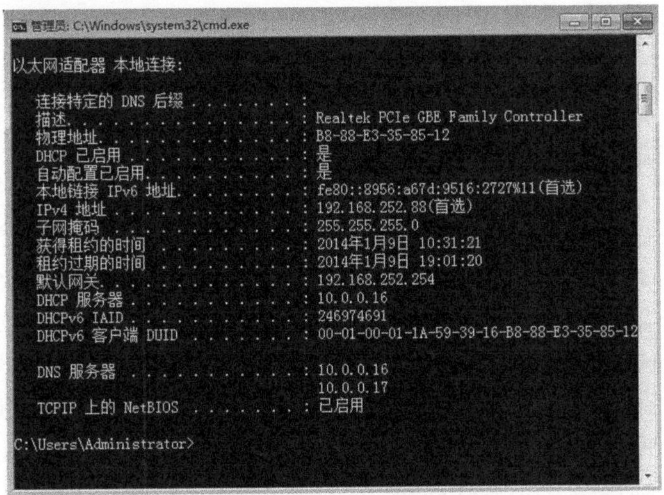

图6.10 IP地址

方法二:①右键单击桌面系统图标【网络】→选择【属性】→打开窗口左侧的【更改适配器的设置】→双击【本地连接】,弹出"本地连接 状态"对话框,如图6.11所示。

②在图6.11的对话框中单击"详细信息"按钮即可查看IP地址,如图6.12所示。

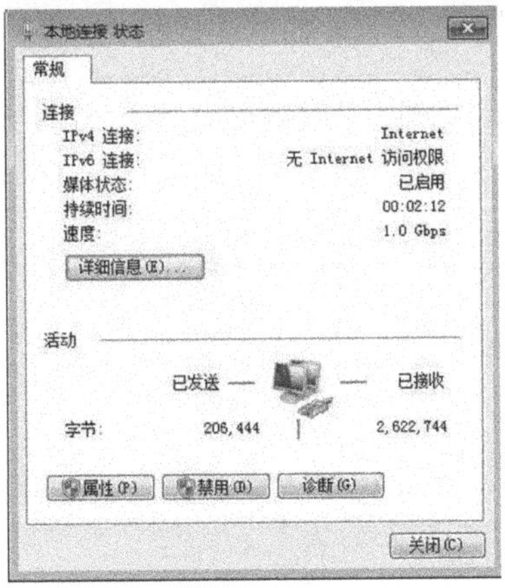

图6.11 "本地连接 状态"对话框

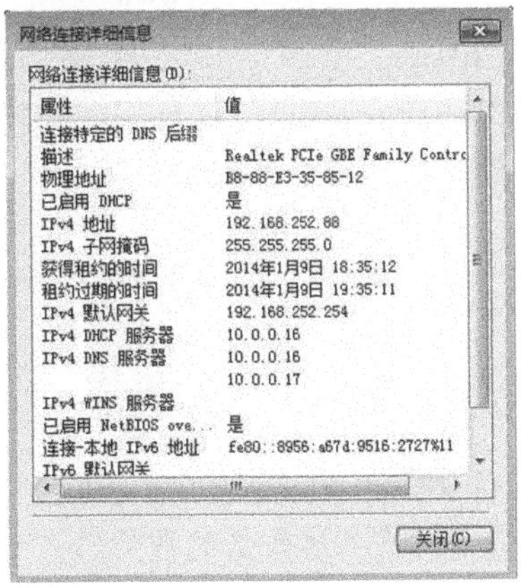

图6.12 "网络连接详细信息"对话框

(2)设置IP地址的方法

①右键单击桌面系统图标【网络】→选择【属性】→打开【更改适配器的设置】→选择【本地连接】→右键【属性】,弹出"本地连接 属性"对话框,如图6.13所示。

②在图 6.14 中双击“Internet 协议版本 4(TCP/IPv4)”,如图 6.14 所示。在常规选项卡中的“使用下面的 IP 地址”的选项中可手动设置 IP 地址,也可选择“自动获取 IP 地址”。

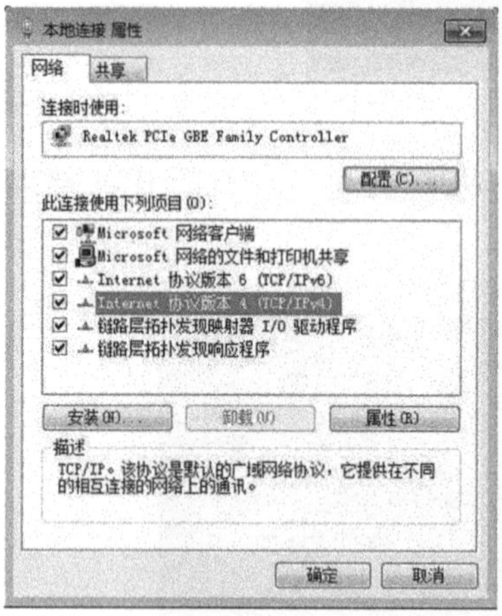

图 6.13 “本地连接 属性”对话框

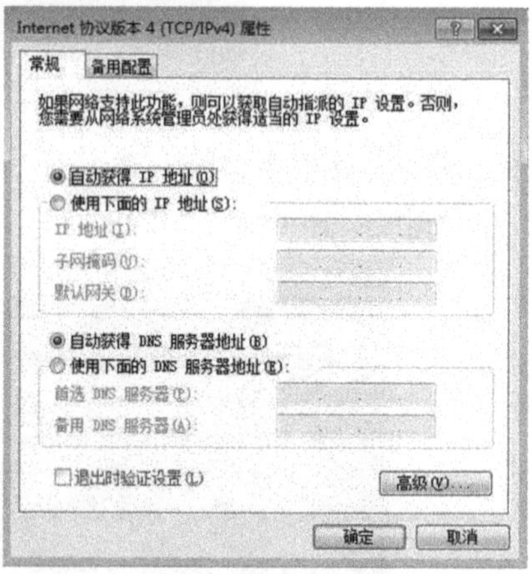

图 6.14 Internet 协议版本 4(TCP/IPv4)属性

2. 域名

虽然 IP 地址能够唯一的标识网络上的计算机,但 IP 地址是数字的,用户记忆这类数字十分不方便,于是人们又提出了字符型的地址方案即域名地址。IP 地址和域名地址是一一对应的,例如新浪的 IP 地址是“218.30.13.36”,其对应的域名地址是“www.sina.com.cn”。这份域名地址的信息存放在一个叫域名服务器(DNS)的主机内,使用者只需记住域名地址,其对应的转换工作就交给 DNS 来完成。

(1)域名地址结构

域名地址可表示为:主机计算机名.单位名.网络名.顶级域名。例如“www.sina.com.cn”,从左到右可翻译为:www 主机.新浪.公司.中国。顶级域名一般是网络机构或所在国家的缩写。

域名由两种类型组成:以机构性质命名的域和以国家或地区代码命名的域。表 6.1 和表 6.2 列举了一些常见的命名域。

域名	含义
gov	政府部门
edu	教育机构
com	商业机构
mil	军事机构
net	网络组织
int	国际机构
org	其他非盈利组织

表 6.1 机构性质命名的域

域名	国家地区
cn	中国
hk	香港
ca	加拿大
kr	韩国
uk	英国
jp	日本
sg	新加坡

表 6.2 常见的国家或地区代码命名的域

6.2.3 Internet 接入方式

目前可供选择的接入方式主要有 ADSL、Cable - Modem、光纤接入、移动无线接入。

1. Cable - modem

Cable - Modem(线缆调制解调器)是近几年开始试用的一种超高速 Modem,它利用现成的有线电视(CATV)网进行数据传输,已是比较成熟的一种技术。随着有线电视网的发展壮大和人们生活质量的不断提高,通过Cable Modem利用有线电视网访问Internet已成为越来越受业界关注的一种高速接入方式。

由于有线电视网采用的是模拟传输协议,因此网络需要用一个Modem来协助完成数字数据的转化。Cable - Modem与以往的Modem在原理上都是将数据进行调制后在Cable(电缆)的一个频率范围内传输,接收时进行解调,传输机理与普通Modem相同,不同之处在于它是通过有线电视CATV的某个传输频带进行调制解调的。

采用Cable - Modem上网的缺点是由于Cable - Modem模式采用的是相对落后的总线型网络结构,这就意味着网络用户共同分享有限带宽;另外,购买Cable - Modem和初装费也都不算很便宜,这些都阻碍了Cable - Modem接入方式在国内的普及。但是,它的市场潜力是很大的,毕竟中国CATV网已成为世界第一大有线电视网,其用户已达到8000多万。

2. ADSL

ADSL(Asymmetrical Digital Subscriber Line,非对称数字用户环路)是一种能够通过普通电话线提供宽带数据业务的技术,也是目前极具发展前景的一种接入技术。ADSL素有"网络快车"之美誉,因其下行速率高、频带宽、性能优、安装方便、不需交纳电话费等特点而深受广大用户喜爱,成为继Modem(调制解调器)、ISDN之后的又一种全新的高效接入方式。

ADSL方案的最大特点是不需要改造信号传输线路,完全可以利用普通铜质电话线作为传输介质,配上专用的Modem即可实现数据高速传输。ADSL支持上行速率640kbps~1Mbps,下行速率1Mbps~8Mbps,其有效的传输距离在3~5公里范围以内。在ADSL接入方案中,每个用户都有单独的一条线路与ADSL终端相连,它的结构可以看作是星形结构,数据传输带宽是由每一个用户独享的。

3. 无线接入

进入21世纪,计算机网络持续变革,所有前沿研究领域均取得长足进展。IP接入网标准ITU - T Y.1231的推出,极大地促进了IP接入网技术的发展。其中,无线技术的成熟催生的高速无线接入网特别引人注目。2008年,杭州完成"无线城市"一期工程,基本实现绕城高速内市区主要道路和重要景区全覆盖,以及部分园区写字楼和小区公共区域。国内的"无线城市"建设正处于热潮期,加入无线接入"俱乐部"的城市已达数十家。

(1)宽带无线局域网络

无线局域网络(Wireless Local Area Networks,WLAN)是便携式移动通信的产物,终端多为便携式微机。其构成包括无线网卡、无线接入点(AP)和无线路由器等。目前最流行的是IEEE 802.11系列标准,它们主要用于解决办公室、校园、机场、车站及购物中心等处用户终端的无线接入。

(2)蓝牙

蓝牙(Bluetooth),是一种无线个人局域网(Wireless PAN),最初由爱立信创制,后来由蓝牙技术联盟订定技术标准。蓝牙一词是古北欧语 Blåtand / Blåtann 的一个英语化变体，蓝牙的标志是（Hagall，ᚼ）和（Bjarkan，ᛒ）的组合，也就是 Harald Blåtand 的首字母 HB 的合写。在 2006 年，蓝牙技术联盟组织已将全球中文译名统一改采直译为“蓝牙”。

蓝牙是一种短距离无线连接技术，用于提供一个低成本的短距离无线连接解决方案。家庭信息网络由于距离短，可以利用蓝牙技术。蓝牙的标准是 IEEE 802.15.1，蓝牙协议工作在无须许可的 ISM（Industrial Scientific Medical）频段的 2.45GHz。蓝牙的传输速率为 1Mb/s，传输距离约 10 米，加大功率后可达 100 米。

4. 光纤接入

光纤接入是一种以光纤作主要传输介质的接入网。光纤具有宽带、远距离传输能力强、保密性好、抗干扰能力强等优点。人们对通信业务的需求越来越高，光纤接入网能满足用户对各种业务的需求，除了打电话、看电视以外，还希望有高速计算机通信、家庭购物、家庭银行、远程教学、视频点播（VOD）以及高清晰度电视（HDTV）等。这些业务用铜线或双绞线是比较难实现的。但是，与其他接入网技术相比，光纤接入网也存在一定的劣势，成本较高，尤其是光节点离用户越近，每个用户分摊的接入设备成本就越高。另外，与无线接入网相比，光纤接入网还需要管道资源。这也是很多新兴运营商看好光纤接入技术，但又不得不选择无线接入技术的原因。

6.3 局域网

6.3.1 局域网的组建

在 Windows 7 中，用户可以通过局域网实现资料共享和信息的交流。局域网按照其规模可以分为大型局域网、中型局域网和小型局域网。一般来说，大型局域网是区域较大，包括多个建筑物，结构、功能都比较复杂的网络，如校园网；小型局域网指占地空间小、规模小、建网经费少的计算机网络，常用于办公室、多媒体教室、家庭等；中型局域网介于二者之间，如涵盖一栋办公大楼的局域网。下面介绍小型对等局域网的组建过程，如图 6.15 所示。

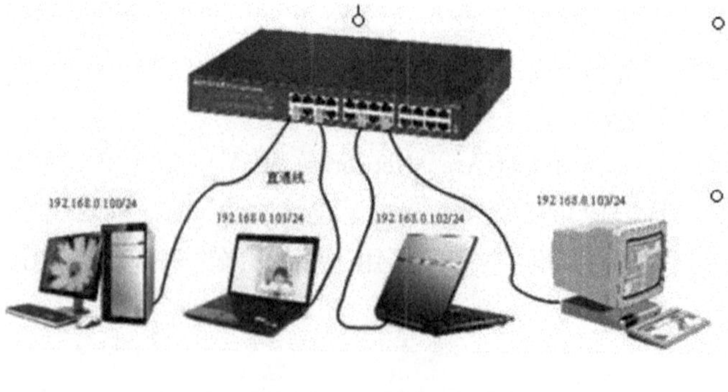

图 6.15　局域网的组建

1. 安装网络硬件

(1) 安装网络适配器

网络适配器即网卡,安装网络适配器的操作步骤如下:

①关闭计算机及其外部设备电源,将网卡插入主板的插槽中,对于便携式计算机,只要把 PC 卡插入到 PC 插槽即可。

②启动计算机,系统提示“发现了新硬件”,并提示安装网卡的驱动程序,按照提示向导完成操作。

③右键选择【计算机】→选中【属性】→打开左侧窗口的【设备管理器】。

④在“设备管理器”窗口中查看“网络适配器”,可看到已安装好的网卡型号,表示网卡已经安装好。如果“网络适配器”不可见或者在前面显示有黄色惊叹号,表示该网卡没有安装好或存在故障,需要重新安装或者更换新网卡。

2. 联网布线

网络布线可以视具体情况而定,对于普通用户而言,几台计算机摆放比较近,只需将网线沿着墙边地面布置就行了,必要时采用护线板夹。

为了使网卡与集线器相连接,网线的两端各有一个 RJ45 的水晶头(与电话线相似),将网线一头插入网卡的 RJ45 接口,另一头插入集线器。

3. 安装集线器

集线器(Hub),“Hub”是“中心”的意思,集线器是局域网中用于网络连接的专用设备,其作用是把各个计算机网卡上的双绞线集中连接起来。如图 6.16 所示,集线器有多个接口,每个接口可以连接一台计算机或者其他网络设备。

图 6.16　集线器

4. 安装网络组件

用户要与网络上的其他计算机组建对等网络,除安装网络适配器的驱动程序外,还需要安装所需的网络组件。在 Windows 7 中,网络组件主要包括了客户端、协议和服务。其中客户端和协议是组建网络时必须要安装的,而服务则是根据用户的网络类型而定,当创建对等网络时,就不需要安装服务项。用户在安装操作系统的时候,系统已经自动安装好客户端和协议,若卸载后,用户可以按照以下方法安装。

(1)安装客户端

客户端软件使计算机能与特定的网络操作系统通信,网络客户端软件提供共享网络服务器上的驱动器和打印机的能力,它可以标识计算机所在的网络类型,对于不同的网络,需要安装不同的客户端软件,才能访问其他计算机上的资源。Windows7 客户端程序的操作步骤如下:

①在图 6.13“本地连接 属性”对话框中单击“安装”按钮,打开“选择网络功能类型”

对话框,如图 6.17 所示会显示出“客户端”“协议”和“服务”这三个不同的网络组件,在此我们选择“客户端”项,并单击“添加”按钮。

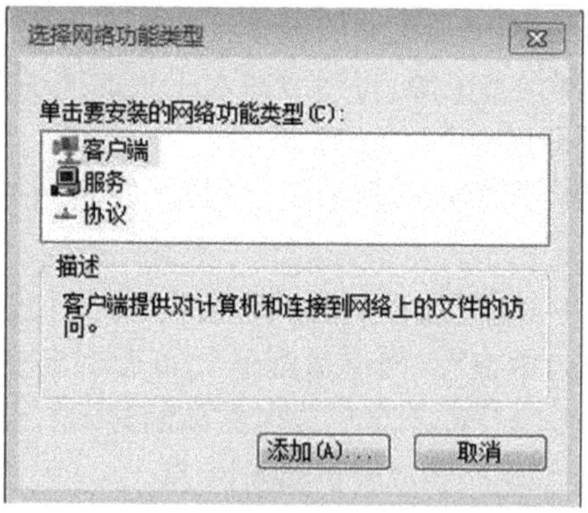

图 6.17 选择网络功能类型”对话框

② 选择要安装的网络客户端。如果要安装其他类型的客户端软件,请将光盘插入相应的驱动次,然后单击“从磁盘安装”按钮。

(2)安装协议

协议是计算机在网络上对话的语言。要使计算机能够相互通信,就必须在双方的计算机中安装相同的协议。目前,互联网采用的协议是 TCP/IP 协议,在安装操作系统时,TCP/IP 协议已经被自动安装。如果要安装其他的网络协议,其安装方法与安装客户端的方法一样,在此不再叙述。

(3)配置 TCP/IP 协议

TCP/IP 协议是 Internet 最重要的通信协议,它提供了远程登录、文件传输、电子邮件和 WWW 等网络服务。

在前面介绍的图 6.14 “Internet 协议版本 4(TCP/IPv4)属性”对话框中,用户可以设置 IP 地址、子网掩码、默认网关等。在局域网中,IP 地址一般是“192.168.0.X”,X 可以是 1 ~255 之间的任意数字,但在局域网中每一台计算机的 IP 地址应是唯一的。局域网中子网掩码一般设置为“255.255.255.0”。如果本地计算机需要通过其他计算机访问 Internet,需要将“默认网关”设置为代理服务器的 IP 地址。

(4)安装服务

服务是网络提供的使用功能程序,如文件和打印机共享服务等。网络没有安装服务也可以很好地工作,只是网络内的计算机不能共享像硬盘、文件夹或打印机等资源。如果用户不想共享资源,可以不安装服务。在建立基于 Windows 7 操作系统的对等网时,需要“Microsoft 网络的文件和打印机共享”服务。该服务可以通过“网络安装向导”自动安装。如果用户自已安装该服务或者其他服务,安装方法同安装客户端的方法。

(5)标识计算机名和工作组名

工作组,是指网络上的计算机数量比较多,为了方便管理,将登录到其中的计算机分为若干个组,就像文件夹和子文件夹组织文件的方式一样。局域网中的计算机应同属于一个工作组,才能相互访问,默认的工作组为:WORKGROUP。

①右键单击【计算机】→选中【属性】→打开【更改设置】,打开"系统属性对话框"。如图6.18所示。

②单击"更改"按钮,打开"计算机名/域更改"对话框。在"隶属于"选项组中单击"工作组"选项,并在下面的文本框中输入工作组的名称,最后"确定"完成对计算机的标识。然后按照同样的方法设置局域网中的每一台计算机,如图6.19所示。

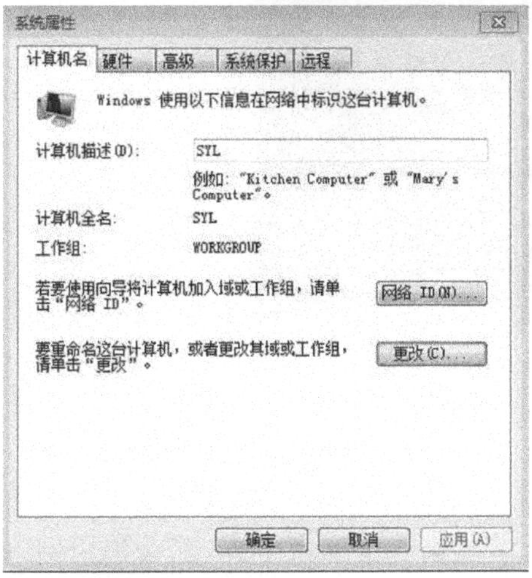

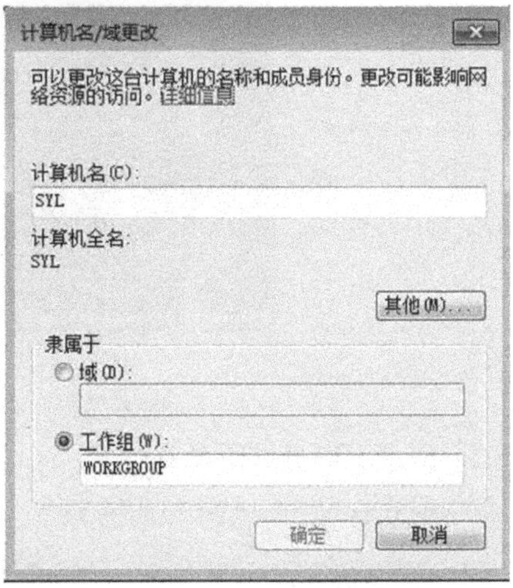

图6.18　"系统属性"对话框　　图6.19"计算机名/域更改"对话框

5. 测试网络连接

网络属性配置完成后或者发现网络连接有问题时,用户可以使用ping命令来检测网络。

(1)测试本机网卡的连接

命令格式:ping 本机 IP 地址。

在配置网络之后,单击【开始】→【运行】,输入cmd命令后确定,在弹出的命令提示符窗口中输入:ping 本机 IP 地址。

例如,本机的IP地址为"192.168.252.88",则输入:"ping 192.168.252.88",回车,如显示中有"来自 192.168.252.88 的回复:字节=32 时间<1ms TTL=64"的字样,便为正确安装,如图6.20所示。

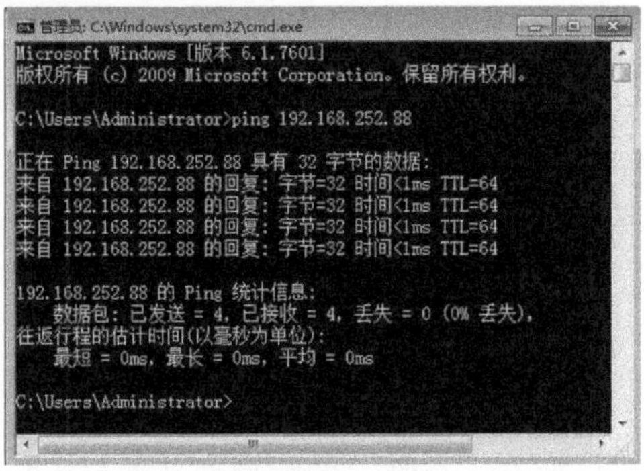

图6.20　网络已联通测试结果

若显示传输失败则表明网卡安装或者配置有问题。出现问题时,该用户可断开网络电缆,然后在局域网内的其他用户重新发送该命令,若显示正确,则表示另一台计算机可能设置了相同的 IP 地址,如图 6.21 所示。

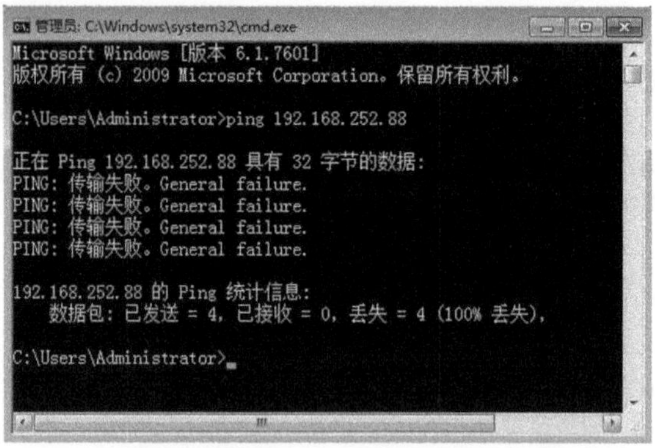

图 6.21　网络未联通测试结果

(2) 测试本组计算机的连通

命令格式:ping 局域网内其他 IP。

收到回送应答表明局域网内的网络连通,若收到 0 个回送应答,那么表示网络连接有问题。

6. 查看工作组计算机

网络联通后,即可查看工作组计算机。打开系统图标"网络"即可查看到同一个组内的计算机。如图 6.22 所示,其中"SYL"即为本机。

图 6.22　查看工作组计算机

6.3.2　物理地址

连入网络的每台计算机都有一个唯一的物理地址 MAC(即网卡的产品编号),这个物理地址存储在网卡中,通常被称为介质访问控制地址(Media Access Control address),

简称 MAC 地址。MAC 地址长度一般是 48 位二进制位，由 12 个 00 ~ FF 之间的 16 进制数组成，每个 16 进制数之间用“ - ”隔开，例如 “00 - 17 - 31 - A2 - 48 - 72”。

查询 MAC 地址的方法同查询 IP 地址的方法相同，具体操作参见 6.2.2 节。例如查询出的本机的物理地址为：“B8 - 88 - E3 - 35 - 85 - 12”。如图 6.23 所示。

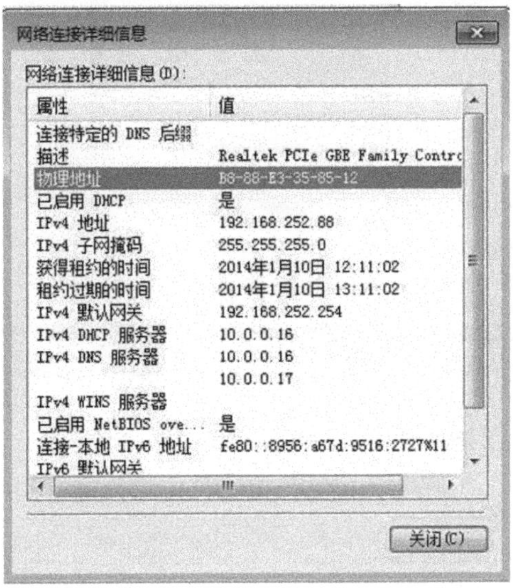

图 6.23　MAC 地址

6.3.3　文件共享与使用

建立局域网的主要目的，就是实现资源共享，在 Windows 7 局域网中，计算机中的每一个软、硬件资源都被称为网络资源，用户可以将软、硬件资源共享，被共享的资源可以被网络中的其他计算机访问。

1. 共享文件夹与磁盘驱动器

(1)右键单击需要共享的文件夹，选中“属性”命令，打开文件属性对话框。

(2)选择“共享”选项卡，如图 6.24 所示，单击“共享”按钮。

(3) 然后自动弹出来一个页面，里面有很多的用户，有读书/写入，所有者如图6.25 所示。

(4)在图 6.25 的对话框中选择“共享”按钮，出现图 6.26 所示对话框。单击完成按钮即可。

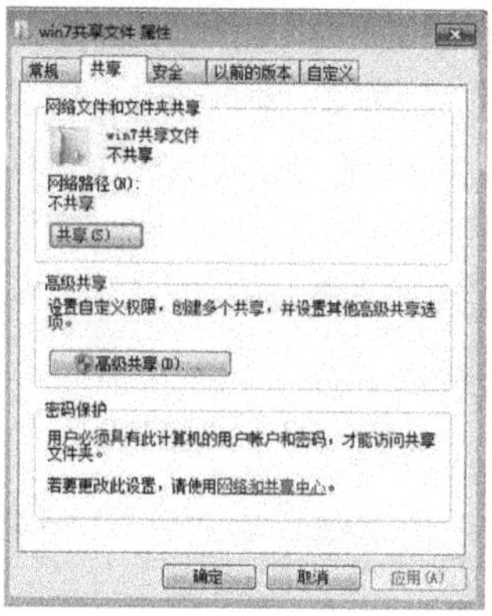

图 6.24 “文件属性”对话框

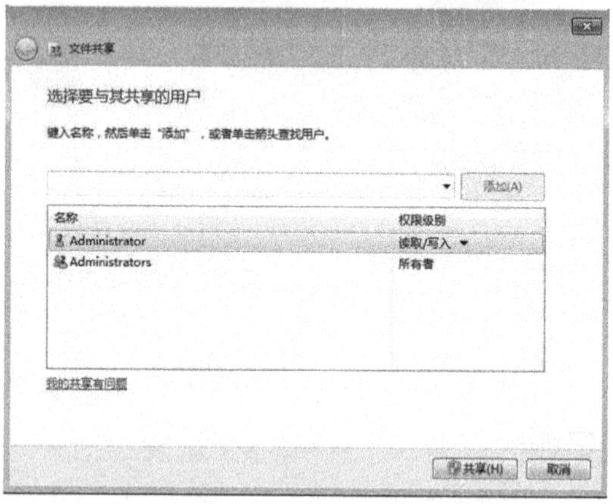

图 6.25 “文件共享”对话框

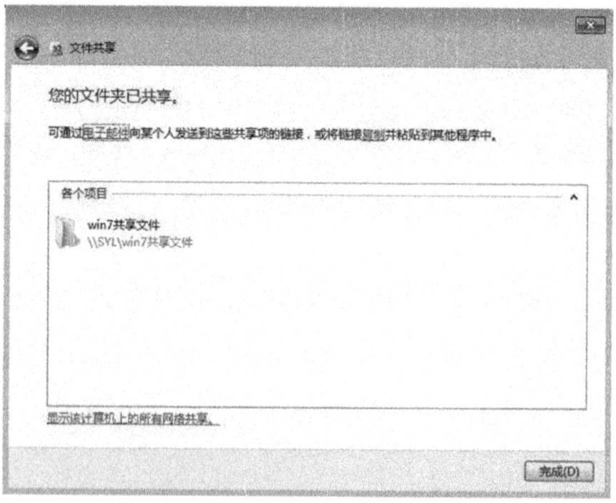

图 6.26 “文件共享”对话框

共享磁盘驱动器的方法同共享文件夹的方法一样，选中要共享的磁盘驱动器，按照以上的方法设置。

2. 通过“网络”查看共享文件

“网络”主要是用来进行网络管理的，用户可以通过“网络”查看本机已共享的资源，也可以使用其他计算机共享的网络资源。查看本机已共享的文件夹的方法如下：

双击“网络”，将显示网络上的计算机，双击要访问的计算机。例如用户要查看本机共享的资源，打开名字为“SYL”计算机即可，如图 6.27 所示。

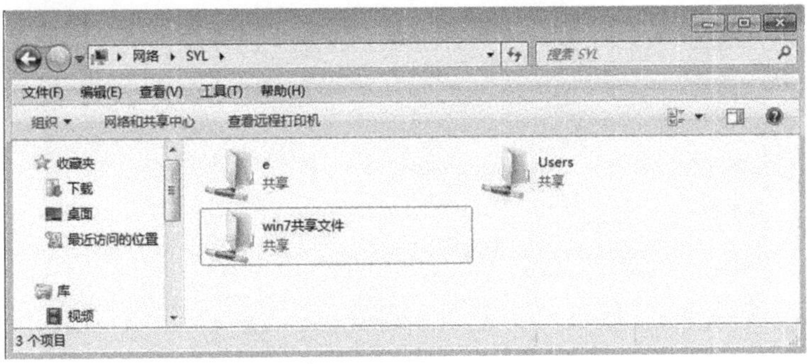

图 6.27　查看共享资源

3. 映射网络驱动器

如果用户经常使用某台计算机的共享驱动器或文件夹，可以将它映射成网络驱动器，这样用户就可以像使用本地驱动器一样使用它了。共享文件夹映射网络驱动器的操作步骤如下：

(1) 右键单击“网络”→打开“映射网络驱动器”，如图 6.28 所示。

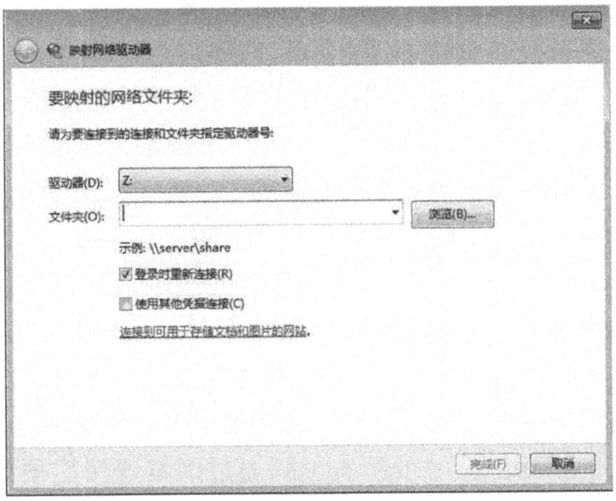

图 6.28　“映射网络驱动器”对话框

(2) 在“驱动器”下拉列表框中输入驱动器符（例如:Z:）。

(3) 在“文件夹”下拉列表框中输入共享的文件夹路径，格式为:\计算机名\共享名（例如:\SYLin7 共享文件）。

(4) 如图 6.29 所示的“网络驱动器”，用户可以像使用本地驱动器一样访问映射网络驱动器。若想断开连接的网络驱动器，右击该网络驱动器，选中“断开”命令即可。

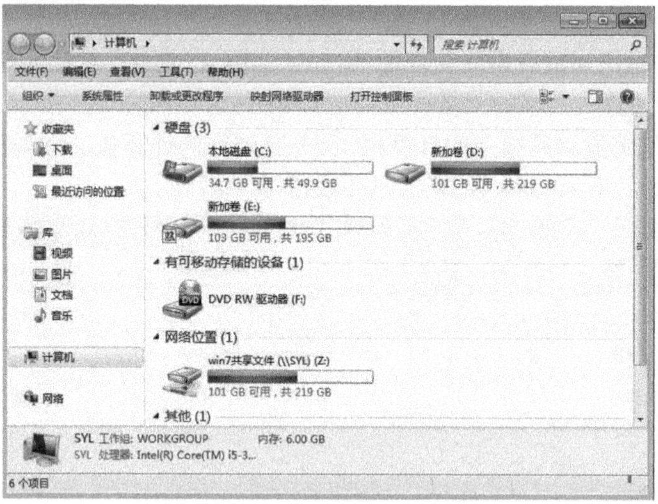

图 6.29 创建网络驱动器

6.4 Internet 应用

6.4.1 万维网

1. WWW 概述

万维网 WWW 是 World Wide Web 的简称，也称为 Web、3W 等。WWW 是基于客户机/服务器方式的信息发现技术和超文本技术的综合。WWW 服务器通过超文本标记语言（HTML）把信息组织成为图文并茂的超文本，利用链接从一个站点跳到另一个站点。这样一来彻底摆脱了以前查询工具只能按特定路径一步步地查找信息的限制。

超文本（Hypertext）是由一个叫作网页浏览器（Web browser）的程序显示。网页浏览器从网页服务器取回称为“文档”或“网页”的信息并显示，通常显示在计算机显示器上。人可以跟随网页上的超链接（Hyperlink），再取回文件，甚至也可以送出数据给服务器。顺着超链接走的行为又叫浏览网页，相关的数据通常排成一群网页，又叫网站。

万维网常被当成因特网的同义词，但万维网与因特网有着本质的差别。因特网（Internet）指的是一个硬件的网络，全球的所有电脑通过网络连接后便形成了因特网。而万维网更倾向于一种浏览网页的功能。万维网的内核部分是由三个标准构成的：URL/HTTP/HTML。

2. HTTP 协议

HTTP 是 Hypertext Transfer Protocol 的缩写，即超文本传输协议。顾名思义，HTTP 提供了访问超文本信息的功能，是 WWW 浏览器和 WWW 服务器之间的应用层通信协议。

HTTP 协议是用于从 WWW 服务器传输超文本到本地浏览器的传送协议。它可以使浏览器更加高效，使网络传输减少。它不仅保证计算机正确快速地传输超文本文档，还确定传输文档中的哪一部分，以及哪部分内容首先显示（如文本先于图形）等。

3. URL

统一资源定位器（Uniform Resource Locator，URL），是专为标识 Internet 网上资源位置而设的一种编址方式，我们平时所说的网址指的即是 URL。

URL 一般由三部分组成：传输协议：//主机 IP 地址或域名地址/资源所在路径和文件名。例如武汉大学的 URL 为："http://www.whu.edu.cn/index.html"，这里 http 指超文本传输协议，文件在 web 服务器上，"whu.edu.cn"是其 Web 服务器域名地址，"index.html"才是相应的网页文件。

6.4.2　使用 IE 浏览器

Internet Explorer 浏览器，它的中文是"因特网探索者"，通常人们把它叫做 IE。它是 Microsoft 微软公司设计开发的一个功能强大、很受欢迎的 Web 浏览器。使用 IE 浏览器，用户可以将计算机连接到 Internet，从 Web 服务器上搜索需要的信息、浏览 Web 网页、收发电子邮件、下载资料等。

1. 浏览网页

在 IE 浏览器的地址栏中直接输入网址，可使用"后退""前进""主页"等按钮实现返回前页、转入后页、返回主页。

2. 保存网页

单击【文件】菜单→【另存为】选项→输入要保存文件的文件名。

可以使用四种文件类型保存网页信息：

①"Web 页，全部"，保存页面 HTML 文件和所有超文本信息。

②"Web 页，仅 HTML"，只保存页面的文字内容，存为一个扩展名为 htm 的文件。

③"文本文件"，将页面的文字内容保存为一个文本文件。

④"Web 电子邮件档案"，把当前页的全部信息保存在一个 MIME 编码文件中。

3. 保存 Web 页面的图片

将鼠标移到一幅图片上→单击鼠标右键→选择"图片另存为"→选择图片的存放路径，并输入保存的文件名。

4. 设置主页地址

把经常光顾的页面设为每次浏览器启动时自动连接的网址，具体方法如下：单击【工具】菜单→【Internet 选项】→【常规】选项卡→在"主页"中输入选定的网址，如图 6.30 所示。

5. 使记用历史录浏览

通过查询历史记录也可找到曾经访问过的网页。用户输入过的 URL 地址将保存在历史列表中，历史记录中存储了已经打开过的 Web 页的详细资料。在工具栏上，单击【查看】→【浏览记录栏】→【历史记录】，窗口左边出现历史记录栏，其中列出用户最近几天或几星期内访问过的网页和站点的链接。

6. 把网址添加到收藏夹

收藏用户感兴趣的站点，只要在访问该页的时候，单击【收藏夹】→【添加到收藏夹】选项，待下次连接 Internet 以后，点【收藏夹】按钮打开收藏夹就可以在收藏夹中查找自己

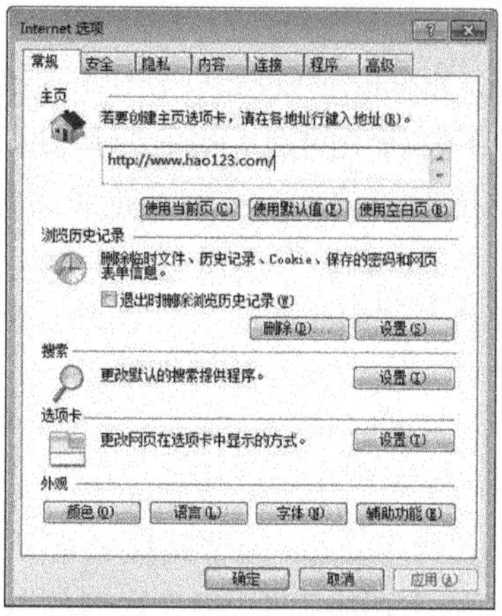

图 6.30　设置主页地址

要访问的站点名字,如图 6.31 所示。

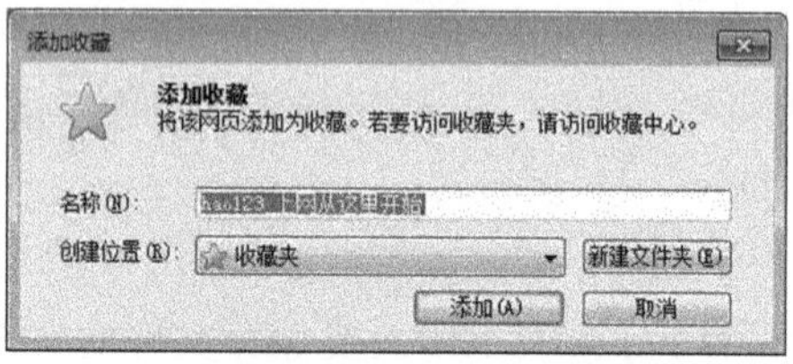

图 6.31　添加收藏夹

7. 限制浏览有害的网页和网站

用户可以将不信任的站点添加到受限站点区域,这些站点的安全设置一般最高,具体操作方法如下:单击【工具】→【Internet 选项】→【安全】→【受限制的站点】→【站点】→在"将该网站添加到区域中"下面的栏中填入你不想浏览的网址,然后点添加,最后应用,确定退出,如图 6.32 所示。

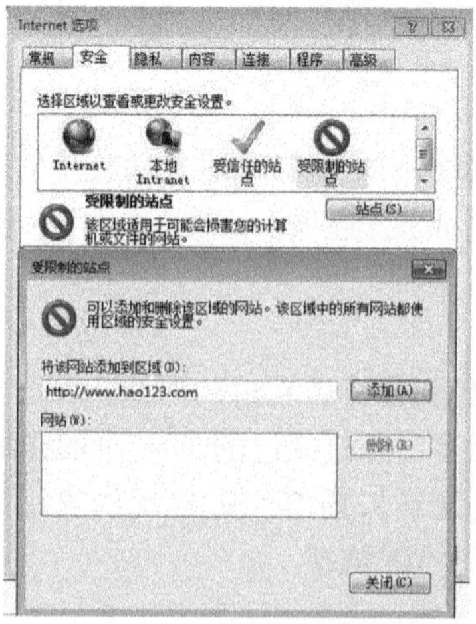

图 6.32　添加受限制站点

8. 清除浏览痕迹

单击【工具】→【删除浏览的历史记录】,用户可以删除浏览痕迹。

9. 设置安全特性

单击【工具】→【Internet 选项】→单击【安全】选项卡→单击【Internet】图标,然后执行下列操作之一:

(1)若要更改单个安全设置,请单击"自定义级别"。根据需要更改设置,完成后单击"确定"。

(2)若要将 Internet Explorer 重新设置为默认安全级别,请单击"默认级别"。完成更改后,单击"确定"返回 Internet Explorer,如图 6.33 所示。

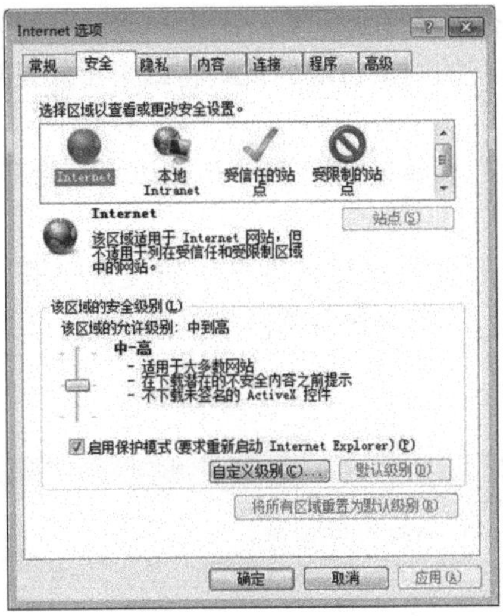

图 6.33 设置安全特性

10. 对当前的网页用繁体中文进行查看

单击【查看】菜单→【编码】→【编码】→【其它】,选择繁体中文即可。

6.4.3 搜索引擎

搜索引擎(Search Engine)是指自动从因特网收集信息,经过一定的整理以后,提供给用户进行查询的系统。它像一本书的目录,Internet 各个站点的网址就像是页码,可以通过关键词或主题分类的方式来查找感兴趣的信息所在的 WEB 页面。

1. 搜索引擎工作方式

搜索引擎按其工作方式主要可分为三种,分别是全文搜索引擎(Full Text Search Engine)、目录索引类搜索引擎(Search Index/Directory)和元搜索引擎(Meta Search Engine)。

(1)全文搜索引擎

全文搜索引擎是名副其实的搜索引擎,国外具代表性的有 Google(谷歌)等,国内著名的有百度(Baidu)。它们都是通过从互联网上提取的各个网站的信息(以网页文字为主)而建立的数据库,检索与用户查询条件匹配的相关记录,然后按一定的排列顺序将结果返回给用户,因此他们是真正的搜索引擎。

(2)目录索引类搜索引擎

目录索引虽然有搜索功能,但在严格意义上算不上是真正的搜索引擎,仅仅是按目录分类的网站链接列表。用户完全可以不用进行关键词(Keywords)查询,仅靠分类目录也可找到需要的信息。目录索引中最具代表性的莫过于大名鼎鼎的Yahoo(雅虎),其他著名的还有Open Directory Project(DMOZ)、LookSmart、About等,国内的搜狐、新浪、网易搜索也都属于这一类。

(3)元搜索引擎 (META Search Engine)

元搜索引擎在接受用户查询请求时,同时在其他多个引擎上进行搜索,并将结果返回给用户。著名的元搜索引擎有InfoSpace、Dogpile、Vivisimo等(元搜索引擎列表),中文元搜索引擎中具代表性的有搜星搜索引擎。在搜索结果排列方面,有的直接按来源引擎排列搜索结果,如Dogpile,有的则按自定的规则将结果重新排列组合,如Vivisimo。

2. 常用搜索引擎技巧

常用的搜索引擎有百度、Google、雅虎等。下面以百度为例介绍如何使用搜索引擎快速搜索想要的信息。

百度是目前国内做得最好的,使用范围最广的搜索引擎。其总量超过3亿页以上,并且还在保持快速的增长。百度搜索引擎具有高准确性、高查全率、更新快以及服务稳定的特点,如图6.34所示。

图6.34　百度搜索引擎

(1)使用逻辑运算符搜索

①以空格表示逻辑“与”。在百度查询时不需要使用符号“AND”或“+”,百度会在多个以空格隔开的词语之间自动添加“+”。

②以“-”表示逻辑“非”。百度支持“-”功能,用于有目的地删除某些无关网页,如果要避免搜索某个词语,可以在这个词前面加上一个减号(“-”, 英文字符)。但在减号之前必须留一空格。

例如:搜索输入“数字图书馆 -英国”,结果如图6.35所示。

图 6.35　逻辑非“ - ”的使用

③以“|”表示逻辑“或”。使用“A|B”来搜索“包含词语 A 或者词语 B”的网页。如：毛泽东|毛主席。

(2)精确匹配——双引号和书名号

①双引号。如果输入的查询词很长，百度在经过分析后，给出的搜索结果中的查询词，可能是拆分的，给查询词加上双引号，就可以达到这种效果。

例如，在百度中输入中国地质大学江城学院，会出现中国地质大学江城学院、中国地质大学(武汉)、中国地质大学长城学院等信息。若加上双引号后，输入“中国地质大学江城学院”，获得的结果就全是符合要求的了。

②书名号。书名号是百度独有的一个特殊查询语法。加上书名号的查询词，有两层特殊功能：一是书名号会出现在搜索结果中；二是被书名号扩起来的内容，不会被拆分。

例如，查电影“手机”，如果不加书名号，很多情况下出来的是通信工具——手机，而加上书名号后，《手机》结果就都是关于电影方面的了，如图 6.36 所示。

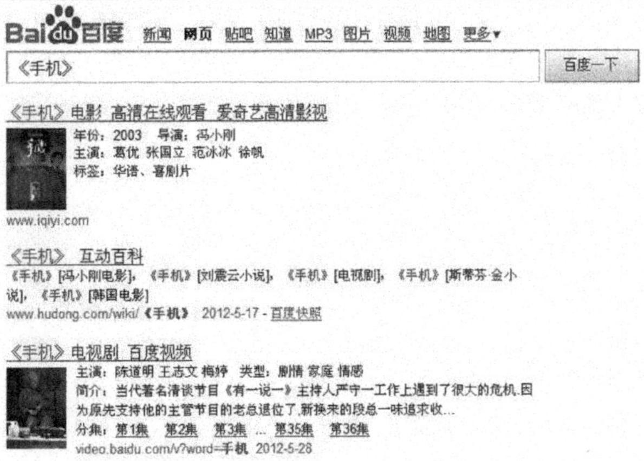

图 6.36　百度中书名号的使用

(3)专业文档搜索(http://file.baidu.com)

百度支持对 Office 文档(包括 Word、Excel、Powerpoint)、Adobe PDF 文档、RTF 文档进

行全文搜索。要搜索这类文档，在普通的查询词后面，加一个“Filetype:”。“Filetype:”后可以跟以下文件格式：DOC、XLS、PPT、PDF、RTF、ALL。其中，ALL 表示搜索所有文件类型。

例：查找关于物联网技术的课件，格式：“物联网技术 filetype:ppt”，结果如图 6.37 所示。

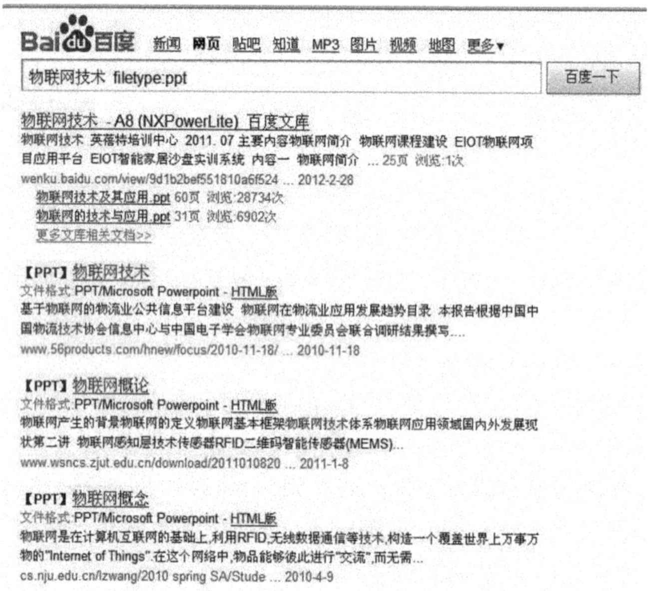

图 6.37　百度专业文档搜索

6.4.4 收发电子邮件

电子邮件 E－Mail 是 Internet 上使用得最广泛的服务之一，是一种 Internet 用户之间快捷、简便、廉价的现代通信手段。

电子邮件发送的信件内容除普通文字内容外，还可以是软件、数据，甚至是录音、动画、电视等各类多媒体信息。

收发方便高效可靠，与电话通信或邮政信件发送不同，发件人可以在任意时间、任意地点通过发送服务器（SMTP）发送 E－mail，收件人通过当地的接收邮件服务器（POP3）收取邮件。

1. 电子邮件服务概述

(1) 电子邮件的地址

E－mail 像普通的邮件一样，也需要地址，它与普通邮件的区别在于它是电子地址。所有在 Internet 之上有信箱的用户都有自己的一个或几个 Email address，并且这些 Email address 都是唯一的。邮件服务器就是根据这些地址，将每封电子邮件传送到各个用户的信箱中，Email address 就是用户的信箱地址。就像普通邮件一样，你能否收到你的 E－mail，取决于你是否取得了正确的电子邮件地址。

电子邮件地址的格式：用户名@邮件服务器域名。

例如:“wuhan@163.com”其中wuhan是用户名,“@163.com”是网易邮箱的服务器地址,中间用一个表示“在”(at)的符号“@”分开。

(2)POP和SMTP服务器

POP (Post Office Protocol,邮局协议)是一种允许用户从邮件服务器收发邮件的协议,POP服务器是接收邮件的服务器。

SMTP(Simple Mail Transport Protocol,简单邮件传输协议)是因特网上提供发送邮件的协议。SMTP服务器是发送邮件的服务器。

POP和SMTP是提供电子邮件服务的公司为您收发E-mail所指定的服务器名。你取E-mail经过POP服务器,它好比你收信的信箱,你自己的来信都存放于此;你发信时要经过SMTP服务器,它好比邮局的邮筒,你把信扔进去后,邮局定时将它们发出。使用具有POP和SMTP功能的电子邮件系统,您可以很方便地收发邮件,而不需要频繁访问提供商主页。一般的发信软件,如Outlook Express、Outlook 2003、FoxMail都是使用这个协议进行发信的。

2. 申请和使用电子邮件

(1)使用网页收发电子邮件

电子邮箱有免费和收费两类。通过个人用户会申请免费邮箱。如新浪、163、搜狐、GMAIL、HOTMAIL都提供免费邮箱的申请。

例,申请163免费邮,进入“www.163.com”,点击“立即注册”,按要求一步步填写相关资料申请邮箱,如图6.38所示。

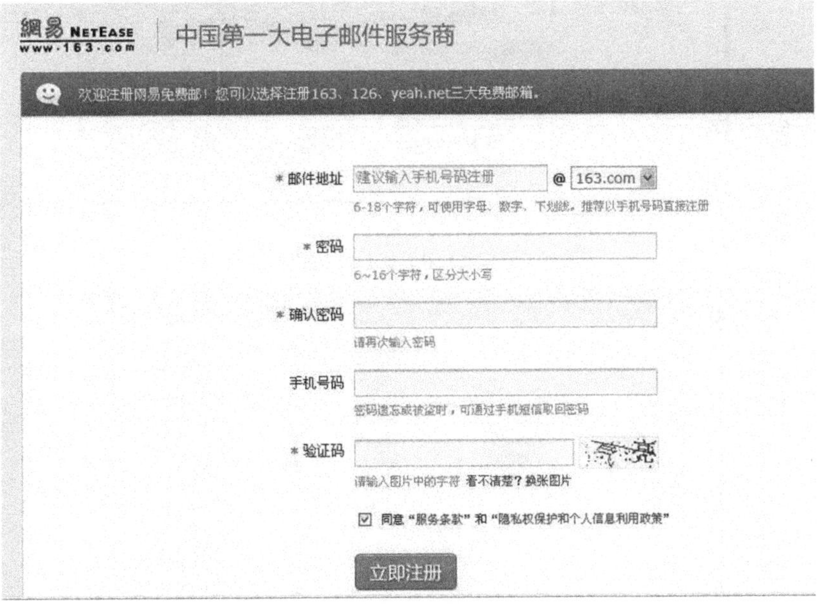

图6.38 申请免费的电子邮箱

(2)使用Outlook Express收发邮件

Outlook Express是Microsoft自带的一种电子邮件,简称为OE,是微软公司出品的一款电子邮件客户端,也是使用得最广泛的一种电子邮件收发软件。对个人来说,如果没有量多并且相对复杂的电子邮件收发操作,可以直接在邮局网站进行。而对于企业用户,采用专门的电子邮件收发软件,由于此类软件功能相对强大,方便对邮件的管理和收发操作。

下面以中文版 Outlook Express 6 为例介绍 Outlook Express 邮件客户端的设置方法:

1)设置帐号

用户从 Internet 服务提供商得到邮箱地址,就要设置电子邮件的发送和接收服务,这是通过在 Outlook Express 里添加账号完成的。步骤如下:

①启动 Outlook Express 程序→【工具】菜单→选中【帐户】子项→【Internet 帐户】对话框→【添加】按钮→【邮件】选项→【Internet 连接向导】对话框→在"显示名称"一栏,输入用户名(由英文字母、数字等组成),如 liujiangqiao, 此姓名将出现在你所发送邮件的"发件人"一栏。然后单击"下一步"按钮。Outlook Express 界面如图 6.39 所示,邮件帐户配置如图 6.40 所示。

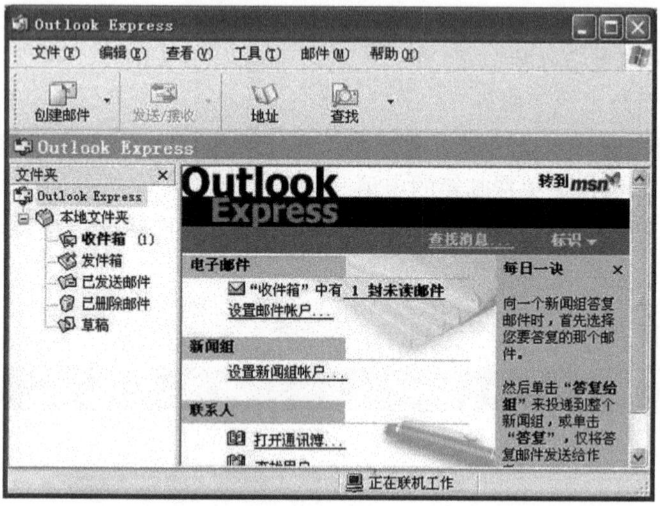

图 6.39 Outlook Express 界面

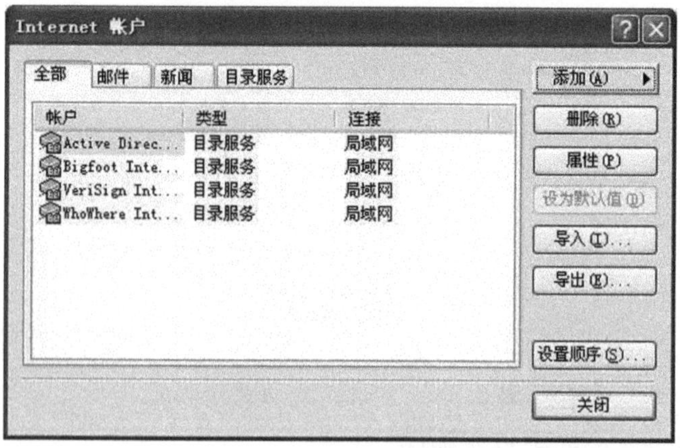

图 6.40 邮件账户配置窗口(一)

②在“Internet 电子邮件地址”窗口中输入你的邮箱地址，如：“tiaotiao@ 163. com”，再单击“下一步”按钮。如图 6. 41 所示。

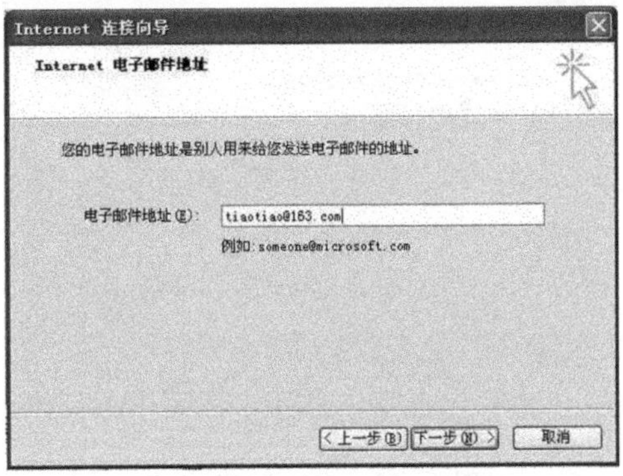

图 6. 41　邮件账户配置窗口(二)

③在“接收邮件(POP3、IMAP 或 HTTP)服务器：”字段中输入“ pop. 163. com”。在“发送邮件服务器(SMTP)：”字段中输入“smtp. 163. com”，然后单击“下一步”。如图 6. 42所示。

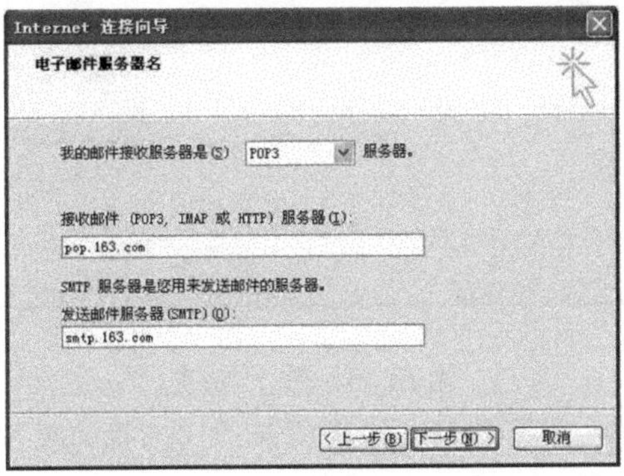

图 6. 42　邮件账户配置窗口(三)

④在“帐户名：”字段中输入你的 163 免费邮用户名(仅输入@ 前面的部分)。在“密码：”字段中输入你的邮箱密码，然后单击“下一步”。如图 6. 43 所示。

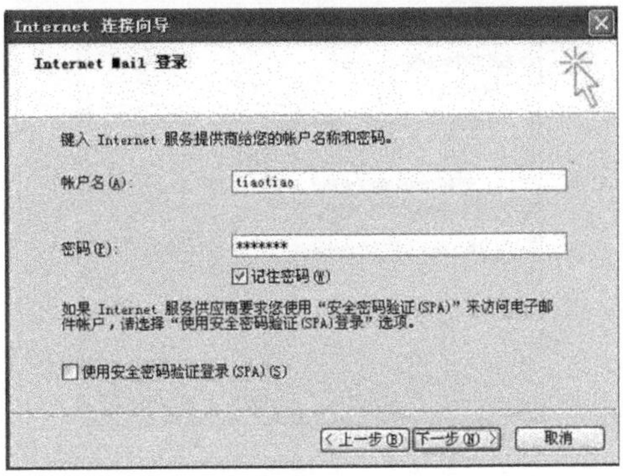

图 6. 43　邮件账户配置窗口(四)

⑤点击“完成”按钮。如图 6.44 所示。

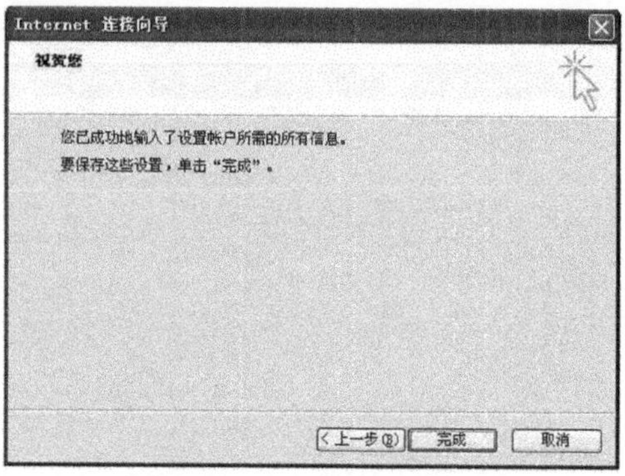

图 6.44　OE 配置完成

⑥在 Internet 账户中，选择“邮件”选项卡，选中刚才设置的账户，单击“属性”按钮。如图 6.45 所示。

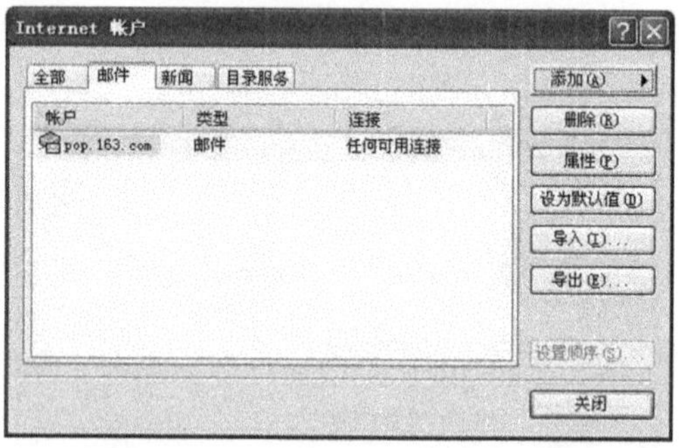

图 6.45　账户配置

⑦在属性设置窗口中，选择“服务器”选项卡，勾选“我的服务器需要身份验证”，再点“确定”按钮。如图 6.46 所示。

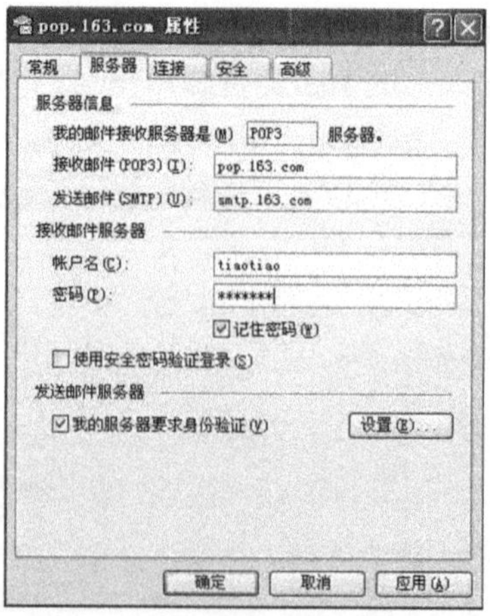

图 6.46　邮件服务器配置

⑧如需在邮箱中保留邮件备份,点击“高级”,勾选“在服务器上保留邮件副本”(这里勾选的作用是:客户端上收到的邮件会同时备份在邮箱中)。此时下边设置细则的勾选项由禁止(灰色)变为可选(黑色)。如图 6.47 所示。

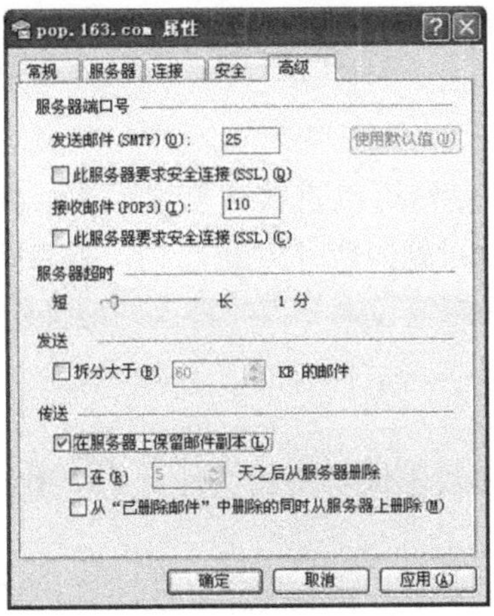

图 6.47　高级配置

2)发送邮件。

①建立新邮件:在工具栏点击【创建邮件】→键入收件人的电子邮件地址→键入抄送人地址→键入邮件的主题→在正文框中键入邮件内容。

抄送是指把邮件一次发给多个人,把接收人的邮箱地址一次写在抄送栏中,不同的电子邮件地址用逗号或分号隔开。如图 6.48 所示。

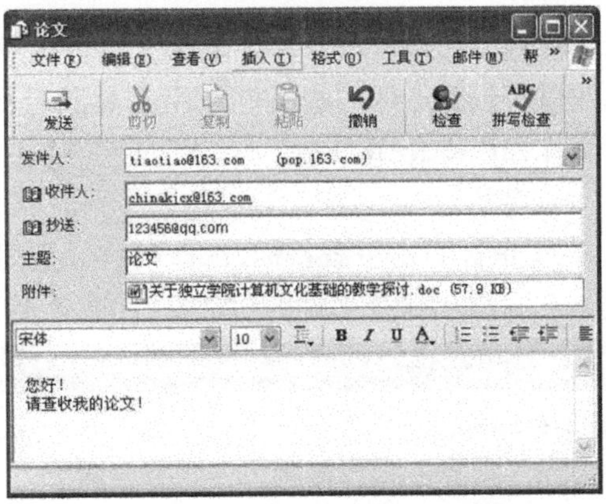

图 6.48　发邮件窗口

②添加附件:如果有附件,则单击工具栏中回形针状的图标,或打开【插入】菜单选中【附件】子项→浏览并选择附件文档→【附加】按钮,附件文档就会自动粘贴到“内容”下面。

③发送邮件:按【发送】按钮。此处的“发送”实际相当于对以上操作的确认,邮件存在“发件箱”里。待回到起始的界面,还需要按【发送和接收】图标,Internet 才真正开始发送出去。

3) 删除邮件。

点击【收件箱】文件夹,将光标移到邮件目录中要删除的邮件上,点击工具栏上的【删除】按钮,对邮件进行删除操作,被删除的邮件从“收件箱”文件夹移动到“已删除文件夹”。需要注意的是,对“已删除邮件”文件夹中的邮件执行删除操作会真正使邮件从用户的计算机中删除,而对其他文件夹下的邮件执行删除操作只是将邮件移到“已删除邮件”文件夹中。

4)回复和转发。

打开收件箱阅读完邮件之后,可以直接回复发信人。单击 Outlook 主窗口工具栏中的【回复作者】按钮,即可撰写回复内容并发送出去。如果要将信件转给第三方,单击工具栏中的【转发邮件】按钮,只需填写第三方收件人的地址即可。

6.4.5 文件下载

计算机和网络中的有很多种不同类型的文件。从使用目的来分,可分为可执行文件和数据文件两大类。

可执行文件:它的内容主要是一条一条可以被计算机理解和执行的指令,它可以让计算机完成各种复杂的任务,这种文件主要是一些应用软件,通常以 EXE 作为文件的扩展名,例如 QQ. EXE。

数据文件:包含的是可以被计算机加工处理展示的各种数字化信息,比如我们输入的文本、制作的表格、描绘的图形,录制的音乐,采集的视频等,常见的类型有 DOC、HTML、PDF、TXT、TIF、SWF、RM、RAM 等。

其中,后三种比较特殊,是目前广受欢迎的边下载边播放的“流媒体”文件,既可以在线播放也可以下载后离线播放。

另外,在日常管理计算机文件的过程中,为了减少文件占用更多的磁盘空间,或者提高文件在网络中的下载速度,往往会对一些文件利用工具进行压缩,把文件压的很小。比较典型的压缩文件类型有 ZIP 和 RAR 文件。

1. 直接下载

直接下载有两种方式:①鼠标右击下载目标,选择“目标另存为…”;②直接用鼠标左键点击下载地址。IE 浏览器将弹出保存文件的对话框,如图 6.49 所示。

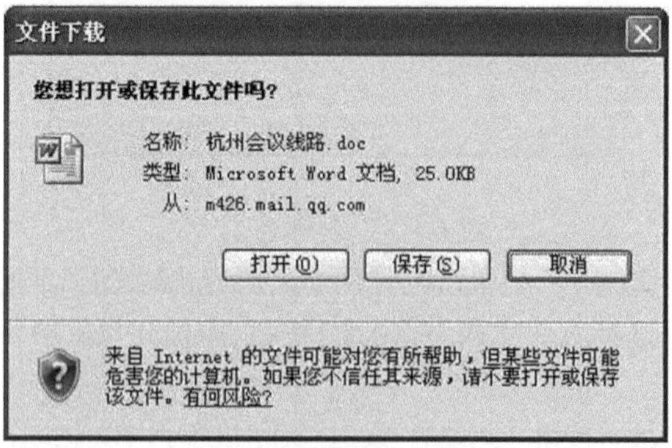

图 6.49 IE 浏览器中文件下载对话框

2. 使用下载工具下载

下载工具是一种可以更快地从网上下载文本、图像、图像、视频、音频、动画等信息资源的软件。

用下载工具下载东西之所以快是因为它们采用了“多点连接(分段下载)”技术，充分利用了网络上的多余带宽；采用“断点续传”技术，随时接续上次中止部位继续下载，有效避免了重复劳动。这大大节省了下载者的连线下载时间。

目前主流的文件下载方式：利用下载工具软件进行下载。其特点：支持多线程、断点续传。网络上主流的下载工具有：迅雷、网际快车、QQ 旋风等。下面介绍下使用最广泛的下载工具迅雷：

迅雷是迅雷公司开发的互联网下载软件。如图 6.50 所示。迅雷是一款基于多资源超线程技术的下载软件，作为“宽带时期的下载工具”，迅雷针对宽带用户做了优化，并同时推出了“智能下载”的服务。

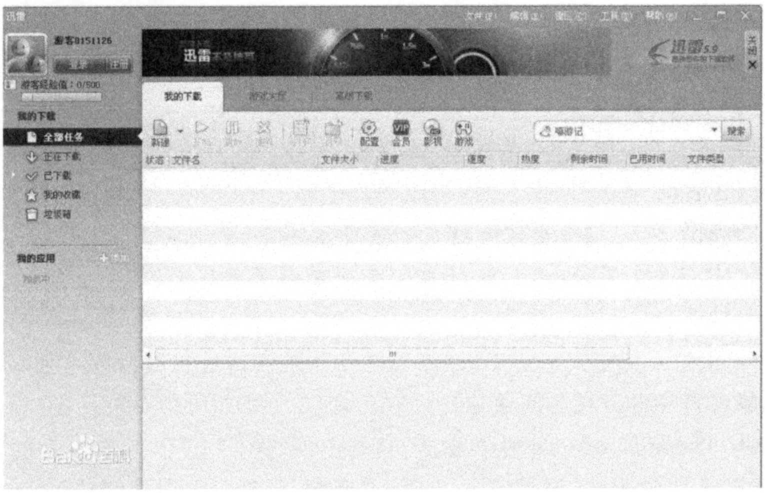

图 6.50　迅雷下载工具

迅雷是个下载软件，本身不支持上传资源，只提供下载和自主上传。迅雷下载过相关资源，都能有所记录。

迅雷利用多资源超线程技术基于网格原理，能将网络上存在的服务器和计算机资源进行整合，构成迅雷网络，通过迅雷网络各种数据文件能够传递。

多资源超线程技术还具有互联网下载负载均衡功能，在不降低用户体验的前提下，迅雷网络可以对服务器资源进行均衡。

注册并用迅雷 ID 登录后可享受到更快的下载速度，拥有非会员特权(例如高速通道流量的多少，宽带大小等)，迅雷还拥有 P2P 下载等特殊下载模式。

缺点：比较占内存，迅雷配置中的“磁盘缓存”设置得越大(自然也就更好地保护了磁盘)，占的内存就会越大；广告太多，迅雷 7 之后的版本更加严重，广告一度让一些用户停止了对迅雷 7 的使用，倒回来用迅雷 5 的较稳定版本。

习 题

一、选择题

1. Internet 网络是(　　)时间出现的。

A. 1980 年前后　　B. 1970 年前后　　C. 1989 年　　D. 1991 年

2. 计算机网络分为广域网、城域网、局域网,其主要是依据网络的(　　)划分。

A. 拓扑结构　　B. 控制方式　　C. 作用范围　　D 传输介质

3. 在计算机网络术语中,MAN 的中文意思是(　　)。

A. 城域网 B. 广域网 C. 互联网 D. 因特网城域网

4. 如果要将一个建筑物中的几个办公室进行联网,一般应采用(　　)技术方案.

A. 互联网　　B. 局域网　　C. 城域网　　D. 广域网

5. 网络的基本拓扑结构有(　　)

A. 总线型、环型、星型

B. 总线型、星型、对等型

C. 总线型、主从型、对等型、总线型、星型、主从型

D. 总线型、环型、星型

6. IPV4 地址用(　　)个十进制数点分法表示的。

A. 3　　B. 2　　C. 4　　D. 不能用十进制数表示

7. 网络协议是(　　)。

A. 数据转换的一种格式　　B. 计算机与计算机之间进行通信的一种约定

C 调制解调器和电话线之间通信的一种约定　　D. 网络安装规程

8. 从 www. Pkonline. edu. cn 可以看出,它是中国的(　　)部门的站点。

A. 政府部门　　B. 工商部门　　C. 军事部门　　D. 教育部门

9. 电子邮件地址的一般格式为(　　)。

A. IP 地址@域名　　B. 域名@IP 地址　　C. 用户名@域名　　D. 域名@用户名

10. 统一资源定位器的英文缩写是(　　)。

A. UPS　　B. URL　　C. ULR　　D. USB

11. 常用的有线传输介质是双绞线、同轴电缆和(　　)。

A. 光缆　　B. 激光　　C. 微波　　D. 红外线

12. 星型结构网络的特点是(　　)。

A. 所有结点均通过独立的线路连接到一个中心交汇结点上

B. 其连接线构成星型形状

C. 每一台计算机都直接相互连通

D 是彼此互连的分层结构

13. Internet 是哪种类型的网络?(　　)

A. 城域网　　B. 广域网　　C. 企业网　　D. 局域网

14. 计算机网络最突出的优点是哪个?(　　)

A. 存储容量大　　B. 资源共享　　C. 运算速度快　　D. 运算精度高

15. 网络适配器通常在计算机的扩展槽中,又被称为什么?(　　)

A. 网卡　　B. 调制解调器　　C. 网桥　　D. 网点

二、填空题

1. 计算机网络是将若干地理位置不同的并具有独立功能的计算机系统及其他智能外设,通过高速通信线路连接起来,在网络软件的支持下实现(　　　)共享和(　　　)交换的系统。

2. 局域网的英文缩写是(　　　)。

3. WWW 的中文名称是(　　　)。

4. 在 Internet 中网络通信协议是(　　　)

5. 根据 TCP/IP 协议的规定,IP 地址由(　　　)个字节的二进制数字构成。

6 顶级域名由 Internet 统一规定,我国的顶级域名为(　　　)。

7. "网络通信协议"即(　　　)。

8. URL 由(　　　)、(　　　)、和(　　　)三部分组成。

9. MAC 地址长度一般是(　　　)位二进制位。

10. 计算机网络按照工作模式可分为(　　　)和(　　　)。

三、简单题

1. 计算机网络按距离分为哪几类?

2. 什么是计算机网络拓扑结构? 常见的局域网拓扑有哪几种? 每一种有何特点?

3 如何查看 MAC 地址与 IP 地址?

4. 什么是 POP3 和 SMTP 服务器?

5. 简述在局域网内,如何共享和访问网络资源?

四、操作题

练习局域网基本操作:

1. 查看本机的计算机名、IP 地址、MAC 地址。

2. 测试本机网络连接状态、测试局域网内其他计算机的网络连接状态。

3. 查看同一个工作组内的计算机。

4. 在本地磁盘 D 盘,新建一个文件夹,然后共享此文件。再在局域网内的其他计算机上去查看该文件。

5. 将局域网内的某台机器上的共享资源,映射为本机网络驱动器。

参考文献

[1]闫鲁超,李娜,陈月娟. Windows 7 + Office 2007 入门与提高. 北京:北京希望电子出版社,2010 年

[2]熊燕,宋亚岚,曾辉. 大学计算机基础武汉:武汉大学出版社,2012.

[3]教育部考试中心. 全国计算机等级考试二级教程教材 MS Office 高级应用. 北京:高等教育出版社,2013.

[4]孔祥东. Office 2010 从新手到高手. 北京:科学出版社,2012.

[5]前沿文化. Office 2010 完全学习手册. 北京: 科学出版社,2012.

[6]彭慧卿,李玮. 大学计算机基础(Windows 7 + Office 2010). 2 版. 北京:清华大学出版社,2013.